Disaster Survey and Investigation by Spatial Information Technology

空間情報による災害の記録

伊勢湾台風から東日本大震災まで

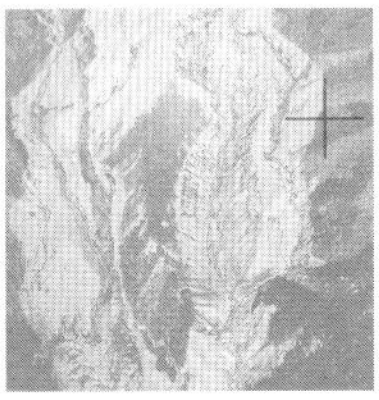

日本写真測量学会編

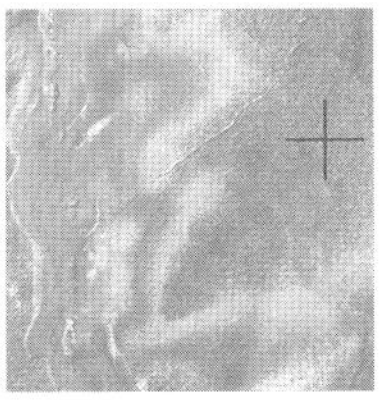

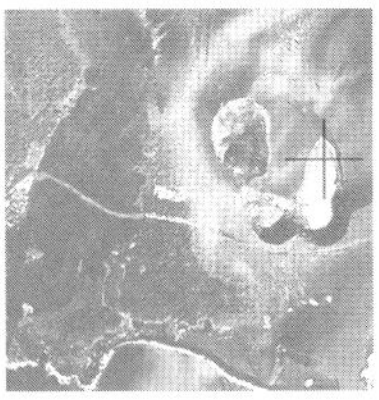

鹿 島 出 版 会

刊行にあたって

日本写真測量学会 会長　村井 俊治

1962（昭和37）年に創立された日本写真測量学会が本年50周年を迎えることができたことは、46年間会員を続けてきた者として感慨深いものがあり、心からお祝いしたいと思います。本書は本学会の50周年を記念するために企画されたものです。記念すべき書籍として何をテーマにするかの議論がありました。本学会の特徴を最も具現化した内容が検討されました。学会誌「写真測量とリモートセンシング」には、毎号「カメラアイ」というコラムがあり、その時々で社会的な話題をさらった事象を取り上げ、空中写真や衛星画像など上空からあるいは宇宙から見た実像を解説した内容です。20周年を記念する本として本学会から『空中写真に見る国土の変遷』（鹿島出版会，1982）という本を出版しましたが、その当時は「列島改造」による国土の変貌が深刻な環境問題を誘発していました。この30年間のカメラアイを見るとその多くは、災害に関連した事象でした。半世紀に及ぶ本学会の実績は、災害列島日本の姿を捉えて来たことだと改めて認識した次第でした。

20周年を記念して以来のこの30年間は、航測デジタルカメラ、航空機搭載レーザスキャナ、高分解能衛星画像（レーダー画像を含む）、衛星測位システム、地理情報システム（GIS）などいわゆる「空間情報技術」が飛躍的に発達しました。災害の状況を調査及び分析する技術も大きく進歩しました。過去においては空中写真という単眼だった技術は、今や複眼システムになりました。本書は、国内外の巨大災害を様々な「目」で視覚的に見た事象に解説を加えたものです。

本書の企画と内容がほぼでき上がった時に、昨年3月11日に東日本大震災が起きました。わが国にとって未曾有の災害を記録に残すことは本学会の使命と考え、急遽東日本大震災の記録を掲載することにしました。本書の刊行は、5月に行われる50周年記念総会に間に合わなくなりましたが、後世に残せるしっかりした内容を優先して、半年の出版の遅れを受け容れました。以上の背景から本書は、『空間情報による災害の記録 —— 伊勢湾台風から東日本大震災まで』というタイトルに落ち着きました。

本書は本学会の総力を上げて完成させた本です。清水英範先生の編集委員長の指揮の下に、担当の技術者や学者が記述した内容を査読して、内容や文章の品質を学術論文並みに高めました。本書の最後に自ら「21世紀の災害論 —— 持続的幸福を求めて」の拙文を掲載しました。

本書が刊行される時には、12年間務めた会長を退任していると思いますが、本挨拶文を書いた時点で会長だったことから、あえて会長のタイトルを付けさせてもらいました。本書が、東日本大震災からの復興に苦吟している日本にとって、「空間情報」という切り口で貢献できるものと信じます。本書が多くの人の目に触れ、災害国日本の歴史と宿命を踏まえて新たな「国づくり」を考えてもらえれば幸甚です。

編集にあたって——本書の趣旨と構成

編集委員会委員長　清水 英範

日本写真測量学会が担う学術・技術領域は、写真測量やリモートセンシングなどの空間情報技術である。空間情報技術は、測量・計測を通した地形図の作成や地理情報システムのデータ整備は言うまでもなく、土木、都市、環境、気象、防災、産業、文化財等々、その応用分野は多岐にわたる。しかし、あらためて学会誌（1962～74年までは「写真測量」、75年以降は「写真測量とリモートセンシング」）を紐解いてみると、とりわけ災害調査への応用に関する論文や解説記事が多いことに気づく。

実際、これまで大災害が起こるたびに、その緊急調査についての速報や特集記事が掲載されてきたし、これらの災害が契機になるなどして、災害調査への応用や新技術の開発に関する論文が多数発表されてきた。また学会誌には、空中写真や衛星画像等の画像を主役に据え、そこに写し出された自然・社会現象の解説や、その画像の取得・解析を可能にした技術の紹介を行う、「カメラアイ」という1977年から続く解説記事があるが、この記事の中にも、災害に関するものが他に比べて群を抜いて多い。

思えば、学会が創立をみた当時は、伊勢湾台風（1959）をはじめ災害が頻発した時代であった。阪神・淡路大震災（1995）に代表されるように、その後もわが国は多くの災害に見舞われ、そして、学会50周年を目前にした昨年には、あの凄惨な東日本大震災（2011）が発生した。有史以来、連綿と続いてきたわが国の災害史は、平和と繁栄を築き、土木・防災技術が飛躍的に進展したこの50年にも容赦なくその記録を刻むことになった。

一方、この間の空間情報技術の発展は目覚ましいものがあった。伊勢湾台風当時、広域の災害調査に用いられる空間情報は基本的には航空機からの空中写真であった。それが、70年代には人工衛星からのリモートセンシングが可能になり、90年代初めにはGPSが実用化された。また、90年代以降、合成開口レーダー、航空レーザ測量などの新技術が次々と登場し、空間情報技術の高度化と多様化は加速度的に進展していった。

言うまでもなく、災害は起きてはならぬことであり、その発生を最小限に食い止める努力が必要である。しかし、歴史が教えるように、災害を完全に無くすのは不可能である。不幸にも災害が発生したときには、その実態を広範囲にわたって迅速かつ正確に調査し、その結果を復旧・復興、そして、次代の防災・減災対策へと適切に活かしていかなければならない。空間情報技術による災害調査は、この意味において大きな役割を果たす。

これまでの学会誌に災害調査に関わる論文、解説記事が多いのは、わが国がその厳しい自然・地形条件から常に災害と対峙しなければならない宿命を負い、災害への対応が常に国家的な課題であり続けてきた証しであり、さらには、この50年間、空間情報技術が大きな進化を遂げ、また、当学会の先輩諸氏が弛まぬ努力を続けながら、災害の調査・解析、ひいては災害後の復旧・復興、防災・減災対策へ貢献してきた証左でもある。

学会創立50周年を記念して刊行する本書は、以上のようなことを踏まえ、空間情報技術による災害調査に焦点を当てることにした。伊勢湾台風から阪神・淡路大震災、東日本大震災に至るわが国の大災害や、空間情報技術がその調査に大きな役割を担った災害を広く取り上げ、また一部、海外の災害も対象に加え、この50年間の災害の歴史を空中写真や衛星画像など、主に画像系の空間情報により振り返るとともに、空間情報技術が災害調査に果たしてきた貢献を事例報告的に記録することを目的としている。

本書の本編は、東日本大震災編、国内編、海外編、及びトピックスから構成される。

実は、東日本大震災が発生する以前に、この50周年記念出版の編集委員会は組織されており、先に述べたような趣旨から、空間情報技術の災害調査への応用を軸に内容の議論を進めていた。そのような時に、東日本大震災が起こった。学会誌「写真測量とリモートセンシング」（近津博文編集委員長）では、この震災の初動調査に空間情報技術がどのように活用されたかを紹介する特集記事「東日本大震災への写真測量分野の活動」（Vol.50, No.4, 2011）が組まれた。最新の空間情報技術が、戦後最大とも言えるこの大災害の調査にいかなる貢献を果たしたかは、学会50周年を記念して刊行する本書に必ず記録せねばならない内容である。そこで、特集記事の主だった記事の執筆者各位に必要に応じて加筆修正をお願いし、本書第Ⅰ部に東日本大震災編として再載させていただくことにした。

第Ⅱ部国内編では国内の災害、第Ⅲ部海外編では海外の災害を取り上げる。伊勢湾台風以降の主だった災害、特に「空間情報による災害の記録」という視点から興味深い画像が残されている災害を対象とし、その中から、編集委員会で適当と思われる災害を選びだし、編集委員や学会員有志に、現代の技術者の眼で過去の災害、災害調査を振り返るという形でご執筆いただいた。本書には、国内編、海外編ごとに、台風・豪雨、地震・津波など災害種類別に分類した上で、災害の時代順に記事を掲載している。

可能な限り多くの災害を取り上げるよう努力したつもりであるが、紙幅や時間の制約、掲載に適当な画像の入手・使用に関わる制約などから、多くの漏れがあることも事実である。特に海外編では、限られた数の事例報告しか用意することができなかった。国内編の中にも、甚大な被害を及ぼした災害であっても、結果として記事を用意できなかったものがある。当然のことではあるが、本書に取り上げられなかった災害の中にも多くの大災害があり、また、空間情報技術がその調査に力を発揮した災害があることを確認しておきたいと思う。

第Ⅳ部トピックスには、伊勢湾台風以前であっても、興味深い画像が残されている災害や、特定の災害についての画像や調査成果ではないが、災害や防災に関わる空間情報技術として興味深いものを取り上げ、同じく会員有志に記事を執筆いただいた。結果的にあまり多くの記事を掲載できず、また、内容も非常に断片的ではあるが、記録として意味をもつものばかりであると考えている。

本書の最後には、村井俊治会長の論説「21世紀の災害論 —— 持続的幸福を求めて」を掲載させていただいた。言うまでもなく、村井会長は国内外の写真測量とリモートセンシングの分野で活躍されてきた世界的な研究者であるが、以前から社会学的、哲学的な災害論にもご関心が深く、『東日本大震災の教訓 —— 津波から助かった人の話』（古今書院）も上梓されている。日本写真測量学会を長きにわたって先導されてきた村井会長に、災害調査を主題とすることになった学会50周年の記念出版にご寄稿いただくことは、非常に意義深いことであると思い、ご執筆をお願いした次第である。

本書には、先に述べたように、主だった災害や興味深い画像を網羅的に取り上げることができなかったという限界がある。また、多くの執筆者にとっては、自らがその災害や災害調査を経験していない過去の災害について関連事項を調べることになったため、時間的な制約もあって、中には十分な内容を記せていない記事があることも否めない。このような責任は、すべて編集委員会、特に委員長である筆者にあることを明記しておきたい。

しかし本書は、災害調査という視点から空間情報や空間情報技術の進化の過程を追うという、これまで類のない書籍であると考える。この点においては、編集委員会一同、一定の役割を果たせたものと安堵している。学会50周年を間近にして東日本大震災が発生したことは、今となっては何か因縁めいたことを感じざるを得ない。日本写真測量学会がいま整理しておくべきことの一つを明確にしてくれたような気がする。本書が、この50年の災害の記録として、空間情報技術の発展の記録として、そして、空間情報技術が災害調査に果たした貢献の記録として、後世に残され、広く活用されんことを願いたい。

本書の刊行までには、実に多くの方々にお世話になった。

後掲する編集委員会の委員、幹事の皆様には、長きにわたり、編集に関わる議論、作業にご尽力いただいた。とりわけ、委員兼幹事の五十嵐保、小川紀一朗、高泰朋、島村秀樹、春山幸男、政春尋志、向山栄、李雲慶の各氏には、執筆者の決定、原稿の取りまとめなど、多くの作業を行っていただいた。また、委員兼幹事長の布施孝志氏には、幹事会のとりまとめに加え、編集・出版に関わる膨大な事務作業を担っていただいた。そして、執筆者の皆様には、限られた時間の中で、多くの文献調査を行い、鋭意原稿を仕上げていただいた。東日本大震災の調査など、本務で多忙を極めるなか、編集、執筆に多くの時間を割いていただいた以上の皆様に衷心より感謝の意を表したい。また、本書の企画の段階からご意見をいただき、編集に関わる諸事にご協力いただいた鹿島出版会の久保田昭子さんにも、この場をお借りして深く感謝したい。

結びにあたり、編集委員長の大役を与えていただいた村井俊治会長にお礼を申し上げたい。学会50周年の記念出版に際し、中心的な役割を担えたことは筆者にとって望外の喜びであり、編集委員会の皆様とともに有意義な時間を過ごすことができた。深甚なる謝意を表するとともに、ご期待に添えなかったところが多々あることをお詫びしたい。

編集委員会・執筆者一覧

編集委員会・幹事会

委員長	清水 英範	（東京大学）
委員	近津 博文	（東京電機大学）
委員	瀬戸島 政博	（日本測量協会）
委員・幹事長	布施 孝志	（東京大学）
委員・幹事	五十嵐 保	（リモート・センシング技術センター）
委員・幹事	小川 紀一朗	（アジア航測）
委員・幹事	高 泰朋	（朝日航洋）
委員・幹事	島村 秀樹	（パスコ）
委員・幹事	春山 幸男	（リモート・センシング技術センター）
委員・幹事	政春 尋志	（国土地理院）
委員・幹事	向山 栄	（国際航業）
委員・幹事	李 雲慶	（日本スペースイメージング）
幹事	織田 和夫	（アジア航測）
幹事	中野 一也	（朝日航洋）

執筆者

赤松 幸生（国際航業） I.3, II.5.3
朝比奈 利廣（パスコ） II.1.12, II.2.4, II.3.4
新本 圭一（日本スペースイメージング） II.1.16
安藤 久満（国土地理院） II.1.10
池田 辰也（アジア航測） I.7
石館 和奈（リモート・センシング技術センター） I.5
稲葉 千秋（国際航業） II.3.5, II.3.7
今井 靖晃（国際航業） I.3
宇根 寛（国土地理院） II.2.9
浦井 稔（産業技術総合研究所） II.3.8, II.3.10, III.3.3, III.3.4
大鋸 朋生（アジア航測） I.7
大木 章一（国土地理院） IV.2
大木 真人（宇宙航空研究開発機構） I.4
大伴 真吾（朝日航洋） I.9, II.2.6
大野 裕幸（国土地理院） II.2.11, II.2.12, II.3.12
岡島 裕樹（パスコ） I.8
岡谷 隆基（国土地理院） II.4.5
岡本 芳樹（パスコ） II.1.15

小川 紀一朗（アジア航測） I.7，II.1.4，II.1.5，II.1.7，II.1.8，II.1.14，II.1.16，II.5.4
織田 和夫（アジア航測） I.7，II.2.9，II.5.1
小野田 敏（アジア航測） II.2.6，II.2.8
小野塚 良三（国土地理院） II.4.2
加藤 雅胤（宇宙システム開発利用推進機構） III.2.1
鎌形 哲稔（国際航業） I.3
鎌倉 友隆（朝日航洋） II.1.9
熊谷 清（朝日航洋） II.1.3
熊谷 幸也（パスコ） II.2.3
小荒井 衛（国土地理院） II.1.6，II.3.8
高 泰朋（朝日航洋） I.9，II.1.10，II.2.4
河野 宜幸（宇宙航空研究開発機構） I.4
古閑 美津久（国際航業） II.1.11
小杉 章一（パスコ） II.5.3
小更 亨（パスコ） II.1.10
阪上 雅之（国際航業） II.3.9
佐々木 寿（国際航業） II.3.9
佐藤 俊明（パスコ） II.2.1
佐橋 達也（パスコ） II.1.15
三五 大輔（パスコ） I.8
柴田 純（日本スペースイメージング） I.6
柴山 卓史（パスコ） I.8
島田 政信（宇宙航空研究開発機構） I.4，II.2.6，II.3.7，II.3.8，II.5.3，III.1.1
島村 秀樹（パスコ） II.3.1
清水 英範（東京大学） pp.iv～vi（編集にあたって）
朱 林（パスコ） II.2.6，II.4.5
白石 知弘（宇宙航空研究開発機構） I.4
菅原 衛（日本スペースイメージング） I.6
杉村 俊郎（リモート・センシング技術センター） II.3.4，IV.3
鈴木 研二（日本スペースイメージング） III.2.1
鈴木 寛（朝日航洋） II.1.8
鈴田 裕三（朝日航洋） II.1.3
祖父江 真一（宇宙航空研究開発機構） III.3.1
高貫 潤一（朝日航洋） I.9，II.3.5，II.3.7
高橋 陪夫（宇宙航空研究開発機構） I.4
武内 智（日本スペースイメージング） III.2.4
竹田 宏之（DigitalGlobe） I.5
田殿 武雄（宇宙航空研究開発機構） II.2.11，III.1.3，III.2.2，III.2.3
千葉 達朗（アジア航測） II.2.4，II.3.1，II.3.6，II.3.8，IV.6
筒井 健（NTTデータ） I.5
飛田 幹男（国土地理院） II.2.6，III.2.1，III.2.3

中澤 明寛（アジア航測） I.7
中島 孝（東海大学） III.3.2
中島 保（朝日航洋） II.3.7
中筋 章人（国際航業） II.2.4，II.2.6，II.3.1，II.3.3，II.4.4
中谷 剛（防災科学技術研究所） II.1.1，II.1.2
中野 一也（朝日航洋） I.9，II.2.6
中埜 貴元（国土地理院） IV.1
中村 芳貴（国際航業） II.4.3
中山 裕則（日本大学） II.3.6
永山 透（国土地理院） I.2
西村 卓也（国土地理院） II.2.10
糠塚 昌文（パスコ） II.2.10，II.3.6
平野 昌繁（国際航業） II.4.1
平松 由起子（朝日航洋） I.9
福田 徹（宇宙航空研究開発機構） II.3.2
福田 真（朝日航洋） I.9，II.3.5
布施 孝志（東京大学） I.1
古田 竜一（リモート・センシング技術センター） I.5，IV.5
星野 実（国土地理院） II.4.2
堀 雅裕（宇宙航空研究開発機構） IV.4
本間 信一（国際航業） II.5.2
政春 尋志（国土地理院） I.2，II.2.12
峰島 貞治（日本スペースイメージング） II.3.7
宮城 洋介（宇宙航空研究開発機構） I.4
向山 栄（国際航業） I.3，II.2.2，II.2.4，II.2.5，II.2.7，II.2.8，II.2.10，II.2.11，II.3.6，II.5.5
武藤 良樹（アジア航測） I.7
村井 俊治（日本測量協会） p.iii（刊行にあたって），pp.303～309（21世紀の災害論）
村上 治（朝日航洋） II.1.8，II.1.9
村嶋 陽一（国際航業） I.3
本岡 毅（宇宙航空研究開発機構） I.4
守岩 勉（朝日航洋） II.1.10，II.2.4
森田 真一（パスコ） II.1.5
谷田部 好徳（国土地理院） IV.7
吉川 和男（パスコ） I.8，II.1.13，II.2.11，II.3.11，III.1.2，III.1.3，III.2.3，III.2.4，III.3.5
李 雲慶（日本スペースイメージング） I.6，II.2.8

目次

第 Ⅰ 部

東日本大震災編

1.
災害の概要と空間情報技術の進展

2011（平成23）年3月11日14時46分、三陸沖を震源（北緯38度6.2分、東経142度51.6分、深さ24km）とする国内観測史上最大規模Mw（モーメントマグニチュード）9.0の「平成23年（2011年）東北地方太平洋沖地震」が発生した［図1］。本地震は未曽有の災害をもたらし、その災害を「東日本大震災」と呼ぶことが閣議決定された。

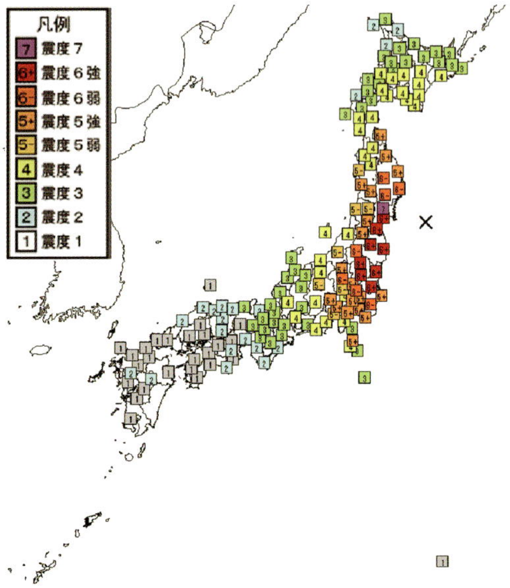

［図1］震源の位置と震度分布[1)]（×印は震源）

海のプレートにあたる太平洋プレートと陸のプレートにあたる北アメリカプレートの境界部分のずれ（西北西－東南東方向に圧力軸をもつ逆断層型）に起因するプレート境界地震（海溝型地震）である。震源断層の大きさはほぼ南北方向に長さ400km以上、ほぼ東西方向に幅約200kmに及び、最大のすべり量が約25mと解析された[2)]。宮城県栗原市で最大震度7が観測され、宮城県、福島県、茨城県、栃木県の4県37市町村での震度6強のほか、東日本を中心に北海道から九州地方にかけての広範囲で震度6弱から1が観測された[1)]［図1］。地殻変動も広域にわたり、電子基準点「牡鹿」（宮城県石巻市）では東南東方向へ約5.3mの水平変動、約1.2mの沈下が観測された。大きな地殻変動に伴い、日本経緯度原点、日本水準原点の原点数値が改正された（「測量法施行令の一部を改正する政令」の公布・施行）。また、海底面においても最大8m程度の隆起があったと推定されている。

海底における地殻変動は、東北地方から関東地方を中心に大きな津波を発生させた。この津波による浸水範囲は空中写真・衛星画像などから判読され、青森県から千葉県までの6県62市町村において計561km^2の浸水範囲面積と広大なものとなった[3)]。三陸沿岸では、明治三陸津波（1896（明治29）年）、昭和三陸津波（1933（昭和8）年）、チリ津波（1960（昭和35）年）などによる被害を受けてきた。津波の高さは、明治三陸津波が最も高かったが、今回の津波の高さは、三陸沿岸で10～30m程度と、明治三陸津波と同程度、場所によってはそれ以上の高さとなった[2)]。

上記を本震とすると、その後も多数の余震が観測された。気象庁によると、2012年1月13日までに、M7.0以上が6回、6.0以上96回、5.0以上582回もの数にのぼる。本震同日の15時15分には、茨城沖でM7.6の最大余震が観測された。

これらの地震により、人的被害として死者15,844人、行方不明3,394人、負傷者5,893人に上り、建物被害としても、全壊128,529棟など、甚大な被害をもたらした（2012年1月12日現在、警察庁発表による）[4)]。津波による人的被害は想像を超え、これまでの津波対策の考えに対して、津波防護レベルと津波減災レベルが導入されることになった。建物被害においては、津波に加え、地盤災害によるものも多数みられた。地盤の災害としては、若齢砂地盤の液状化、道路・堤防の盛土崩壊、宅地造成地の崩壊などが挙げられる。

東日本大震災に対して、空間情報技術が、これまでの蓄積を基に大きく貢献した。その詳細は次章以降に譲るが、その技術は、これまでの多くの災害においても利用され、発展してきたものである。ここでは、本震災において活躍した空間情報技術とこれまでの災害との関わりを概観したい。

災害時に重要となる空間情報技術は、災害情報の取得と災害情報の分析・共有に大きく分類される。災害情報の取得においては、情報取得の迅速性がポイントとなる。例えば、GPS（Global Positioning System）、空中写真や衛星画像などのリモートセンシングなどが災害情報取得技術として挙げられる。取得情報に対して、経緯度などの位置情報を基に統合・管理するGIS（Geographic Information System）が、その後の分析や情報共有に資する。近年では、Web GISも普及しており、多様な情報が公開されている。

GPSは1990年代に実用化され、これまでも地殻変動観測などにおいて重要な役割を果たしてきた。雲仙・普賢岳噴火（1991年）では、実用化の緒についたばかりのGPSにより連続観測が試みられ、その重要性が認識された。また、その復興工事においても無人化施工を実現させている。その後も、北海道東方沖地震（1994年）において、GPS連続観測点による地殻変動の把握とその迅速な公表は、大いに注目された。阪神・淡路大震災（1995年）では、地殻変動観測のみならず、復旧・復興測量を支えた。同震災を契機に設置数を大幅に増加した電子基準点は、今回の地殻変動把握には必要不可欠なものであった。

空中写真による災害情報の取得は、これまでも長い歴史がある。近年の技術進展においては、航空カメラのアナログからデジタルへの移行が注目に値する。本格的にデジタル航空カメラが利用され始めたのは、新潟県中越地震（2004年）からであり、その効果を発揮している。衛星リモートセンシングも、高解像度化が進み、同じ新潟県中越地震から高分解能衛星が大きく利用された。また、合成開口レーダー衛星による地殻変動の観測も行われており、これは阪神・淡路大震災における活躍に端を発している。今回の東日本大震災においては、地殻変動とともに浸水範囲の抽出にも貢献した。詳細な地形データを取得するため、航空レーザが大いに活用されている。災害調査への本格利用は、有珠山火山（2000年）まで遡る。上空からの観測のみでなく、地上からの観測も新たなセンサの導入が見られる。現在では、全周囲カメラやレーザによるモバイルマッピングが活況を呈しているが、全周囲カメラにより地上からの災害状況を詳細に把握したのは、能登半島地震（2007年）からである。

一方のGISは、阪神・淡路大震災においてその重要性が認知された。その後、Web GISも普及し、インターネットを通じた多様な情報の空間的な重ね合わせによる把握の有効性が確認されている。「新潟県中越地震復旧・復興GISプロジェクト」が災害情報共有のための最初のWeb GISであり、電子国土上に関連情報が集約・公開された。東日本大震災では、Web GISがこれまで以上に大きく進展した技術であった。電子国土、東日本大震災協働情報プラットフォーム、sinsai.info、EMT、ソーシャルメディアマップなど、多種多様なWeb GISが公開された。これらを支えたポイントとしては、APIの提供によるウェブサービスの進展、複数APIを組み合わせて一つのサービスとして提供するマッシュアップ技術の進展、情報・サービスの無料化や、オープンストリートマップなどのユーザ自らが情報を作成する環境の進展が挙げられる。

上記のとおり、空間情報技術はこれまでの震災に対しても寄与してきた。本編では次章以降で、東日本大震災における空間情報技術の貢献を紹介する。

参 考 文 献

1) 気象庁:災害時地震・津波速報　平成23年（2011年）東北地方太平洋沖地震, 災害時自然現象報告書 2011年第1号, 2011.

2) 平田直・佐竹健治・目黒公郎・畑村洋太郎:巨大地震・巨大津波——東日本大震災の検証, 朝倉書店, 2011.

3) 国土地理院:津波による浸水範囲の面積（概略値）について（第5報）, 2011年4月18日発表資料, 2011.

4) 警察庁緊急災害警備本部:平成23年（2011年）東北地方太平洋沖地震の被害状況と警察措置, 2012年1月12日広報資料, 2012.

2. 国土地理院の災害対応

2011年3月11日に発生した東北地方太平洋沖地震は未曾有の大災害をもたらした。国土地理院は、地震発生直後に災害対策本部を設置し、災害状況の把握と国・地方自治体等の関係機関への情報提供に全力で取り組んできた。ここではその概要を報告する。今回の地震では広範囲に大きな地殻変動が起こったことから、地理空間情報の位置の基準の改定が必要になった。そこで、地震に伴う地殻変動について最初に解説する。なお、本章において月日で示された日付は断りのない限り2011（平成23）年の日付である。

(1) GEONETで観測された地殻変動と測量成果の改定

国土地理院が全国に1,200点あまり設置しているGNSS連続観測点（以下、「電子基準点」という）網GEONET（GNSS Earth Observation Network System）によって地震に伴う大きな地殻変動が広域にわたって観測された［図1］。電子基準点「牡鹿」で東南東に5.3 mの水平変動、1.2 mの沈降が観測された。これらはこれまでにGEONETで観測された最大の水平変動量と沈降量である。東北地方の太平洋沿岸の広い範囲で地盤の沈降が観測され、現在も浸水被害をもたらしている。なお、［図1］では島根県の電子基準点「三隅」が不動であると見なして各点の相対的な変動量を表示しているが、本地震に伴う地殻変動は西日本を含む広域に及んでおり、「三隅」もわずかながら動いていることに注意が必要である。［図2］の地殻変動の解析では、より変動の少ない点としてさらに西にある長崎県の電子基準点「福江」を固定点としている。

地殻変動データは地震像を明らかにする上で非常に重要な情報である。地殻変動データを解析して、最初に2枚の長方形で近似した断層モデル、次いでプレート境界面上でのすべり分布モデルを推定し公表した［図2］。このすべり分布モデルから導かれた東北地方太平洋岸の沈降量の分布は、気象庁が地盤沈下による大潮の時期の浸水・冠水への注意を促した報道発表[2]にも引用されるなど防災情報の提供に役立てられた。地殻変動の解析の結果、この地震の震源域におけるプレート沈み込みによるひずみの350～700年分に相当する量が今回の地震と余効すべり（地震に伴うプレート境界での大きなすべりの後にすべりが継続している現象）で解消されたと推定され、プレート境界がふだんは強く固着することで蓄積したひずみが巨大地震で解放されていることがわかった[3]。

その後、海上保安庁による最大約24mの海底地殻変動のデータが得られると、これをモデルに組み込んだプレート境界の最大すべり量は、50mを

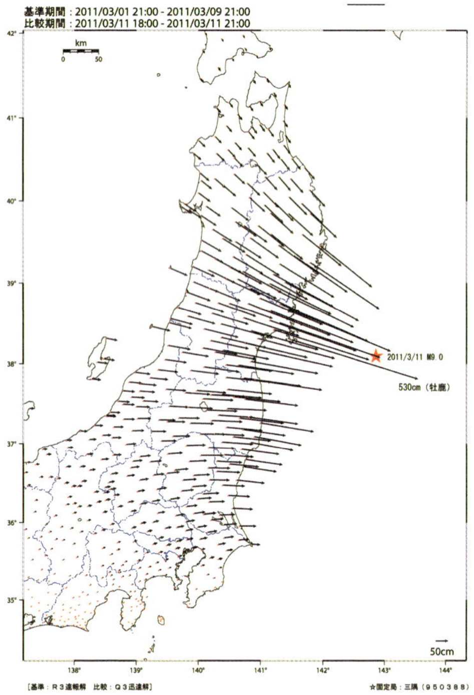

［図1］東北地方太平洋沖地震による水平地殻変動（水藤ほか、2011[1]）

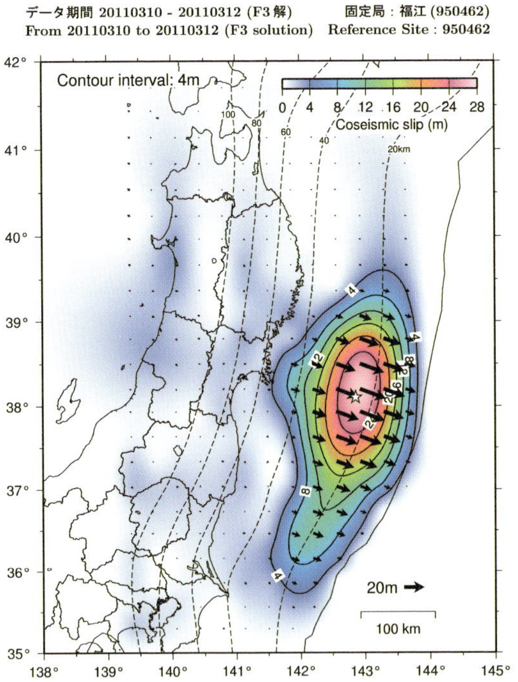

[図2]東北地方太平洋沖地震のプレート境界面上のすべり分布モデル(陸上の地殻変動データによる、水藤ほか、2011[1])

超えることが判明した[4]。

地震に伴って大きな地殻変動が観測された後も、プレート境界でのすべり等が継続していることによる地殻変動(余効変動)が観測されている[5]。この余効変動は2011年12月25日現在までで、最大水平変位量が84 cm(岩手県にある電子基準点「山田」)、断層面上での滑り量の推定値が最大288cm、モーメントマグニチュード換算で8.57のエネルギーに相当する大きなものとなっている。余効すべりが起こっている領域は地震時のすべり領域よりも陸側のプレート境界の深い側に寄っている[図3]。余効変動による地殻変動は水平方向については地震時の変動と同じほぼ東方向であるが、上下変動については岩手県沿岸の一部では沈降が続いている一方、宮城県以南の沿岸は隆起している。三陸海岸は地質学的な時間スケールでは隆起しているとされている中で、地震時に沈降し余効変動でも沈降が続いていることはその解釈に課題を投げかけている。

地震に伴う広域の大きな地殻変動のために、ま

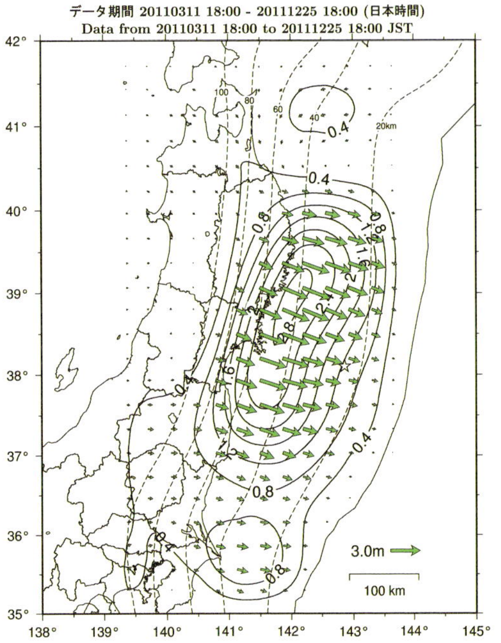

[図3]東北地方太平洋沖地震の地震後のプレート境界面上のすべり分布モデル(国土地理院[6])

ず3月14日に青森県から長野県に至る16都県で電子基準点及び三角点の測量成果の公表を停止した。これは、電子基準点で観測された地殻変動から得た震源断層モデルにより、最大せん断ひずみが約2ppm以上となる範囲を目安とした[7]。ひずみが大きいと電子基準点や三角点に基づいて行う測量の誤差が大きくなるためである。また、水準点については、電子基準点の観測データから上下変動量が数cm以上となる地域において、水準路線を単位として同じく3月14日に測量成果の公表を停止した。

測量の基準点は被災地の復旧・復興に欠かせないものなので、早急な改定成果の公表が求められたが、一方では余効変動が継続しており、その変動のため新成果がすぐに再改定が必要になるようなものであってはならない。このため、余効変動の時系列変化を注意深く検討し、変動量がある程度小さくなるのを待って438点の電子基準点の成果をまず改定し5月31日に公表した。従来の成果計算では、成果改定地域の周辺を従来の成果に固定して新しい成果を計算するという手法を用いていたが、今回の地震では広い範囲で地殻変動が発

生したため、国土地理院構内のVLBI観測局及び全国のGEONETの観測結果から最新のITRF2008座標系に基づく座標値を計算し、その値を成果改定地域の新成果として採用することとした。地震に伴う地殻変動が小さかった西日本や北海道では従来の成果のままとし、新成果との境界領域で生じる不整合については、両者が滑らかに整合するように調整計算を実施することで測量作業の実施に必要となる精度を確保している。これにより被災地等で電子基準点を用いた測量が行えるようになった。この際、東北地方太平洋沖地震の地殻変動が今まで例にないほど広域に及んだことから、必要精度を確保するため、電子基準点の成果改定を行う地域を、3月14日の成果公表停止地域に富山県・石川県・福井県・岐阜県の4県を加えた地域とし、これらの県の三角点の成果はこの時点で公表を停止した（[図4] に成果改定が行われた三角点の地域を示す）。

[図4] 三角点測量成果改定地域図（国土地理院[6]）

成果改定が必要な地域の三角点の成果を求めるために、主要三角点の改測を実施した。このうち595点については高度地域基準点測量として実施し、座標変換のための補正パラメーター算出に使用した。また、東北地方太平洋岸の大きな地殻変動のあった地域や津波、地盤の液状化等で三角点に異常をきたしている恐れのある地域について三角点1,272点の改測を行った。これら以外の三角点は算出された補正パラメーターによりPatchJGDソフト[8]で座標補正して新しい成果を計算で求めた。

公共測量成果も改定が必要であり、これも座標補正パラメーターとPatchJGDソフトで計算できる。これらは国土地理院のウェブサイトで提供されている。

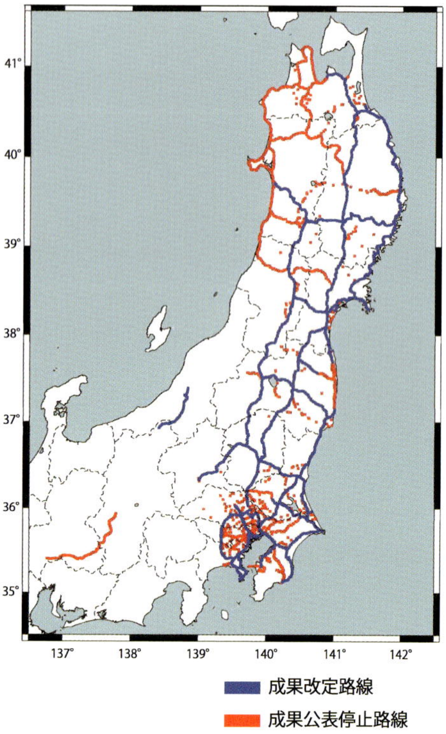

[図5] 成果改定水準路線図（国土地理院[6]）

高さの基準である水準点については、県単位ではなく水準路線単位であるが、三角点と同じく3月14日に成果の公表を停止し、改測を行って改定成果を得た路線について10月31日に公表した[図5]。なお、水準点の標高は高精度なデータであり、局所的な地盤の変動の影響もあるため、補正パラメーターでの座標変換では求めることはできない。

東北地方太平洋沖地震では東京の経緯度原点と水準原点も地殻変動により移動した。経緯度原点についてはGPSによる測量を6月に実施し、約92度（ほぼ東）の方位に26.5cm移動していることがわかった。水準原点については7月に実施した油壷験潮場からの水準測量により新しい原点標高は24.3900mと定められた。なお、油壷験潮場では地震前後で有意な上下変動は認められていない。

これらの原点数値は測量法施行令に規定されているものであることから、基準点成果の改定に先行して10月21日に施行令の改正が公布・施行された。改定された原点数値は以下のとおりである。

・日本経緯度原点
　経度：東経139度44分28秒8869（0.011秒増）
　緯度：北緯35度39分29秒1572（変化なし）
　原点方位角：32度20分46秒209
　（つくば超長基線電波干渉計観測点金属標への方位角）
・日本水準原点
　東京湾平均海面上24.3900 m（2.40 cmの沈降）

東日本の広い範囲に地殻変動が及び、測地成果が非常に広い範囲で改定されたので、座標値に変化のなかった西日本等の測地成果も含めて、新しい測地成果が「測地成果2011」と名付けられた。2002年以降用いられている世界測地系による成果を「測地成果2000」と称し、これによる日本の測地基準系を「日本測地系2000」「JGD2000」と名付けてきたが、今後の日本の測地基準系は「日本測地系2011」「JGD2011」となる。地理空間情報がどの座標に準拠しているかを表す際に注意が必要である。なお、測地成果2000はITRF1994によっていたが、測地成果2011はITRF2008に準拠している。

基準点成果改定について詳しくは檜山ほか（2011）[7]を参照されたい。

(2) 空中写真撮影による災害状況の把握と画像情報の提供

地震災害は突発的であり、大規模な災害の場合その被害状況を把握するために一刻も早い空中写真撮影が必要である。国土地理院は航空測量機「くにかぜⅢ」を保有して災害時の撮影に備えているが、折悪しく3月末まで定期点検中であった。仮に運航可能であったとしても今回の災害は範囲が非常に広く、1機では対応しきれないため、複数機による撮影が必要であった。

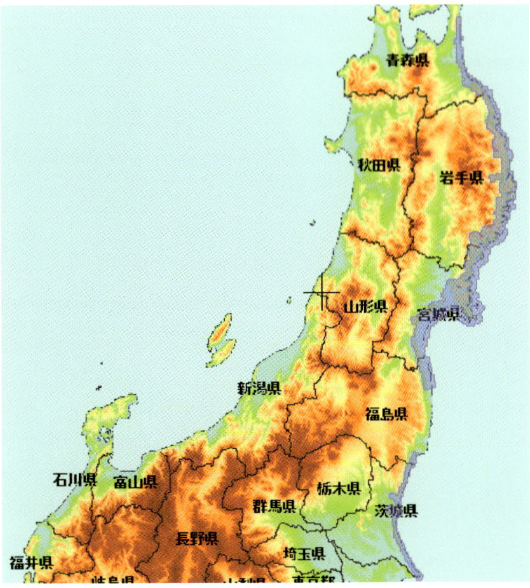

［図6］空中写真撮影範囲図
（青色部分2011年3月12日～4月5日、国土地理院[6]）

災害時の緊急撮影のために、国土地理院と日本測量調査技術協会は協定を交わしている。災害時の緊急撮影に対応可能な協会加盟の会社はあらかじめ協力会社として協会に登録している。地震発生当日の3月11日に国土地理院から協定に基づいて協会に対応可能な協力会社の調査を依頼し、6社（14日に1社追加して計7社）が対応可能だったので、これらの会社と国土地理院が契約して翌12日から範囲を分担して撮影を開始した。協定の内容や日本測量調査技術協会の協力活動、当日の連絡の状況等については谷岡（2011）[9]を参照されたい。

撮影縮尺は、災害状況把握の目的には写真の判読性等から通常は経験的に1:10,000を標準としている。しかし、被災状況の迅速な全容把握を最優先して広域を1日で取りきれるように縮尺を1:20,000とした。ただし、撮影計画時点で甚大な被害が伝えられていた仙台・石巻地区については詳細な情報が得られるように1:10,000とした。

12日と13日の2日間で青森県から福島県北部に至る太平洋沿岸のかなりの部分の撮影ができ、被災状況を示した貴重なデータとして関係機関の初動対応に役立てられた。しかし、その後は天候に恵まれず、19日に宮城県の一部が撮影できただけで、協定に基づく撮影は終了した。なお、当初

［図7］正射写真地図の例（国土地理院[6]）

［図8］宮城県石巻市石巻駅周辺の被災状況の空中写真による比較。左:被災前（1975年9月撮影）、右:被災後（2011年3月12日撮影）（国土地理院[6]）

は栗駒山地区の撮影を実施したが、積雪もあり中止した。

4月以降は1日と5日に「くにかぜⅢ」により、青森県から宮城県までの未撮影地域や、雲で地表の状況が撮影できなかった地域の再撮影を行い、青森県から福島県北部までの津波被災地域（福島第一原子力発電所の事故による飛行制限区域を除く）の撮影が完了した［図6］。

撮影された写真は一刻も早く政府や被災地域の関係機関に提供するよう要請があった。このため、画像情報のデータ処理、ハードコピーの作成などをできるだけ迅速に行うよう努め、撮影した写真は翌日（一部については翌々日）にはウェブに公開した。さらに、撮影時のGPS/IMUデータと既存のDEMを用いて作成した簡易オルソ画像と、これに地図情報を重ね合わせた正射写真地図［図7］の作成を行い、ウェブに公開した。

このようなオルソ画像作成と画像のモザイク合成が迅速にできるようになったのは、デジタル航空カメラが普及して現像やスキャニングを要さずにデジタル画像が得られるようになったこと、GPS/IMUデータにより写真の標定要素が直接に計測できるようになったこと、及びデジタル写真測量システムの発展によるところが大きいことはいうまでもない。

一方、GPS/IMUを用いた撮影ではあらかじめ

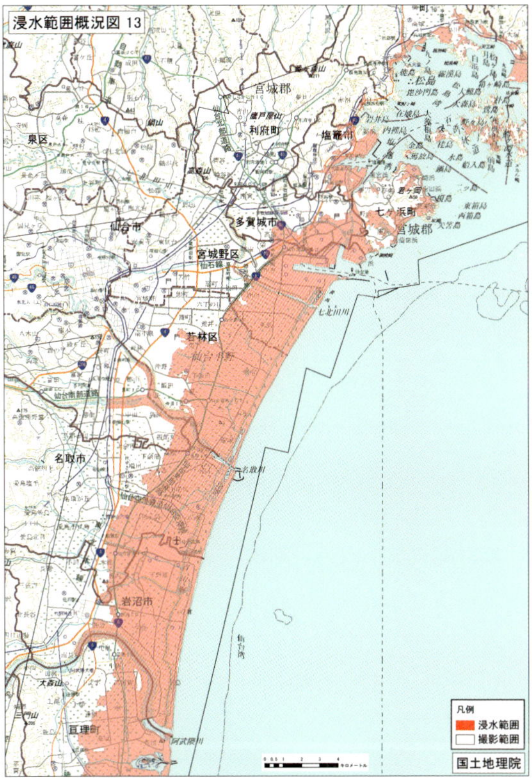

［図9］1:100,000浸水範囲概況図（国土地理院[6]）

撮影主点位置まで定めるような詳細なコース設計を撮影前の準備として行っている。このため非常に正確に計画どおりの位置で撮影ができるが、機上で現地の状況を判断して柔軟に撮影地点や高度を変えることが難しくなっている。このことは、災害対応のような緊急撮影では制約となりうるものであり、対応策の検討が必要である。

データ提供に関して、一部の激甚な被災地域について、被災前後の写真を比較する資料を作成・公開した［図8］。さらに、5月18日からは、被災地域の斜め写真を撮影し、順次公開している。これら被災後の空中写真は、今回の被害のすさまじさを物語っている。

（3）津波浸水範囲の判読

被災地の空中写真から様々な情報が読み取れる。今回の地震では最も大きな被害をもたらしたのが津波であり、被害状況の把握のために津波で浸水した範囲を明らかにすることが求められた。写真判読の熟練者がチームを組んで大量の写真の判読に当たり、津波の浸水範囲を1：25,000地形図に描くとともにその面積を集計した。［図9］はこの結果を集約した概況図の一部である。この結果、青森県から千葉県に至る浸水面積の総計は$561km^2$と推計された。さらに、この浸水範囲と、国土数値情報の土地利用データの重ね合わせ分析を行って主な土地利用種別ごとの浸水面積を推計した。

（4）関係機関への地理情報の提供

災害発生時には状況把握のために緊急に地図が必要になる。国土地理院では地震発生当日に被災地域の1：25,000地形図等の紙地図を、要請に応じて首相官邸（内閣官房）はじめ関係機関に配布した。その後、空中写真画像や浸水範囲の判読結果など、被災状況に関する地理情報を、自衛隊、県、地方整備局等に提供するとともに、これら機関の協力を得つつ順次市町村にも配布した。これら地理情報は、国民がネットワークでも状況を把握できるようインターネットで公開したが、被災地域の関係機関の多くは停電等により、高速ネットワークへのアクセスやデジタルデータの処理ができる状況ではなく出力図やハードコピーのニーズが圧倒的であった。その後、被災地域でも徐々に電力等が復旧し、要請のあった機関に対しては、デジタルデータ一式をハードディスク等の物理的なメディアに格納して配布した。

政府の現地災害対策本部が宮城県に設置された際には、国土地理院緊急災害対策派遣隊（TEC-FORCE）として常時2人の職員を派遣し、地理情報のニーズの把握や提供の活動を行った。大判プリンターを持ち込んで、地図や空中写真の出力を各機関の要請に応えて行った。

また、災害対応業務を実施する関係機関の数多くの依頼に基づく地理情報の提供要望を適切かつ円滑に処理するため国土地理院本院に地理情報支援班を設置した。窓口を一元化し、効率的な提供が可能となり、2012年3月31日までに1,537件の依頼案件に対応した。

インターネットを介した地理情報の提供に関しては、地図上に各種のデータを重ね合わせて表示することができる電子国土Webシステムを利用し、交通規制情報、デジタル標高地形図、シームレスな正射画像データの公開も行った。

提供された地理情報は、現地における救難活動、道路・鉄道・空港等基幹交通インフラの被災状況の把握、災害査定、農地での津波被害調査、建物罹災証明発行など、様々な災害対応業務に活用されている。これら情報は国土地理院ホームページに開設した「平成23年（2011年）東日本大震災に関する情報提供」のページ[6]において公開している。

(5) 観測施設の被災状況

常時地殻変動を監視している電子基準点で、地震に伴って東北地方太平洋岸の多くの点で停電と通信断が発生し、当日の時点では数十点のデータが取れない状況になった。電子基準点はバッテリーを内蔵し、72時間または24時間の停電があってもデータ取得は継続できるようになっている。また、通信回線も専用回線と携帯電話回線の二重化をしている。

今回のような大地震に際して重要な地殻変動のデータが失われてはならないので、現地に出張し、一部の点には太陽電池を取り付け、それまでに取得されていたデータを回収した。また、太陽電池と衛星携帯電話を備えて自立的に地殻変動観測ができるREGMOS(GNSS火山変動リモート観測装置）1機を、「M牡鹿」点に取り付けてデータ取得が継続できるようにした。

幸い、比較的早く電力や通信が回復した点が多く、地殻変動データの取得には大きな問題はなかった。津波で被災し、復旧が必要な点は3点だった。

相馬験潮場は津波により完全に倒壊した。これは再建する予定であるが、それまでの経過措置として、無事だった福島県の験潮施設を借用して国土地理院の験潮儀を設置し、6月以降験潮データを取得している。

(6) 復興に向けて——災害復興計画基図と高精度標高データの整備・提供

災害からの復旧・復興のために、被災後の最新の地理情報が必要である。国土地理院では、既に述べたように三角点の測量、水準測量を広範囲に実施し、改定された基準点成果と座標補正パラメーターを2011年10月末に公表した。国土地理院の提供するPatchJGDソフトにこの補正パラメーターを適用することにより、地震による地殻変動前の経緯度を変動後の経緯度に補正することができる。DMフォーマットの都市計画基図等のベクトル地図データを読み込んで補正パラメーターで変換するソフトも提供している。

また、被災状況を含む現状を正確に表し、復興計画策定に役立てられることを目的とした縮尺1:2,500の災害復興計画基図を東北地方太平洋岸の被災地域について作成している。これは、新たに撮影縮尺1:8,000の空中写真撮影を行い、写真測量により1:2,500の都市計画基図相当のデジタル地図を作成するもので、青森県八戸市から福島県相馬市に至る約4,200km^{2}について5月から整備を開始した。

自治体による復興計画策定が急がれているので、津波被害の大きかった沿岸部を優先して納品前の暫定データを「迅速図」として8月から各自治体に提供を開始し、11月までに当初整備地域の全域のデータを提供した。「迅速図」には被災前の都市計画図等を用いて流出した建物や被災した建物を重ね合わせて表示し、被害状況が把握できるようにした［図10］。災害復興計画基図の成果は自治体での利用の際の利便を考慮してDM形式、PDF形式、出力図（紙）の3通りに対応しているほか、個別の要望にも応えるようにしている。

撮影した空中写真は地図作成の現地調査や被害状況の調査に使用できるように、既存DEMを用いた簡易オルソを作成し7月以降順次被災地の自治体等に提供するとともに、インターネットで公開した。電子国土Webシステムで閲覧できるほか、1:2,500国土基本図図郭単位でダウンロードも可能である。このオルソ画像の作成にあたっては、現地で画像基準点測量を行った成果を用いてGPS/IMU観測値との同時調整による空中三角測量を行い外部標定要素を決定しているので、簡易オルソではあるが位置精度を高めている。

さらに、災害復興計画基図の当初整備範囲外で

［図10］災害復興計画基図（迅速図）の例
（長谷川ほか, 2011[10)]）

あったが、被災している福島県南相馬市からいわき市に至る約900km^2と、宮城県仙台市の内陸側約200km^2について、地元の要望を踏まえ追加で作成することにした。災害復興計画基図作成範囲全体を［図11］に示す。なお、福島第一原子力発電所周辺は飛行制限により航空機による撮影ができなかったので、南相馬市から広野町に至る沿岸部約400km^2については、WorldView-2とGeoEye-1の解像度0.5m相当の衛星画像を使用して縮尺1:5,000の災害復興計画基図を整備することとした。

これら災害復興計画基図は新しい電子基準点の成果が公表された後に、電子基準点に基づいて測量して作成されているので測地成果2011に準拠したデータとなっている。災害復興計画基図はDM形式のベクトルデータを成果とし、この形式のデータは関係自治体に提供するほか、基本測量成果として刊行する予定である。また、これから縮尺レベル1:2,500の基盤地図情報と電子国土基本図（地図情報）のそれぞれの仕様に従ったデータも併せて作成し、以前のデータと置き換えて更新する。なお、災害復興計画基図作成範囲外の基盤地図情報や電子国土基本図については、前述の座標補正パラメーターを用いて、既存のデータの位置座標を変換して測地成果2011対応の成果とする予定である。

東北地方太平洋沖地震では地殻変動によって引き起こされた地盤の沈降が沿岸地域で大きな問題になっている。このため正確な標高データのニーズが高い。そこで、国土地理院では岩手県から千葉県にかけての太平洋岸と土砂災害の恐れが高まっている山間部の計10,876km^2について航空レーザ測量による高精度標高データ（グリッド間隔2mまたは5m）の整備を行った［図12］。このデータは、8月以降順次関係機関等へ提供した。

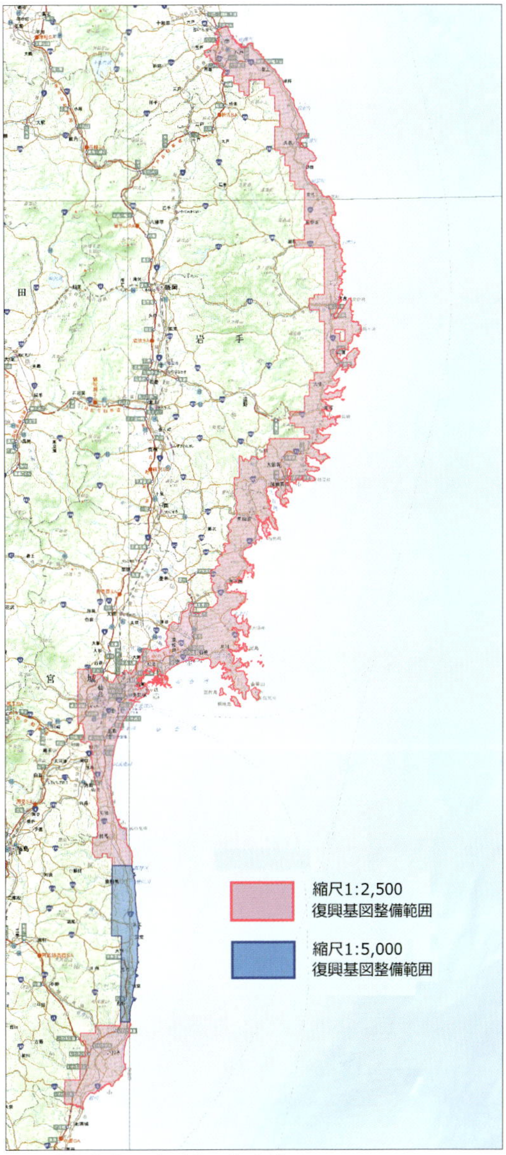

［図11］災害復興計画基図作成範囲
（長谷川ほか、2011[10)]）

段彩陰影表現を行い地図と重ね合わせたデジタル標高地形図は標高データをわかりやすく表現する手段として有用である。そこで、岩手県から千葉県に至る太平洋岸の地域について1：25,000デジタル標高地形図（PDF版）を作成し、インターネットで公開した［図13］。これと比較対照できるように地震前の標高データによるデジタル標高地形図も提供している。

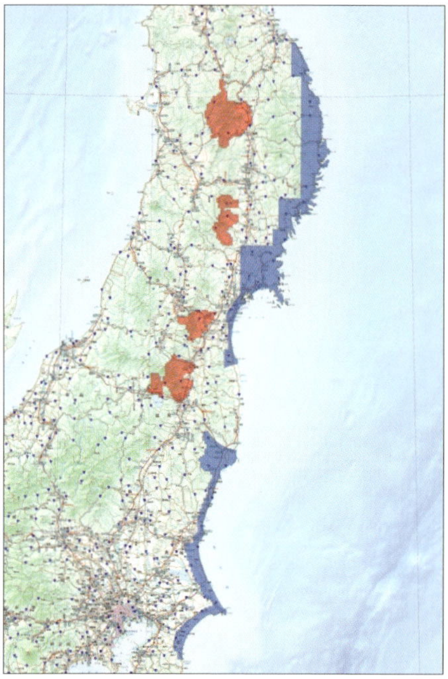

［図12］航空レーザ測量による高精度標高データ整備範囲（渡辺ほか、2011[11]）

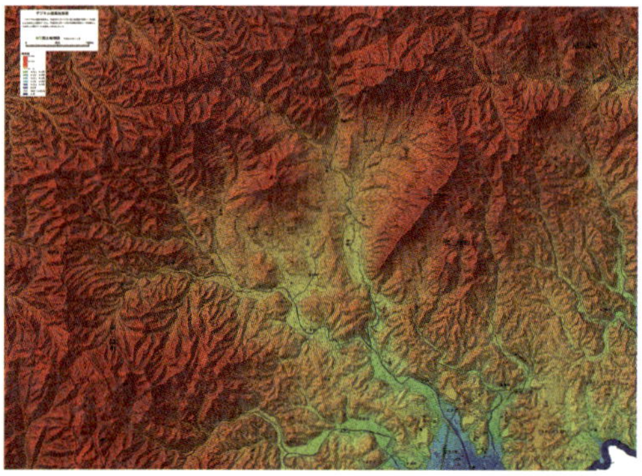

［図13］デジタル標高地形図（宮城県南三陸町）（国土地理院[6]）

(7) おわりに

東日本大震災は広域の大災害であり、国を挙げて復興に当たることが求められている。国土地理院は地元自治体や関係機関のニーズにできる限り応えて、地理情報整備の点から復旧・復興に貢献することとしている。早期の復興に向けた多様なニーズに応えられるよう、地理空間情報技術に裏打ちされた高品質の地理情報の迅速な整備・提供と一層の活用に引き続き取り組んでいきたい。

参考文献

1) 水藤尚・西村卓也・小沢慎三郎・小林知勝・飛田幹男・今給黎哲郎・原慎一郎・矢来博司・矢萩智裕・木村久夫・川元智司:GEONETによる平成23年(2011年)東北地方太平洋沖地震に伴う地震時の地殻変動と震源断層モデル, 国土地理院時報, No.122, pp.29-37, 2011.

2) 気象庁:「平成23年（2011年）東北地方太平洋沖地震」による地盤の沈下に伴う大潮の時期における浸水や冠水のおそれの高まりについて（平成23年3月17日報道発表資料）, 2011. http://www.jma.go.jp/jma/press/1103/17b/ooshio.pdf (accessed 19 Feb. 2012)

3) Ozawa, S., Nishimura, T., Suito, H., Kobayashi,T., Tobita, M., and Imakiire, T., : Coseismic and postseismic slip of the 2011 magnitude-9 Tohoku-Oki earthquake, *Nature*, doi:10.1038/nature10227, 2011.

4) 国土地理院:東北地方の地殻変動, 地震予知連絡会会報, Vol.86, pp.184-272, 2011.

5) 水藤尚・西村卓也・小沢慎三郎・飛田幹男・原慎一郎・矢来博司・矢萩智裕・木村久夫・川元智司:GEONETによる平成23年(2011年)東北地方太平洋沖地震に引き続いて発生している余効変動と余効すべりモデル, 国土地理院時報, No.122, pp.39-46, 2011.

6) 国土地理院:平成23年（2011年）東日本大震災に関する情報提供
http://www.gsi.go.jp/BOUSAI/h23_tohoku.html, 2011 (accessed 1Apr. 2012)

7) 檜山洋平・山際敦史・川原敏雄・岩田昭雄・福﨑順洋・東海林靖・佐藤雄大・湯通堂亨・佐々木利行・重松宏実・山尾裕美・犬飼孝明・大滝三夫・小門研亮・栗原忍・木村勲・堤隆司・矢萩智裕・古屋有希子・影山勇雄・川元智司・山口和典・辻宏道・松村正一:平成23年(2011年)東北地方太平洋沖地震に伴う基準点測量成果の改定, 国土地理院時報, No.122, pp.55-78, 2011.

8) 飛田幹男:地震時地殻変動に伴う座標値の変化を補正するソフトウェア"PatchJGD", 測地学会誌, Vol.55, No.4, pp.355-367, 2009.

9) 谷岡誠一:東北地方太平洋沖地震発生時の緊急撮影について, 写真測量とリモートセンシング, Vol.50, No.4, pp.185-191, 2011.

10) 長谷川裕之・齋藤勘一・高橋広典・首藤隆夫・甲斐納・廣田三成・柴原充・畠山裕司・根本正美・大野裕幸・石関隆幸:東日本大震災に対する基本図情報部の取り組み, 国土地理院時報, No.122, pp.79-89, 2011.

11) 渡辺信之・中島秀敏・吉岡貢・長谷川学:東日本大震災に対する応用地理部の取り組み, 国土地理院時報, No.122, pp.91-96, 2011.

3.
津波シミュレーションとマルチプラットフォーム衛星画像による災害状況把握

(1) 災害調査技術の進展と今回の災害対応の課題

広域にわたる大規模災害の発生直後における調査方法としては、航空写真によって被災状況の包括的な情報を得る手段が20世紀後半において確立し、比較的大規模な地震災害などに対して有効性を発揮してきた。また地殻変動や地盤の変位などは、三角点・水準点などの基準点の測量によって、精密に把握されてきた。

しかし、1970年代からの衛星リモートセンシング技術の急速な進展に伴い、広域的調査手法は着実に進化してきた。1987年以降にわが国に導入されたGPSは、2003年には約1,200点の電子基準点による連続観測網として整備され、地殻変動がリアルタイムに観測されるようになった。また、1999年から運用されたIKONOS衛星などによる高分解能衛星画像や各種のレーダ衛星画像は、広域の情報を取得する手段として実用的に用いられつつある。筆者らの所属する国際航業の災害調査活動においても、2000年の有珠山噴火災害では、航空レーザ計測による地形データ解析、2004年の新潟県中越地震災害では、IKONOS衛星画像による被災状況判読、さらに2011年霧島火山新燃岳噴火災害では、衛星SAR画像解析を導入し、これらの手法の有効性を確認してきた。

このような経験を踏まえた上での、今回の地震に対する調査活動の大きな課題は、「広さの克服」であった。地震観測結果から震源断層の規模が明らかになった時点で、地震が想定規模を越え、津波による浸水被害の範囲も予想をかなり上回るものである可能性が推定できた。これまで未経験の超広域的な被災の概要をいかに早く捉え、総攬的情報として提供するかという課題に対し、今回選択したのは、津波被害の数値シミュレーションと、マルチプラットフォーム衛星画像による災害状況の把握である。また今回の調査活動では、自らが被災し、調査作業機関としてのハードウェアと作業体制が一部制限された中での対応を迫られた。

さらに、震災直後からの広域的な停電や通信の途絶や、余震による二次災害の予防といった「対応能力の維持」という課題を考慮しながらの調査活動となった。

(2) 津波の数値シミュレーション

災害直後におけるシミュレーションの目的

広域的かつ大規模な災害の場合、被害が甚大な地域からは情報が途絶えることが多く、素早い救援対応のためには、被災地域外で取得できる何らかの情報で被害状況を見積もる必要がある。具体的な現地情報がない場合でも、何が起こっているかを推定できるのは、数値シミュレーションの強みである。また、計算条件を変えることによって、想定外の状況で起こりうることを推定することができる。さらに、防潮堤などの構造物による減災効果を比較検証することもできる。今回の津波シミュレーションでは、断片的な現地報告や画像データなどが取得できた後に、さらに随時情報を補強してシミュレーションの試行を繰り返し、津波の到達時間や波高を推定するとともに、浸水範囲や遡上の流速などを算出して、災害のイメージングに努めた。

津波シミュレーションの概要

実施した津波シミュレーションは、外洋における地震による海底地盤の変位が引き起こす海面変位、非線形長波理論による津波の伝播、沿岸域における津波の増幅、陸地での遡上（浸水範囲・浸水深・浸水速度）までを一連の数値計算によって算定するものである。初期条件となる波源域のモデルは、地震観測の結果から得られる。波源域のモデルは、地震発生直後には暫定的なモデルが作成され、次第に精緻なモデルになっていくのが通例であり、今回は最初に八木ほかによるモデル、次に佐竹のモデルなどを使用して伝播シミュレーションを実施した。さらに、各地の浸水範囲や津波水位などの断片的な情報を用いてチューニングを行い、全体の浸水範囲を推定した［図1］。数値計算にあたっては、外洋から陸上に至るまでの海底・沿岸域の地形や津波防災施設のモデル化が必要であるが、これらは構築済みのデータを、実施機関の了承を得て使用した。

津波の流体としての挙動は単純ではない。しかし、詳細な地形データを用いることにより、概ね実際と合致した水深変化や流速を予測することができる。また津波の被害の大きさは、基本的には浸水深と流速によって決まり、被害は浸水範囲内にほとんど限定される。しかも津波の破壊力は非常に大きいので、被害程度の区分は比較的明瞭である。例えば、地震動による被害予測には、表層の地盤条件を知ることが重要であるが、局所的な地盤情報が必ずしも十分に得られないために、詳細な被害予測は困難なことが多い。それに対し津波の場合は、海岸での津波の波高を正しく予測でき、地形データが詳細なものであれば、被害状況をかなり確からしく推定することができる。今回の計算では、近年に整備されていた航空レーザ計測による詳細な地形データを使用することができ、予測の精度を高めることができた。

シミュレーションの結果、これまでの被害想定結果などに比べて、海岸での津波の波高は明らかに高い傾向があり、陸上の浸水範囲もより広く、被災規模が大きいことが推定された。三陸海岸では、沿岸の水深10mの場所における津波の最大水位が15mにも及ぶと推定された［図2、図3］。また、報道が早かった南三陸町や気仙沼市の市街地被害だけでなく、情報の途絶えていた津々浦々の漁港・漁村にも津波が来襲し、甚大な被害が出ていることも想定された。さらに、平野部の沿岸域で津波の最大水位が10mに及び、石巻から福島県境までの広大な範囲が浸水し、海岸に近い住居地では甚大な被害が出ていることが想定された。一方、松島湾内は津波シミュレーション結果からも島々の効果により比較的被害が小さいことも推定された。

このようなシミュレーションの結果は、いくつかの地点では高解像度衛星画像を用いた比較により被害状況を照合して妥当性を確認した［図4］。さらにその後の現地調査結果とも比較照合した結果、津波痕跡や浸水範囲は概ね一致したことが確認できた。

(3) マルチプラットフォーム衛星画像による災害状況の把握

今回の震災のように、超広域に及ぶ激甚な被害の全容を迅速に把握するには、衛星リモートセン

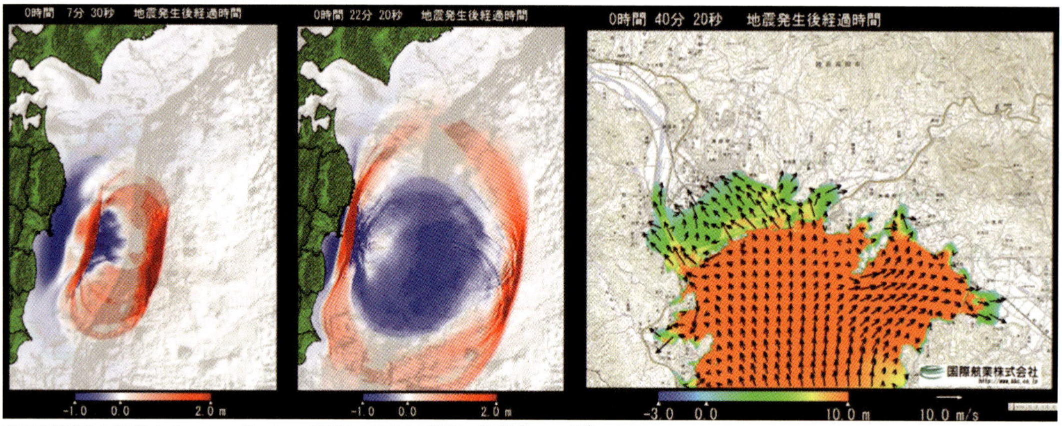

［図1］津波の数値シミュレーション。震源モデルは藤井・佐竹(2011)[1]による
左・中は、広域伝搬シミュレーション。地震観測の結果から推定した震源域で海面が盛り上がり、津波が沿岸まで伝わる様子を、数値計算により再現した。海面が盛り上がる部分を赤、沈み込む部分を青で示している。右は、陸前高田市街地への津波の遡上シミュレーション。湾内の海面が10m以上盛り上がり、防潮堤を越えて内陸に侵入する様子を再現している。矢印は浸水の速度を表し、30〜40km/hの自動車並みの速度で陸地に侵入する様子が想像できる

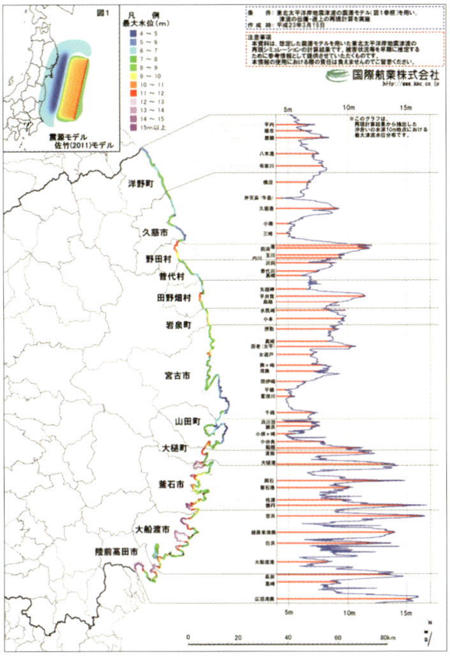

[図2]津波水位分布図(岩手県沿岸部)
シミュレーションにより沖合の水深10m地点における津波の波高を算出した

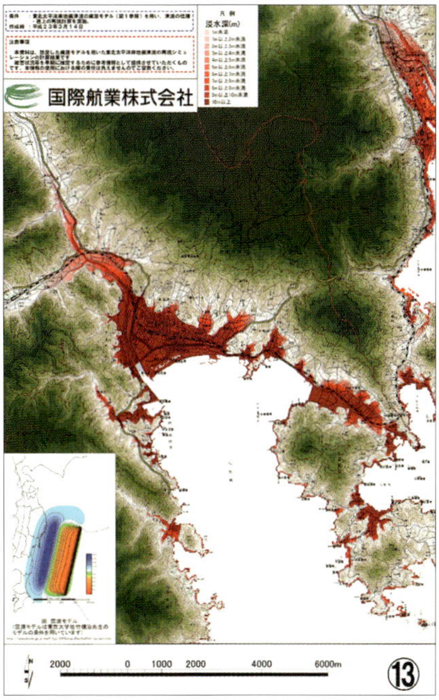

[図3]岩手県陸前高田市付近の浸水範囲図
津波の遡上シミュレーションにより、陸上への浸水範囲を算出した。陸前高田では10mを超す津波が防潮堤を越えて進入し、市街地全域が壊滅的な被害を受けた

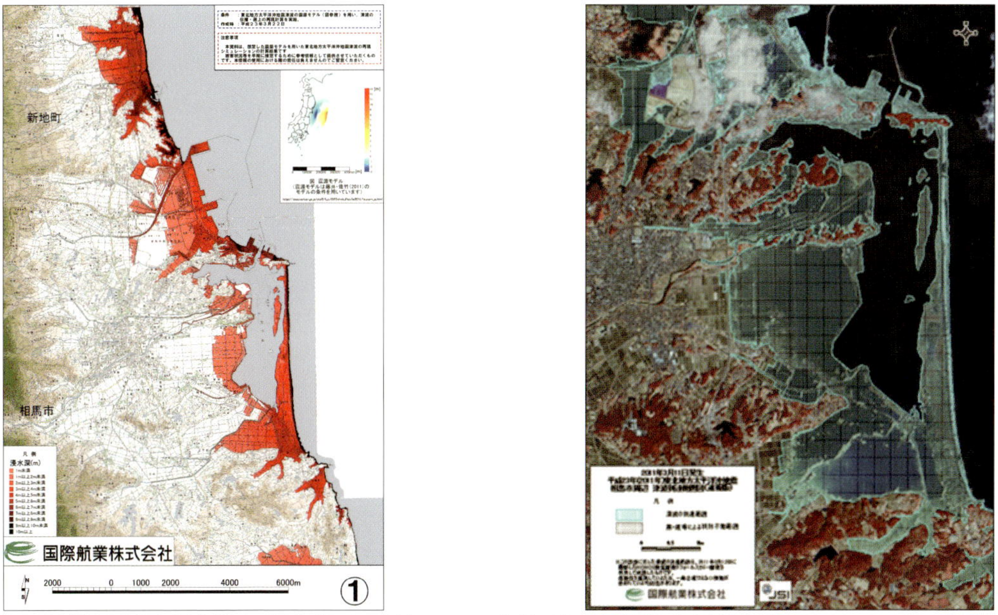

[図4](左)福島県相馬市付近の浸水範囲図、(右)IKONOS衛星画像から判読した浸水範囲
津波の遡上シミュレーションにより、陸上への浸水範囲を算出した。実際の浸水範囲と比較すると、この地点では算出結果の浸水範囲のほうがやや狭い結果となっているため、この後に補正を加えて、より正確な再計算を行った

シングの技術が不可欠の手段となった。震災発生後、多くの地球観測衛星によって被災地域が観測されたが、それぞれの衛星の軌道条件や搭載センサの特徴は異なる。被災状況を効率よく把握するには、調査対象とする被害や範囲、震災後の経過時間を十分に考慮した上で、目的に適した衛星リ

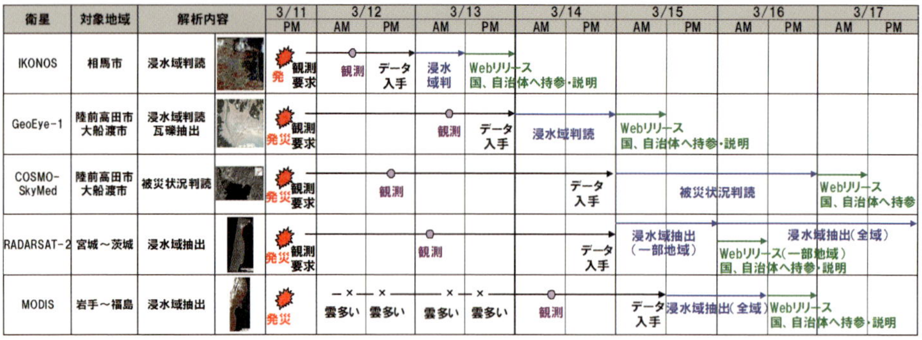

［図5］衛星データ取得から情報提供までの流れ
各種の衛星データは、発災直後から解析内容に応じた取得の準備を進め、最短で2日後の3月13日に解析結果を公開･提供し、大半の解析結果は1週間以内に公開した

ソースを組み合わせて活用する必要がある。また、より確度の高い情報を早期に把握、提供するためには、津波の遡上及び浸水シミュレーションによる浸水範囲の推定結果や現地情報などと、衛星画像による解析結果を組み合わせた判断が有用である。

本調査では、マルチプラットフォームの衛星光学画像とSAR画像を用いて、広域的な津波被災範囲の推定から、地域を限定した詳細な被災状況の把握、さらに地域の復興に向けた空間情報の収集を行った［図5］。

対象地域と使用データ

解析の対象地域は、特に被害の大きかった岩手県、宮城県、福島県の太平洋岸である。使用したデータを［表1］に示す。

［表1］解析に使用したデータ

	Satellite	Observation Day	Spatial Resolution
Optical	GeoEye-1	2011/3/13	0.5m
	IKONOS	2011/3/12	1m
	Terra/MODIS	2011/3/14	250m
SAR	COSMO-Skymed	2011/3/12	3m
	RADARSAT-2	2011/3/13	8m

広域衛星画像による浸水範囲把握

津波による災害の場合、浸水範囲は光学画像の判読やレーダー画像の反射強度のコントラストから、比較的容易に推定できる。しかし前述のとおり、震災の被災範囲が非常に広域に及んでいることが予想され、航空写真で迅速に広大な領域をカバーするのには時間を要する。そこで、浸水状況の全貌を迅速に把握するため、被災地全域を対象とし、光学衛星のTerra/MODISのデーター及びレーダー衛星のRADARSAT-2データを用いて津波による浸水範囲を把握した［図6(a)］。

高分解能衛星画像による被災状況把握

シミュレーション結果と報道などの現地情報を照合した結果、浸水域が広域にわたる地域が存在することが明らかになった。これらの地域は壊滅的な被害を受けている地域と想定され、被災状況の詳細を把握する必要があると考えた。そこで、初期の救援活動などに役立てるため、高空間分解能のGeoEye-1、IKONOS及びCOSMO-Skymed画像を用いて、浸水状況、津波の到達範囲、地形変化、構造物の被害など、詳細な被災状況を迅速に把握した［図6(b)、図6(c)］。

高空間分解能画像による瓦礫分布抽出

地震動による建物倒壊を主とした被害と異なり、津波被害により生じた瓦礫の山は、もとの用地の範囲以外にも分布している。これは救援救護活動の障害となるだけでなく、被災地の復旧、復興を進める上で、非常に大きな障害となる。大量の瓦礫の除去には多くの時間と労力を要することから、計画的かつ効率的に行う上で、瓦礫の分布や除去作業の進捗状況を高精度でモニタリングする必要がある。そこで、空間分解能0.5mのGeoEye-1画像を用いて瓦礫の分布状況を把握した［図6 (d)］。

（4）被災地の復興に向けた空間情報の収集

被災地の復旧・復興を進める上で最優先されるべきことは、第一に住民の生活やコミュニティの再生、そして生活空間の安全性の確保であり、今回の地震と同程度の地震に襲われても、被害を十

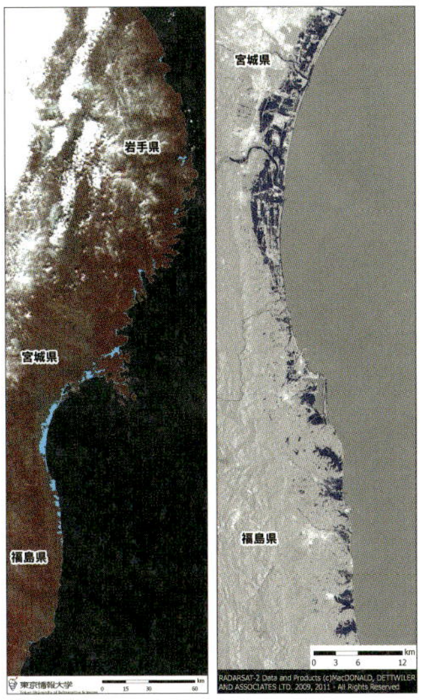

(a)

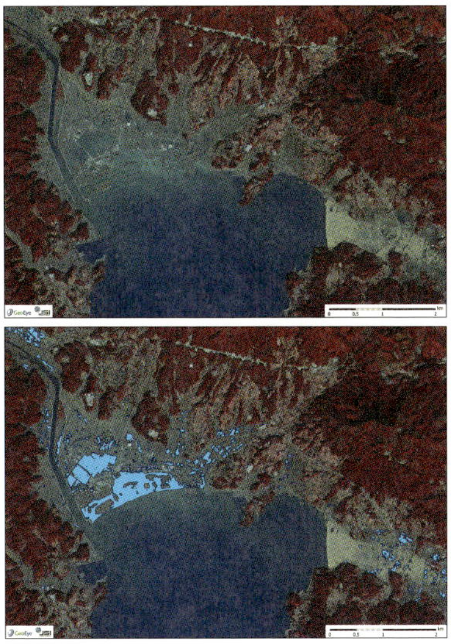

(b)

(c)

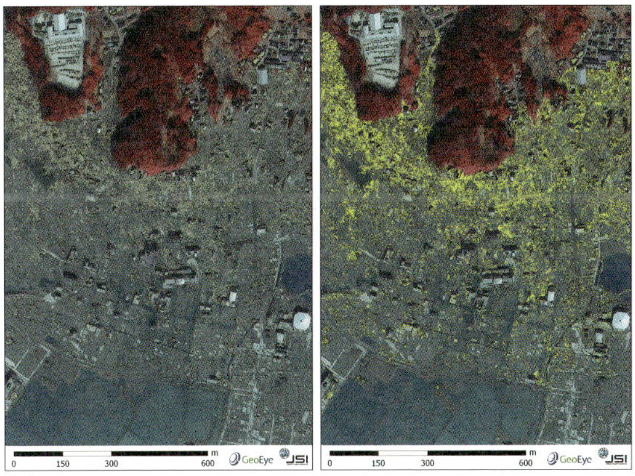

(d)

[図6]
(a)広域の津波浸水範囲分布図
左：MODIS data　3月14日撮影
右：RADARSAT-2 data　3月13日
(b)地域別の詳細津波浸水範囲分布図
上：高分解能光学衛星GeoEye-1画像
下：抽出した浸水範囲
(c)SAR画像で捕らえた構造物などの被害
上：地震前の空中写真画像
下：COSMO-Skymed dataによる被害個所の判読
(d)高分解能衛星画像による瓦礫分布の把握
左：高分解能光学衛星GeoEye-1画像
右：画像解析による瓦礫部分の強調抽出

分に軽減できる対策が実施されることが望ましい。

一方、防災的観点のみを考慮して対策を実施すると、地域における生態系、生物多様性、景観その他の環境資源の劣化や破壊につながる恐れがある。このため、復旧・復興を進める際は、防災を優先しつつ環境保全とのバランスも考慮する必要がある。

生態系や景観に考慮した復旧・復興を行う際には、対象とする地域が本来持っている生態系や景観を十分に把握しておく必要がある。また、生態系や景観の復旧･復興についても、放置、置換、部分的復元、完全な復元の4手法に加え、新たな創造という手法も考えられ、いずれの手法を用いるかは、被災地の地形的特性、被災状況、求められる防災機能の水準、地域住民の意向などを考慮する必要がある。これらを勘案した最適な復旧・復興の実施方針を決定するために、生態系の被災状況の全容と詳細を時空間情報として正確に把握することは重要である。そこで、モデル地域として三陸のリアス式海岸域に位置する岩手県陸前高田市と、平野部の海岸域である宮城県仙台市の七北田川から名取川間の海岸沿い、及び福島県相馬市の海岸沿いの海岸林を選択し、震災前後の超高分解能衛星GeoEye-1（空間分解能：0.5m）及びIKONOS（空間分解能：1m）によって取得された画像を用いて、生態系に及ぶ被災状況を詳細に把握した［図7］。

画像解析の結果、残存樹林 / 損壊箇所 / 消失箇所の面積は、陸前高田市で1ha / 0ha / 23ha、七北田川から名取川間で26ha / 244ha / 88ha、相馬市で17ha / 7ha / 135haであった。残存する海岸林の一部では、塩害による枯死も発生し、被害の拡

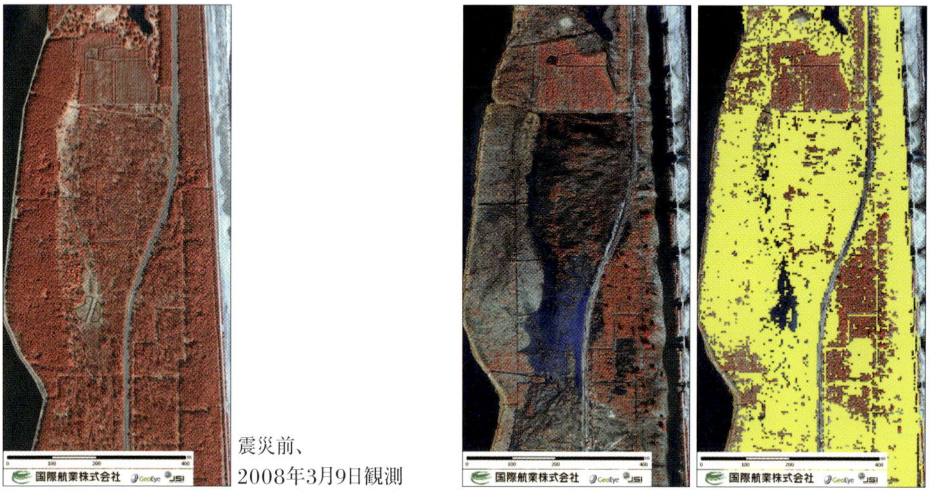

震災前、
2008年3月9日観測

震災後、
2011年3月12日観測
海岸林消失箇所

［図7］震災前後のIKONOS衛星画像による海岸林損壊状況の把握（相馬市松川浦の例）
植生海岸林がほぼすべて失われた領域と、一部残存する領域とが区分できる

大が懸念される。

（5）まとめ

災害直後におけるシミュレーションの意義は、現実と同じ状況を再現できるかということではなく、情報に乏しい中でも、現実に起こったであろうことをある程度の幅の中に推定できることである。今回は津波の遡上シミュレーションにより、被災の情報が遅れていた地域も含めて、浸水範囲を網羅的に推定することができた。また、マルチプラットフォームの衛星リソースを最大限に活用し、シミュレーション結果と合わせて被災状況を再現することで、被害の全容と詳細を迅速かつ正確に把握し、関係機関への情報提供ができた。

今回のシミュレーションは、たまたま地形データや計算の環境が整っていた中での試行であったが、現状では、全国的にこのような条件が常時整備されているわけではない。したがって、まず整えるべき対処法は、得られる範囲の様々な基盤情報をハイブリッドに用い、目的に合った予測が迅速に行える手法であると思われる。特に、大規模地震・津波が想定されている東海・東南海・南海エリアをはじめ、日本沿岸各所について、津波シミュレーションの準備を進めておくことが、発災直後の迅速な被害状況の把握や効率的な救難活動に役立つと考えられる。

なお、今回の災害対応にあたっては、激甚な被災地から離れた東京都内でも電源の使用が不安定になり、余震などによる二次災害の可能性に対する対処も必要であった。具体的には、シミュレーション計算に障害が生じないための、非常電源用燃料の確保、さらに計算処理機能の一部を遠隔地の拠点に分散移転させるなど、冗長性を持たせた体制で作業を実施した。

今回の作業にあたり、津波シミュレーションについては、東北大学津波工学研究室の今村文彦教授、越村俊一准教授にデータ提供及びご指導を頂いた。またTerra/MODISデータは、東京情報大学地理情報システム研究室の原慶太郎教授、環境リモートセンシング研究室の浅沼市男教授に提供頂いた。ここに記して謝意を表する。今後も空間情報技術を総合的に活用できるような継続的な情報の収集・提供を行い、被災地の復興の一助となるよう努めていきたい。

参 考 文 献

1）藤井雄士郎・佐竹健治:2011年3月11日東北地方太平洋沖地震の津波波源（暫定結果、Ver. 2.1）, http://iisee.kenken.go.jp/staff/fujii/OffTohokuPacific2011/tsunami_ja.html (accessed Mar. 2011)

4. 宇宙航空研究開発機構の災害対応

(1) はじめに

2011年3月11日14時46分に、三陸沖（牡鹿半島の東南東、約130km付近、深さ約24km）[1]を震源とするMw9.0の東北地方太平洋沖地震、またそれを起因とする大津波が発生し東北から関東地方の沿岸部の市町村に甚大な被害が発生した。宇宙航空研究開発機構（JAXA）は、東日本大震災の災害復旧・復興支援として、関係省庁ならびに被災地の地方自治体に対しALOS（Advanced Land Observing Satellite）、また国際災害チャータ[2]、センチネルアジア[2]の枠組みから提供された衛星画像及びその解析結果の迅速な提供を行った。地震発生後、JAXA宇宙利用ミッション本部衛星利用推進センター防災利用システム室では、直ちに中央省庁ならびに地方自治体を支援するための体制を築いた。また、3月12日未明に政府の緊急災害対策本部に、被災地域の災害発生前ALOS画像に地理情報を重畳した「だいち防災マップ」を70枚程度提供した。地球観測研究センター（EORC）では、観測したALOS及び海外の衛星画像を解析するための体制を構築し、画像及び解析結果を随時「だいち防災WEB」[2]や「JAXA/EORCホームページ」にて公開した。被災地は公衆回線網に大きな被害が出たため、岩手県の支援要請に基づき、4月下旬までWINDS「きずな」及びETS-8「きく8号」を用いた衛星通信回線の提供を行った。

本章では、ALOSによる緊急観測結果、国際災害チャータ及びセンチネルアジアの枠組みから提供された海外衛星画像、データの提供及び利用状況についてまとめた。

(2) ALOSによる緊急観測結果

本節では、ALOSの光学センサであるパンクロマチック立体視センサ（PRISM）及び高性能可視近赤外放射計2型（AVNIR-2)、Lバンド合成開口レーダー（PALSAR）の緊急観測結果について述べる。緊急観測結果は、JAXA/EORCのホームページにて迅速に掲載し、被災地域の状況を公開するように努めた。［表1］に、4月22日にALOSが軽負荷モードに入り観測を停止するまでの被災地域のパス単位の観測結果を示す[3]。

PRISM/AVNIR-2

震災発生3日後の3月14日に、被災地を全域にわたり、被雲の少ない画像を観測した。観測画像及び宮城県多賀城市から福島県相馬市までの拡大画像を［図1］に示す。多賀城市から南相馬市の沿岸部において、広域にわたり冠水している様子がわかる。また、津波で流されたと思われる海上漂流物を多数確認できた。さらに、［図2］に示すとおり岩手県陸前高田市油崎付近において、震災前にあった生簀が流され、大量の漂流物が押し寄せ、平野部が広域に冠水しているのがわかる。また、［図3］に示すとおり福島県南相馬市小高区付近において、3月14日時点で広域にわたって水田が冠水し沿岸の植生が流されている様子がわかる。その後の継続観測により、被雲や積雪で観測できない箇所を観測できた。3月24日に、PRISM/AVNIR-2の同時観測があり、主に東北地方の沿岸を観測することができた。PRISM画像とAVNIR-2画像を用いて擬似的に2.5m分解能にしたパンシャープン画像を作成し、AVNIR-2観測画像と同様に関係省庁ならびに地方自治体に提供した。岩手県陸前高田市のパンシャープン画像及び鳥瞰図を［図4、図5］に示す。東北地方の主要幹線道路である国道45号高田バイパスの橋及び北側に位置する東浜街道の橋が津波により損壊し、2kmにわたって防潮林として植えられていた高田松原が流されていることがわかる。

PALSAR

震災前後の5パス分のPALSARデータを用いて差分干渉SAR解析を行った結果を［図6左］に示す。ほぼ全域で干渉縞が確認できるため、広範囲にわたる地殻変動があったことがわかる。また［図6右］に、周囲の干渉縞と異なる局所的な干渉縞が把握できることから、3月19日に発生した茨城県北部地震（M6.1）による地殻変動（左側）、及び4月11日に発生した福島県浜通り地震（M7.0）による地殻変動（右側）を表していると思われる。

震災後の3月14日にScanSARモードで観測した画像を赤に、震災前の2009年1月21日観測画像を緑と青に割り当てたカラー合成画像を、［図7］に示す。海岸部の赤色に変化している箇所は、災害後に反射が弱くなり、津波により冠水したと考えられる。

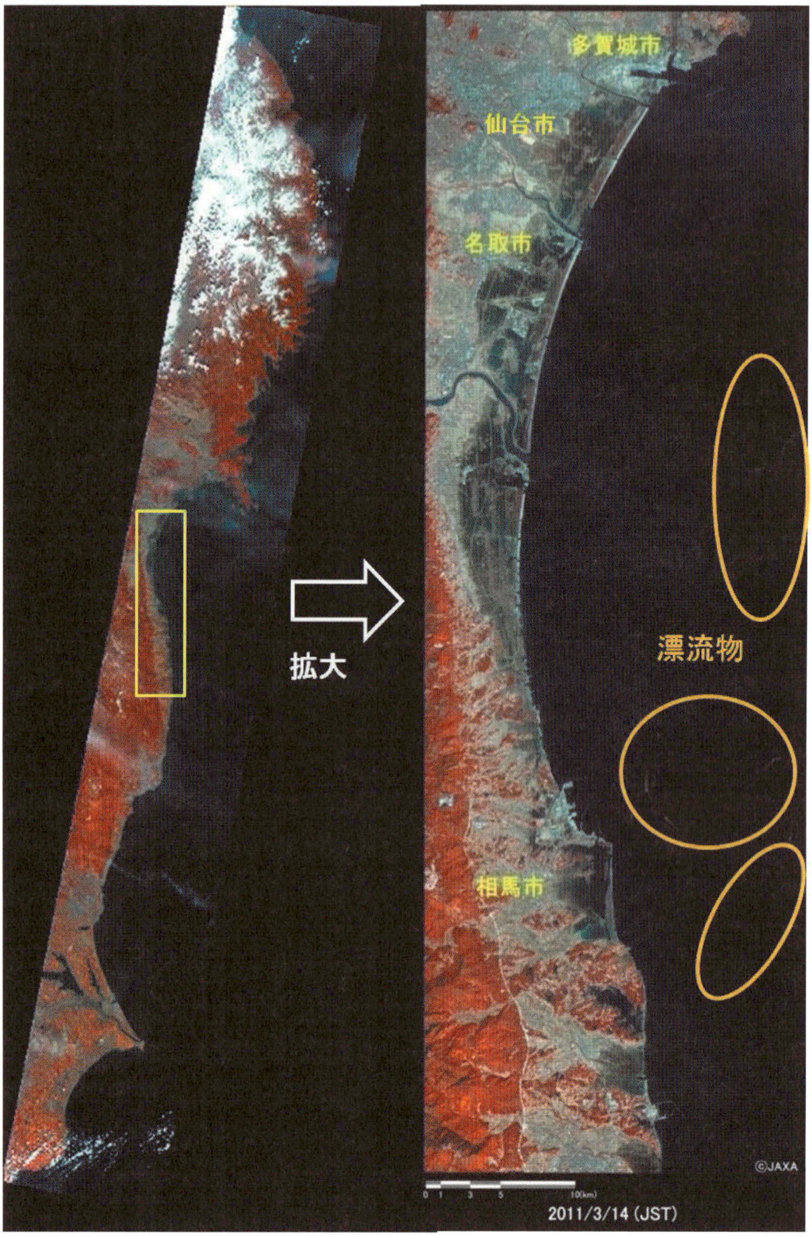

［図1］宮城県多賀城市から福島県相馬市の3月14日AVNIR-2観測画像とその拡大画像

［表1］ALOS光学とPALSARのパス単位の観測結果

Date	Sensor	Pointing/Offnadir
3月12日	PRISM OB2	ポインティング 0
	AVNIR-2	ポインティング 0
3月13日	AVNIR-2	ポインティング 44
	PALSAR/FBS	オフナディア 46.6
3月14日	AVNIR-2	ポインティング -23.0
	PALSAR/WB1	オフナディア 27.1
3月15日	AVNIR-2	ポインティング 37
	PALSAR/FBS	オフナディア 34.3
3月16日	AVNIR-2	ポインティング -42
	PALSAR/FBS	オフナディア 43.4
3月17日	AVNIR-2	ポインティング 16
	PALSAR/FBS	オフナディア 14
3月18日	PALSAR/FBS	オフナディア 50
3月19日	AVNIR-2	ポインティング -12.8
	PALSAR/FBS	オフナディア 14
3月20日	AVNIR-2	ポインティング 42
	PALSAR/FBD	オフナディア 34.3
3月21日	AVNIR-2	ポインティング -36.5
	PALSAR/FBS	オフナディア 34.3
3月22日	AVNIR-2	ポインティング 25
	PALSAR/FBS	オフナディア 14
3月23日	PALSAR/FBS	オフナディア 50
3月24日	PRISM OB2	ポインティング 0
	AVNIR-2	ポインティング 0
3月25日	AVNIR-2	ポインティング 44
	PALSAR/FBS	オフナディア 43.4
3月26日	AVNIR-2	ポインティング -28.5
	PALSAR/FBS	オフナディア 28.8
3月27日	AVNIR-2	ポインティング 32.5
	PALSAR/FBS	オフナディア 25.8
3月28日	AVNIR-2	ポインティング -44
3月29日	AVNIR-2	ポインティング 1.9
3月30日	PALSAR/FBS	オフナディア 47.8
3月31日	AVNIR-2	ポインティング -25
	PALSAR/WB1	オフナディア 27.1
4月1日	AVNIR-2	ポインティング 38
	PALSAR/FBS	ポインティング 34.3
4月2日	AVNIR-2	ポインティング -41
	PALSAR/FBS	オフナディア 41.5
4月3日	AVNIR-2	ポインティング 14
4月5日	AVNIR-2	ポインティング -9
	PALSAR/WB1	オフナディア 27.1
4月6日	AVNIR-2	ポインティング 43
4月7日	AVNIR-2	ポインティング -34
	PALSAR/FBS	オフナディア -34
4月8日	ANVIR-2/OBS	ポインティング 28
	PALSAR/PLR	オフナディア 21.5
4月10日	AVNIR-2	ポインティング 0
	PRISM/OB1	ポインティング 1.2
4月11日	AVNIR-2	ポインティング 44
4月12日	AVNIR-2	ポインティング -26
	PALSAR/FBS	オフナディア 34.3
4月13日	AVNIR-2	ポインティング 35.3
	PALSAR/FBS	オフナディア 34.3
4月14日	AVNIR-2	ポインティング -44
4月15日	AVNIR-2	ポインティング 12.5
4月17日	AVNIR-2	ポインティング -16
	PALSAR/WB1	オフナディア 27.1
4月18日	AVNIR-2	ポインティング 41
	PALSAR/FBS	オフナディア 34.3
4月19日	AVNIR-2	ポインティング -39
4月20日	AVNIR-2	ポインティング 22.5

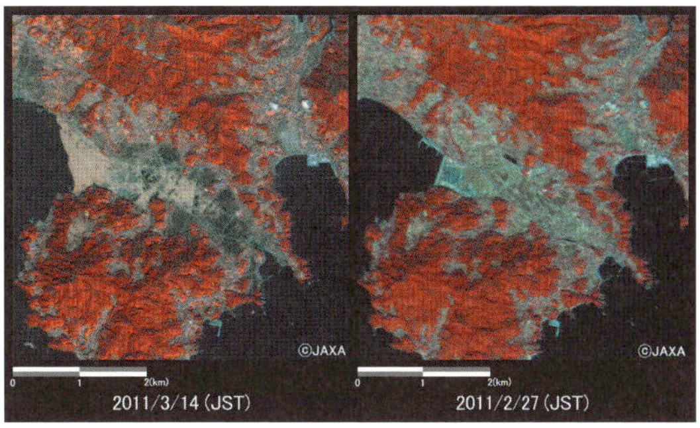

［図2］岩手県陸前高田市油崎のAVNIR-2観測画像

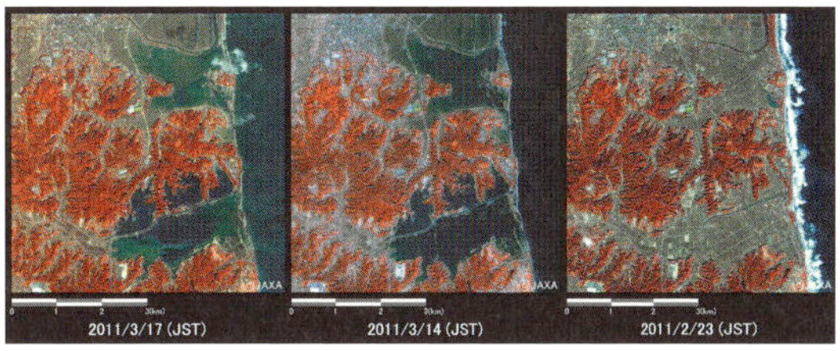

［図3］福島県南相馬市小高地区のAVNIR-2観測画像

［図4］岩手県陸前高田市のALOSパンシャープン画像

［図5］ALOSによる岩手県陸前高田市の鳥瞰図

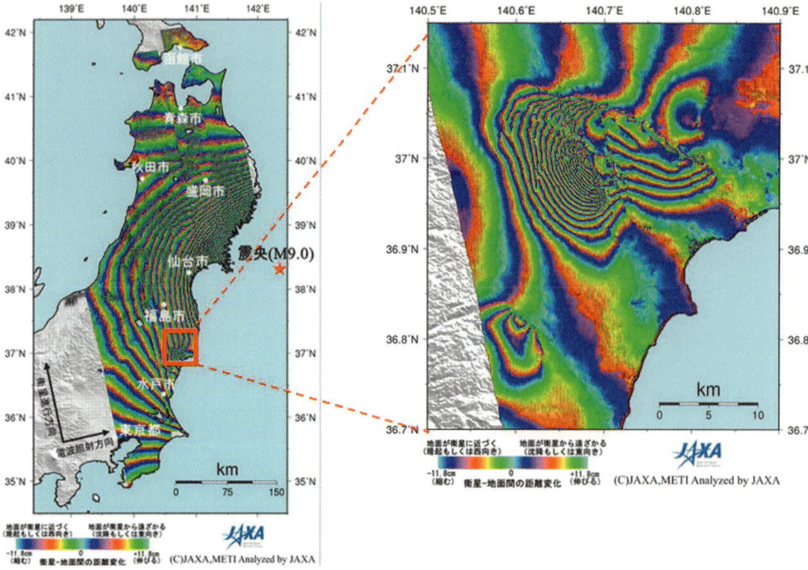

［図6］PALSARによる地殻変動図（昇降軌道）（左:5パス分のモザイク画像の全体図、右:3月19日茨城県北部地震（左側）、4月11日福島県浜通り地震（右側）による地殻変動図）

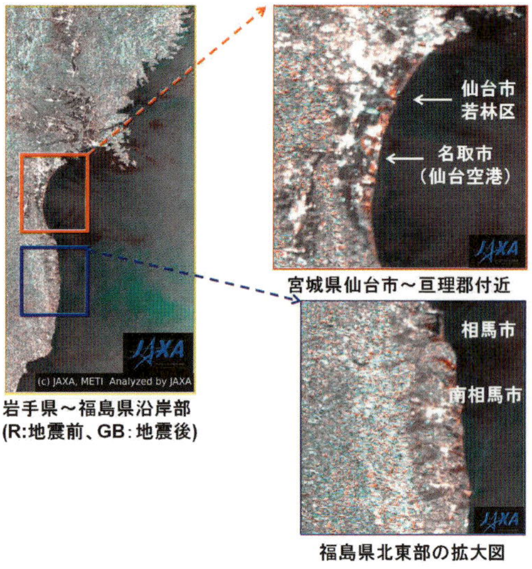

［図7］岩手県から福島県沿岸部のPALSAR災害前後のカラー合成画像（R:2009年1月21日、GB:2011年3月14日）

（3）湛水域抽出

ALOS AVNIR-2及びPALSARを用いて、被災地域の湛水域抽出を行った。

AVNIR-2による湛水域抽出

被災地での復旧作業に資するために、湛水域及び湛水域面積をほぼ毎週算出した。できる限り1パスで被災地全域をカバーできるように画像を選定したが、被雲で使用できない画像に関しては、他観測日の画像を使用した。震災前後のAVNIR-2画像を用いて、県単位に集計した湛水域面積を［表2］に示す。被雲のため使用できない、また湛水域がない箇所は、0となっている。中央省庁などに提供したものは、市区町村単位の抽出結果である。一例として、福島県相馬市から南相馬市周辺の湛水域抽出結果画像を、［図8］に示す。発災後すぐの3月14日では、海岸部が広域に湛水しているが、時間の経過とともに水が引いているのがわかる。

PALSARによる湛水域抽出

中央省庁からの要望もあり、主に仙台平野を対象領域として震災前後のPALSARデータを用いて湛水域の抽出を行った。宮城県沿岸部の湛水域抽出結果の例を、［図9］に示す。観測時のオフナディア角が小さいと分解能の低下があること、また大きすぎるとレンジアンビキュイティの影響により、湛水域抽出に影響があることがわかった。しかし、震災前後においてこれらの条件を避け、観測条件の良い画像を用いることにより比較的良好な結果を得ることができることも明らかになり、今後の知見を得た。

（4）国際災害チャータ

3月11日の地震発生後15時24分（日本時間）

[表2]AVNIR-2による県単位の湛水域面積

県名	湛水面積[km²]						
	3月14日時点	3月19日時点	4月5日時点	4月12日時点	4月17日時点	4月20日時点	
	3月14日観測	3月19日観測	4月5日観測	4月12日観測	4月17日観測	4月18日観測	4月20日観測
岩手県	2.74	1.96	1.10	1.03	0.75	0.69	0
宮城県	109.09	64.68	22.28	14.21	7.61	4.28	0
福島県	25.90	21.52	13.94	11.03	5.85	0	0.09
茨城県	2.62	0.05	0.10	0.09	0.04	0	0.02
千葉県	1.07	0.16	0.02	0	0	0	0.00

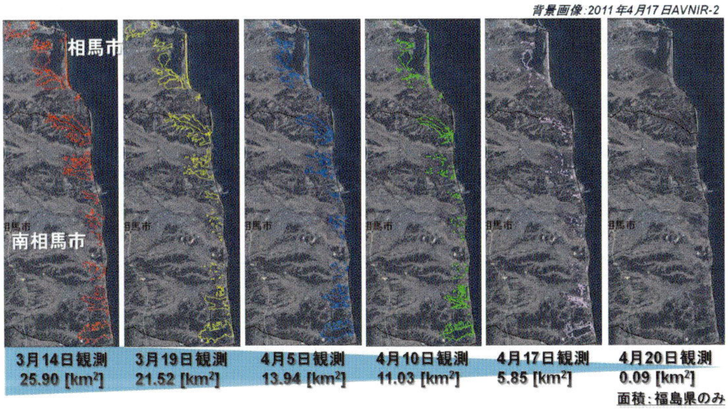

[図8]福島県相馬市から南相馬市のAVNIR-2による湛水域抽出結果

[図9]宮城県沿岸域のPALSARによる湛水域抽出結果

に、内閣府から国際災害チャータの発動を行い、光学及びSAR衛星ともに地震翌日3月12日の観測画像から提供を受けた。国際災害チャータから提供されたシーン数は、5,000以上であった。

光学衛星

国際災害チャータから提供された光学衛星の一覧を、[表3]に示す。光学衛星は、3月12日から4月14日観測分の提供を受けた。広域の被害状況把握には、複数衛星でほぼ毎日広域観測可能なRapidEye衛星画像を使用し、詳細な被害状況把握には、他の海外高分解能衛星画像を使用した。福島県いわき市勿来町を観測したRapidEye衛星のマルチスペクトル画像を、[図10]に示す。震災前の2010年5月21日と震災後の3月12日を比較しており、津波により沿岸部の砂丘部が大きく削り取られているのがわかる。詳細な被害状況把握の例として、3月12日に宮城県石巻市周辺を観測したIKONOS衛星のパンクロマチック画像を[図11]に示す。住宅街まで浸水している様子がわかる。また、図中Aでは、石巻市南浜町の火災の状況がわかる。3月14日に岩手県下閉伊郡山田町を観測したWorldView-2衛星パンクロマチック画像とマルチスペクトル画像から作成したパンシャープン画像を、[図12] に示す。カキやホタテなどの養殖筏があった山田湾は、震災後大量の海上漂流物が散乱している様子がわかる。3月14日に福島県相馬市周辺を観測したKompsat-2衛星のパンクロマチック画像とマルチスペクトル画像から作成したパンシャープン画像を、[図13] に示す。相馬市の水田が広範囲に冠水している様子がわかる。3月13日に岩手県久慈市から宮城県南三陸町付近までを観測したSPOT-5衛星のパンクロマチック画像を [図14] に示す。観測幅が60kmと広く東北地方の沿岸部から内陸部まで広く観測でき、広範囲な状況把握に有効であった。また、3月19日に国際災害チャータに加盟のUSGS (Clark University) から、[図15] に示す宮城県女川市女川町総合運動公園に書かれた「SOS」メッセージを見つけたという連絡が届いた。至急宮城県に連絡し、数時間後に宮城県が既に把握している避難地であることがわかり、孤立集落の疑いは杞憂に終わった。

SAR衛星

国際災害チャータから提供されたSAR衛星の一覧を、[表4] に示す。SAR衛星は、3月12日観測から4月23日観測画像の提供を受けた。茨城県行方市と鉾田市を結ぶ鹿行大橋周辺を、3月13日に観測したTerraSAR-X衛星の画像を、[図16] に示す。鹿行大橋周辺の拡大画像を左上に示すが、橋の一部が地震により崩壊したため線が途切れているのがわかる。

(5) センチネルアジア

センチネルアジアから提供された光学衛星の一覧を、[表5] に示す。3月12日に宮城県岩沼市、亘理郡亘理町付近を観測したFormosat-2衛星のマルチスペクトル画像を [図17] に示す。沿岸の暗くなっている所が津波により冠水したと考えられる。海岸線から数kmにわたって広く冠水している様子がわかる。3月13日に宮城県仙台市、名取市付近を観測したTHEOS衛星のパンクロマチック画像とマルチスペクトル画像から作成したパ

[表3] 国際災害チャータ提供の光学衛星一覧

衛星名	提供機関	国
Cartosat-2	ISRO	インド
EO-1	USGS	アメリカ
Formosat-2	CNES	フランス
GeoEye-1	USGS	アメリカ
HJ	CNSA	中国
IKONOS-2	USGS	アメリカ
Kompsat-2	KARI	韓国
Landsat-5, 7	USGS	アメリカ
RapidEye	DLR	ドイツ
SPOT-4, 5	CNES	フランス
QuickBird-2	USGS	アメリカ
WorldView-1, 2	USGS	アメリカ

注:Formosat-2は、CNESから国際災害チャータ経由で受領した。

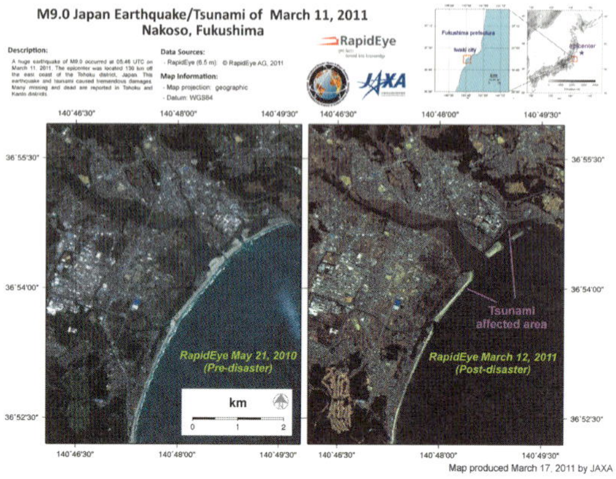

[図10] 福島県いわき市勿来町のRapidEye観測画像

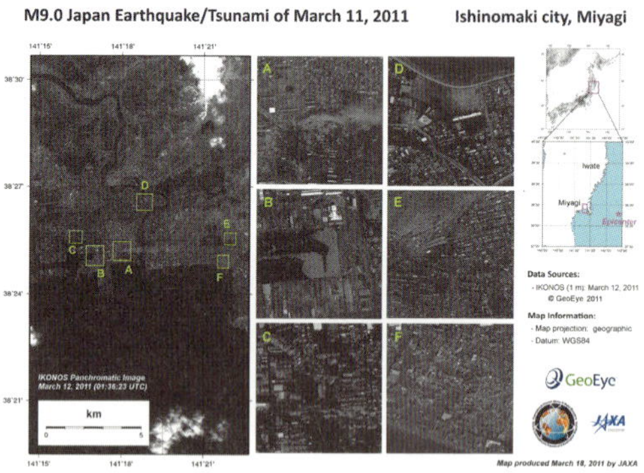

[図11] 宮城県石巻市のIKONOS観測画像

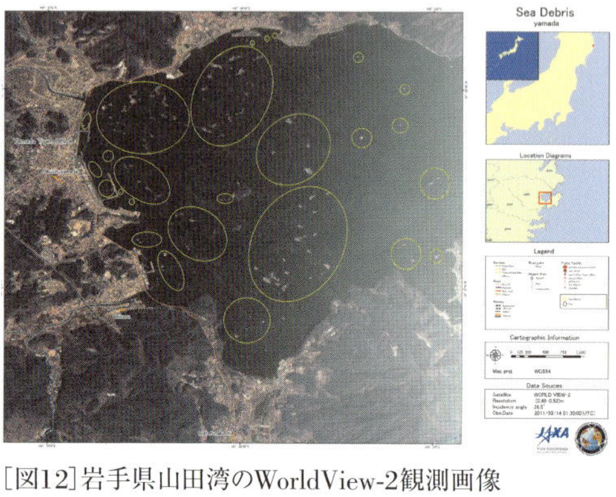

[図12] 岩手県山田湾のWorldView-2観測画像

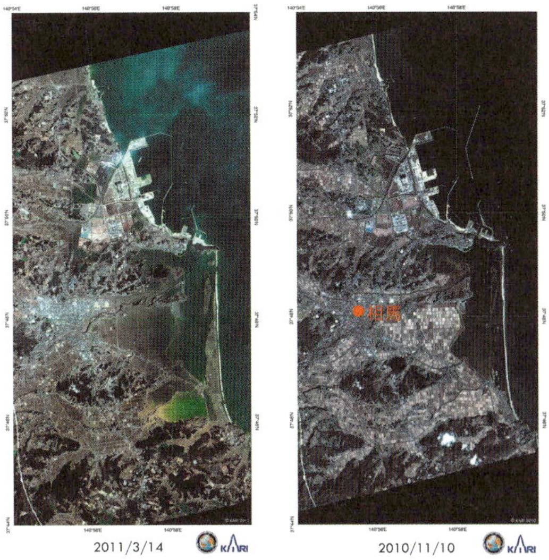

［図13］福島県相馬市のKompsat-2観測画像

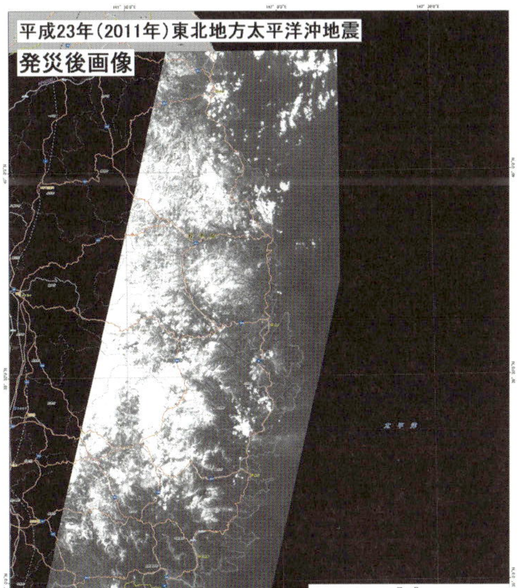

［図14］東北地方のSPOT-5観測画像

［図15］宮城県女川市女川町総合運動公園の「SOS」メッセージ

［表4］国際災害チャータ提供のSAR衛星一覧

衛星名	提供機関	国
ENVISAT	ESA	欧州
TerraSAR-X	DLR	ドイツ
RADARSAT-1,2	CSA	カナダ

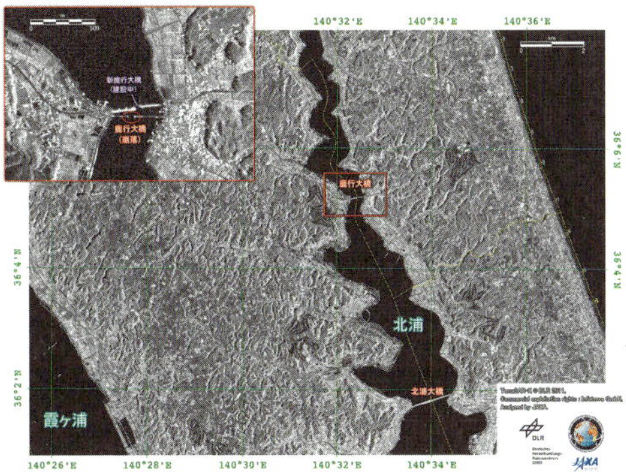

［図16］茨城県鹿行大橋周辺のTerraSAR-X観測画像

［表5］センチネルアジア提供の光学衛星一覧

衛星名	提供機関	国
Cartosat-2	ISRO	インド
Formosat-2	NSPO	台湾
THEOS	GISTDA	タイ

注:Formosat-2は、NSPOからセンチネルアジア経由で受領した。

［図17］宮城県仙台市、名取市のFormosat-2観測画像

ンシャープン画像を、［図18］に示す。沿岸部の広域な冠水、仙台市塩釜港の石油コンビナートの火災による煙、海上漂流物などを確認できる。3月15日に宮城県仙台市若林区、宮城野区付近を観測したCartosat-2衛星画像を［図19］に示す。沿岸部が広く冠水しているのが確認できる。

(6) 福島第一原子力発電所

福島第一原子力発電所の状況把握として、4月中旬まで国際災害チャータに観測要求を行い、観測結果画像を中央省庁に随時提供した。地理情報を重畳したALOSの観測結果画像に、福島第一原子力発電所からの距離範囲を表示したものを［図20］に示す。また、3月12日から3月19日までに国際災害チャータから提供された観測結果の一例を、［図21］に示す。

(7) データ提供及び利用状況

本震災において、ALOS画像、海外衛星画像、またその解析結果の提供先について、［表6］に例を示す。各種画像データは観測もしくは受領後、直ちに関係機関に提供した。一方、被災地への画像配布という点では、困難を極めた。そのため、被災地の地方自治体には横山隆三岩手大学名誉教授を中心に画像の提供を行った。一部は、WINDSやETS-8の通信班の移動で持参したものもあった。

また、中央省庁、地方自治体ならびに関係機関向けの「だいち防災WEB」は、発災から4月末までに1,500件を超えるアクセスがあった。ALOS観測結果を掲載しているJAXA/EORCのアクセス数は、発災後は1日に約2万件のアクセスがあった。月平均では、平時は10万件台のアクセス数であるが、地震発生後の3月、4月はそれぞれ55万件、34万件であった。ALOS観測結果をご覧になった被災地の方から観測画像の問合せ、またこの領域で船舶を航行する関係者の方々から海上漂流物についての情報を随時掲載して欲しいという要望を頂いた。

(8) まとめ

2011年3月11日の東日本大震災発生後、JAXA

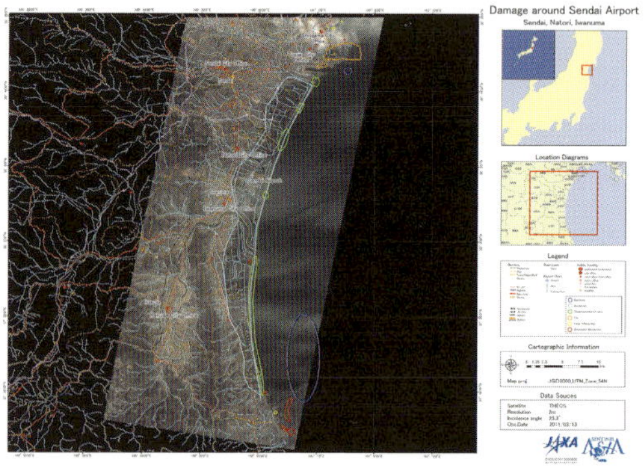

［図18］宮城県仙台市、名取市周辺の観測THEOS画像

［図19］宮城県仙台市のCartosat-2観測画像

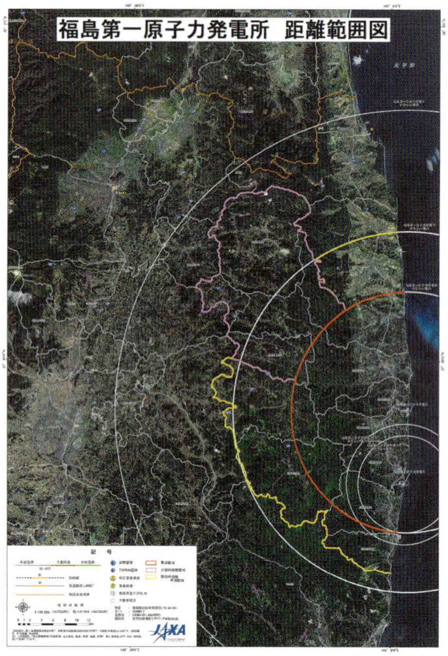

［図20］ALOS画像による福島第一原子力発電所距離範囲

では政府災害対策本部、中央省庁、地方自治体ならびに関係機関に、ALOS画像及び海外衛星画像、またその解析結果を随時提供し、災害復旧及び復興に役立てられた。ALOSは、発災後から電力異常を発生した4月22日までに搭載された3つのセンサで、被災地域を合計約450シーン観測した。また、国際災害チャータ及びセンチネルアジアから提供された海外衛星画像は、5,000シーンを超える膨大なデータとなった。ALOSは本震災発生後数年先まで復旧復興状況をモニタリングすることを計画していたが、2011年5月12日に運用を停止せざる得ない状況になったことは、大変残念である。現在、各方面からALOS後継機（PALSAR及び光学）の早急な打ち上げを強く切望されており、その早期実現に向けて邁進しているところである。青森県から東京都までの南北に約700kmを超え、沿岸部のみならず山間部も被害地域であった本震災では、広域を一度に観測でき、かつ定期的に観測可能な衛星画像の有用性が示せた。また日本保有の衛星であるため、被災地全域の震災前画像を網羅していること、また関係機関からの要望を受けて柔軟に観測計画を立案し、被災地を全域にわたりほぼ毎日観測し、被害状況の全体把握に貢献することができた。さらに情報伝達においては、平時の防災利用実証で協力を得た関係機関との連携を活かし、地方自治体まで速やかに情報伝達することができた。またその一方で、海外機関からのデータ授受、処理、関係機関へのデータ提供など様々な問題点が見えた。この知見を活かし、今後発生する可能性のある災害に対し、より一層の防災及び減災に寄与していきたい。

参考文献

1)気象庁発表

2)宇宙航空研究開発機構 衛星利用推進センター防災利用システム室/地球観測研究センター編:宇宙からの災害監視Ⅱ, pp.6-7, 2011.2

3)陸域観測技術衛星「だいち」(ALOS)の運用終了について http://www.jaxa.jp/press/2011/05/20110512_daichi_j.html(accessed 25 Dec. 2012)

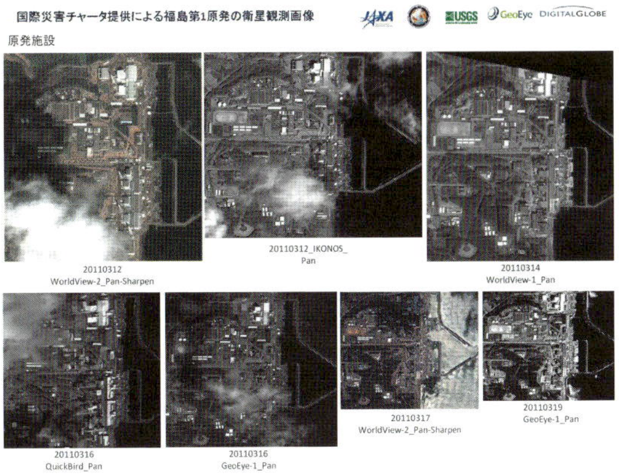

[図21]福島第一原子力発電所の国際災害チャータ観測画像

[表6]ALOS画像、海外衛星画像及び解析結果の提供先

提供機関	提供物
内閣官房	・仙台空港及び福島第一原子力発電所の震災前後画像を提供した ・災害チャータ画像は、4月19日まで提供した
内閣府	・発災当日57枚のだいち防災マップを提供し、各県対策本部に送付した ・ALOS観測結果及びチャータ画像、原発関連画像を随時提供した ・北海道から千葉までの湛水域結果を提供した
警察庁	・ALOS観測画像から各種プロダクトを作成し大判印刷物を各県対策本部へ送付した
国土交通省	・3/21～4/22までPALSAR、AVNIR-2による湛水解析結果を提供した ・三陸沿岸、千葉液状化エリアの情報を提供した ・関心地域（山火事の可能性）の画像を提供した
農林水産省	・農地の湛水状況の情報を提供した ・千葉県北部（九十九里浜周辺）から茨城県沿岸の浸水解析結果を提供した
水産庁	・沖合に流された漁船の捜索参考情報として岩手沿岸画像を提供した
海上保安庁	・3/13、16、及び4/18観測の海上漂流物解析結果を提供した
環境省	・陸前高田周辺のみで約56万m2の漂流物の情報提供をした
文部科学省	・原発関係の画像を提供した
防災科学研究所	・東北及び新潟長野のALOS画像を提供した
国土地理院	・発災前後の画像を順次提供した
宮城県	・国際災害チャータにより女川運動公園上のSOSメッセージが確認され、情報提供した
岩手県・岩手大	・岩手大経由で関係機関（岩手県等）に画像、解析結果を提供した ・国道45号線の被害状況については光学判読結果を提供した ・発災前後の画像を提供した
関東地方整備局	・海外衛星画像を用いて千葉県液状化エリアの状況を提供した
和歌山県	・現地活動用だいち防災マップを提供した
京都大学防災研	・緊急地図作成プロジェクトに使用する画像を提供した

5. RESTECの災害対応 ——震災前後のALOS及びTHEOS衛星画像の提供

(1) はじめに

2011年3月11日に発生した東日本大震災は、未曾有の大災害をもたらした。リモート・センシング技術センター（RESTEC）は、災害復旧・復興支援として、宇宙航空研究開発機構（JAXA）により観測された、わが国の陸域観測技術衛星「だいち（ALOS）」からの標準処理データの無償提供ならびにALOSとタイの衛星THEOSを用いた衛星画像地図の作成・提供を行った。以下に活動内容を報告する。

(2) 被災地周辺のALOS標準処理データ提供

RESTECでは、本震災の発生を受け、同年3月14日より、ALOSから観測され、標準処理を施した衛星データの無償提供を実施した。

震災発生直後より、JAXAがALOSの緊急観測を実施し、防災関係機関へデータ提供を開始していたが、震災発生時にALOSデータの配布事業者であったRESTECは、さらに広く一般ユーザの災害応急対応ならびに復旧・復興時における活動に資するべく、一般ユーザへの無償データ提供を行うことを決定し、JAXAの協力の下で震災発生前後の標準処理データの公開を行った。データの公開に関するRESTEC内部における意思決定は、発災当日の11日に行っていたが、週明けを待って関係機関との調整を経る必要があったため、データ提供開始は地震発生後3日目となった。

対象センサはPRISM、AVNIR-2、PALSARの3センサであり、フォーマット形式はCEOSである。シーン数は全提供期間を通じて約450シーンに上った。提供方法は、迅速にデータを提供するために、FTPによるインターネット経由で行った。

サービス実施にあたっては、当初はRESTECのサーバを使用していたが、国内外からの急激なアクセスの集中により、サーバへの負荷が増大したため、インターネットイニシアティブ（IIJ）の協力により、同社のクラウドサービスの無償供与を受けた。サービス開始のアナウンスは、ホームページなどを通じて行った。

本サービスへの利用者の反響は大変大きく、同年3月18日には、航測会社により発災前後のデータを用いた浸水域の解析結果が公開された。また、座礁船の位置把握にも光学画像が活用された。データは、観測当日、もしくは翌日にはFTPダウンロード可能となっていたことから、迅速なデータ提供が利用につながったものと考えている。本サービスは同年4月15日をもって終了した。

(3) 衛星画像地図の作成・提供

先に述べたALOS標準処理データの無償提供は、CEOSフォーマットを扱うことが可能な利用者に限定されていた。そのため、復旧・復興活動に携わる一般の利用者を含めた多くの関係者に被災状況の全容把握に資する情報を利用頂くことを目的として、JAXAの協力の下、NTTデータと共同で、「衛星画像地図」の作成、提供を行った。作成したプロダクトは、衛星画像と道路や公共施設などの地図情報を重ね合わせた、座標情報を含むPDF形

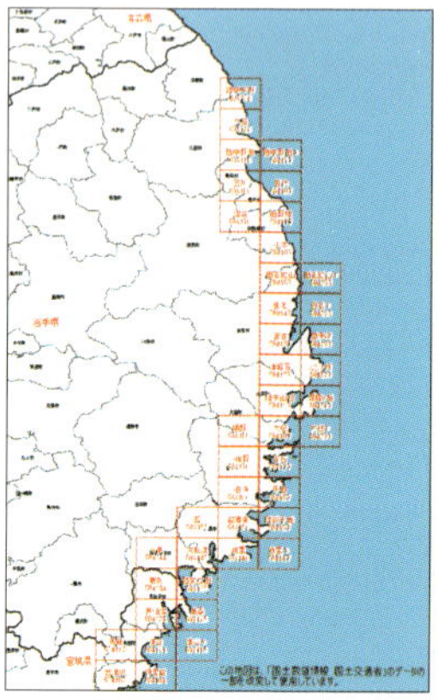

［図1］整備範囲（岩手県）

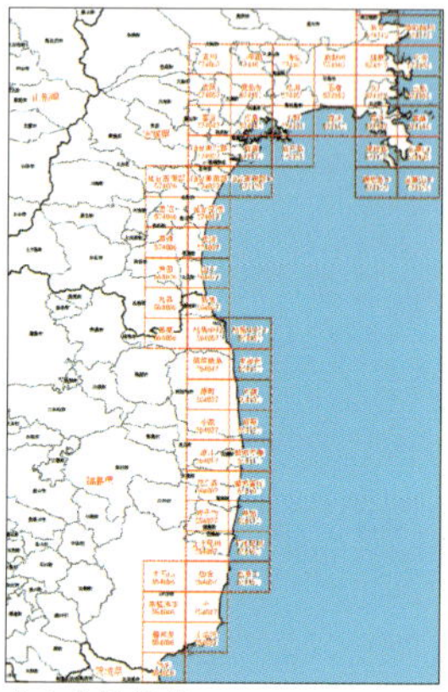

［図2］整備範囲（宮城県、福島県）

式の地図データである。対象地域は、岩手県・宮城県・福島県の沿岸部を対象とした全105図葉である［図1、図2］。

1図葉は二次メッシュとほぼ同サイズとなっており、各図葉ごとに災害前後の2枚セットとなっている。発災前の衛星画像には、RESTEC、NTTデータ、ジオサイエンスが3社共同開発し製品化したシームレスオルソモザイクプロダクト「だいち図（マップ）」を使用した。発災後の画像には、ALOSデータ及びタイ地理情報・宇宙開発研究機関（GISTDA）から提供された「THEOS」データを使用した。THEOSの活用により、発災後のALOSデータだけではカバーすることが不可能であった広大な被災地沿岸エリアをほぼ網羅してカバーすることができた。本プロダクトは、RESTECの以下のホームページにて公開されており、無償でダウンロード可能である。

・RESTECサイト

http://alosemergency.restec.or.jp/

また、インターネット環境やダウンロードデータの印刷環境が整っていない地域の利用者からのデジタルデータや印刷済み製品の郵送要望にも対応した。

衛星画像地図作成にあたっては、当該地図の形式としてGeo PDFを採用した。本形式は、Adobe Acrobat Readerを用いて閲覧可能であり、重畳されている「地図レイヤ情報の表示/非表示切替え」、津波の影響などにより移動した構造物の「移動距離の計測」や、津波の被害範囲である「浸水面積の計測」などが可能である。当該地図の印刷縮尺は、A3印刷で1:50,000、A1印刷で1:25,000である。原初データが2.5m解像度であることから、さらに大判のB0やA0サイズでの印刷（縮尺1:15,000程度）にも十分利用できる。そして、出力した図葉は、隣接する図葉と接合することにより、容易に「広域の衛星画像地図」としても利用頂けるようにデザインされている。

これらの機能は、被災状況の把握、復興計画の策定、及び、避難所などにおける地域の情報共有などを実施する際に有効である。

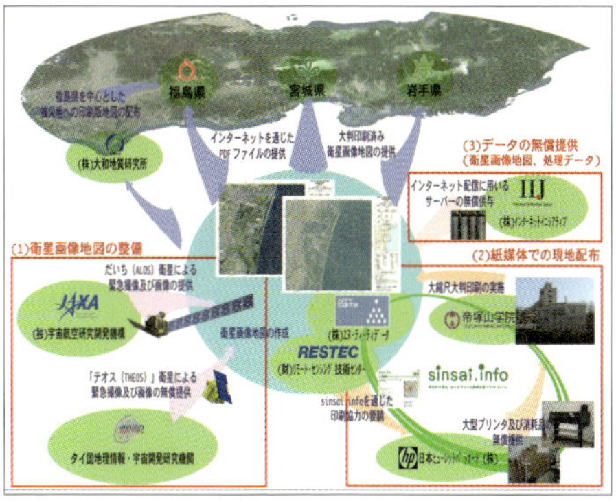

［図3］衛星画像地図作成・提供の体制図

［図4］「sinsai.info」における協力者の募集

（4）衛星画像地図の提供支援活動

衛星画像地図提供サービスの実施にあたっては、様々な方々のお力添えを頂いた［図3］。

衛星画像地図の利用について、紙媒体での提供の必要性を、各所から指摘されていたが、105図葉かつ災害前後からなる1セット200枚以上の大量の大判紙印刷をRESTECのみで行うことは困難であった。

そこで、東日本大震災にかかる震災情報サイトの「sinsai.info」を通じ、印刷サポートを募集する記事を掲載したところ［図4］、大阪の帝塚山学院大学より応募を頂き、学内でボランティアを募ることで対応頂くこととなった。

これまでに1,000枚以上の印刷が、30名以上の学生ボランティアの手により実施された。また、印刷に必要となる大判印刷設備、大型プロッター及び用紙やインクなど消耗品一式については、ツイッター投稿を通じて本活動の存在を知った日本ヒューレット・パッカード（日本HP）から、無償供与の申し出を頂いた。仙台空港の衛星画像地図を印刷したものが［図5、図6］であり、阿武隈川

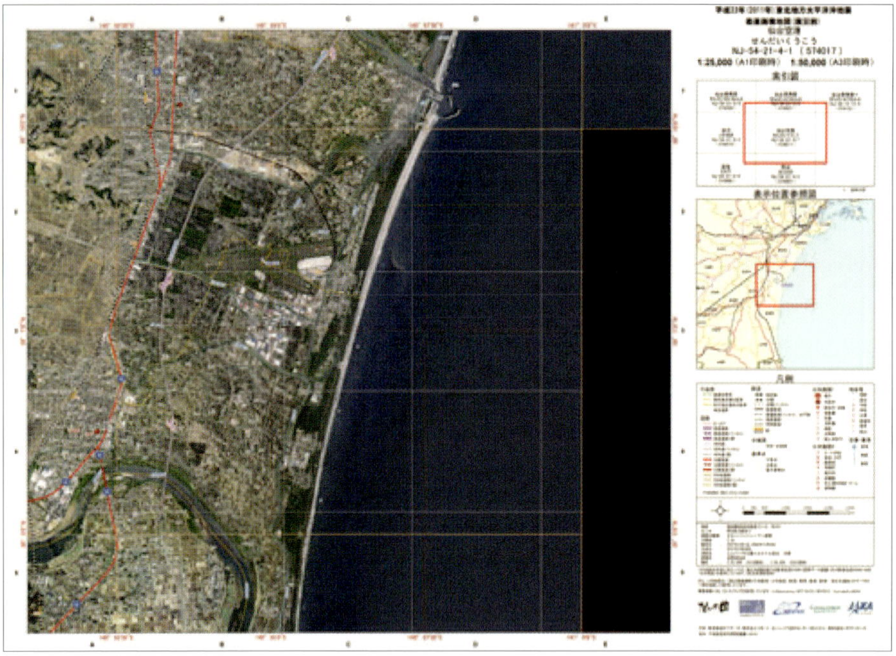

［図5］震災前衛星画像地図（ALOS：2008年12月4日）

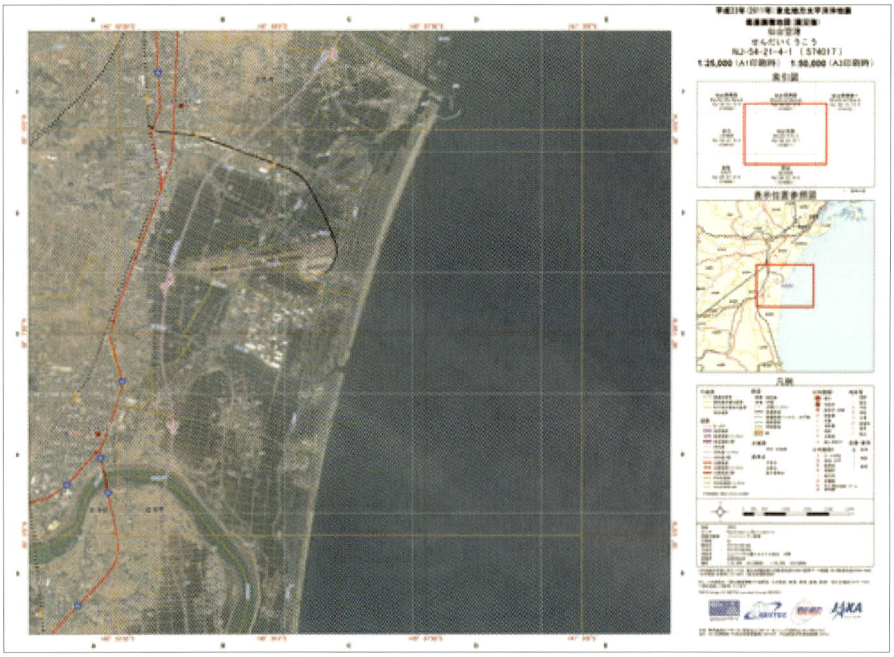

［図6］震災後衛星画像地図（THEOS：2011年3月14日）

周辺を拡大したものが［図7、図8］である。画像上で黒くなっている部分が浸水したと思われる箇所であり、仙台東部有料道路の岩沼IC付近まで色が変化しているのが見てとれる。

紙印刷プロダクトは、RESTECやNTTデータが直接現地に持ち込むほかにも、災害関連政府関係省庁や被災地において活動している企業等の協力により、災害対策本部等への配布を行った。

(5) 活動の特徴

今回の活動の最大の特徴は、衛星データそのもののみならず、作成した衛星画像地図について、デ

［図7］震災前の衛星画像地図拡大（阿武隈川周辺）

［図8］震災後の衛星画像地図拡大（阿武隈川周辺）

ジタルデータの閲覧が困難な状況にあるであろう被災地域の利用者などに迅速に使用頂けるよう、利用者が使用しやすい最終形の紙印刷サービスまで行い、配布した点にある。従来、解析データの提供媒体の多くはデジタルデータであり、災害時に必ずしも現場の利用者が使いやすい形態ではなく、データが十分活用されない場合も多かったと推測される。その点を解消できたことで、現場の方に直接提供し、利用して頂くとともに、プロダクトへのご意見を伺うことができた。

また、迅速に広域の衛星画像地図を整備し、無償で一般に公開した活動は、RESTECとしては初めての試みであった。衛星画像の上に地図情報を重ねる手法は、ALOS打ち上げ以降、JAXAが実施する防災利用実証実験において、5年にわたり、検討・作成されてきたものであるが、JAXAの許可を得て、この手法を用いたプロダクトを面的（広域）に整備し、一般に広く公開したことは、衛星画像地図の有効性を実際に示すことができたと考えている。

(6) 今後の課題

今後の課題としては、情報入手を必要とする人の下に、必要な情報をより迅速かつ的確に届ける仕組み作りの必要性が挙げられる。デジタルデータよりも紙媒体の方が、利便性が高いことが判明したが、災害発生時のような緊急時においては、そのデータを必要とする人がどの地域にいるのかを探すことが非常に難しかった。この「マッチング」をいかに迅速に精度良く行えるかが利用のさらなる拡大に向けた鍵となると思われる。実際、大判印刷物の提供を行った現地機関からは、発災直後に入手できていたら、効果的に実務に役立てることができたとのコメントを複数頂いた。

また、将来、同様の災害が発生した場合の体制の構築・維持に向けた調整・検討も必要であると考える。日頃より技術面及び運用面の準備を整えておくことで、発災時に迅速に動くことが可能となるが、一方でそれらの体制の維持コストが課題である。大規模災害を想定した場合、一つの組織だけでなく、複数の組織による体制や役割分担の検討も必要であると思われる。

末筆ながら、本活動は、多くの方々からの多大なご協力の下に実現することができたものである。この場を借りて、帝塚山学院大学殿、日本HP殿、IIJ殿、福島県を中心とした被災地への印刷版地図の配布にご尽力頂いた大和地質研究所殿（福島県）、NTTデータ殿、ジオサイエンス殿、JAXA殿、GISTDA殿の関係各位に改めて謝意を表する次第である。

参考文献

1）東日本大震災みんなでつくる復興支援プラットフォーム
http://www.sinsai.info/ushahidi（accessed 31 Mar. 2011）

6.
高分解能衛星による撮影及び被害状況把握

(1) はじめに

日本スペースイメージングは、1999年に打ち上げられた米国の商用高分解能衛星IKONOSの日本国内における撮影運用開始以来、現在ではIKONOSのほか、米国の高分解能光学衛星GeoEye-1、イタリアが運用する合成開口レーダー衛星（SAR衛星）COSMO-SkyMed（4機）、そしてドイツのRapidEye衛星群（5機）など複数の衛星を取り扱い、広域災害のモニタリングに取り組んでいる。2011年3月11日に発生した東日本大震災においては、震災直後から災害地域を撮影する計画の策定検討に着手し、複数衛星の特徴を利用した光学及びSAR衛星による撮影を実施し、取得された衛星画像を関係機関に提供した。本章では、東日本大震災における当社の取り組み、特に高分解能衛星による緊急撮影対応及び取得された画像を利用した被害状況把握について紹介する。

(2) 利用衛星について

今回の東日本大震災において、当社が緊急撮影対応及び災害状況把握に利用した衛星について述べる。

光学衛星IKONOS、GeoEye-1

IKONOSは世界初の商用高分解能衛星として1999年に打ち上げられ、現在も正常に運用されている。日本国内においては、1mの空間分解能の画像が陸域のほぼ全域で整備され、様々な分野で利用されている。その後継機として、GeoEye-1衛星が2008年9月に打ち上げられた。波長分解能はIKONOS衛星同様、可視と近赤外域に4バンドを有するが、空間分解能は現在運用中の商用衛星の中では最高の41cm（衛星直下観測時）を誇る衛星として知られている。衛星画像はすべて50cmの解像度にリサンプリング処理された後に配布されている。2011年10月末現在、日本全国陸域面積の約75%が整備済である。GeoEye-1はIKONOS衛星と同じ軌道面において運用されており、2つの衛星を利用した観測頻度の向上が期待される。

SAR衛星COSMO-SkyMed

COSMO-SkyMed（略称：CSK）はイタリア政府が打ち上げたXバンド高分解能合成開口レーダー（Synthetic Aperture Radar, SAR）衛星で、その1号機が2007年6月に打ち上げられた。それ以降2007年12月、2008年10月、そして2010年11月にそれぞれ2、3、4号機が打ち上げられ、現在は4機体制で運用されている。それぞれの衛星において、1m級の高分解能モードから撮影幅200kmまでの広域を対象とした複数の撮影モードを有している。また、一度の衛星パスにおいて数百kmにも及ぶロングストリップの撮影が可能であり、全世界を対象とした広域かつ高頻度で撮影可能な衛星システムである。衛星データの商業配布はイタリアのe-GEOS社が担当し、全世界向けに画像製品、付加価値製品などの提供を行っている。日本スペースイメージング社はe-GEOS社から日本国内のユーザ向けに、COSMO-SkyMed衛星画像の商業配布権利を独占的に取得し、画像データ及び付加価値製品の提供体制を整えている。

(3) 震災後の緊急撮影対応

2011年3月11日14時46分頃、東京都中央区八重洲にある当社オフィス内においても、地震による非常に強い揺れを感じた。揺れがある程度収まった段階で、早速震源地や地震規模についての情報収集をはじめ、米国及びイタリアにある衛星運用会社と連絡を取りながら、衛星による震災地域撮影計画の策定検討に入った。テレビやラジオ、インターネットなどのメディアを通じて震災被害に関する情報が刻々と入り、特に津波による被害が非常に広範囲にわたって、多くの地域に及んでいることが時間の経過とともに明らかとなった。高分解能光学衛星（IKONOS、GeoEye-1）はその軌道特性から、日本周辺域においては地方時10時半前後に上空を通過するので、最初に撮影機会が訪れるのは震災翌日3月12日のIKONOS衛星であった。一方、SAR衛星COSMO-SkyMedは日本周辺域において朝夕2回（6時頃と18時頃）の撮影機会を有し、4機体制で運用されている。調整の結果、3月12日午前10時半頃には高分解能光学衛星IKONOS、そして同日夕方18時頃にはSAR衛星COSMO-SkyMedによる撮影を実施した。翌3月13日にはGeoEye-1衛星による撮影も行い、以降、4月末までに弊社内においては緊急時撮影体制を維持し、東北地方太平洋沿岸域を中心に集中的に撮影を行った。撮影された衛星画像をいち早く関係機関に提供し、浸水域など震災状況の把握に利用されたほか、一部震災前後の画像を当社ホームページ上で公開した。

［図1］GeoEye-1/IKONOS衛星による観測状況

(4) 震災地域における観測状況

GeoEye-1/IKONOSによる観測状況

［図1］は震災後3月末までの約3週間の間に、東日本太平洋沿岸域におけるGeoEye-1及びIKONOS衛星による撮影状況をブラウズ画像で示している。北は青森県から南は千葉県まで非常に広範囲にわたってカバーされていることがわかる。また、福島第一原子力発電所周辺域においては、航空機による撮影が困難なため、高分解能衛星による撮影を集中的に実施した。震災翌日から4月末までの約50日間に計35回の撮影を行い、原子力発電所とその周辺域の状況把握に利用された。なお、撮影状況の詳細については当社画像検索サービス（Image Search Service, ISS）のサイト(http://www.spaceimaging.co.jp/ISS/)で確認することができる。

COSMO-SkyMedによる観測状況

震災翌日の3月12日に、COSMO-SkyMed衛星の4機全てを利用して震災地域の撮影を実施した。［図2］にはStripMapモード（地上分解能：3m）による撮影範囲を示す。

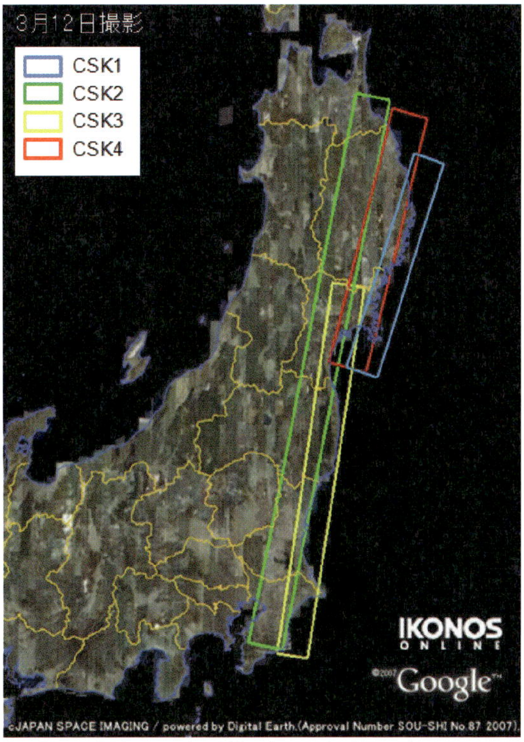

［図2］CSK衛星による観測範囲(2011年3月12日)

複数機同時運用の特徴を利用して、約1時間の間に（3号機撮影：17時28分、2号機撮影：17時45分、4号機撮影：18時9分、1号機撮影：18時33分）、青森県から千葉県に至る太平洋沿岸域を対象として、長さ約600kmを超えるロングストリップ撮影を含め、ほぼ全震災地域にわたって撮影されていることが確認できる。

それ以降も様々な観測モードでCOSMO-SkyMed衛星による震災域の撮影を継続した。[表1、表2]には震災翌日から1週間の間に、StripMapモード（地上分解能：3m、シーンサイズ：40km×40km～）とSpotLight2モード（地上分解能：1m、シーンサイズ：10km×10km）によるCOSMO-SkyMed衛星の観測状況をまとめた。表からわかるように、震災直後からCOSMO-SkyMed衛星の4機体制をフルに活用して、ほぼ毎日震災域の撮影を実施し、多くの画像が取得、蓄積されている。

[表1]StripMapモードによる観測状況

撮像日	衛星名	主な撮影場所	衛星軌道
3月12日	CSK1	宮古市－石巻市	Descending
3月12日	CSK4	大船渡－塩釜	Descending
3月12日	CSK2	八戸市－千葉市	Descending
3月12日	CSK3	仙台市－九十九里	Descending
3月13日	CSK1	白石市－福島市	Ascending
3月13日	CSK3	八戸市－千葉市	Descending
3月14日	CSK1	南相馬市－広野町	Descending
3月14日	CSK1	岩手県三陸海岸－気仙沼市	Descending
3月15日	CSK2	大槌町－大船渡	Ascending
3月15日	CSK1	宮古市－山田町	Ascending
3月15日	CSK1	岩沼市－相馬市	Ascending
3月15日	CSK1	大館－横浜	Descending
3月15日	CSK4	秋田市－下田市	Descending
3月16日	CSK1	南相馬市－楢葉町	Descending
3月16日	CSK4	富岡町－いわき市	Descending
3月16日	CSK4	東松島市－岩沼市	Descending
3月17日	CSK1	津軽半島－仙台市	Ascending
3月17日	CSK2	南三陸町－石巻市	Ascending
3月17日	CSK2	大船渡市－松島市	Descending

[表2]SpotLight2モードによる観測状況

撮像日	衛星名	主な撮影場所	衛星軌道
3月12日	CSK3	青森県八戸市	Descending
3月13日	CSK1	岩手県釜石市	Ascending
3月13日	CSK4	宮城県東松島市	Ascending
3月13日	CSK2	宮城県仙台市荒浜	Ascending
3月13日	CSK3	宮城県気仙沼市	Ascending
3月13日	CSK4	宮城県名取市	Descending
3月13日	CSK4	岩手県宮古市	Descending
3月15日	CSK2	福島県南相馬	Ascending
3月16日	CSK4	宮城県南三陸町	Ascending
3月16日	CSK1	岩手県陸前高田	Descending
3月16日	CSK4	岩手県大船渡	Descending
3月16日	CSK2	福島第一原発	Descending
3月17日	CSK4	福島県新地町	Ascending
3月17日	CSK2	福島第一原発	Descending
3月17日	CSK3	福島第一原発	Descending
3月18日	CSK3	福島第一原発	Descending
3月18日	CSK2	宮城県山元町	Ascending

(5) GeoEye-1画像で見る地震津波被害

今回の東日本大震災では、地震津波による被害が大きかった地域の一つに陸前高田市がある。岩手県南東部太平洋に面し、北東に大船渡市、南に宮城県気仙沼市と隣接している。三陸海岸の南部はリアス式海岸が続き、唐桑半島と広田半島に挟まれた広田湾の北奥に市の中心部がある。各種メディア報道によると、今回の地震津波による陸前高田市の死者、行方不明者の数は2,000人を超え、全世帯中の約7割以上が被害を受けたとされている。

[図3]は震災後3月13日10時20分頃にGeoEye-1衛星により撮影された陸前高田市中心部の様子である。同地域を震災前の2010年7月23日にもGeoEye-1衛星で撮影していたので、比較用としてその画像を［図4］に示す。両画像ともにGeoEye-1の可視域バンドを赤、緑、青色に割り当てて表示するトゥルーカラー表示で、東西約3km、南北約2kmの範囲である。

まず、被災前に広田湾に面する白砂青松の景勝地として知られる長さ約2kmに及ぶ海岸防潮林高田松原は震災後の画像からほぼ完全に消失していることが2枚の画像から読み取れる。震災後2日が経った3月13日に撮影した画像では、市の南側を東西に走る高田バイパスを挟んで、まだ多くの地域が湛水状態にあることが確認できる。津波が陸前高田市中心部を襲い、いくつかの大きな建造物を除き、ほとんどの建物が津波により流され、市街地全体が裸地状態と化している。崩壊された建物の瓦礫が市の北部及び気仙川西岸の山の麓に多く散在している。また、気仙川に架かっていた2本の橋も津波によって破壊され、橋脚だけが残されている。

このように、震災後に撮影されたGeoEye-1画

［図3］震災後のGeoEye-1衛星画像（2011年3月13日撮影、陸前高田市）

［図4］震災前のGeoEye-1衛星画像（2010年7月23日撮影、陸前高田市）

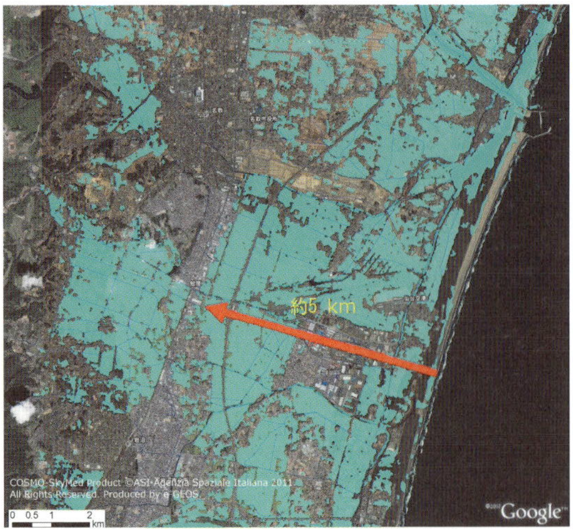

［図5］COSMO-SkyMed画像から推定した浸水区域
（2011年3月12日撮影、仙台空港付近）

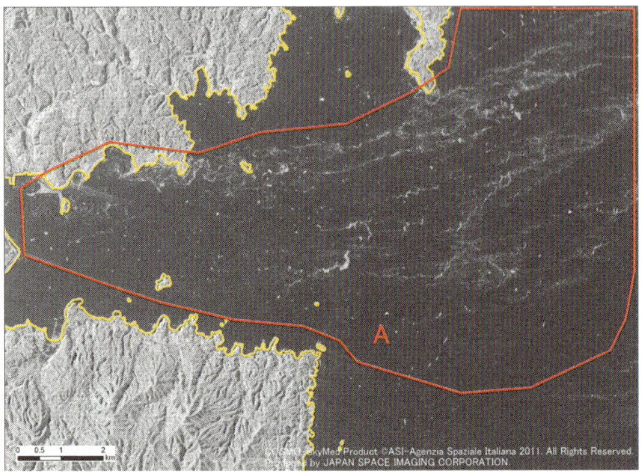

［図6(a)］ 海上浮遊物の抽出例
（2011年3月12日撮影、宮城県志津川湾）

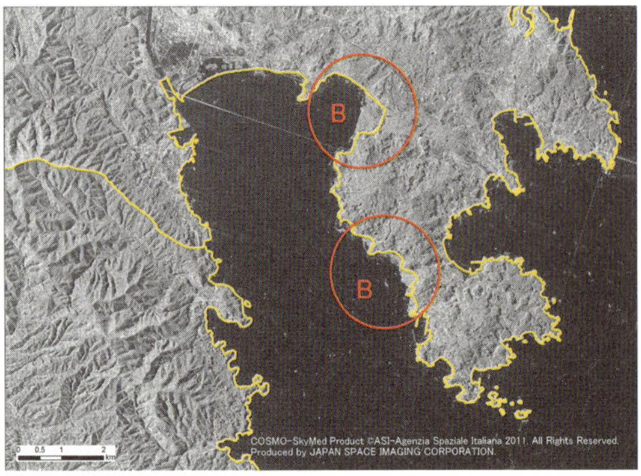

［図6(b)］ 海上浮遊物の抽出例
（2011年3月12日撮影、岩手県広田湾）

像を震災前の画像と比較することで、地震津波による被災地の状況を把握することができる。当社では平常時の高分解能光学衛星GeoEye-1/IKONOSの画像はほぼ日本全域を整備しており、広域災害の状況把握に有効なデータである。

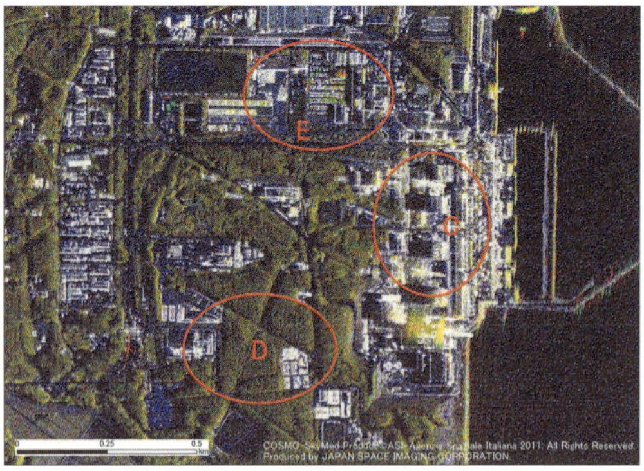

［図7］福島第一原子力発電所周辺カラーコンポジット画像
（R:3/16、G:3/17、B:コヒーレンス）

（6）COSMO-SkyMed画像解析事例

東日本大震災被害地域を対象にCOSMO-SkyMed衛星によるStripMapモードの画像とSpotLight2モード画像による浸水域推定や海上浮遊物状況把握、そして地表面の変化解析などについて述べる。

StripMapモードの事例

StripMapモードは3mの空間分解能でありながら、40kmの撮影幅で、一度の衛星パスにおいて数百kmのロングストリップ撮影が可能であり、広範囲にわたる対象地域の状況を迅速に把握することができる。

COSMO-SkyMed衛星は、観測対象物から戻ってくる後方散乱波を取得する合成開口レーダーで、水域においては後方散乱強度が低くなる（強度画像では暗くなる）という特性を有している。3月12日に撮影された画像データから、津波による浸水推定区域の抽出及び海上浮遊物の状況把握を行った事例がそれぞれ［図5］及び［図6（a）、（b）］に示されている。

［図5］で水色の部分は、COSMO-SkyMed衛星画像から推定した津波による浸水区域である。海岸から5km以上内陸まで津波が到達し、浸水被害が広範囲に及んでいることが確認できる。なお、この浸水域推定の解析では、1時期の撮影データから浸水域を推定するイタリアe-GEOS社独自のアルゴリズムを適用している。この解析手法の特徴は、浸水前のデータが整備されていない地域においても被害の推定が可能である。

［図6］では、マイクロ波の後方散乱強度が低い

海面を背景に後方散乱強度の高い箇所が見られ、津波被害による瓦礫などが海面上に浮遊している状況［図6(a)A］や湾内に浮遊物が堆積している様子［図6(b)B］が捉えられている。

SpotLight2モードの事例

SpotLight2モードは1mの高い分解能で、10km×10kmのエリアを撮影することが可能である。4機体制の特徴を活かし、各号機間で同一の撮影条件（軌道方向、ルック方向、入射角、撮影モードなど）を適用することで、高頻度かつ安定的な撮影条件により、対象物の精細な状況把握や合成開口レーダーならではの安定的なモニタリング（変化抽出など）が可能となる。

同一関心地域を複数回撮影し、マイクロ波の後方散乱強度の変化を捉えたり、複数時期間での変化点・変化量を解析する干渉処理技術（インターフェロメトリ、コヒーレンスなど）を利用することができる。その応用として、地殻変動・地盤変動・地すべりなどの地表面の微小な変化や車両の移動、建物の増築・倒壊などの変化を抽出することができる。

2011年3月16日と翌3月17日に福島第一原子力発電所周辺を対象にCOSMO-SkyMed衛星の2号機と3号機を利用して、同じ撮影条件でのSpotLight2モードによる撮影を実施した。この2時期のデータを利用したカラーコンポジット画像を［図7］に示す。Redには2号機による3月16日の強度画像、Greenには3号機による3月17日の強度画像、そしてBlueにはコヒーレンス画像を割り当てて表示している。コヒーレンス画像は、2時期の位相可干渉性（相関性）を表す指標で、後方散乱強度に比べて、微小な変化を把握することに利用される。

［図7］の中で白または青色の部分（図中のC）は構造物（ここでは原子炉建屋）など変化が見られない箇所である（後方散乱強度に変化がなく、かつコヒーレンスが高い）。黄色の部分（図中のD）は、森林など微小な変化があった箇所（後方散乱強度に変化はないが、コヒーレンスが低い）。そして、赤または緑色の部分（図中のE）は、3月16日と17日の間に変化があった箇所である（例えば車両の移動など）。このように、複数機同時運用による高頻度観測の特徴を利用して、カラーコンポジット画像から、非常に近い2時期間に地物の微小な変化などを迅速に把握することが可能となる。

（7）おわりに

今回の東日本大震災は被災範囲が非常に広域であるため、迅速な被害状況把握には衛星による観測手段が有効である。また、福島第一原子力発電所の影響で、その周辺域には航空機の飛行制限や飛行禁止区域があり、広域にわたる詳細な状況把握には多くの高分解能衛星画像が利用された。一方、津波による浸水被害の範囲などは全天候型センサであるSAR画像から把握することができ、その有用性が認識された。

当社では震災発生直後から高分解能光学衛星、SAR衛星をフルに活用し、膨大な量の画像データが取得・蓄積された。今後、これらデータの利用を積極的に進め、被災地の復興に少しでも役に立てば幸甚である。

参 考 文 献

1）日本スペースイメージング社ホームページ:
http://www.spaceimaging.co.jp/（accessed 1 Dec. 2011）
2）2011年5月20日付毎日新聞朝刊,
「東日本大震災　東北地方の被災状況」
3）e-GEOS社ホームページ:
http://www.e-geos.it/news/11-03-14-tsunami/index.html
（accessed 1 Dec. 2011）

7.
LVSquareを用いた災害情報発信

(1) はじめに

東日本大震災において、アジア航測はホームページ及び併設の情報共有プラットフォーム"LVSquare"を用いて災害情報の発信を行った。LVSquareは画像を地理空間と関連付けて配信する方法として有効であると同時に、災害前及び災害後のデータを追加することにより災害とその復旧を記録するアーカイブとしての役割を果たす。本章ではLVSquareによる災害情報発信を中心に震災時の取り組みについて報告する。

空間情報としての画像情報は特別な加工を経ずに活用できるため、災害直後の撮影とデータ提供を速やかに行うことは空中写真カメラを保有する会社の果たすべき重要な社会的役割である。従来は紙媒体で配布していたデータも現在ではデジタル化され、インターネットなどを通じて流通しやすいものになった。

施策を実施する政府や自治体関係者が空中写真などで得られる災害情報に迅速にアクセスできることを図る一方で、一般のユーザがこれらの情報を得られるよう便宜を図ることも重要である。特に災害直後は居住する住民はもとよりその親族や関係者にも現地の状況がわからないことが多く、手掛かりとなる空間情報へのアクセシビリティを高めることの意義は大きい。

空間情報としての画像情報は一般のユーザにもわかりやすい災害情報である一方、データ容量が大きくなりがちで、無秩序に蓄積するとかえってアクセシビリティが阻害されることが問題である。また斜め空中写真は災害に対する多くの情報を得る貴重なデータソースであるが、いつどこで撮影したかということを整理して提供しないと実際に必要な場所の画像があるのかどうかもわからないことが多い。

また画像情報は地理空間の時間的一断面を効率的に記録するが、情報が記号化されていないために実際にそこがどのような場所なのか（もしくはどのような場所だったのか）ということを単独では読み取りにくい。そのため地図や過去の同じ場所の画像情報と比較することが災害情報を読み取る上で不可欠である。

東日本大震災において、アジア航測では震災翌日から災害情報収集とホームページによる災害情報発信を行った。その中で様々な画像情報を効果的に管理し、提示する新しい試みとして、画像情報の閲覧に特化した情報共有プラットフォームLVSquareを活用した。

LVSquareは工事管理などにおいて現地写真を通じて工事進捗状況を関係者内で共有することを支援するツールとして開発された[1)]。位置や時刻情報と共に画像を継続的に登録することができるので、単にデータを閲覧するだけでなく、復興・復旧の過程を記録する意味においてもLVSquareを利用する価値は高い。

本章では震災直後、災害初動時における航空機センサデータやリモートセンシングデータの収集について述べた後、LVSquareによる災害情報発信を中心に当社の震災時の取り組みについて報告する。

(2) 災害初動時の航空機によるデータ収集

2011年3月11日14時46分の震災発生後、直ちに社内に災害対策本部が設置され、緊急撮影本部が組織された。災害時協定に基づく緊急撮影の打診の後、21時からの緊急撮影本部会議において撮影航空機・撮影機材の調整・撮影地区・人員配置計画調整が議論され、深夜中に撮影計画指示、翌日より津波被害のあった宮城県ならびに岩手県からの要請による宮城県・岩手県の海岸線地区、ダム堰堤の決壊があった福島県須賀川市藤沼ダム、

［図1］岩手県陸前高田市（高田松原）
（2011年3月14日、アジア航測撮影）

［図2］宮城県南三陸町志津川
（2011年3月14日、アジア航測撮影）

［図3］福島県須賀川市藤沼ダムの決壊
（2011年3月14日、アジア航測撮影）

［図4］長野県栄村北信地区の深層地すべり
（2011年3月12日、アジア航測撮影）

［表1］災害発生から1カ月目までの撮影・計測

観測手法	実施回数	撮影・計測数量
斜め空中写真	14	1,000枚
垂直空中写真（フィルムカメラ）	2	230枚（700km²）
垂直写真撮影（デジタルカメラ）	12	6,000枚（7,500km²）
航空機レーザ計測（精密標高測定）	69	2,500km²

長野県北部地震による斜面災害の起こった長野県栄村などの撮影を行った。撮影にあたってはスポットチャーター機を合わせて9機体制で撮影に臨んだ。災害翌日以降に撮影した空中写真の例を［図1］から［図4］に示す。また［表1］に災害発生から1カ月目までに行った空中撮影と計測の集計結果を示す。

空撮画像のほか、3、4，6、7月には全周囲カメラを用いて被災地の地上撮影を行っており、これまでの全周囲画像の撮影総延長距離は600kmを超える。特に石巻市近辺は継続的・集中的に撮影を行っている。

高精度地上レーザ計測車両（GeoMasterNeo）による道路沿線の地上レーザデータの取得も一部取得しており、同時に全周囲画像の撮影も行っている。

（3）リモートセンシングによる情報収集

災害情報の収集においては、航空機撮影だけではなく、衛星などによるリモートセンシングデータを積極的に利用した。衛星は災害時の航空機利用制限の影響を受けることなく定期的に撮影が行われており、都道府県レベルの広域データが必要な場合は有利である。

リモートセンシングデータでは一般の空中写真カメラでは得られない波長帯のデータを用いて解析を行うことにより、［表2］に示すような災害情

［表2］リモートセンシングセンサによる災害情報分析の利用分野

利用	マルチスペクトルセンサ		合成開口レーダー（SAR）	LiDAR＋カメラ	
	中分解能衛星	航空機 高分解能衛星		航空機	地上
浸水域	○	○	◎		
建物倒壊		◎	○	○	
道路被害		○		○ 寸断	◎ 段差/クラック
液状化		◎			
海岸林被害	○	◎	○	○	
瓦礫の堆積		○		○	○
斜面崩壊	○	○		◎	

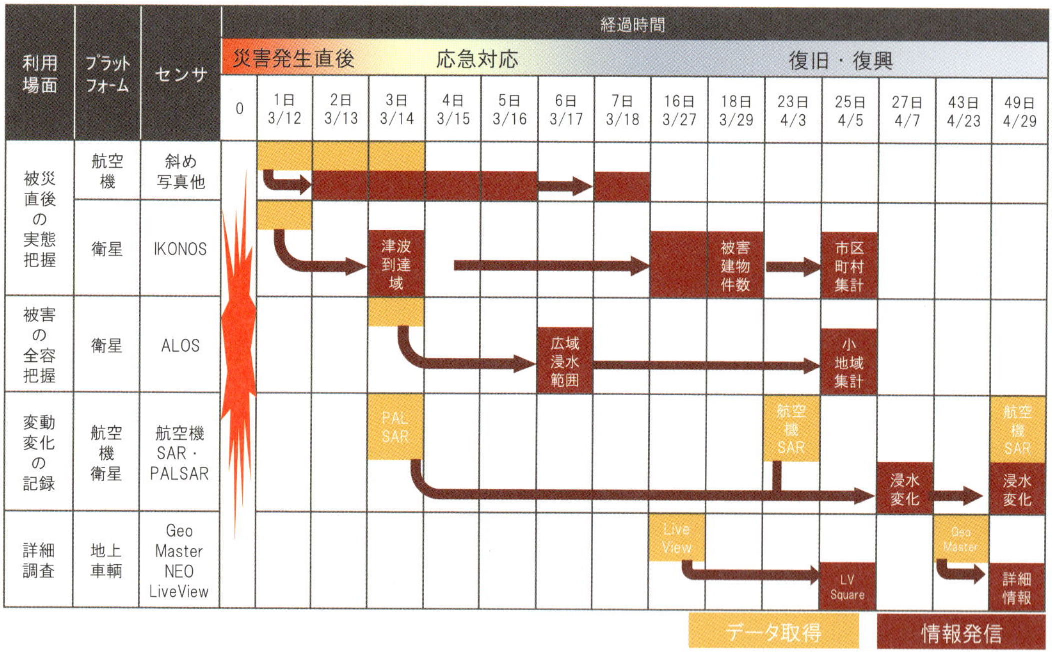

［図5］様々なプラットフォームによるデータ取得と解析

報を分析することができる。

［図5］に、今回の震災で行った解析を時系列的に整理して図示する。またリモートセンシングデータの解析事例としてIKONOS画像による津波浸水・湛水域解析結果を［図6］に示す。なお、現在以下の解析事例が当社の特設ホームページより閲覧可能である[2)]。

・IKONOS衛星画像を用いた津波による被害状況抽出（福島県　相馬市・南相馬市）
・陸域観測技術衛星「だいち」（ALOS）搭載のマルチスペクトルセンサ（AVNIR-2）による広域の被害状況把握
・航空機搭載型SAR（ATSAR）による被害調査
・ALOS/PALSAR画像による東北地方太平洋沖地震における被害範囲の推定

[図6]IKONOS衛星画像(2011年3月12日撮影)を用いた津波による湛水域と到達域解析結果(相馬市・南相馬市)
(©GeoEye、JSI、アジア航測解析)

(4) LVSquareによる災害情報発信

LVSquareの概要

収集・解析された公開可能な空間情報については、アジア航測株式会社の特設ホームページに掲載するとともに、情報共有プラットフォームLVSquareを用いた情報発信を行った[2)]。

LVSquareは簡単なマウス操作により全周囲画像、空中写真、携帯写真、設計図面などの位置情報が連動し時空間情報が把握できるクラウドGISを応用した情報共有プラットフォームである。LVSquareは、プロジェクトごとに限定されたユーザに対してのみ登録された画像コンテンツにアクセスできるよう制御するが、現在公開中の一般向けサイト[3)]からはユーザ登録することなくGuestログインによって誰でも災害情報にアクセスできるようになっている。LVSquareのログイン画面を［図7］に示す。

［図8］にLVSquareの画像コンテンツ閲覧画面の例を示す。画面の右側はコンテンツの表示領域になっている。ユーザは登録されたコンテンツをコンテンツ一覧から選び、それをコンテンツ表示領域にドラッグアンドドロップすることにより表示することができる。コンテンツ表示領域は最大3分割して異なるコンテンツを表示することが可能で、複数のコンテンツを表示すると中心位置がコンテンツの位置に合わせて連動する。これにより複数のコンテンツ（例えば震災前のオルソフォトと震災後のオルソフォト）の比較表示を簡単に行うことができる。

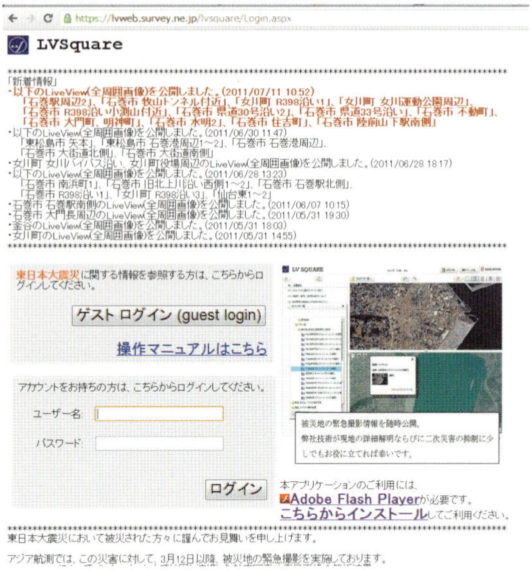

［図7］LVSquareのログイン画面

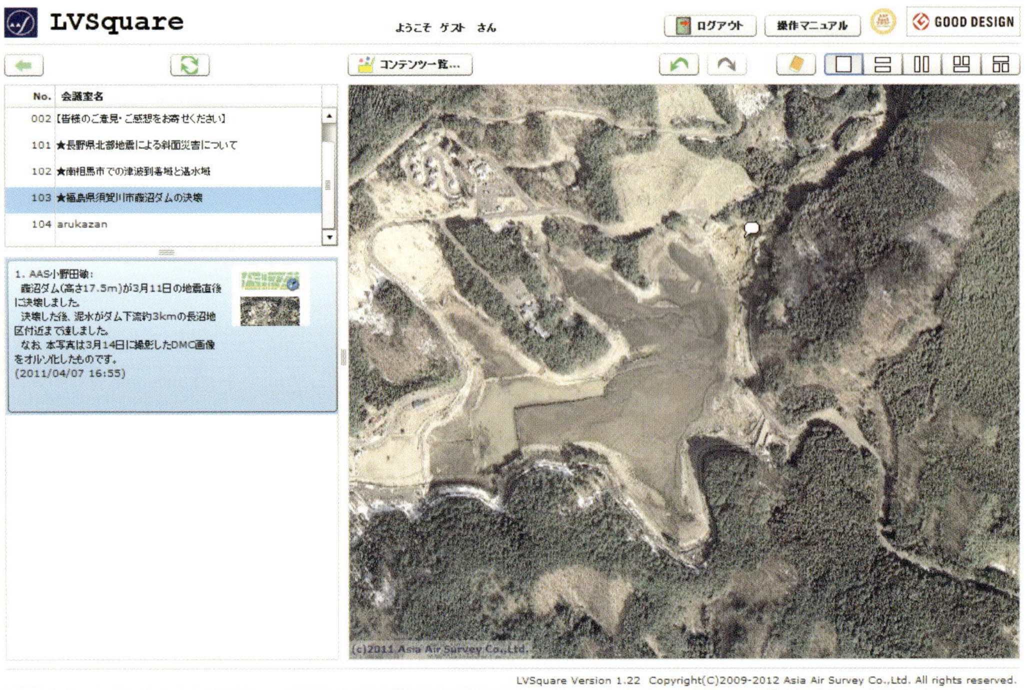

［図8］LVSquareの閲覧画面例（左側はコメントの記入例）

画面の左側はユーザ間のコミュニケーションを推進する会議室機能である。コメント記入する際にユーザが閲覧している画像の状態（場所や配置）を記録し、他のユーザによって表示状況を復元することができる。すなわちユーザは同じシーン（見ているコンテンツ・位置・時間・画面割）を共有することができる。また専門家がコメントを記入することによって映像に対してのコンサルティング情報を発信する。

LVSquareは、画像に位置と時間を関連付けて管理する時空間画像コンテンツサーバ[4]を中心として構成されている［図9］。時空間画像コンテンツサーバには、スナップ写真などや斜め空中写真

［図9］時空間画像コンテンツサーバとLVSquare[4]

［図10］正距円筒図法によるパノラマ画像（上）と任意視野画像（東松島市・野蒜小学校、2011年6月16日、アジア航測撮影）

［図11］全周囲画像とその撮影軌跡（女川町）
全周囲画像:2011年4月14日、アジア航測撮影
空中写真:国土地理院オルソ（2011年3月撮影）

などの位置情報付き写真を登録できるほか、地上を経路に沿って連続的に撮影した全周囲画像、及び四隅が緯度経度と関連付けられた画像（オルソフォトなど）を登録できるようになっており、それぞれのコンテンツについてSaaSによる表示モジュール及び検索・各種選択・情報取得のAPIが提供される。

時空間画像コンテンツサーバ利用にあたっては，画像の登録及び閲覧時に認証を行うことにより、不正なアクセスや権限のない閲覧を防止している。利用者はSaaSによる表示モジュールやAPIを用いて様々なシステムのマッシュアップが可能である。［図8］に示すLVSquareはこれらの表示用モジュールを利用した専用のASPサイトである。

LVSquareにデータを継続的に登録することにより、今後の復興の歴史をアーカイブ化するプラットフォームとして発展させることが可能である。

LVSquareによるデータ閲覧事例

LVSquareの大きな特長は全周囲画像を登録・閲覧できることである。LVSquareでは、正距円筒図法で作成された全周囲画像を用いて任意の方向・視野の画像を再現することができる［図10］。

車両などから連続的に撮影された場合は、地図やオルソフォト上に撮影軌跡が表示される。この軌跡の任意の場所をクリックすると、対応する位置の全周囲画像を簡単に表示することができる［図11］。

空撮画像は多くの情報を閲覧者に提供するが、建物や家屋の被災状況については上面からの情報からしか得られないため、実際の状況がわからない場合がある。このような場合、地上撮影された全周囲画像と組み合わせて閲覧することにより、被災状況をより正確に把握することができる。［図12］に示す例では、空撮画像では中央付近の建物についてオルソフォトからでは被災状況は判読できないが、地上から撮影した全周囲画像だと建物内部まで津波によって大きく破壊されていることが判読できる。

オルソフォトについては、震災前と震災後のデータの両方を登録することにより、災害状況の判読を容易に行うことができる。

［図12］全周囲画像と空撮画像の比較
全周囲画像:2011年7月22日、アジア航測撮影
空中写真:国土地理院オルソ(2011年3月撮影)

［図13］震災前後の比較(北上川河口)
震災前:水土里オルソ(2008年撮影)
震災後:国土地理院オルソ(2011年3月撮影)

［図14］震災前後の比較(富士川水門付近)
震災前:水土里オルソ(2008年撮影)
震災後:国土地理院オルソ(2011年3月撮影)

[図15]震災前後の全周囲画像の比較(石巻市内)
右上:2011年3月27日、アジア航測撮影
左上:2011年4月13日、アジア航測撮影
下:国土地理院オルソ(2011年3月撮影)

[図16]震災前後の全周囲画像の比較(仙台空港)
右上:2011年3月27日、アジア航測撮影
左上:2011年6月18日、アジア航測撮影
下:国土地理院オルソ(2011年3月撮影)

[図13、図14]は北上川河口付近の被災前と被災後のオルソフォトの比較例である。[図13]ではもともとあった集落がなくなってしまっている状況や、水田地帯が被災後地盤沈下によって水没してしまっている様子が判読できる。また、[図14]では北上川に沿って流れる富士川の水門の破壊状況が判読できる。

全周囲画像で同じ箇所を異なる時期に撮影した場合も、同様にLVSquareの表示領域内で比較が可能である。[図15]は石巻市内の様子である。3

［図17］旧版地形図とオルソフォトの比較（女川町）
右:国土地理院オルソ（2011年3月撮影）

［図18］住宅地図のオーバレイ
背景画像:国土地理院オルソ（2011年3月撮影）
住宅地図:ゼンリン

月27日にはまだ路上に打ち上げられていた船が4月13には撤去されていることがわかる。

［図16］は仙台空港の状況である。3月27日にはまだ周辺の瓦礫が残っているが、6月18日の撮影では瓦礫が完全に撤去されていることがわかる（空港は4月13日から運航が再開された）。

画像と図面の比較

LVSquareは、位置情報の付与された画像であればオルソフォトと同様に扱うことが可能である。［図17］は女川町付近の1913（大正2）年測量1:50,000地形図と被災後のオルソフォトを比較したものである。これより女川町の海岸沿いの多くが比較的新しい埋立地であることが容易に判読できる。

住宅地図との比較

今回LVSquareの新しい機能として、オルソフォトへの現在住宅地図のオーバレイを開発した。具体的には外部の住宅地図APIを利用して表示域の地図をラスター化し、オルソフォトにオーバレイしている。詳細な住宅地図を用いれば、罹災証明発行業務などの支援情報として利用することが期待できる［図18］。

（5）おわりに

LVSquareは復旧・復興のアーカイブとすべく全周囲画像やスナップ写真を中心に被災地情報の収集と登録を継続している（2012年7月現在）。全周囲画像などの地上画像を公開するにあたっては、プライバシーの保護に配慮し、顔・ナンバープレート・表札などのぼかしをあらかじめ行うことが必要である。

非常時に備えるため当社では、ゴールデンウィーク中や年末年始休暇期間中などの撮影・計測業務連絡には緊急連絡網を利用して訓練を行い、それと合わせて計画立案技術の向上を目指した定期的なトレーニングと勉強会を行っていた。災害時において迅速にデータ収集を行うためには、リスク管理マニュアルなどを整備し、普段から緊急時に備えた準備を行っておくことが肝要である。

参考文献

1）武藤良樹・小川紀一朗・池田辰也・織田和夫・吉村方男・高野秀樹:Image Based Communication Toolを用いたリアルタイム工事状況把握, 土木学会第65回年次学術講演会論文集, pp.839-840, 2010.

2）本間雄一・池田辰也・織田和夫:東日本大震災におけるLVSquareを用いた情報共有について, 平成23年度日本写真測量学会秋季学術講演会発表論文集, pp.47-50, 2011.

3）アジア航測, 平成23年（2011年）東北地方太平洋沖地震｜防災関連情報｜アジア航測株式会社
http://www.ajiko.co.jp/bousai/touhoku2011/touhoku.htm（accessed 31 July 2011）

4）池田辰也・織田和夫・小川紀一朗・武藤良樹:時空間画像コンテンツサーバと情報共有プラットフォームへの応用, GITA-JAPAN第21回コンファレンス地理空間情報技術論文集, pp.32-37. 2010.

8.
高分解能XバンドSAR衛星による大津波の湛水域モニタリング

(1) はじめに

2011年3月11日14時46分、三陸沖を震源とするMw9.0の巨大地震が発生した。この地震による大津波は、青森県から千葉県までの6県62市町村において計561km²、山手線内側の面積の約9倍の広大な範囲を浸水させた[1)]。宮城県の松島湾から福島県南相馬市の平野部では、内陸側に最大で約6kmの範囲にまで津波が到達しており、広範囲で湛水が継続する状況にあった[2)]。このような状況の中、被災地の復旧を迅速に進めるためには、効果的・効率的な排水対策を実施することが急務の課題であった。

パスコでは、震災直後より、昼夜問わず、雲を透過して地表を定期的に観測することが可能な合成開口レーダー(SAR:Synthetic Aperture Radar)衛星であるTerraSAR-Xによる緊急観測及び継続観測を実施してきた。

ここでは、これらの観測により取得した様々な軌道、入射角、照射方向のSAR画像の振幅情報及び位相情報から、湛水域を抽出するとともに、撮像条件及び解析手法による抽出精度の相違について結果を報告する。さらに本検討により得られた新たな技術的知見や今後得られた情報を有効活用するための運用上の課題についても言及する。

(2) TerraSAR-X衛星の諸元

TerraSAR-Xは、双子衛星であるTanDEM-Xとともに、太陽同期準回帰軌道の赤道上約500kmの高度を飛行している。軌道回帰日数は11日で、赤道交差時間は現地時間の6:00と18:00となっている。撮像モードは、大きく3つのモード(SpotLight、StripMap、ScanSAR)に分類される。それぞれ空間分解能と撮像幅が異なり、利用者が目的に応じたモードを選択することが可能である。[表1]にTerraSAR-Xの撮像モードを示す[3)]。

(3) 評価対象地域及びSAR画像諸元

評価対象地域は、湛水域が広大かつ長期間継続し、TerraSAR-Xにより集中的に観測を実施した仙台平野の仙台市、名取市、岩沼市、亘理町周辺である。評価対象地域を[図1]に示す。SAR画像は、震災前のアーカイブ画像として、2010年10月21日の撮像画像、震災後については2011年3月13日~4月4日まで撮像した10枚の画像を使用した。

使用したSAR画像の諸元を[表2]に示す。今回の撮像モードはいずれもStripMapモードのHH偏波(単偏波)であり、分解能は約3mである。

[表1]TerraSAR-Xの撮像モード

Mode	Polarizations		Scene Extension	Resolution
High Resolution SpotLight 300MHz	Single	HH VV	5-10km×5km	1.1-1.8m
High Resolution SpotLight	Single	HH VV	10km×5km	1.4-3.5m
	Dual	HH/HV	10km×5km	2.2-3.3m
SpotLight	Single	HH VV	10km×10km	1.7-3.5m
	Dual	HH/HV	10km×10km	3.4-3.5m
StripMap	Single	HH	30km×50km	3.3-3.5m
	Single	VV	30km×50km	3.3-3.5m
	Dual	HH/VV HH/HV VV/VH	15km×50km	6.6m
ScanSAR	Single	HH VV	100km×150km	18.5-19.2m

*Scene Extension: Ground range × Azimuth

[表2]使用したSAR画像の諸元

	No.	撮影日	時間(JST)	軌道	照射方向	入射角
地震前	①	2010.10.21	5:43	南行軌道	右	37.30
地震後	②	2011.3.13	5:43	南行軌道	右	37.30
	③	2011.3.15	17:20	北行軌道	右	18.82
	④	2011.3.16	17:03	北行軌道	左	23.82
	⑤	2011.3.18	5:51	南行軌道	右	19.46
	⑥	2011.3.22	6:17	南行軌道	左	39.12
	⑦	2011.3.24	5:43	南行軌道	右	37.32
	⑧	2011.3.26	17:20	北行軌道	右	18.80
	⑨	2011.3.29	5:51	南行軌道	右	21.47
	⑩	2011.3.31	17:28	北行軌道	左	39.12
	⑪	2011.4.4	5:43	南行軌道	右	37.32

(StripMapモード・HH偏波)

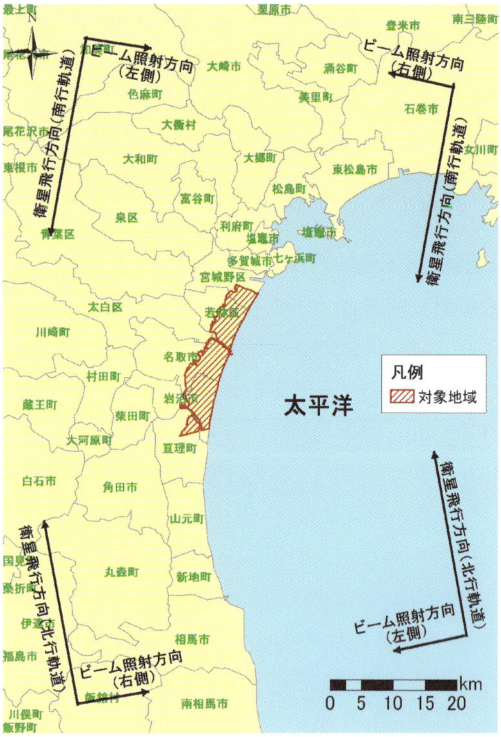

［図1］評価対象地域

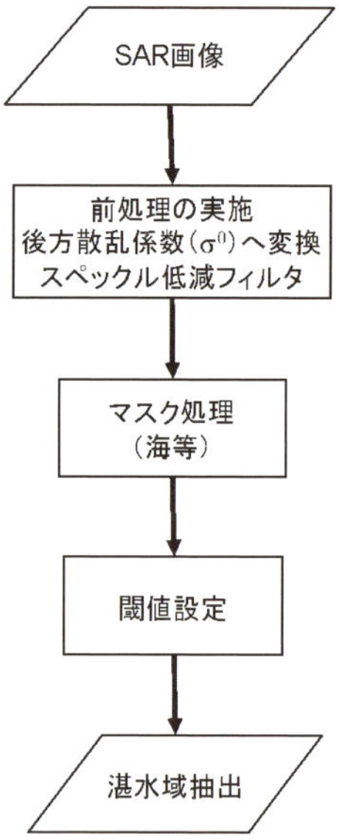

［図2］単画像による湛水域の解析フロー

（4）湛水域の解析手法

SAR画像による湛水域の抽出は、水面等の平滑な面はレーダーの反射強度が弱く、暗く写るという特徴をもとに実施した。この特徴は例えば利根川流域の洪水状況の把握にも利用されている[4)]。

湛水域の解析手法としては、災害前のアーカイブ画像がない場合も想定し、大きく2通りの手法、すなわち、

（1）単画像による解析

（2）複数画像による解析

を実施した。複数の画像による抽出のうち、同一軌道による撮像画像については、振幅情報のみでなく位相情報を用いた湛水域の抽出を実施した。また、振幅情報を用いる場合については、DN値を局所入射角を考慮した後方散乱係数（σ^0）に変換し、解析を実施した[5)]。

単画像による湛水域の解析手法

震災前のアーカイブ画像がなく、震災後に緊急撮像されたSAR画像のみが存在するケースを想定し、単画像による湛水域の抽出を実施した。抽出手法は、［図2］のとおりである。

前処理としては、後方散乱係数への変換に加え、スペックル低減処理を実施した。また、既存の地理空間情報によるマスク処理を実施し、海、河川等の範囲を取り除いた。湛水域と非湛水域の閾値は、明らかに水域・非水域とわかる箇所の値を教師データとして設定した。

複数画像による湛水域の解析手法

複数画像を使用する場合、2通りの手法を実施した。

（1）振幅情報から差分解析を実施する場合

（2）位相情報（コヒーレンス）を使用する場合

前者は、同一軌道の場合のみでなく、異軌道の場合についても実施した。後者は、同一軌道から撮像した画像同士の場合についてのみ実施した。複数画像を用いた振幅情報からの湛水域の解析フローを［図3］に示す。

差分解析においては、地震後の後方散乱係数が一定値以上（明らかに水域以外と考えられる箇所）をあらかじめマスクし、一定の閾値以上、後方散乱係数が減少した箇所を抽出した。閾値は、今回の津波で湛水した箇所の湛水前後の値の変化を教師データとして設定した。

複数画像を用いた位相情報からの湛水域の解析フローを［図4］に示す。

位相情報からの解析では、同一軌道から撮像した2つのSAR画像を干渉処理し、画像の相関性を

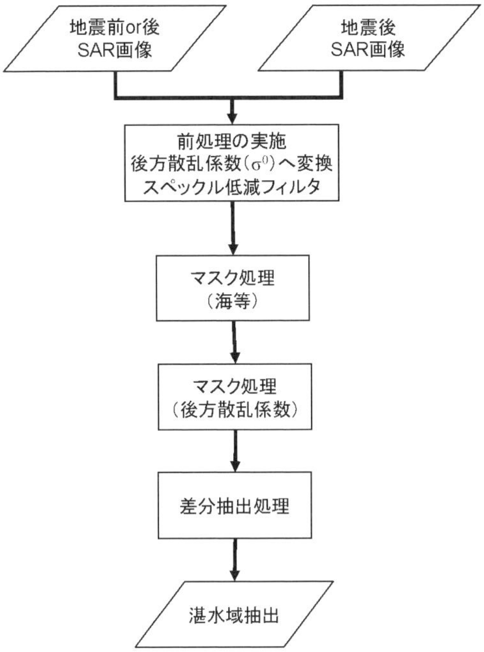

[図3] 複数画像による湛水域の解析フロー1
(振幅情報:同一軌道・異軌道)

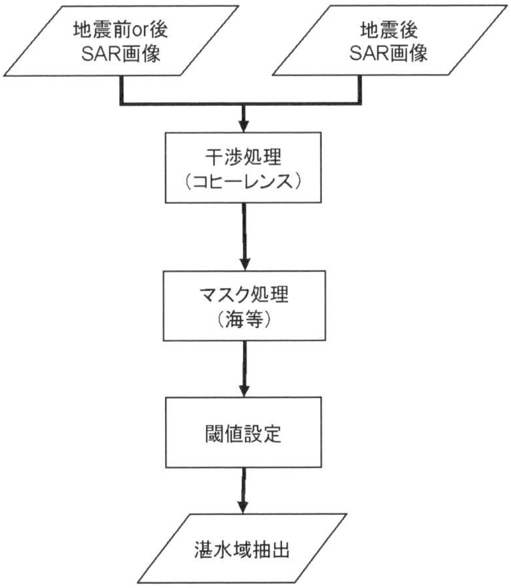

[図4] 複数画像による湛水域の解析フロー2
(位相情報:同一軌道のみ)

示すコヒーレンスを算出した。一般に2つの画像間のコヒーレンスの値が大きければ位相情報の相関性が高く、コヒーレンスが低ければ位相情報の相関性が低い。水面は鏡面反射成分が強くなると考えられるため後方散乱が小さくなり、受信信号に対してノイズ成分の影響が強くなる。これらのノイズはランダムであるため、2つの画像間の位相情報の相関性が低くなり、コヒーレンスが低下する。

本解析においては、コヒーレンスが一定値以下の範囲が湛水域であると考え、湛水域を抽出する。コヒーレンスにおける湛水域と非湛水域の閾値は、明らかに水域・非水域の箇所の値を教師データとして設定した。

(5) 解析結果

単画像による解析結果

震災後に撮像した10枚のSAR画像をそれぞれ解析し、湛水面積を算出した結果を［図5］に示す。

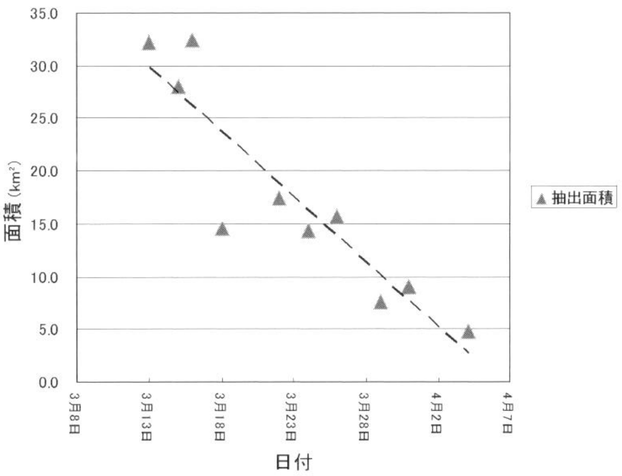

[図5] 単画像解析による湛水域面積の時系列変化

3月13日には約34km²あった湛水域が、約3週間後の4月4日には約5km²と1/7程度に縮小している。湛水域面積は、時間の経過とともに、直線的に低下している。一般に湛水面積は時間の経過とともに縮小していく。このため、本結果は実現象と整合した結果であると考える。なお、3月16日及び18日のデータが、他のデータと比較し、ばらつきが見られるが、これらデータの特徴として入射角が小さいという点が挙げられる。

TerraSAR-Xによる湛水域の抽出精度を、空中写真判読結果を用いて確認した。確認のために用いた判読結果は［図6］に示すとおりであり、3月12日及び13日に撮影された国土地理院の空中写真より、津波の到達範囲（痕跡）及び撮影時点の湛水範囲を判読したものである。

[図6]空中写真判読結果と抽出結果比較(パスコ作成)

抽出精度の評価では、前者を評価範囲、後者を湛水範囲とし、評価を実施した。

単画像による抽出精度の評価は、判読結果と撮像日時が近い[表3]に示す3つの画像を対象に実施した。

[表4～表6]は、それぞれ3月13日、15日、16日の湛水域の抽出精度を示したものである。

3月13日の単画像の解析結果は、Overall Accuracy(以下、OAとする)が79.91%である。一方、User's Accuracy(以下UAとする)は湛水域において73.91%と比較的低く、逆にProducer's Accuracy(以下PAとする)は84.19%と高い。これは、TerraSAR-Xの解析結果が非湛水域を比較的過剰に抽出していることを示している。

3月15日の単画像の解析結果は、OAが70.86%である。一方、UAは湛水域において63.19%と比較的低く、逆にPAは74.91%と高い。これは、3月13日と同様に、TerraSAR-Xが非湛水域を比較的過剰に抽出していることを示している。

3月16日の単画像の解析結果は、OAが68.29%である。一方、UAは湛水域において73.55%と比較的高く、非湛水域において66.75%と低い。これは、TerraSAR-Xの解析結果が湛水域を比較的過剰に抽出していることを示している。

誤抽出及び抽出漏れの要因としては、以下の状況が確認された。

[表3]単画像による抽出精度評価の対象画像

No.	撮影日	時間(JST)	軌道	照射方向	入射角
①	2011.3.13	5:43	南行軌道	右	37.30
②	2011.3.15	17:20	北行軌道	右	18.82
③	2011.3.16	17:03	北行軌道	左	23.82

[表4]単画像による抽出精度の評価(3月13日)

		Extraction using TerraSAR-X			User's Accuracy
		Flooded km²	Non Flooded km²	ALL km²	
Extraction using Air Photo	Flooded	33.91	11.97	45.89	73.91%
	Non Flooded	6.37	39.04	45.41	85.97%
	ALL	40.28	51.01	91.30	
Producer's Accuracy		84.19%	76.53%	OA	79.91%

OA:Overall Accuracy

[表5]単画像による抽出精度の評価(3月15日)

		Extraction using TerraSAR-X			User's Accuracy
		Flooded km²	Non Flooded km²	ALL km²	
Extraction using Air Photo	Flooded	29.00	16.89	45.89	63.19%
	Non Flooded	9.71	35.70	45.41	78.61%
	ALL	38.71	52.59	91.30	
Producer's Accuracy		74.91%	67.88%	OA	70.86%

[表6]単画像による抽出精度の評価(3月16日)

		Extraction using TerraSAR-X			User's Accuracy
		Flooded km²	Non Flooded km²	ALL km²	
Extraction using Air Photo	Flooded	33.75	12.14	45.89	73.55%
	Non Flooded	16.81	28.60	45.41	62.98%
	ALL	50.56	40.73	91.30	
Producer's Accuracy		66.75%	70.21%	OA	68.29%

・アスファルト、グラウンド、工場の屋根等の平滑面を誤抽出している。
・津波によって運搬された細粒土砂の堆積箇所を平滑面として誤抽出している。
・湖沼等の既存水域を誤抽出している。
・沿岸の防潮林の下が湛水している箇所や防潮林が倒れた領域が抽出漏れとなっている。
・湛水上に瓦礫が散乱している領域が抽出漏れとなっている。

時期別に比較すると、3月13日が最も抽出精度が高く、15日、16日になるにつれ、抽出精度が下がる傾向にあるが、これは以下の理由が考えられる。

・3月15日、16日になるにつれ、精度確認に使用した判読結果の撮像時期と期間が開く。
・3月15日、16日は入射角が20度前後と小さく、湛水域の後方散乱係数が13日と比較して高くなり、湛水域と非湛水域の閾値設定が困難となる。

なお、3月15日の撮像画像の入射角は18.82度であり、TerraSAR-Xの通常撮像の入射角の下限値である20度を下回っていたが、7割程度の抽出精度が確保されている。

また、3月16日のTerraSAR-Xの観測方向は、通常右側固定であるが、本撮像は左側撮像を実施している。本結果についても、特に通常撮像と変わらない抽出精度が確保されている。

結果として、単画像による抽出においては、OAで約7割以上の抽出精度が確保されていることが明らかとなった。

複数画像による解析結果及び評価

①振幅情報の差分解析による抽出精度の評価

地震前後の撮像画像を用い、差分解析による湛水域の抽出を実施した。ここでは、地震前後に同一軌道で撮像した場合と異なる軌道で撮像した場合の2通りについて評価を行った。

地震前の撮像画像は、2010年10月21日の撮像画像を使用した。地震後の撮像画像は、同一軌道については、3月13日撮像の画像、異なる軌道については3月16日の画像を用いた。

［表7、表8］は、それぞれ3月13日、16日の湛水域の抽出精度を示したものである。また、一例として［図6］に3月13日の複数画像の振幅情報の差分解析による湛水域の抽出に空中写真判読結果を重ねたものを示す。

3月13日の差分解析結果は、OAが85.47%である。一方、UAは湛水域において81.07%と比較的低く、逆にPAは89.03％と高い。これは、TerraSAR-Xの解析結果が非湛水域を比較的過剰に抽出していることを示している。

3月16日の差分解析結果は、OAが65.92%である。一方、UAは湛水域において39.19%と低く、逆にPAは84.84%と高い。これは、3月13日と同様に、TerraSAR-Xが非湛水域を過剰に抽出していることを示している。

単画像による抽出精度と比較すると、3月13日については抽出精度の向上が確認された。これは、前節で挙げた誤抽出要因が改善されたことによる。

［表7］振幅情報の差分解析による抽出精度の評価
(2010年10月21日と2011年3月13日:同一軌道)

		Extraction using TerraSAR-X			User's Accuracy
		Flooded km^2	Non Flooded km^2	ALL km^2	
Extraction using Air Photo	Flooded	37.20	8.69	45.89	81.07%
	Non Flooded	4.58	40.83	45.41	89.91%
	ALL	41.78	49.51	91.30	
Producer's Accuracy		89.03%	82.46%	OA	85.47%

［表8］振幅情報の差分解析による抽出精度の評価
(2010年10月21日と2011年3月16日:異軌道)

		Extraction using TerraSAR-X			User's Accuracy
		Flooded km^2	Non Flooded km^2	ALL km^2	
Extraction using Air Photo	Flooded	17.98	27.90	45.89	39.19%
	Non Flooded	3.21	42.19	45.41	92.92%
	ALL	21.20	70.10	91.30	
Producer's Accuracy		84.84%	60.19%	OA	65.92%

一方、3月16日については抽出精度が単画像のものより、低下した。当画像は、10月21日の画像と比較し、入射角が10度以上（3月16日:23.82度、10月21日:37.30度）異なることに加え、照射方向も約24度（3月16日：280.3度、10月21日：256.3度）異なっており、これらが一因として考えられる。

②複数画像の位相情報を用いた湛水域抽出

位相情報を用いた湛水域抽出を行う際に、2つの画像の干渉性の高さの指標であるコヒーレンスを用いた抽出を実施した。

地震前後の撮像画像を対象にコヒーレンス解析を実施したが、撮像期間が約半年経過していること、季節が異なることから、都市部以外では干渉性が低かった。このため地震後同士である2011年3月13日と3月24日、及び4月4日の撮像データを使用してコヒーレンスによる湛水域抽出を行った。地震後のコヒーレンスと湛水状況については［表9］のような関係となることが考えられる。3月13日と3月24日の間のコヒーレンスを用いることによって、3月13日における湛水状況が、3月24日と4月4日の間のコヒーレンスを用いることによって、3月24日における湛水状況が確認できると推察した。［表10］は、3月13日の湛水域の抽出精度を示したものである。

コヒーレンスによる解析結果は、OAが69.50%である。一方、UAは湛水域において91.70%と高

［表9］湛水とコヒーレンスの関係

		3月13日	
		湛水	非湛水
3月24日	湛水	低い	
	非湛水	低い	高い

［表10］コヒーレンスによる抽出精度の評価
(2011年3月13日と2011年3月24日)

		Extraction using TerraSAR-X			User's Accuracy
		Flooded km²	Non Flooded km²	ALL km²	
Extraction using Air Photo	Flooded	42.08	3.81	45.89	91.70%
	Non Flooded	24.03	21.38	45.41	47.07%
	ALL	66.11	25.19	91.30	
Producer's Accuracy		63.65%	84.87%	OA	69.50%

く、非湛水では63.65%と低い。これは、TerraSAR-Xの解析結果が湛水域を過剰抽出し、非湛水域を過小抽出していることを示している。コヒーレンスによる解析結果は、単画像による解析結果や複数画像による振幅情報による解析結果と比較し、その抽出精度は低い。

しかしながら、振幅情報のみでは抽出できないケース、例えば防潮林の下が湛水している箇所や防潮林が倒れた領域が湛水している領域について、抽出が可能であるケースが確認された。一例として若林区井戸浜の防潮林が挙げられる。震災前の防潮林について［図7］に、3月13日画像の振幅情報を用いて抽出した結果を［図8］に、3月13日と3月24日の位相情報を用いて抽出した結果を［図9］に示す。また、3月24日画像の振幅情報を用いて抽出した結果を［図10］に、3月24日と4月4日の位相情報を用いて抽出した結果を［図11］に示す。［図8、図10］のように振幅情報では湛水域を抽出できていないが、［図9、図11］のように位相情報では湛水域が抽出できていると考えられる。

さらに、湛水が引いた後も細粒分が堆積し、振幅画像のみでは抽出が困難な箇所についても抽出できる可能性があることが明らかとなった。一例として名取川沿いの農地が挙げられる。3月24日画像の振幅情報を用いて抽出した結果を［図12］に示す。3月24日と4月4日の位相情報を用いて抽出した結果を［図13］に示す。現地の様子を［図14］に示す。

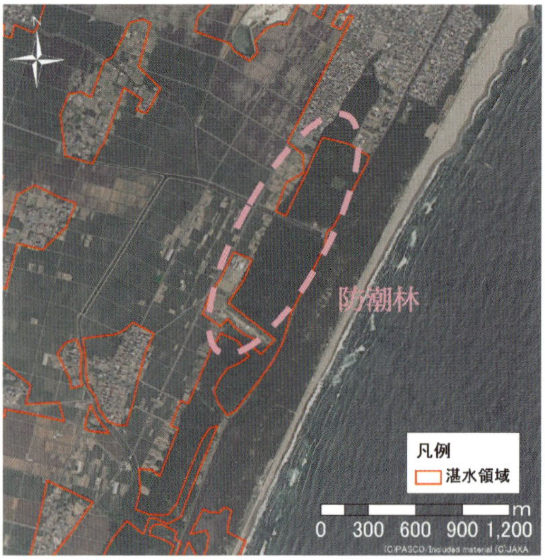

［図7］震災前の防潮林

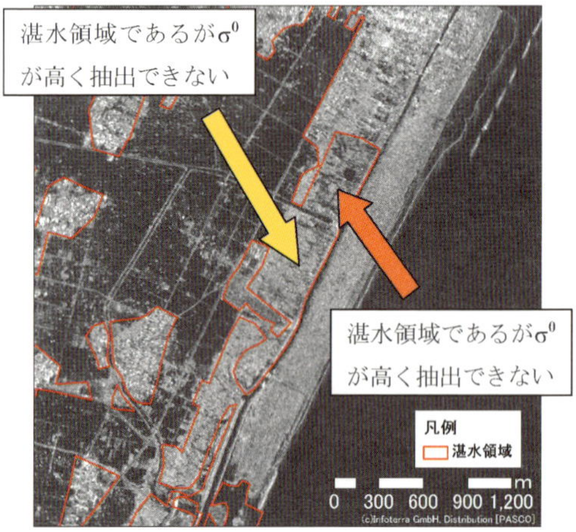

［図8］振幅情報のみで抽出困難な例（防潮林）
(3月13日撮像)

(6) まとめ

本解析により明らかとなった事項を列記する。

- SAR衛星により湛水域を定期的に撮像（モニタリング）することにより、その変化を把握することが可能である。
- 湛水域モニタリングは、軌道、入射角、照射方向等の撮像条件を統一することが望ましいが、撮像条件が異なる場合でも実施が可能である。
- 単画像による湛水域の抽出精度は、約7割以上である。
- 単画像による解析では、水面と同じような反射特性をもつ平滑面（アスファルト、グラウ

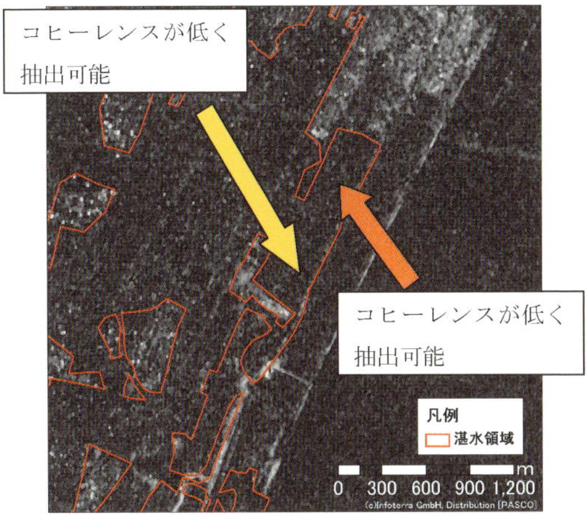

[図9]位相情報で抽出可能な例
(3月13日と3月24日の組み合わせ)

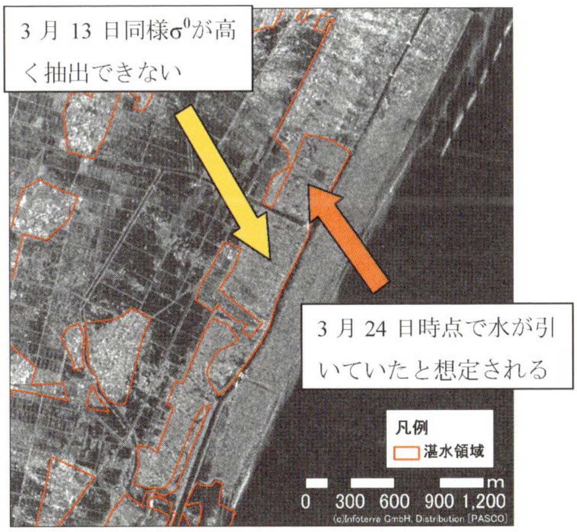

[図10]振幅情報のみで抽出不可な例(防潮林)
(3月24日撮像)

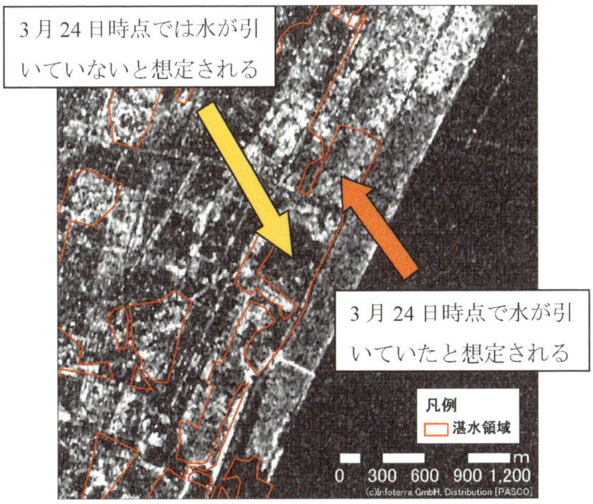

[図11]位相情報で抽出可能な例(防潮林)
(3月24日と4月4日の組み合わせ)

[図12]振幅情報のみで抽出困難な例(農地)
(3月13日撮像)

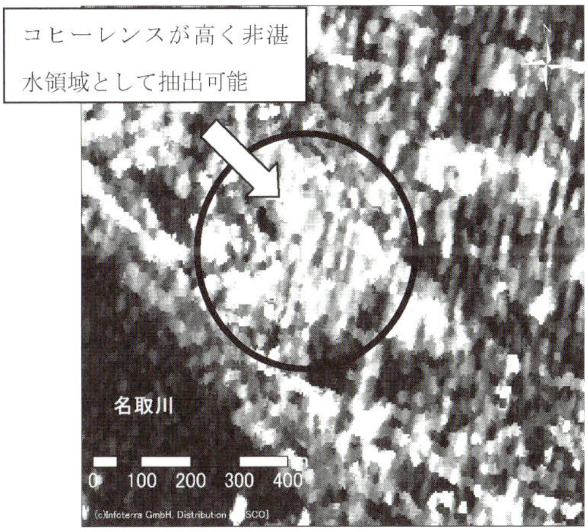

[図13]位相情報で抽出可能な例(農地)
(3月24日と4月4日の組み合わせ)

[図14]水が引いた農地(表面に細粒分が堆積)(パスコ撮影)

ンド等）の誤抽出を防ぐことは困難である。
- これら誤抽出要因は、地震前後の複数画像による解析（振幅情報）を実施することにより、改善が可能である。
- 複数画像による解析（振幅情報）は、撮像条件が同一の場合は85％以上であった。
- 複数画像による解析（振幅情報）は、撮像条件が異なる場合精度が低下することから、入射角や照射方向等の条件を揃えることが望ましい。
- 複数画像による解析のうち、コヒーレンス（位相情報）を用いた抽出精度は、他の手法と比較し、低いものであった。
- しかしながら、振幅情報では抽出漏れとなる、湛水面上に地物が存在する箇所（例えば、防潮林）や水面のような平滑面（細粒分の堆積する農地等）等の抽出が可能であった。

（7）おわりに

東日本大震災の7年前の、2004年12月26日に発生したスマトラ島沖地震（M9.3）では、大津波が発生し、甚大な被害が発生した。

当時は、CバンドSAR衛星であるENVISAT ASAR、ERS-1、ERS-2及びRADARSAT-1が運用されており、これらのSAR衛星画像を用いた解析が実施されている[6)]。RADARSAT-1の分解能約8mが最高の分解能であり、回帰日数も同衛星の16日が最短であったが、SAR衛星による高頻度の撮像や湛水域モニタリングが実施されることはなかった。

今回の震災時には、CバンドSAR衛星に加え、TerraSAR-X、TanDEM-X及びCOSMO-SkyMed等のXバンドSAR衛星やLバンド衛星であるALOSのPALSARが運用されていた。

本震災では、これら衛星による高頻度のデータ取得が実施され、撮像から数時間で公表されるような準リアルタイムの湛水域のモニタリングが実現した。また、XバンドSAR衛星の地上分解能3m（StripMapモード）という高分解能により、広域の湛水域を精度よく抽出することが可能となった。さらに、最短11日という短い回帰日数から差分解析やコヒーレンスによる解析が実現した。

本章では複数の手法により、湛水域の抽出を実施したが、それぞれの手法の利点、欠点が明らかになったと考える。今後はこれらの手法を融合し、より正確に湛水域を抽出する手法を考案する必要がある。また、分解能に影響を与えずに、様々なノイズ要素の影響を低減させるためにオブジェクト分類等の手法を導入することも有効と考える。

また、湛水域抽出精度を上げるためにも現地の情報を入手し、実際の解析とリンクしていく必要がある。また様々な災害事例について現地情報と撮像データをデータベース化することによって、類似災害が発生した際に速やかに情報を提供できるようになると考えられる。

最後に、これらの衛星から抽出された情報は行政機関等のユーザに伝達され、利用されることで初めてその価値が生まれるものである。そのため、ユーザにとって理解しやすく、適切なタイミングで情報を提供・配信することが求められる。それらを実現するために被害情報を提供・配信する情報システムを構築していくことも今後の課題と考える。

参 考 文 献

1) 国土地理院：津波による浸水範囲の面積（概略値）について（第5報），2011.
2) 日経コンストラクション2011年3月28日号，p.17，日経BP社，2011.
3) DLR: TerraSAR-X Ground Segment Basic Product Document 1.7, pp. 41-51, 2010.
4) 飯田洋・渡辺信之・佐藤潤・小荒井衛：高分解能SARを利用した災害状況把握，国土地理院時報，No.99，pp.49-56，2002.
5) Infoterra GmbH: Radiometric Calibration of TerraSAR-X Data Beta Naught and Sigma Naught Coefficient Calculation, 2008.
6) 飛田幹男・今給黎哲郎・水藤尚・加藤敏・林文・村上亮：衛星SAR画像分析による2004・2005年スマトラ沖地震に伴う隆起沈降域の把握，国土地理院時報，No.109，pp.21-31，2006.

9.
地震変状調査における航空レーザ計測・空中写真撮影の有効性

(1) 地震変状調査の概要

東日本大震災の状況把握には広範囲の空間情報を取得できる衛星や航空機による画像が初期段階から広く活用され、さらに詳細な状況把握や復興計画の立案のための情報取得には空間分解能の高い画像取得やレーザ計測による高密度な点群データなどが航空機や車両によって取得されて活用されている。ここでは、東北地方太平洋沖地震、またこの余震に伴って発生した福島県いわき市南西部の地表地震断層及び関東地方の一部の液状化について航空レーザ計測と空中写真撮影によって捉えられた事象を紹介するものである。地表地震断層の変状調査では、航空レーザ計測及び空中写真撮影を実施し、それらの成果から各主題図を作成して判読し、現地調査結果との検証を行った。また、液状化現象については、高解像度デジタル航空カメラ（DMC）を用いて空中写真撮影を行い、噴砂状況を把握するとともに、地震前後の航空レーザ計測データの差分解析結果から地盤沈下や噴砂の状況を把握した。

(2) 福島地表地震断層

2011年4月11日に福島県浜通りを震源とするM7.0の地震が発生した。この地震によって形成されたものと考えられる地表地震断層が、福島県いわき市南西部に位置する活断層の湯ノ岳断層及び井戸沢断層付近にて確認され、東京大学地震研究所、産業技術総合研究所、土木研究所などの研究機関により現地調査結果（速報）が報告されている。なお、井戸沢断層のうち最も西側に位置する断層については『新編 日本の活断層』[1] に記載された内容と今回の地表地震断層の構造の違いなどから、今回最大の垂直変位量が確認された、いわき市田人町塩ノ平を模式地として「塩ノ平断層」と仮称している[2]。

この地表地震断層の地形形状を調査するために、地震発生から1カ月余りが経過した5月18日に航空レーザ計測及び空中写真撮影を実施した。取得した詳細な地形データ、画像データなどから地表地震断層による変動地形を判読し、その結果を基に現地にて位置、形状、変位量の検証を行った。

今回の計測・撮影は、湯ノ岳断層および井戸沢断層（塩ノ平断層）の中でも、地表地震断層の垂直変位量が比較的大きく連続性の高い箇所について実施した。［図1］は、国土地理院刊行の1：200,000地勢図「白河」を背景図として航空レーザ計測および空中写真撮影の範囲を示しており、黒破線は「活断層デジタルマップ」[3] における推定活断層位置を示している。

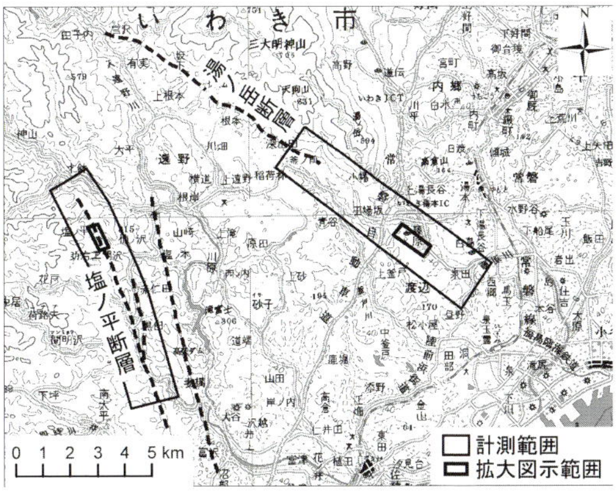

［図1］計測範囲と推定断層位置

航空レーザ計測は様々な地形計測に応用され、断層地形調査などにも利用される航空測量手法の一つである。今回の航空レーザ計測では、低速飛行により高密度なデータ取得が可能な回転翼機（ヘリコプター）を使用し、飛行高度は対地750m、1秒間に10万パルス照射、その照射密度は1m²あたり7.3点と非常に高密度な計測値に設定した。通常の地形計測では1m²あたり1～3点程度の設定であるのに対し、高密度な設定にした理由は、形成

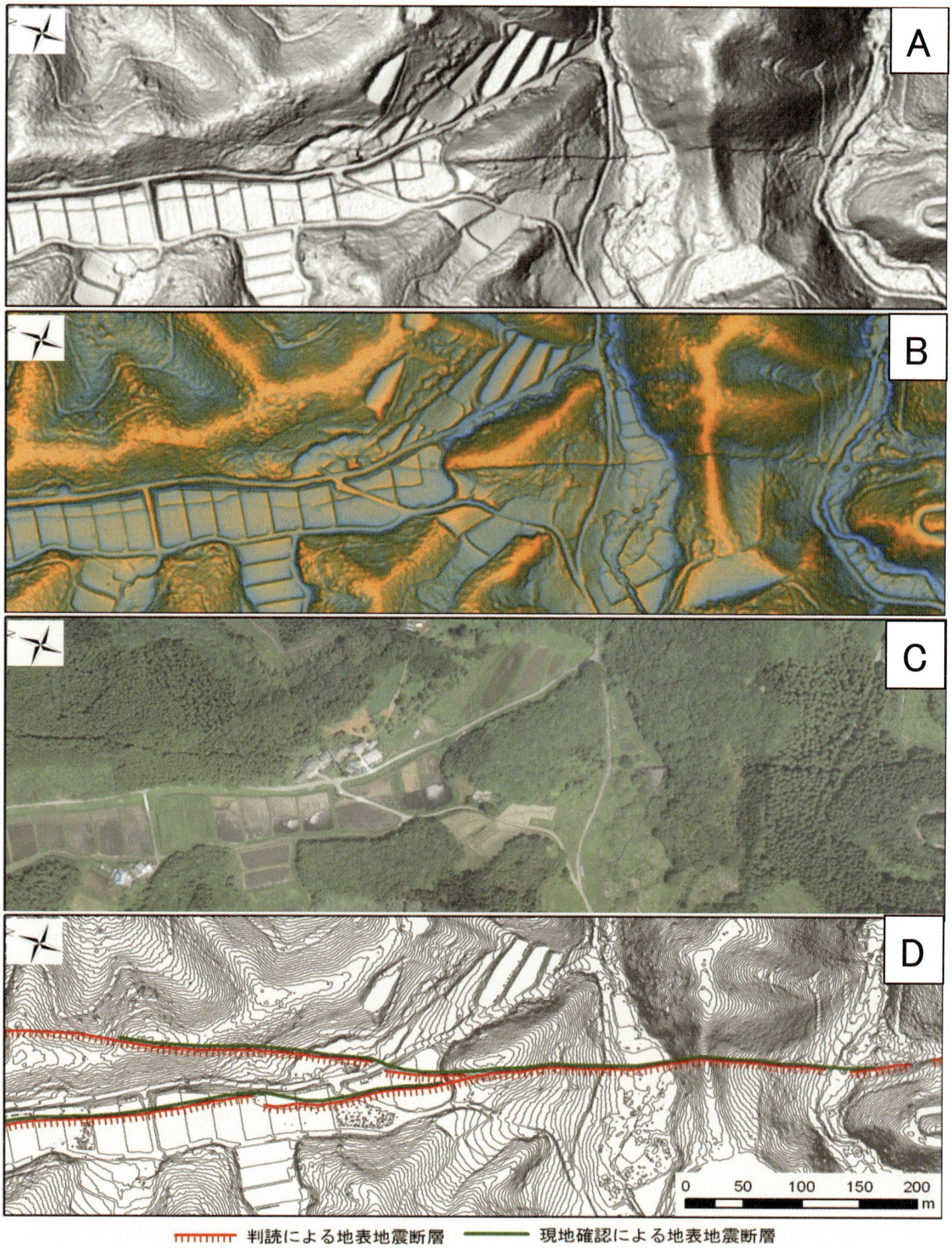

[図2]塩ノ平断層の模式的箇所
A:陰影図、B:陰陽図、C:写真地図、D:地表地震断層判読図

された小さな断層崖を確認するためである。

ここでの空中写真は、航空レーザ機器に付属したデジタルカメラで撮影した。デジタルカメラは22Mピクセルのものを使用し、地上画素寸法は対地高度750mで約11cmとなる。撮影した画像は正射投影処理を行い、航空レーザ計測による地形データと重ね合わせて断層地形の判読に使用した。

航空レーザ計測及び空中写真撮影によるデータを解析処理し、陰影図、陰陽図、写真地図、地表地震断層判読図を作成した。その中で変位量の大きな塩ノ平断層の模式的箇所を［図2A～D］に示す。この地域は、今回の地震断層で最も変位量の大きかった福島県いわき市田人町塩ノ平地区である。

陰影図［図2A］は樹木や建物を除去した後の地盤をレリーフ状に表したもので、地形の凹凸が平面図に表現されている。陰陽図［図2B］は朝日航洋独自の地形表現図で、地形の凹凸を陰値と陽値に分けた奥行きとして情報化し、画像に付加することで立体感を強調した表現手法である。特に微地形の判読が陰影図に比べ容易となる特長がある。

陰影図及び陰陽図において、NNW―SSE方向に線状のトレースが確認できる。線状の構造は図の中央付近から北側に向かって2つに分岐している。陰影の陰が西側に認められることから、西落ちの断層であることが推定できる。また、丘陵地や山地、水田や畑地のいずれにも断層と思われる線状構造が追跡可能である。線状構造は直線とは限らず、緩い曲線や若干蛇行しているような箇所も見られる。その段差についても、段差の陰の濃淡から、連続して一様ではないことが推察される。

空中写真撮影による写真地図［図2C］では、図の北側および南側の断層崖が存在すると思われる箇所で、針葉樹の植林中に線状の空隙が明瞭に確認できる。この箇所の現地調査では、スギの植林地内で地震断層の影響による連続的な樹木の傾動が確認できた［図3］。

また、写真地図の中央付近の三方向を道路に囲まれた丘陵地では、針葉樹の傾動は明瞭には見られない。しかし、陰影図、陰陽図では断層崖と思われる明瞭な段差が確認され、航空レーザ計測の

［図3］針葉樹林の傾動

［図4］樹林内の断層崖

特長の一つである樹林下の地盤を取得することにより、空中写真判読では困難な樹林下の断層崖の検出が可能であった。このような樹林下の断層崖の代表的な露頭状況を［図4］に示す。

写真地図の耕作地やゴルフ場などの樹木のない箇所においても、当然のことながら地震断層発生に伴う断層崖や崩壊地などが確認できる。写真地図［図2C］では北側に分岐する2つの地表地震断層が認められ、そのうち西側のものは水田に露出している。撮影時期が田植えの時期であったことから湛水による色調の違いによる判読が可能であり、横切った断層地形の下段は湛水し、その境界が断層の走向と一致する。

これらの陰影図、陰陽図、写真地図をもとに、地表地震断層判読図［図2D］を作成することによって地表地震断層の位置や連続性が把握可能となった。これまでの空中写真による実体視の判読では、人の目で確認して判読結果を書き写すため位置精

度の低下が生じる場合があったが、航空レーザ計測データでは、直接的に高密度な3次元座標データを取得していることから従来と比較して位置精度を高めることが可能であった。

今回の地震断層の断層構造は、湯ノ岳断層及び塩ノ平断層において、いずれも南西落ちの正断層である。現地調査の結果から、その変動形態は大きく「断層崖タイプ」と「撓曲崖タイプ」に区分された。一般に前者は岩盤被覆層が薄く比較的急峻な山地や丘陵地帯で多く観察され、後者は岩盤被覆層が厚い低平な田畑などで多く観察される。

典型的な断層崖タイプと撓曲崖タイプの見られた湯ノ岳断層について、航空レーザ計測データから断面図を作成した。断面図作成箇所の位置図を［図5］に示す。［図1］において湯ノ岳断層がNW―SE方向の分布が認められるが、［図5］の範囲はその推定断層のさらにSE方向にある福島県いわき市常磐藤原町付近である。図中のP1及びP2について地表地震断層の断面図を作成し、現地にて断面形状を観察した。

［図6］のP1断面はいわきゴルフクラブのフェアウェイを横切る断層崖である。現地写真から正断層の引張応力により垂直方向にせん断された面が明瞭に見られる。航空レーザ計測データの点分布による断面図から約60cmの比高であることが確認され、不連続箇所の形状についても断層崖が表現されている。

また、［図7］のP2断面はP1の南東約500mの地点に出現した変状地形である。現地写真からは、水田の地表面を緩い傾斜で撓曲崖が形成されているのがわかる。航空レーザ計測データの点分布による断面図では、水平方向に2～3mほどの幅で比高が約40cmの緩いスロープ状の地形を形成する。

いずれの断面においても、その断面形状や垂直変位量において、航空レーザ計測データによる断面図と現地調査の結果に相違がないことが確認された。

航空レーザ計測や空中写真撮影などの航空機リモートセンシング技術を地表地震断層調査に適用した結果、その有効性について再認識することができた。

まず、航空機を利用することで広範囲を短時間で計測可能となる。次に写真判読では検出困難な樹林下の断層崖が確認できる。また地表地震断層の規模と位置を高精度に特定し、現地調査に使用する基図として利用できる。

しかしながら、航空レーザ計測から地震断層地形の判読には注意すべき点がいくつか存在した。航空レーザ計測データの飛行コース間のずれや樹木除去フィルタリングのノイズ、高圧送電線などの線状構造物のノイズなどは、データ処理の方法によっては誤判読を引き起こす可能性があった。

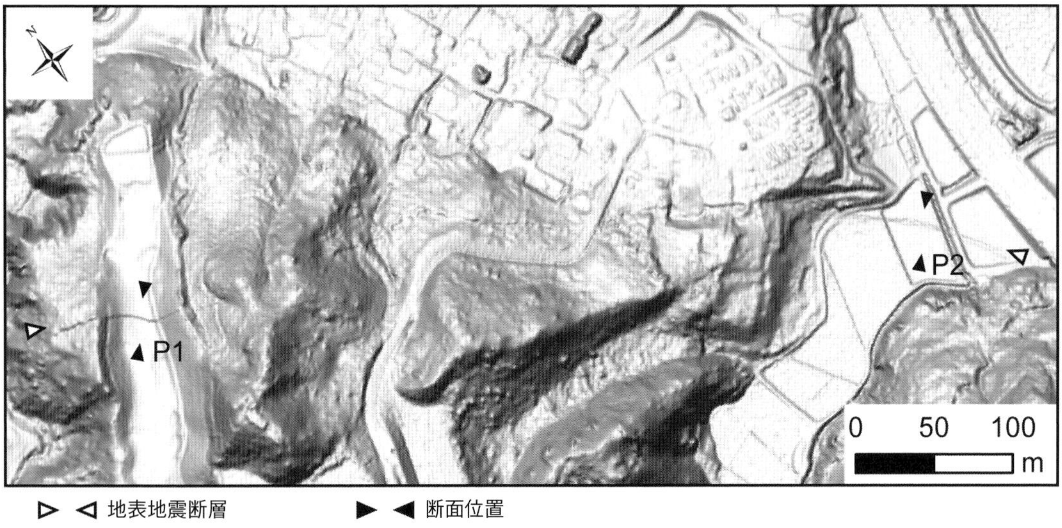

［図5］典型的な断層崖及び撓曲崖の断面位置

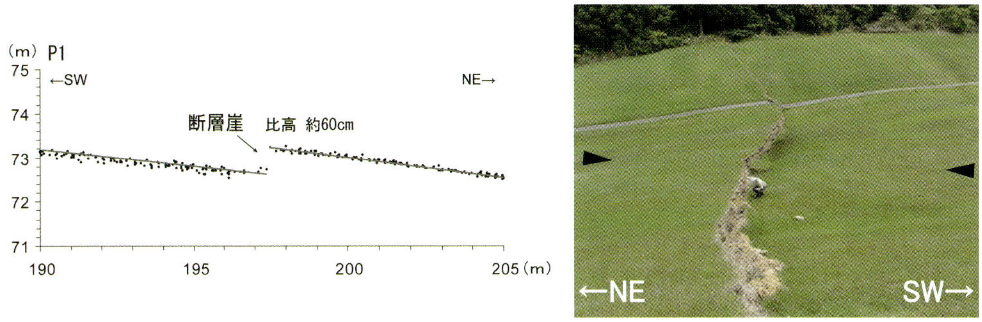

[図6]断層崖タイプの断面形状と現地写真

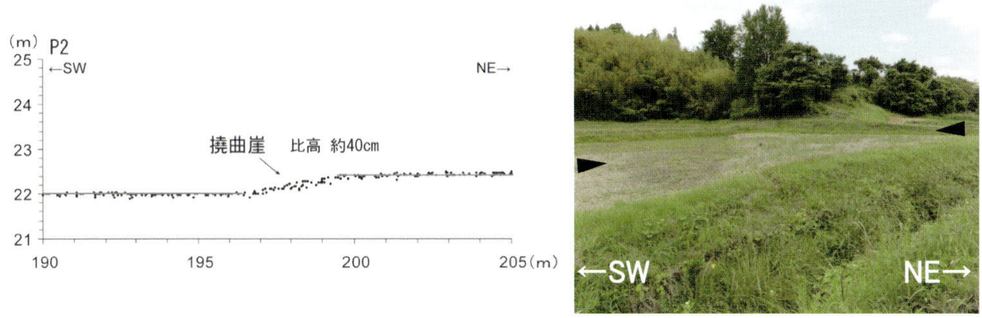

[図7]撓曲崖タイプの断面形状と現地写真

また、横ずれ断層や垂直変位量の小さな断層崖については検出が困難であった。

災害時の緊急調査を行う上で最も重要なことは、災害発生からできる限り早い時期の計測・撮影を実施することである。なぜなら道路などの被害箇所では復旧工事を早急に行うため、地震断層による変位地形や形状、変位量を正確に捉えられなくなるためである。

[図8]神栖海浜運動公園

(3) 茨城・千葉の液状化現象

東北地方太平洋沖地震により大きな津波の被害報告がなかった関東地方においても至るところで液状化現象が発生し、生活基盤に関する被害が生じている。朝日航洋は、震災の翌日である3月12日に東北地方だけではなく茨城県北部から千葉県の九十九里浜付近までの海岸線についても空中写真撮影を実施した。この撮影はデジタル航空カメラのIntergraph社のDMCを用いて撮影縮尺1:12,000（地上画素寸法14cm）で実施した。これらの空中写真を確認したところ、茨城県の鹿島灘に面する神栖海浜運動公園では、津波の影響は特に確認されなかったが、公園内のテニスコートの緑色が不鮮明となり砂が浮いたような状態になっていた［図8］。［図8］に示す青枠部分を拡大して確認すると、競技場のグラウンドや駐車場では液状化現象による噴砂と考えられる痕跡が確認できた［図9］。なお、これらの空中写真を用いて作成した写真地図などを特設ウェブページにて公開し、情報提供を行っている。

また、メディアで多く報じられたように市内の広範囲で液状化現象が起きて深刻な打撃を受けた千葉県浦安市について2011年4月20日に航空レ

［図9］液状化現象の痕跡

ーザ計測を実施し、震災前の2006年12月の航空レーザ計測成果を用いて東京大学生産技術研究所の小長井研究室と共同研究[4]を行い、千葉県浦安市の液状化の状況把握を試みた。2時期の差分を算出して、［図10］に示すように標高差分を可視化したところ、浦安市内の広範囲において減少を割り当てた寒色系が認められ噴砂に伴う地盤沈下が生じているものと推測された。また、ところどころにおいて増加を割り当てた暖色系が確認でき、建物の経年変化以外に吹出した噴砂を集めたと考えられる集積箇所も認められた。

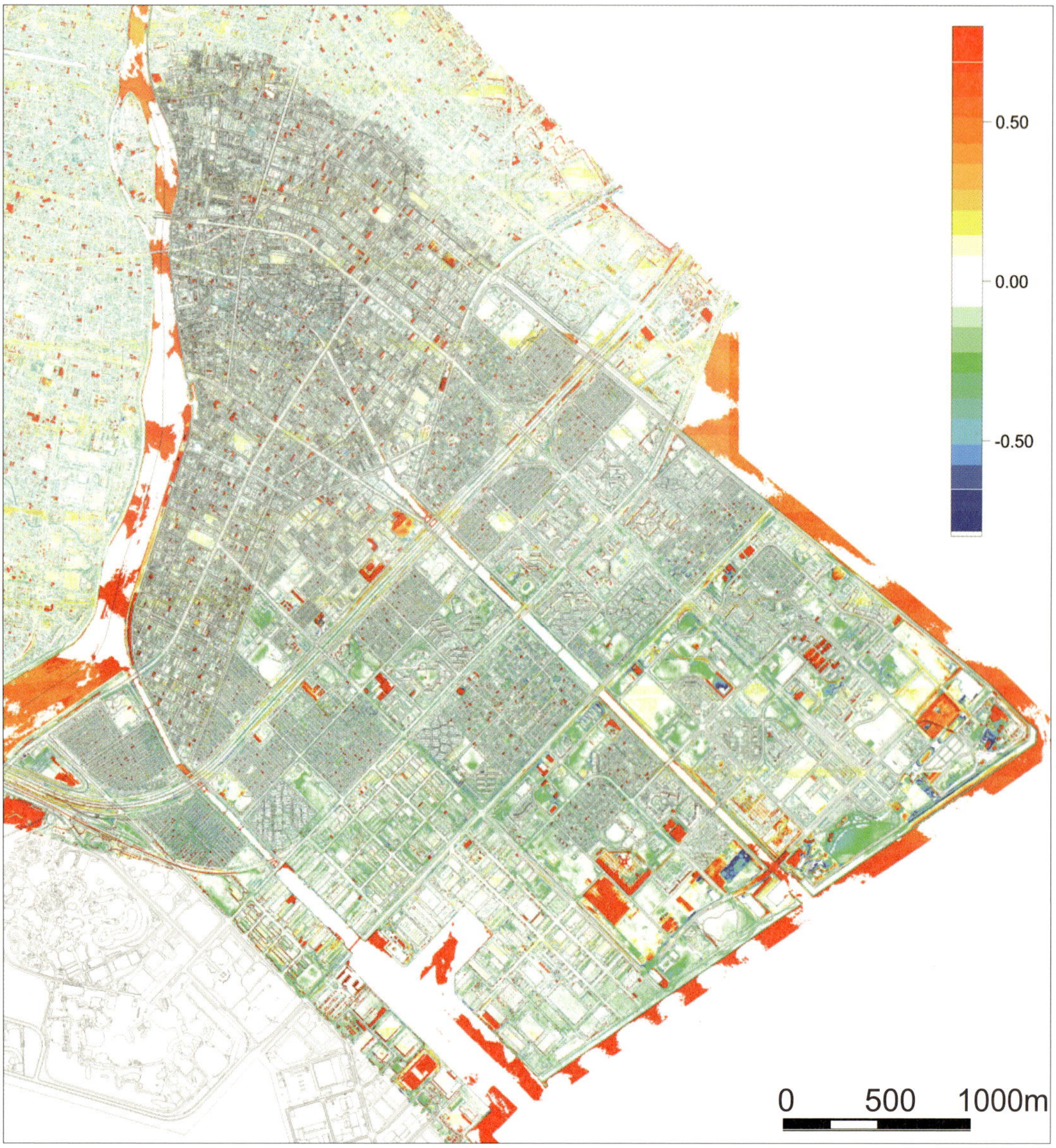

［図10］浦安市の地震前後の標高差分

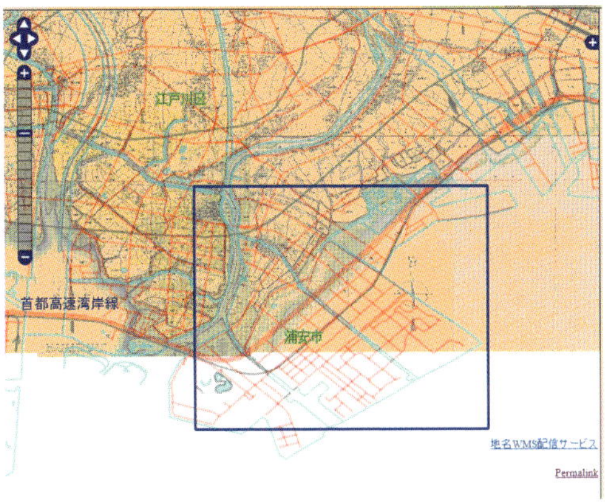

［図11］迅速測図における浦安市周辺

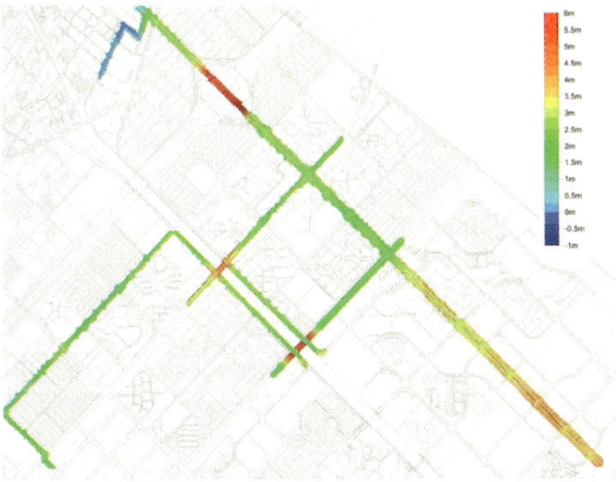

［図12］車載型計測システムによる計測結果

液状化現象は、旧河道や埋立地など飽和砂地盤を構成する地域で起こりやすいことが知られているが、浦安市の地盤状況を把握するため、農業環境技術研究所が歴史的農業環境閲覧システム[5)]によって公開している明治初期から中期にかけて作成された迅速測図［図11］を用いて土地の変遷について確認した。図中の赤と水色の線は、現代の数値地図25,000（空間データ基盤）による道路と河川・海岸線を示し、青枠は差分図の概略範囲を示している。［図11］より、首都高速湾岸線が迅速測図での海岸線付近を通っていることが赤線で確認できる。それゆえ、差分の検討を行った浦安市の大部分が埋め立てによって構築されたものと理解される。

さらに、道路管理や道路周辺の空間情報の取得に関して注目を集めている車載型計測システムを用いて［図11］の緑破線に示す箇所を中心に精度検証を行った。可視化した計測結果の［図12］から理解されるように、車両から計測するため必然的に道路周辺のデータが計測されているが、航空レーザ計測に比較して高精度な計測が実施されているため、より詳細な状況把握を可能としている。

(4) まとめ

2011年3月11日に発生した東日本大震災は、岩手・宮城・福島の各県を中心として地震・津波・地盤沈下・地すべり・崩壊・地表地震断層変動・液状化などの様々な現象を広域に出現させた。

本章では、これら災害種のうち比較的特異な存在である地表地震断層変動と液状化現象について、航空レーザ計測と空中写真撮影により調査し、その有効性について検証した事例を紹介した。

今後とも発生する各種災害に対して、日々進歩している地理空間情報技術を利用して計測・調査し、社会貢献を行っていくつもりである。

参考文献

1) 活断層研究会:新編 日本の活断層－分布図と資料, 東京大学出版会, p.437, 1991.
2) 石山達也・佐藤比呂志・杉戸信彦・越後智雄・伊藤谷生・加藤直子・今泉俊文:2011年4月11日の福島県浜通りの地震に伴う地表地震断層とそのテクトニックな背景, 日本地球惑星科学連合2011年大会講演要旨, 2011.
3) 中田 高・今泉俊文編:活断層デジタルマップ, 東京大学出版会, p.60, 2002.
4) Konagai, K., Sibuya, K., Eto, C., and Kiyota, T., : Map of soil subsidence in Urayasu,Chiba,caused by the March 11th 2011 East-Japan earthquake, Bulletin of ERS, IIS, University of Tokyo, No.44, pp.45-47, 2011.
5) Iwasaki, N.: 歴史的農業環境閲覧システム, http://cse.niaes.affrc.go.jp/niwasaki/ (accessed 26 July. 2011)

第 II 部

国内編

1.1
伊勢湾台風

1959

(1) 災害の概要[1)]

昭和の台風で特に被害の大きかった3つの台風を、「昭和の三大台風」[2)]という。それらは、1934年9月21日に高知県室戸岬付近に上陸した「室戸台風」、1945年9月17日に鹿児島県枕崎付近に上陸した「枕崎台風」、そして1959年9月26日に和歌山県潮岬付近に上陸した「伊勢湾台風」である。

伊勢湾台風は、その被害の大きかったことに特徴がある。例えば、死者・行方不明者が最も多かった台風は伊勢湾台風であり、また、負傷者、住宅被害が最も多かったのも伊勢湾台風である。浸水被害は、昭和の三大台風の中では1位、全体では4位である。ちなみに、浸水被害の最も大きかったのは、1958年9月27日に神奈川県三浦半島付近に上陸した狩野川台風である。伊勢湾台風は、この災害を契機として、今日の我が国の防災対策の原点となっている「災害対策基本法」が制定されるなど、歴史的にも特筆される台風である。

伊勢湾台風は、1959年9月26日の18時過ぎに潮岬に上陸し、21時半頃名古屋市に最接近した後、日本海に抜け、その後東北地方に再び上陸し、根室沖で温帯低気圧に変わった。その間、伊勢湾奥の低平地を泥の海に変え、東海地方を中心に中国・四国地方から北海道までの広い範囲にわたって死者・行方不明者数5,098人を出す大災害を引き起こした。

このように被害が大きくなった原因のひとつは、名古屋港でのそれまでの最高潮位を1m近く上回るT.P.+3.89m（T.P.は東京湾中等潮位のことで、標高0mの基準面）に達したことである。伊勢湾台風の上陸時の中心気圧こそ観測史上4番目の929.5hPaであったが、それによって生じた高潮は観測史上最高の3.55m(名古屋港)となった。これは、それまで最高であった室戸台風による2.9m(大阪港)をはるかに上回るものである。さらに満潮に近い潮汐が加わり、強風による高波が加わって堤防を寸断し、住宅を根こそぎ破壊したのである。

地形的な特徴も被害を大きくした要因であった。伊勢湾の奥には低平な沖積平野が形成されており、そこに輪中で守られた集落や干拓によって陸地化された低平地が広がっていた。このような地形的特徴は、水害に対して極めて脆弱と言える。その上、戦後の復興・発展の過程で不十分な防災対策のまま市街化されたこと、大量の輸入木材が名古屋港貯木場へ集積されそれが市街地へと流出したこと、台風の来襲が夜間であったこと、停電が発生したことなどが災害を激甚化させたことに加えて、被災期間を長期化させた。

さらに、被害を拡大させた要因に、避難の状況がある。伊勢湾台風による愛知・三重両県の被災は沿岸域が中心である。したがって、そこから避難さえできていれば犠牲者を大幅に減らすこともできた。事実、伊勢湾に面した三重県楠町(当時)は、町内の大半が浸水しながら、1人の犠牲者も出ていない。

気象台からの高潮警報は、名古屋港での潮位が最高位に達する約10時間前の11時15分に発令されたが、市区町村によってそれへの対応が大きく異なった。伊勢湾台風来襲の6年前の1953年台風13号によって大きな被害が発生した知多半島から三河湾にかけての碧南、美浜、武豊、内海の市町村では発令が早く、これら4市町村全体では犠牲者は26名に留まった。

一方、台風13号による被害が比較的軽かった伊勢湾奥部の市区町村では発令が遅かった。特に、干拓によって陸地化されてできた長島町などの低平地での避難命令は19時を過ぎた。避難命令が発令された時刻は既に停電のために真暗闇となっており、暴風雨中での決死の避難を余儀なくされた。その結果、湾奥の飛島村、弥富町、木曽岬村、長島町の4町村だけで1,163人の犠牲者を出すことになった。

特筆に値するのは、避難命令の発令が遅れたにもかかわらず、三重県楠町の犠牲者がゼロであったことである。その理由として、当時助役だった中川薫氏の存在、町民の水防意識の高さと水防を最重要施策のひとつとする町政が指摘されている。気象台からの情報に加え、自前の気象測器による現況把握と高潮災害発生の予想、それらに基づく26日午前9時に招集された町議会での水防態勢と避難措置の協議、町人口の1/4近い2,500人の水防団・消防団の待機出動の指示、午後3時の避難命令の発令と水防団による伝達・誘導などの迅速な対応を可能とし、犠牲者ゼロにつながった。

人命を守るために、その地域の、いわゆる防災リーダーの存在と、防災意識の高さと迅速な避難行動の重要性は、伊勢湾台風から半世紀たった現代においても同じように重要であることを、東日本大震災からの教訓として再認識する必要がある。

(2) 災害を撮った空中写真と日本初の赤外線空中写真による洪水災害調査

日本で災害写真が最初に登場したのは、大阪で発生した1885（明治18）年の洪水のようである[3)]。もちろん地上で撮影された災害状況写真であった。その後、いつの頃から空中写真が災害調査に利用されるようになったのか、といった視点で整理された論文はほとんどないが、空中写真が最初に災害調査に利用されたのは、1923（大正12）年9月1日に発生した関東大震災のようである[4)]。この時、写真を撮影したのは陸軍の陸地測量部であった。洪水を撮影した空中写真としては、1947（昭和22）年9月のカスリーン台風がよく知られており[5)]、この洪水が最初の事例ではないかと思われる。

この当時の空中写真はすべてモノクロによるものであり、カラー空中写真や後ほど述べる赤外線空中写真の研究が進められるのは、1955年頃から後のことになる[6)]。また、この頃の災害調査における空中写真の利用は、空中写真が広い範囲の状況を俯瞰できるという特徴から、災害状況の把握と記録を行うというものが多かったが、その後空中写真から数値的な情報を得る、いわゆる空中写真測量の応用という段階に至るまで、それほど多くの時間はかからなかった。例えば、洪水流の流速を解析する目的で空中写真が撮影されたのは、1961（昭和36）年7月の石狩川の洪水が最初であった[7)]。

［図1］は、伊勢湾台風時の木曽三川合流点付近の白黒赤外斜め写真である。撮影日時は、1959（昭和34）年9月30日の15時6分で[8)]、ウィルド航空測量用インフラゴンカメラを利用している[9)]。インフラゴンはスイス製の赤外線撮影専門のカメラであり、［図1］は、このカメラを使って日本で最初に撮影された洪水の赤外線空中写真である。

赤外線写真では、太陽光を吸収しやすい水面などは黒く写る特徴があるため、冠水の状況などを知る場合に、一般の写真より多くの情報を提供する場合がある。この写真からも、災害現象の一端を解釈することができる[10)]。例えば、普段の河川であればおそらくどの河川も黒色に見えるはずであるが、木曽三川の中でも木曽川、揖斐川が、長良川と比較して若干明るい色調となっている。このことから、木曽川、揖斐川は出水による土砂混入が長良川より多くて土砂濃度が高かったため、浮遊土砂に赤外線が反射されたためではないかと推測できる。

冠水している地区にしても、黒色の色調に濃淡が見られる。このことから、木曽川の流水が氾濫した地区と、海水が浸入したため冠水した地区とがあることが推測できる。

写真一枚ではわかることに限界があるが、その他の資料と合わせることで総合的な判断に資する貴重な情報を与える一枚と言える。

参 考 文 献

1) 中央防災会議「災害教訓の継承に関する専門調査会」編：災害史に学ぶ 風水害・火災編（案），2011.
2) 理科年表，丸善，2005.
3) 北原糸子：メディアとしての災害写真，第1回国際シンポジウム プレシンポジウム『版画と写真——19世紀後半 出来事とイメージの創出』報告書，pp.73-95，2006.
4) 高橋博・有賀世治・西尾元充：空中写真による地震災害調査

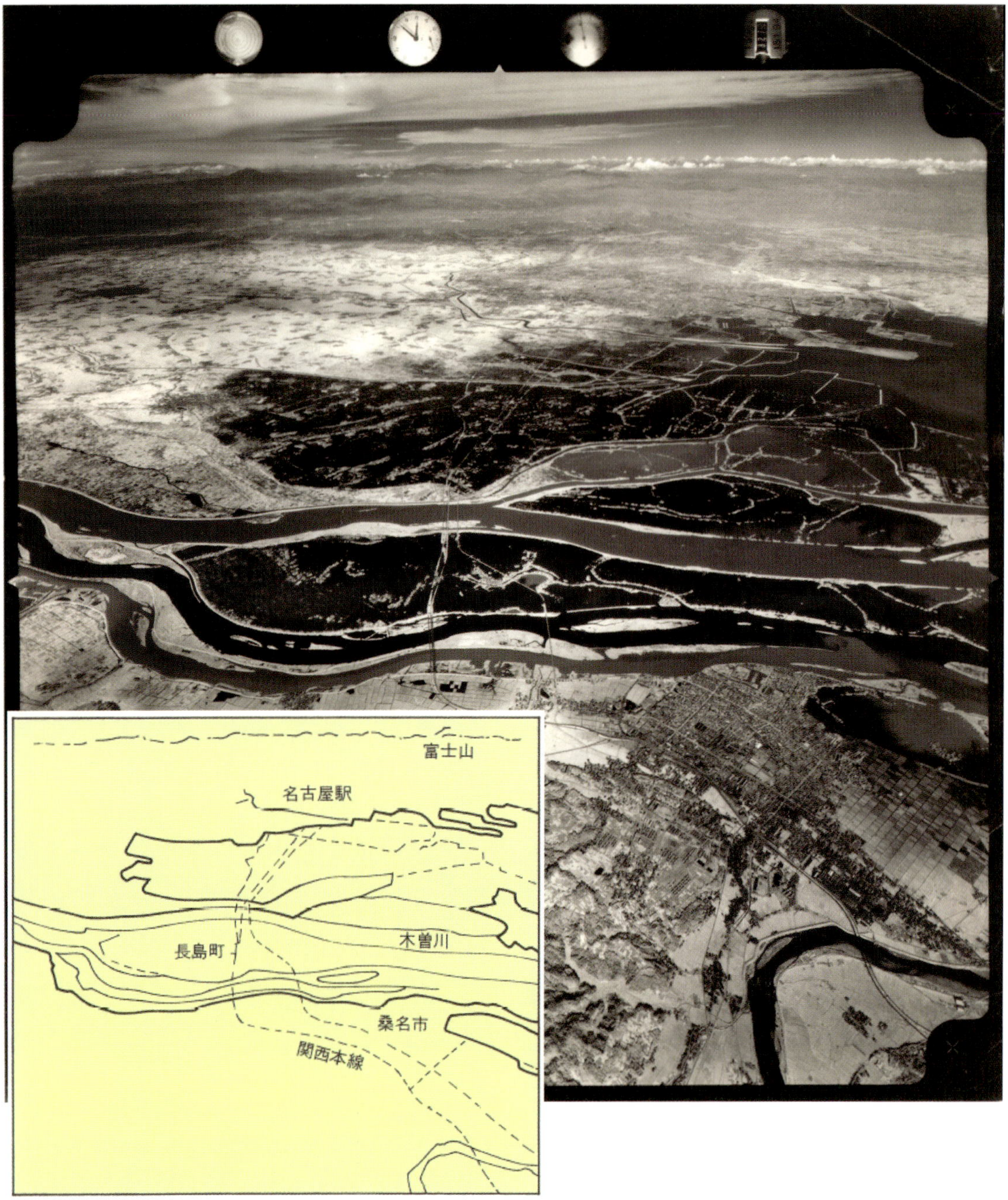

［図1］洪水被害を示す白黒赤外斜め写真
（1959年9月30日、アジア航測撮影）

法の研究, 防災科学技術研究資料, Vol.6, pp.1-30, 1969.

5) 中央防災会議:災害教訓の継承に関する専門調査会報告書　1947カスリーン台風, 第6章 カスリーン台風災害とGHQの対応, pp.145-180, 2006.

6) アジア航測50年史, アジア航測, 2004.

7) 木下良作:航空写真による洪水流解析の現状と今後の課題, 土木学会論文集, Vol.345, pp.1-19, 1984.

8) Maruyasu, T., Nishio, M.,: Experimental studies on color aerial photographs in Japan, Report of the Institute of Industrial Science, University of Tokyo, Vol.10, No.1, pp.1-16, 1960.

9) アジア航測株式会社創立30周年記念技術論文編集委員会編:航跡, 1984.

10) 丸安隆和:写真測量の発達の現状, 生産研究, Vol.14, No.8, pp.242-243, 1962.

1.2
多摩川氾濫
1974

(1) 災害の概要

1974年9月1日に高知県に上陸した台風16号と、関東地方に末端を持つ停滞した前線の影響で、多摩川上流域の小河内で総降雨量495mm、氷川で527.9mmを記録する豪雨となった[1)]。この豪雨により多摩川の水位は、河口から27.6km地点の石原観測所で最高水位3.86mに達し[2)]、現在の東京都狛江市猪方地先にある宿河原堰の左岸堤防が決壊した。その後、氾濫した濁流により堤内地にも浸食が生じたため、濁流の向きを変えるため宿河原堰の爆破が9回も行われた。しかし、堤内地の浸食により19棟の家屋が多摩川の濁流に呑み込まれて崩壊・流出してしまった。そのため、この多摩川氾濫は、狛江水害（多摩川水害）とも呼ばれる。

この水害から2年後に、家屋を失った住民が多摩川を管理する国を相手取り、損害賠償請求の訴訟を起こした。これが、その後16年に及ぶ「多摩川水害訴訟」である。裁判は4回にわたり、一審では住民側が勝訴、二審では国が勝訴した。住民側はこれを不服として上告審で破棄差し戻しとなる。その後、1992年の最高裁における差し戻し控訴審で住民の勝訴が確定、国側が上告を断念したことで結審した。

この裁判の判決は、その後の水害に対する河川管理者の責任として、災害をいかに予測し被害を少しでも回避するためにどのような手段を講じるのかを再考する重要なきっかけとなった。最高裁が下した判決文[3)]を参考に、どのように災害が進行したのかを紹介する。

多摩川流域では、1974年8月30日夜から雨が降り始め、31日午後7時頃から降雨が一段と強くなり、9月1日夕方まで降り続いた。この降雨によって、宿河原堰付近で、降り続いた降雨による増水のため、9月1日昼頃に堰左岸の下流取付部護岸の一部が破壊された。破壊が小堤に及ぶと、堰上流部の小堤からも越流水が生じ、右取付部護岸の損壊箇所から中詰土が流失した。その後、中空となった護岸被覆工が損壊されるという現象が繰り返された。その結果、護岸の損壊が進行し、堰の右取付部の高水敷に下流から上流に向かって欠込みが生じると、高水敷からその欠込み部分に流下する水流の作用と、小堤からの越流水がこれに加わって宿河原堰の右嵌入部の上流側を迂回する水路が形成された。この迂回水路が水流の洗掘作用によって拡大して、堤防本体の法尻を浸食し、ついに堤防本体を崩壊流失させるに至った。その結果、9月1日深夜から3日午後3時までの間に堤内地の住宅地面積約3,000m²、家屋19棟が流失する災害が発生した。なお、降雨の開始から終了までの総雨量は、1913（大正2）年以来の最大規模のもので、洪水の規模は1910（明治43）年及び1947（昭和22）年に発生した洪水等とほぼ同程度のものであった。

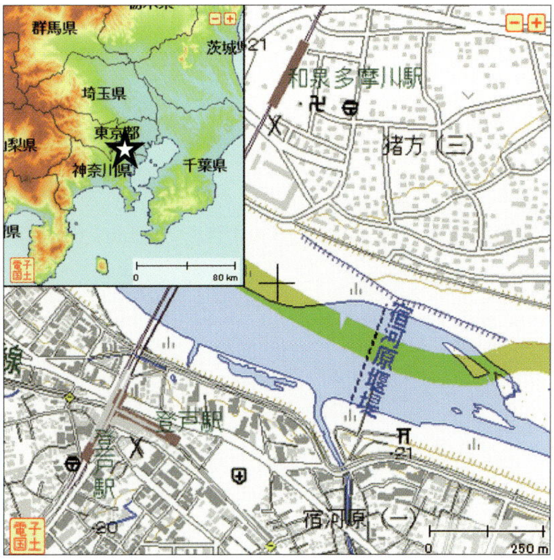

［図1］宿河原堰の位置

［図2］垂直空中写真による被害状況
（1974年9月5日、アジア航測撮影）

（2）垂直空中写真による被害状況

1974年9月5日撮影の空中写真［図2］で直線的に見えるのが本来の多摩川である。写真の上部左側には宿河原堰が確認できる。そして、写真の右側に大きく湾曲して見える水路がある。これが堤内地を侵食し堤防本体を崩壊流出させ、結果的に19棟の家屋の崩壊・流出と宅地や家財など33世帯に流出被害を引き起こした。

当時、多摩川沿いの家屋が河川に流出していく様はテレビでも放映された。そのことを覚えている読者なら、1977年に放映された「岸辺のアルバム」[4]というテレビドラマも記憶にないだろうか。この水害で家を失ったこと以外に、家族が写った写真アルバムを失ったことが非常にショックであったという被災者の話からドラマの構想が生まれた。原作は、山田太一の同名の小説である。

昭和50年代、家族の幸せの象徴はマイホームという言葉に代表された。そのマイホームを手に入れた平凡で倦怠期を迎えた夫婦と、大人への入り口で苦悩している子供たちのいる家族が、少しずつ崩壊していく様子を物語は描いている。そしてある日、最後の拠りどころであった家が洪水で流される中、家族が必死に持ち出したものが写真アルバムであった。

東日本大震災で被災した方々が、家族の写真を瓦礫と化した自宅から持ち出すニュースなど、まだ印象に新しい。写真は現実を端的に表現して見せる。ここで紹介した写真もそうした一枚である。しかし、災害写真にはそうした一面のほか、被災された方々にしか見えない現実があることも忘れてはならない。

参 考 文 献

1）建設省関東地方建設局京浜工事事務所：多摩川誌，（財）河川環境管理財団，1986.
2）岡田朋・中村敏治・福田昌史：台風16号による多摩川水害の概要，土木学会誌，Vol.59，No.13，pp.65-69，1974.
3）東京高裁平成04年12月17日判決
4）山田太一：岸辺のアルバム，角川文庫，1982.

1.3
小貝川中下流域水害
1981

(1) 災害の概要

1981（昭和56）年8月、16年ぶりに関東地方に上陸した台風15号により、小貝川の直轄管理区間である藤代町高須地先で堤防が川表側約110m、川裏側約60mにわたって決壊した。この決壊により、浸水面積約3,000ha、床上浸水約700棟という大被害が発生し、約3,000万m^3の氾濫水が堤内地へ流入したと推定されている[1)]。

利根川上流域の降雨は8月22日朝から23日昼頃までに八斗島上流域平均238mm、取手上流域平均222mmに達し、利根川本川で洪水警報が発令される大出水となった。一方、小貝川流域の降雨は50～100mmで、竜ヶ崎地点の総降水量は8月21日10時までの間に57mmが記録されているが、決壊地点の堤防への降雨は過去の出水に比べて少なかった。

本災害の特徴は、小貝川上・中流部は指定水位を上回る程度の出水であったが、下流部で利根川本川からの逆流の影響を受けて水位が上昇し、旧河道と交差する堤防の弱点部分から決壊に至ったことである[2)]。

本節ではこのような特徴を有する小貝川中・下流域水害について1981年8月24日に朝日航洋が撮影した空中写真を活用して検証を行った。

(2) 空中写真から見た洪水氾濫

この洪水氾濫は、空中写真から見て大きく3項目を考察できる。

旧河道との交差部における決壊

［図1］からまずわかることは、決壊地点が旧河道との交差部に位置している。一般的に本川堤防が旧河道と交差する箇所は水防上の要注意箇所と言われている。当該箇所には合流処理として樋管が設置される場合も多く、地盤と構造物との間からの漏水に注意が必要である。［図1］には決壊箇所の川表側樋管の門柱が残っている。この樋管は高須樋管と呼ばれ、大正年代に小貝川の蛇行部をショートカットした際に、旧河道との分岐点を締め切ったところに設置されていた。その後、1966年に杭基礎による鉄筋コンクリート樋管として改築されたものである。本決壊は、高須樋管の不等沈下による漏水が拡大して決壊に至ったものと推察されているが、検証はできていない。

利根川本川の逆流

［図2］は左下側から小貝川の流れ、右手側から利根川本川の逆流を表している。利根川からの逆流は黄土色の濁流であることから小貝川の流れと容易に区別ができる。この図から、決壊時の高須樋管地点における小貝川の水位は、利根川本川からの逆流の影響を受けていたことがわかる。また、［図3］のステレオ写真[3)]からは浮遊物が標識となるカメロン効果により、利根川本川から逆流する濁流は水面が凹んで見える（航空機は［図3］の右から左へ運航）。

氾濫流の勢い

［図4］は［図1］と［図2］を編集してステレオ写真を作成したものである。［図4］を立体視すると、カメロン効果により決壊口から流出する氾濫流が凹んで見える（航空機は図4の右から左へ運航）。そのため、氾濫流の勢いが相当速いことがわかる。災害復旧記録[1)]によると、氾濫流は決壊口付近で最大4.7m/s程度と推定されており、氾濫流の破壊力の強さは［図5］の落堀の規模（全長約140m×幅約40m）を見ても容易に推測できる。

一般に空中写真は、洪水時の浸水状況の迅速な把握に役立つが、それ以外にも上述したように旧河道の把握、決壊口から流出する氾濫流や本川から支川への逆流等の確認に有効であることを示した。このような技術は今では真新しいものではないが、災害発生時に活用できる有用な技術であり、

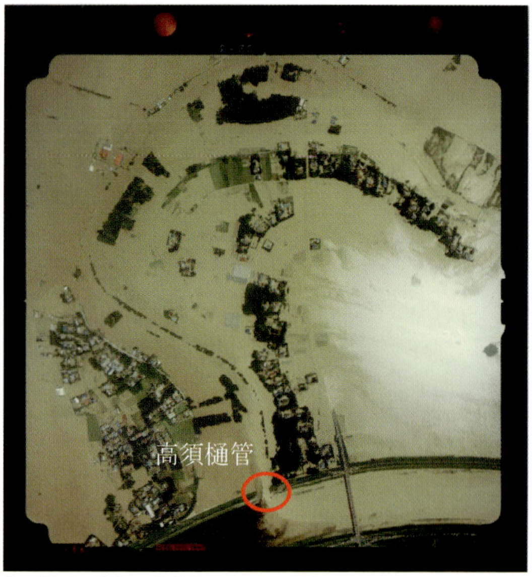

[図1]旧河道との交差部における決壊

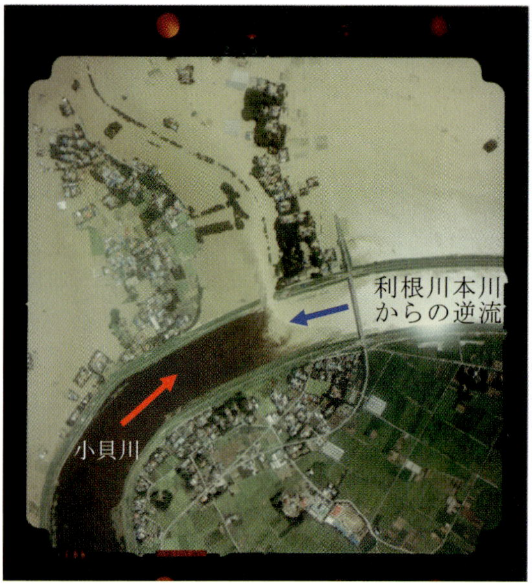

[図2]利根川本川からの逆流

日頃から活用し技術の継承を行うことが望ましいものと考える。

参考文献

1)関東建設弘済会編:災害復旧記録　小貝川高須地先(Ⅰ), 関東建設弘済会, 2009.

2)吉川勝秀編著:河川堤防学 新しい河川工学, pp.115, 172-174, 技報堂出版, 2008.

3)荒木春視:台風15号小貝川を斬る, 写真測量とリモートセンシング, Vol.20, No.4, pp.2-3, 1981.

[図3]カメロン効果による逆流現象の検証

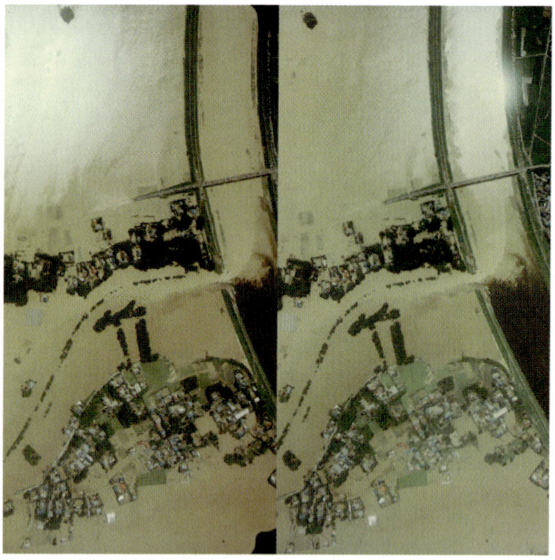

[図4]決壊氾濫流の勢いの検証

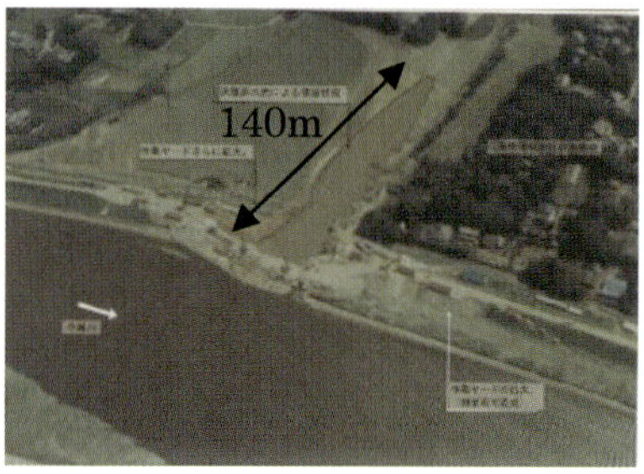

[図5]落堀の形成[1](一部加筆)

1.4
長崎豪雨災害
1982

(1) 災害の概要

1982年6月から7月上旬までは記録的な少雨だった九州地方も7月10日過ぎから断続的な降雨があり、長崎海洋気象台の観測では20日までに約660mmの降雨があった[1)]。7月22日未明、揚子江下流付近に発生した低気圧は発達しながら東進し、それに伴って梅雨前線が北上した。23日21時の天気図によると、前線は長崎県南部を横断しており、この前線に強い湿舌が流入したことがこの記録的な豪雨をもたらす主因となった。

7月23日0時から25日6時までの総降水量は長崎市、島原半島などで600mmを超えた。特に長崎市ではこの約1/2にあたる315mmの降雨が23日19時から22時までのわずか3時間に集中し、土砂災害発生件数もこの時間帯に多くなっている。

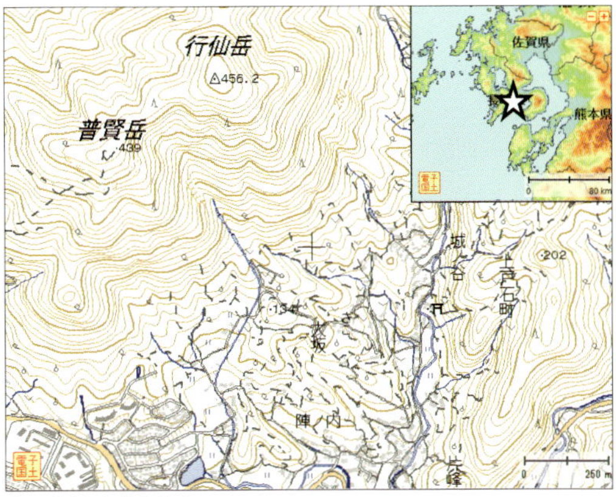

[図1]調査位置図

[図2]長崎市陣の内地区の土石流(1982年7月26日、アジア航測撮影)

長崎県西彼杵郡長与町役場の雨量計は、7月23日19時から20時までの1時間に187mmという当時ではわが国気象観測史上最大の時間雨量を記録した[1]。

この豪雨により死者・行方不明者299人、全壊家屋584棟、半壊家屋954棟、床上浸水17,909棟、床下浸水19,197棟の被害が出た。この時の崩壊箇所は4,306カ所である。このうち、土石流による死者・行方不明者は125人で全被災者の約40%を占め、崖崩れによる被災者を合わせると全体の約70%が土砂災害による被災者となっている。アジア航測では7月26日及び7月28日に緊急撮影を行った[2]。

(2) 写真判読による土砂量及び流木量の算定

今回の災害のうち長崎市陣の内地区［図1］の土石流について整理する。八郎川水系戸石川支川陣の内川は、普賢岳（標高439m）を源とする流域面積0.38km²、流路延長1,200m、平均河床勾配1/3.3の土石流危険渓流である[3]。上流域の地質は角閃石安山岩が基岩をなし、林相はスギ人工林、広葉樹林が卓越している。下流域の扇状地部は人家、田畑、果樹園となっている。聞き込み調査によると、土石流発生時刻は23日22時40分頃で、23日17時からそれまでの累加雨量は450mm以上となっているが、雨量強度のピークからは約2時間遅れて発生している。なお、20時頃には出水による氾濫があった。［図2］に同地区の災害状況を示す。

土石流の堆積構造から判断すると、構成材料の異なる2種類の土石流が若干の時間差をもって発生したものと思われる。すなわち、まず細粒分の多い土石流（泥流型土石流、空中写真では土色に見える）が発生して谷出口付近に一時堆積し、後続流で中央部にガリーが形成されたのち比較的粒径の大きい土石流（砂礫型土石流、空中写真では白っぽく見える）が流出してきてこのガリーを埋め戻したことが考えられる。また、扇状地域においても元の河床堆積物が再移動して下流に被害を及ぼしている。［図3］は土石流の発生状況をとりまとめたものである[3]。流出した土石流は泥流型、砂礫型合計して約8,000m³となっている。

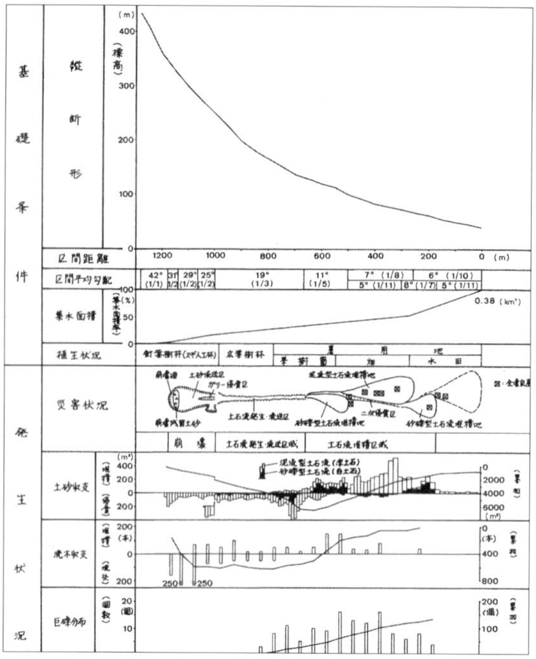

［図3］陣の内川の土砂及び流木の流出状況図[3]

陣の内地区では、この災害により15人の犠牲者、及び11棟の全半壊家屋の被害を出した。被災原因については、目撃者の証言などから土石流の直撃のほか、土石流発生前の出水、堆積土砂の再移動、流木の衝突など様々な要因が考えられており、土石流の発生機構の複雑さとそれに伴う対策工事の難しさを改めて認識させられる。

参考文献

1)（財）砂防・地すべり技術センター：昭和57年土砂災害の実態, p.27, 1983.
2) 丸山裕一：航空写真がとらえた豪雨災害の爪跡, 写真測量とリモートセンシング, Vol.21, No.4, pp.2-3, 1982.
3) 瀬尾克美・水山高久・万膳英彦・北山滋基・丸山裕一・五藤重治：長崎豪雨による土石流の性状について, 昭和58年度砂防学会研究発表会概要集, pp.4-5, 1983.

1.5
姫川豪雨災害・蒲原沢災害
1995

(1) 災害の概要

姫川は長野県白馬村佐野坂を源流とし、同県小谷村を経て新潟県糸魚川市で日本海に注ぐ流域面積722km²、本川流路延長60km、平均河床勾配1/80の急流河川である。1995（平成7）年7月、東北北部から朝鮮半島にかけて停滞した梅雨前線は、11日未明より新潟県付近でその活動が活発となった。連続雨量200mm以上、最大時間雨量50mm以上の豪雨を記録し、これらの豪雨は新潟県を中心に甚大な被害をもたらした。また、翌年12月に、姫川流域中流部に位置する左支川蒲原沢では、14人の尊い命を奪った土石流災害が発生した。

1995（平成7）年姫川豪雨災害の概況

姫川では、7月11日から12日にかけて雨量で393mm、1時間の最大雨量48mm（いずれも気象庁小谷観測所）の降雨を記録し、いずれもこれまでの観測値をはるかにしのぐ規模のものであった。このため、姫川への流入量は、当時の予想をはるかに超えるものとなった。

［図2］及び［図3］は、それぞれ気象庁アメダスデータから整理した等雨量線図と小谷観測所の7月11日から12日にかけてのハイエトグラフである。降雨は流域の中流部から上流部で特に多く、また、11日17時頃から降雨は激しさを増し、12日正午頃まで降り続いた。

この豪雨により姫川流域では山間部の至るところで崩壊が発生し、支川からの土砂流入ならびに本川の河岸侵食により、河床に土砂が堆積し異常に上昇した。下流の糸魚川市では河床上昇による氾濫が、本川沿いを走る国道148号線の新国界橋の流失、スノーシェッド（雪対策の覆道）の崩壊・基礎流出及びJR大糸線の橋桁・橋脚流失など、地域経済や交通網に甚大な被害をもたらした。

1996（平成8）年蒲原沢土石流災害の概況

1996年12月6日午前10時40分頃、新潟県糸魚川市平岩地区及び長野県北安曇郡小谷村にまたがる姫川左支川蒲原沢で土石流が発生した。

土石流は、姫川合流点から上流2.7km付近で発生した崩壊が引き金となり、姫川本川まで流下した。このため、合流点上流1kmの区間で施工されていた姫川豪雨の災害復旧工事現場を直撃し、死者14人、負傷者9人の大惨事となった。

［図4］及び［図5］に、気象庁小谷観測所の12月4～6日の降雨状況と白馬観測所の気温状況を示す。12月5日の気温上昇による融雪と降雨という気象条件だけではなく、前年の豪雨時の崩壊で、より崩壊が発生しやすい条件が整ったために生じた災害と考えられる。

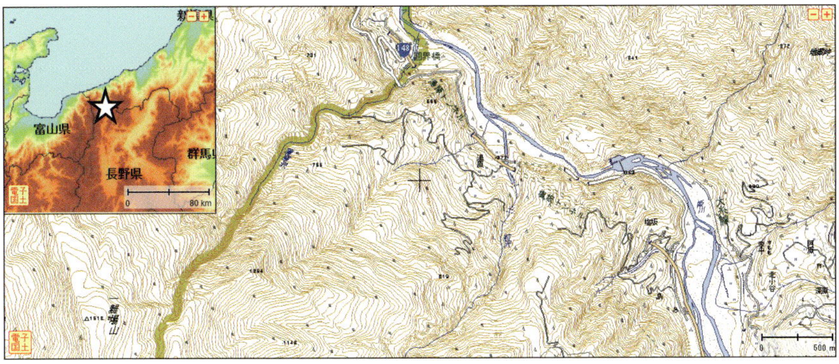

［図1］位置図

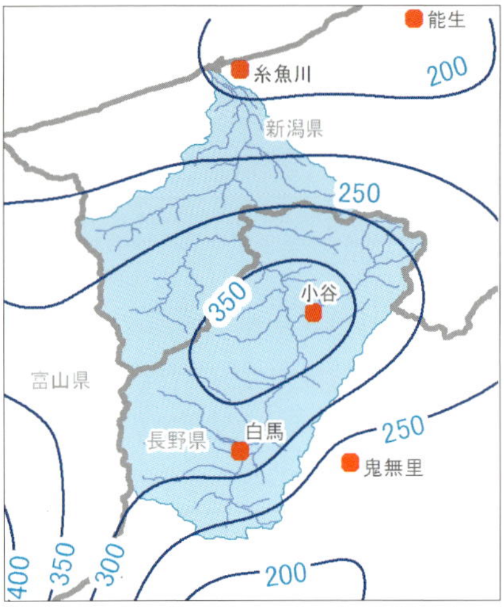

［図2］1995年7月11日～12日の等雨量線図
（気象庁小谷観測所）

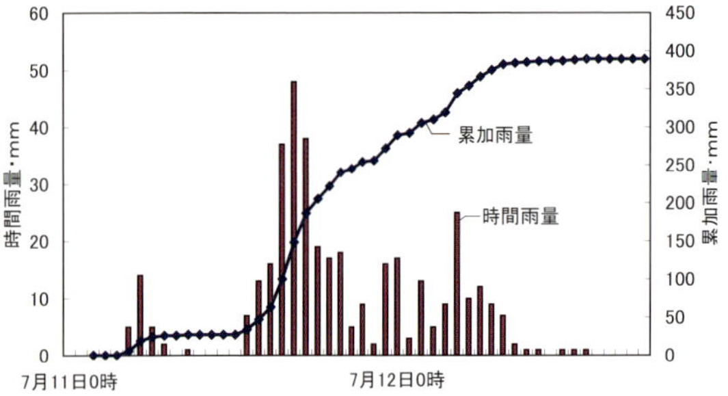

［図3］1995年7月11日～12日の降雨状況
（気象庁小谷観測所）

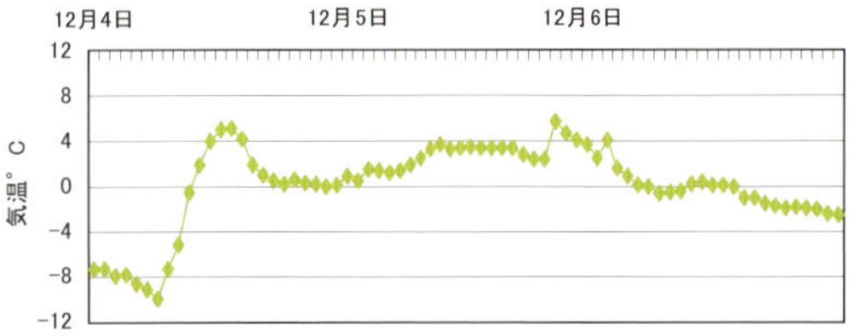

［図4］気象庁白馬観測所の気温状況
（1996年12月4日～6日）

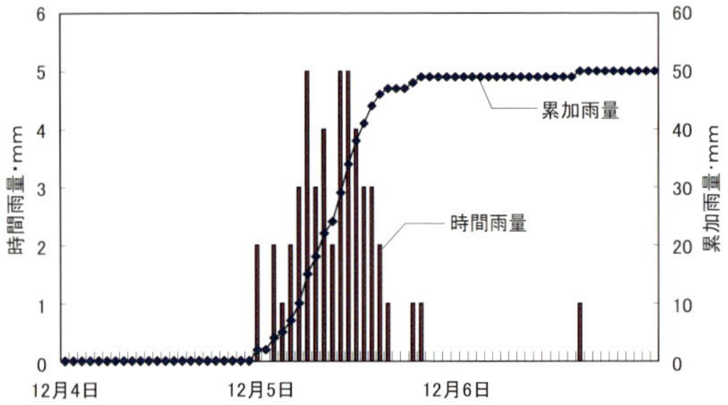

［図5］気象庁小谷観測所の降雨状況
（1996年12月4日～6日）

（2）垂直空中写真による被害状況分布図

パスコでは、1995年7月23日に、被害が特に著しかった姫川沿川の空中写真を、縮尺1:8,000で撮影した。［図6］は、被害状況の一例である。同写真を用いて沿川の被害状況について写真判読を行い、これらの結果をとりまとめた。以下に被害の概況を示す。

①崩壊地

崩壊地は1：25,000地形図上で概ね1mm四方（600m²）以上のものを判読して抽出した。撮影範囲（ステレオモデルの数は56モデル、面積が約72km²）の中に、466カ所の崩壊地を確認した。この結果、1km²あたりの崩壊箇所数は約6.5カ所/km²になる。

②土砂氾濫箇所

本川合流部等の土砂氾濫・堆積地形判読では、106カ所の土砂氾濫箇所を確認した。

③土砂流出が顕著な渓流

下流に土砂氾濫箇所が分布、あるいは、河床に土石堆積等が確認された91渓流を、土砂流出の顕著な渓流として抽出した。

④流木堆積箇所

18カ所で流木の堆積を確認した。

⑤河川氾濫区間

最下流部で1カ所、中流部で1カ所の計2カ所で氾濫箇所を確認した。

⑥護岸・橋梁等構造物被災箇所

本撮影範囲内で確認された護岸・橋梁等の構造物被災箇所は以下のとおりである。

- 道路の損壊等：33カ所
- 護岸の損壊等：21カ所
- 砂防、治山施設の損壊、機能低下等：12カ所
- 橋梁の損壊：13カ所
- 鉄道の損壊箇所：橋梁の損壊10カ所、その他の損壊35カ所

1995年7月11日の姫川豪雨災害は、山腹崩壊やそれに伴う土砂流出による本川河床の上昇、支流域における土石流、崩壊及び地すべり等による土砂災害を引き起こし、流域全体で様々な被害が

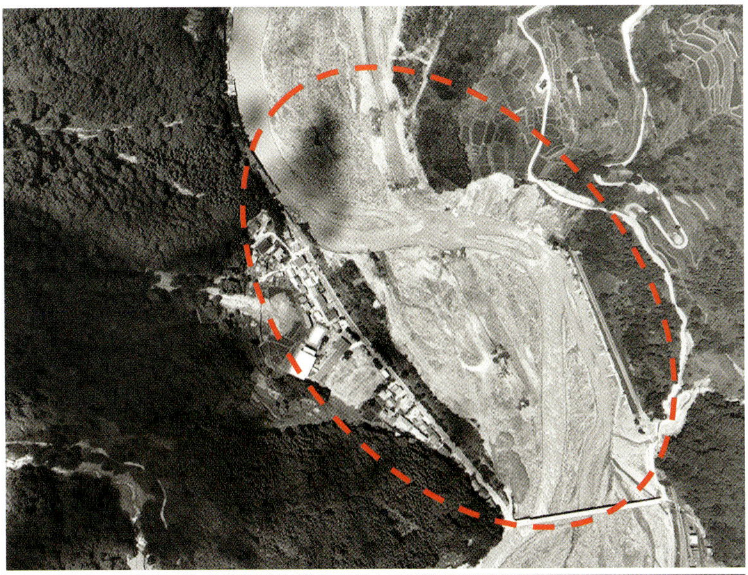

長野県小谷村北小谷付近の姫川本川河川氾濫状況

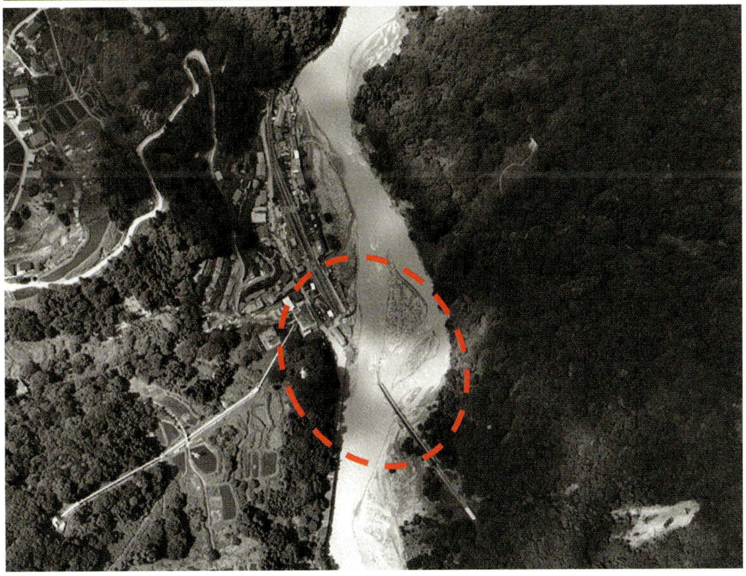

長野県小谷村中土付近の大糸線鉄橋の落橋

[図6]被害状況（1995年7月23日、パスコ撮影）

あった。このため、同災害を契機に、土砂の生産域である山地部から海岸に至るまでを一つの流砂系と捉え、一貫した土砂管理計画として取り組んでいくことの必要性が認識されるようになった[1)]。

また、このような土砂管理計画の検討は、土砂移動モニタリング技術の開発[2)]、大暗渠砂防堰堤等の洪水時の土砂流出をコントロールする構造物の開発および環境と治水に配慮した護岸構造物の開発等の、様々な技術開発の契機になっている。

広域災害の把握では、空中写真は当時もそして現在も重要な情報取得ツールとなっている。当時は取得された情報はアナログ情報であり、その加工・分析等に大変手間が掛かったが、今日ではデジタル情報への加工・整理が簡単にできるようになり、これら災害情報のより有効な活用が可能となっている。

(3) デジタルオルソフォトによる土砂災害判読

1995年7月11日に発生した大規模な土石流によって、災害現場付近の蒲原沢左岸の段丘崖側面が侵食され内部構造が露出し、過去の土石流堆積物で構成されていることが判明した［図7、図8］。蒲原沢の中流部の山腹斜面は急崖をなし、崩壊跡が多数見られる。渓床には急崖からの崩落土砂に

［図7］姫川豪雨災害時における蒲原沢の状況
（1995年7月23日、アジア航測撮影）

［図8］姫川豪雨災害時における蒲原沢下流の状況
（1995年7月23日、アジア航測撮影）

より常時不安定堆積物が溜まりやすい状況にある。1995年7月11日の土砂災害後の空中写真［図9左］を見ると、豪雨により多数の渓岸崩壊が発生し、沢の中が非常に荒廃している。土石流発生後も相当量の不安定堆積物が沢全体に存在した模様である。

丸井ほか[3]によると、1996年12月6日の土石流発生当日は雨が降っておらず、南小谷の前日の雨量観測値が49mmであった。1996年12月6日の災害においては、12月1日には南小谷で最高気温が0℃以下になり、積雪深35cm、降水量は30mmを記録している。5日には最低気温が10℃程度も上昇し、積雪深は徐々に減少しているが、融雪はさほど進行していない。土石流の発生域の標高は1,350mと南小谷より約1,000mも高く、積雪深はずっと大きかったと推定されるが、気温も低かったはずで、この付近の融雪量がどの程度であったか不明である。

デジタルオルソフォトを判読すると[4][5]、今回の土石流は蒲原沢上流域の標高1,350m付近で山麓斜面が崩壊し、崩落した土砂が急勾配の沢を流下

［図9］姫川災害と蒲原沢災害の状況比較[5]
左:1995年7月23日（アジア航測撮影）、右:1996年12月7日（パスコ撮影）

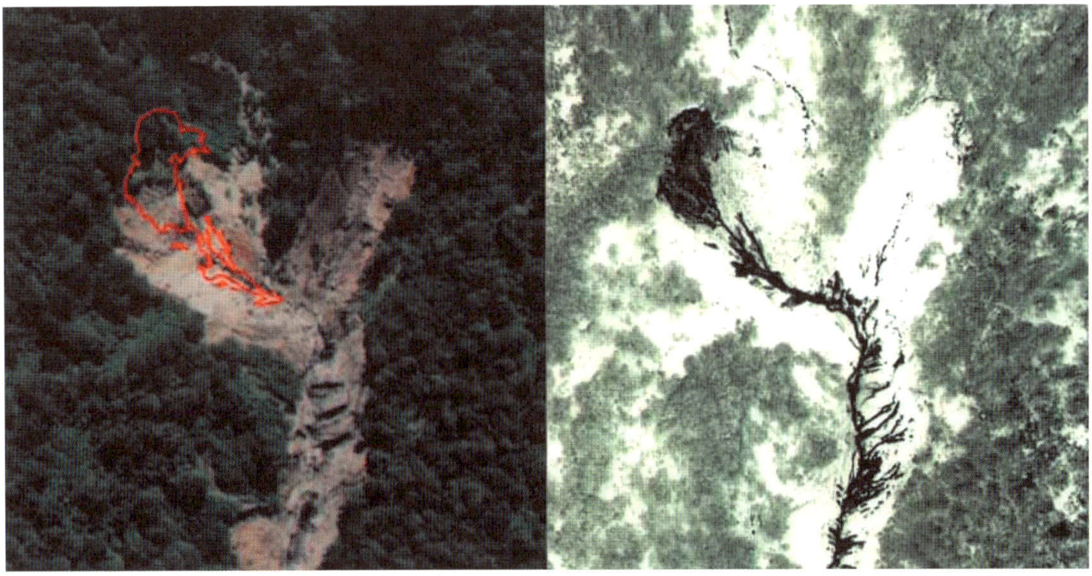

［図10］蒲原沢災害の崩壊の位置比較オルソフォト[5)]
（［図9］の拡大画像）
崩壊後に新雪が降っているので、今回の崩壊部分は右図中の雪のない部分のみと限定できない。1996年12月7日に撮影した画像（右画像）の崩壊地の黒色部分を、左画像に赤枠で表示した。赤枠に含まれる樹林地が、今回の崩壊で拡大した部分と判読できる。右画像では、渓流に左岸側から湧水が供給されていることがわかる

し土石流として発達していったものと推定される［図10］。土石流発生過程として一応、①山腹斜面の崩壊の土石流化、②崩落土砂による沢の堰き止めに続く決壊による土石流化、③渓床堆積物の土石流化、の3通りの可能性が考えられる。空中写真判読ならびに上空からの目視観察によれば蒲原沢において顕著な新規崩壊は2カ所（標高1,350m付近及び600m付近）に見られた。標高1,350m付近の崩壊跡から土石流流下の痕跡が蒲原沢本川に沿って下流へと続いている状況が見られる。蒲原沢本川の崩落土砂の落下点より上流側には土砂の移動痕跡は認められない。標高600m付近で本川と合流している左支川には土石流の流下痕跡は認められない。また、全体として沢の中には崩落土砂による堰き止めとそれに続く決壊の跡は認めがたい。以上のことから、今回の土石流は山腹斜面の崩壊が引き金となって発生したものと考えられる。

参考文献

1）国土交通省北陸地方整備局河川部河川計画課：姫川流砂系における流砂系一貫した土砂管理計画の取り組みについて，河川，6月号，pp.52-58，2002.
2）上原信司：姫川における流域一貫した土砂管理の取り組み，土木技術，Vol.58，No.8，pp.40-46，2003.
3）丸井英明・佐藤修・渡部直喜：平成8年12月6日新潟・長野県境蒲原沢土石流災害（速報），砂防学会誌，Vol.49，No.5，pp.60-62，1997.
4）沼本晋也・鈴木雅一・太田猛彦：航空写真による蒲原沢土石流発生源崩壊の解析，砂防学会発表概要集，pp.28-29，1997.
5）沼本晋也・鈴木雅一・太田猛彦：http://sabo.fr.a.u-tokyo.ac.jp/otari/（accessed 10 Jan. 2012）

1.6

那珂川水害

1998

(1) 災害の概要

那珂川は、栃木県、茨城県を流れる一級河川で、関東第三の大河でもある。中流部及び支流には多数の「やな」が設置され、多くの観光客で賑わい、秋にはアユが遡上しアユ釣りも盛んである。那珂川沿岸では河岸段丘上に集落が形成されていたこともあり、目立った治水事業は行われずに自然のままの河岸が多く残されている。明治以降に人口が増加し低地にも人が住むようになったことから、水害による被害が顕在化した。水源である栃木県の那須高原で豪雨が降ると那珂川流域の洪水が一気に下流の茨城県水戸市付近に押し寄せるため、水戸市の那珂川流域は水害常襲地帯であった。

1998(平成10)年8月の「平成10年8月豪雨」は那珂川流域に甚大な被害を与えた。台風4号の影響により本州上の停滞前線の動きが活発化して、8月26日から31日まで栃木県北部を中心に降り続き、流域平均総雨量は446mmの記録的な大雨となった。この大雨により那珂川は急激に増水し、水府橋(水戸市)では28日14時には最高水位8.43mを記録した。29日に警戒水位をいったん下回ったものの、上流域の強い雨による増水により30日には再び上昇して8.20mとなり、計画高水位を2度も上回る出水となった。

この記録的な大雨により、那珂川沿川の各地では、堤防のない地区や低い土地での浸水が相次ぎ、水戸市を中心に1986(昭和61)年水害に次ぐ大水害となった。那珂川流域の浸水被害は、茨城県で負傷者5人、床上浸水672戸、床下浸水569戸であった[1)]。

(2) RADARSAT衛星画像による水害の湛水域の把握

SAR画像では、浸水した地表は輝度値が低下する。このことを利用して、衛星SAR画像による洪水域の抽出技術の検討を行った。水戸地区を対象に、洪水前後のRADARSAT衛星のSAR画像の輝度値の相違から浸水域を抽出し、照合データを基に、その精度評価を行い、洪水域の抽出技術を検討した[2)]。

使用した衛星データはRADARSATのSAR画像で、洪水前は1997年12月8日に、洪水時は1998年8月29日に撮影されたものである。災害前後のSAR画像を、[図2]及び[図3]に示す。

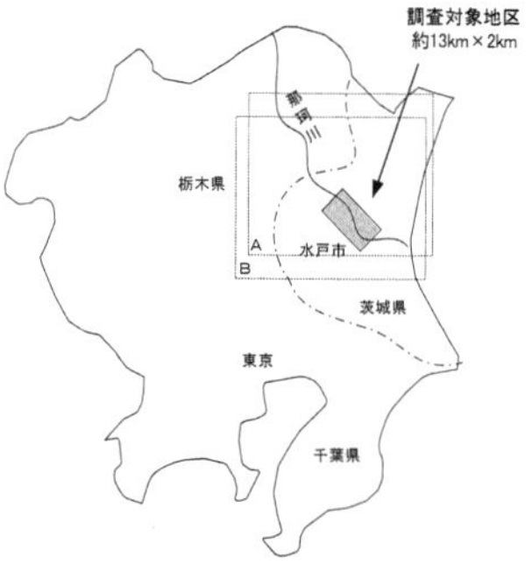

[図1]調査対象範囲

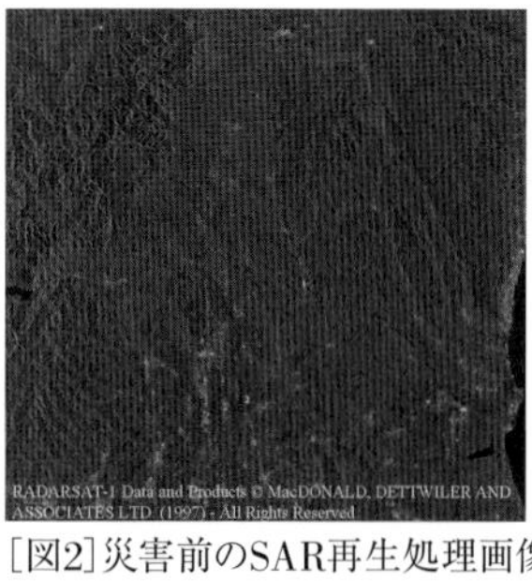

[図2]災害前のSAR再生処理画像

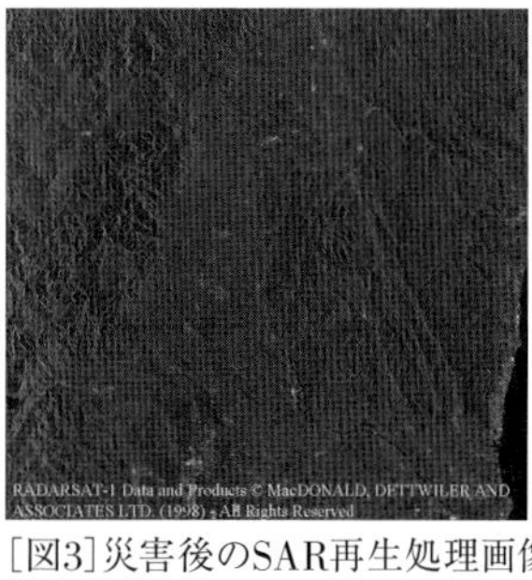

[図3]災害後のSAR再生処理画像

解析の概要は、以下のとおりである。1:25,000地形図に空中写真と50m標高データを結合させてデジタルオルソフォトマップを作成し、これを用いて2時期のSAR画像の幾何補正を行った。次に、浸水現象以外の散乱影響をできるだけ同一にするため、9カ月のずれがある2時期間の植生の変化による輝度差の補正を行った。3つのトレーニングエリア（水田、畑、都市部）を選定し、洪水時の輝度の統計的な特性を平水時のものに一致させるように輝度変換した。

この2つの画像から洪水前－洪水後の輝度差分の画像を作成し、閾値を3dBと5dBに設定して浸水域を抽出した。この浸水域分布の正確性をみるため、国土地理院が作成した水害状況図、現地聞き取り調査、シミュレーションデータを照合してSAR画像撮影時の浸水範囲を求め、これを照合データとしてSAR画像の輝度差分と比較し、精度検証を行った。照合方法の模式図を、［図4］に示す。

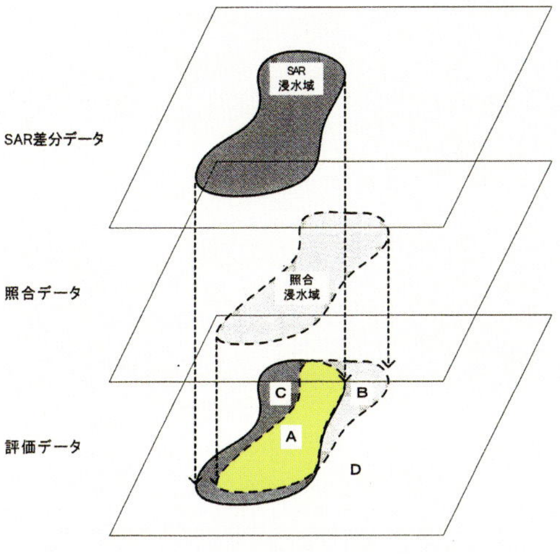

		SAR解析結果	
		浸水域	その他
照合データ	浸水域	A	B
	その他	C	D

浸水域の 正解率＝A／（A+B）
浸水域の不正解率＝C／（A+C）

［図4］照合方法の模式図

解析結果を、［図5］及び［図6］に示す。［図5］はSAR画像の差分輝度分布であり、［図6］はSAR浸水域データと照合データの比較である。閾値3dBの浸水域の正解率（照合データの浸水域のうちSARデータで浸水域と判定された割合）＝A/（A+B）は86%、不正解率（SAR画像で浸水域とした地域のうち照合データで浸水域でない割合）＝C/（A+C）は36%であった。閾値5dBの正解率は70%、不正解率は28%であった。

閾値を3dBから5dBに変えても、正解率の減少の割合に比べて不正解率の減少率が小さいので、不正解率が高い原因は画像解析手法にあるのではなく、照合データの精度が悪い可能性がある。

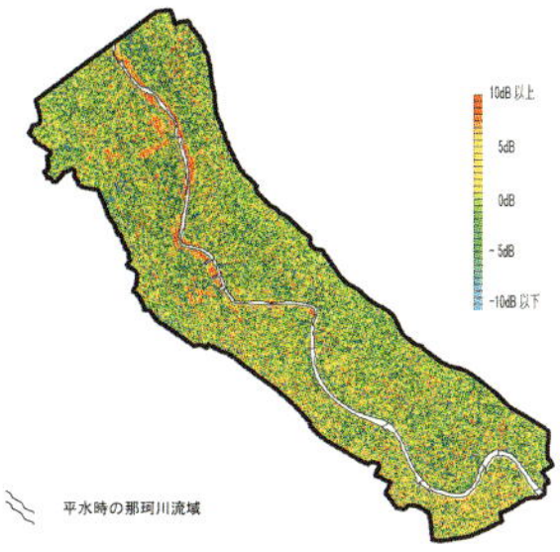

［図5］SAR画像の差分輝度分布

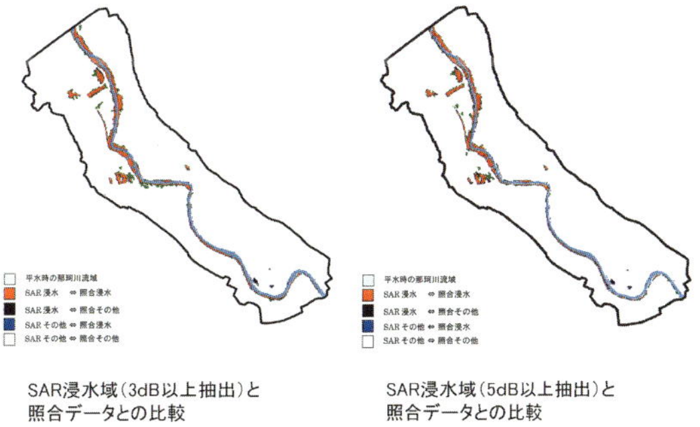

［図6］SAR浸水域データと照合データの比較

以上のように、SAR画像を用いた洪水時の浸水域の抽出に一定の成果が得られた。洪水時は天候が悪いことが多く、天候に左右される光学センサでは洪水時の観測ができない場合が多かったが、SAR画像は、撮影のタイミングさえ合えば、洪水のピーク時の浸水状況を把握する手段として期待できる。

参考文献

1）佐藤照子：1998年8月那珂川水害の被害と土地環境，防災科学技術研究所主要災害調査，37，pp.137-216，2001.

2）小荒井衛・茂木公一・渡辺信之・徳田正幸・大石哲・河合雅己：SARによる災害状況把握——那珂川水害の例，日本リモートセンシング学会第28回学術講演会論文集，pp.55-56，2000.

1.7 広島県広島災害

1999

(1) 災害の概要

1999年6月29日15時から18時にかけて、広島市周辺の各地で豪雨による崖崩れや山腹崩壊、土石流が発生した[1]。広島では6月23日から24日、6月26日から27日の2度にわたってそれぞれ70～100mm程度の先行降雨があり、その後6月29日の災害の直接的誘因となった豪雨が襲った[1]。広島県災害対策本部が7月21日に発表した資料によると、県内の死者は31人、行方不明者1人、負傷者54人、家屋等の被害は52市町村で全壊が152棟、半壊101棟、床上浸水1,397棟、床下浸水2,813棟となっている。被害の発生は広島市の中でも南西部の佐伯区から北東にかけての安佐南区、安佐北区に集中しており、土砂移動の発生場所も集中している。また、広島市に土石流災害が多かったこととは対照的に、呉市周辺はがけ崩れによる被害が目立つことも特徴として挙げられる。

広島市周辺では29日12時頃から急激に雨足が強まり、14時から17時頃を中心に1時間50mm以上の豪雨が観測された。29日の日雨量をみると広島市西部を中心に北東から南西方向に延びる強雨域がある。最多雨域は日雨量250mm以上に達している。一方、1時間ごとの雨量分布を見ると、14時から15時は広島市西部、15時から16時は広島市北部に1時間40mm以上の豪雨域が広がっているが、その広がりは東西方向約10km、南北方向20～30km程度である。これに崩壊地の分布状況を重ね合わせてみると、15時の段階では広島市西部の佐伯区を中心とする土砂移動が、16時では広島市北部の安佐北区にかけての土砂移動が、それぞれ1時間60mm以上、50mm以上のゾーンと重なっている。

広島市西部の地形は低地から丘陵地へは比較的穏やかな変化を見せているが、丘陵地から山地へ移行する場合はかなり急な地形を示している。地質は中生代白亜紀末に生成された広島花崗岩であり、粗粒の黒雲母花崗岩である。岩石が粗粒なため風化の影響を受けやすく、瀬戸内沿岸では数十mの深さまでマサ土に変わっている。斜面崩壊の形態は大きく2つに分類できる。

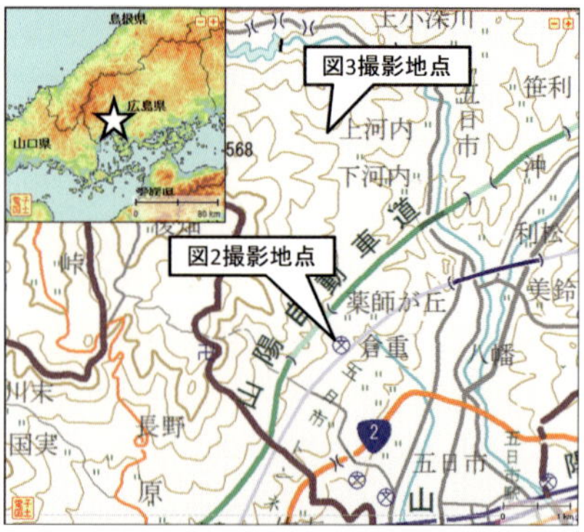

[図1]調査位置図(広島市佐伯区)

[図2]住宅地を襲った土石流[2]
(広島市佐伯区観音台、1999年7月1日、アジア航測撮影)

①崩積土やマサ土と風化花崗岩の境を崩壊面として崩壊し、崩積土やマサ土が崩壊土砂となって移動するケース
②崩積土やマサ土の中に崩壊面が発生し、崩壊するケース

なお、崩壊したマサ土の多くは流動化している。これはマサ土の土質特性、すなわち多量の水分を

含んで粒子同士がばらばらになりやすい性質による影響が大きいと思われる。

(2) 新興住宅地に被害が集中

さて、広島における近年の住宅地開発の状況は著しく、海岸線の埋め立て以上に山間傾斜地での開発が目立っている。山地を切り開いて台地状にし、段々の宅地を造成する時に背後の谷地形や斜面との間隔に必ずしも十分な配慮が見られないものもある。すなわち、谷出口である扇頂部まで宅地化されている場合が多く見られる。今回の災害はこのような造成地の周辺でも数多く発生していた［図2］。

このため、災害の原因となった土砂移動の規模や発生流域については小さいものも多かったにもかかわらず、大被害につながっている。崖崩れのほとんどがこれにあてはまるが、土石流に関しても小さな流域で発生したものが民家を直撃した事例が目立った。

谷出口付近からかなり離れた氾濫部においても人的犠牲者を伴う多数の家屋被害が目立った。これらの渓流では、水量の豊富な泥流（泥水状態の流れ）あるいは土砂流と流木の混合体が勾配の緩い下流部にある居住エリアまで到達し、小橋梁等に詰まって氾濫し、流向を変えていた。こうした土石流の流れの変化に応じて被害の現れ方も複雑である。しかし、大量の流木が家屋の被害を増大させていることは明確である。

土石流流路に沿って両岸にも河床にも多くの侵食跡がみられる。もともとの流路幅が1m程度のところを幅数mから十数mで流れ下ったために、流路に沿って生えていたと思われる木々を根こそぎ巻き込みながら土石流の土砂量を増大させている。同様に、流路沿いには渓岸崩壊や山腹崩壊も数多く発生しており、ここからの土砂や立木も土石流に巻き込まれて下流に運ばれている。これらは流木となって下流での被害を拡大する要因となっている。

住民に既知であるかどうかにかかわらず、過去の土石流堆積物の上に居住空間や樹林が発達しているところが多い。今回の土石流の侵食で過去の堆積断面がはっきりと現れている渓流もある。氾濫土砂には砂サイズの細粒分が多い。

［図3］土石流と流木を止めた砂防堰堤[3)]
（広島市佐伯区下河内荒谷川、1999年7月1日、アジア航測撮影）

砂防ダム、治山ダム、沈砂地など多くの防災施設は被害の防止・軽減のためにかなりの効果を発揮していた[1)]［図3］。しかし、一部の渓流では効果は最大限発揮していたが、土石流がこれらの施設を乗り越えて下流の流路からあふれ、居住エリアに氾濫するに至ったところもある。また、破壊寸前の状態の小規模な治山ダムや完全に破壊されたものもあった。

なお、本災害を契機として土砂災害防止法が2001年に施行された。本法律によって斜面近傍における宅地等に土砂災害警戒区域、土砂災害特別警戒区域が設定され、砂防基盤図を背景に危険区域が公示され土地利用が一部規制されることとなった。

参考文献

1）海堀正博・石川芳治・牛山素行・久保田哲也・平松晋也・藤田正治・三好岩生・山下祐一:1999年6月29日広島土砂災害に関する緊急調査報告（速報），砂防学会誌，Vol.52，No.3，pp.34-43，1999.
2）千葉達朗・臼杵伸浩・小野田敏:1999年6月29日広島市・呉市豪雨災害，写真測量とリモートセンシング，Vol.38，No.4，1999.
3）アジア航測ホームページ（1999）:1999年6月29日　広島の豪雨災害
http://www.ajiko.co.jp/bousai/hiroshima/hiroshima2.html（accessed 10 Jan. 2012）

1.8
熊本県水俣市豪雨災害

2003

(1) 災害の概要

2003年7月19日から20日にかけて、九州地方は集中豪雨に見舞われ、福岡、熊本、鹿児島3県では甚大な災害が発生した[1)]。特に熊本県水俣市宝川内集地区及び深川新屋敷地区では大きな人的・物的被害が発生した。ここでは7月20日午前1時以降5時間で総雨量265mmの猛烈な降雨を記録している。特に20日午前4時には87mm/h、5時には91mm/hの集中的な豪雨を記録していて、この豪雨により崩壊が発生した。

崩壊地周辺の表層地質は熊本県水俣市から鹿児島県出水市付近にかけて分布している火山岩類からなり、上層部はかなり風化した安山岩である。これは1997年に出水市で発生した針原土石流災害地区と同様である。風化安山岩の下位は凝灰角礫岩であり、これは難透水層の役割をしていた。

崩壊の規模は幅80～100m、斜面長約170m、最大崩壊深15～20m、崩壊土量5～10万m^{3}と推定された。これについて崩壊発生直後に実施した航空レーザ測量の結果から作成された1mDEM（Digital Elevation Model）を用いて崩壊前の5mDEMから地形の変化を抽出して土砂量を推定すると、10万m^{3}程度となった。本崩壊はその最大深さが15～20mであることからすれば分類的には深層崩壊となる。

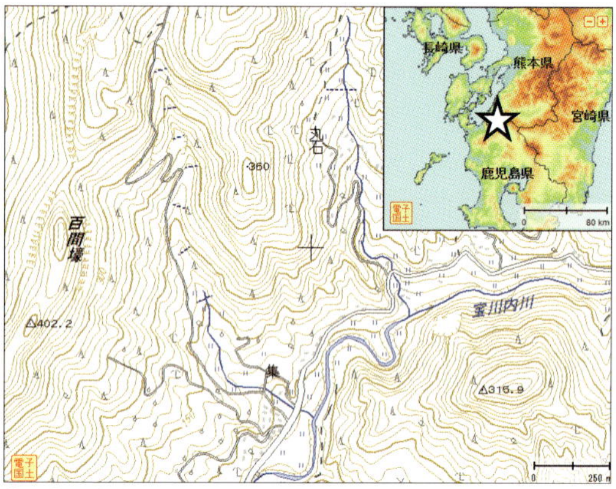

［図1］調査位置図

［図2］宝川内土石流斜め写真[2)]
（2003年7月21日、アジア航測撮影）

(2) 航空レーザ計測によって捉えた土石流発生後の地形変化量

朝日航洋では、大規模な土砂移動時における地形変化量の算出方法として、災害前の2000年1月4日に撮影されていた空中写真（撮影縮尺1:10,000）を用いた図化データと、災害直後の7月26日に実施した航空レーザ計測データとを比較し、災害前後の地形変化量の算出を試みた[3)]。

災害発生前の空中写真と空中三角測量成果を用いて図化を行い、災害前の数値地形モデルを作成した。数値図化による数値地形モデル作成方法では、樹林に覆われるなど、地表面が確認できない箇所は図化作業者の経験と推定によらざるを得ないため、隠蔽部に誤差が生じる恐れがある。このため、できるだけ正確な数値地形データを取得するため、以下の点に注意して図化を行った。

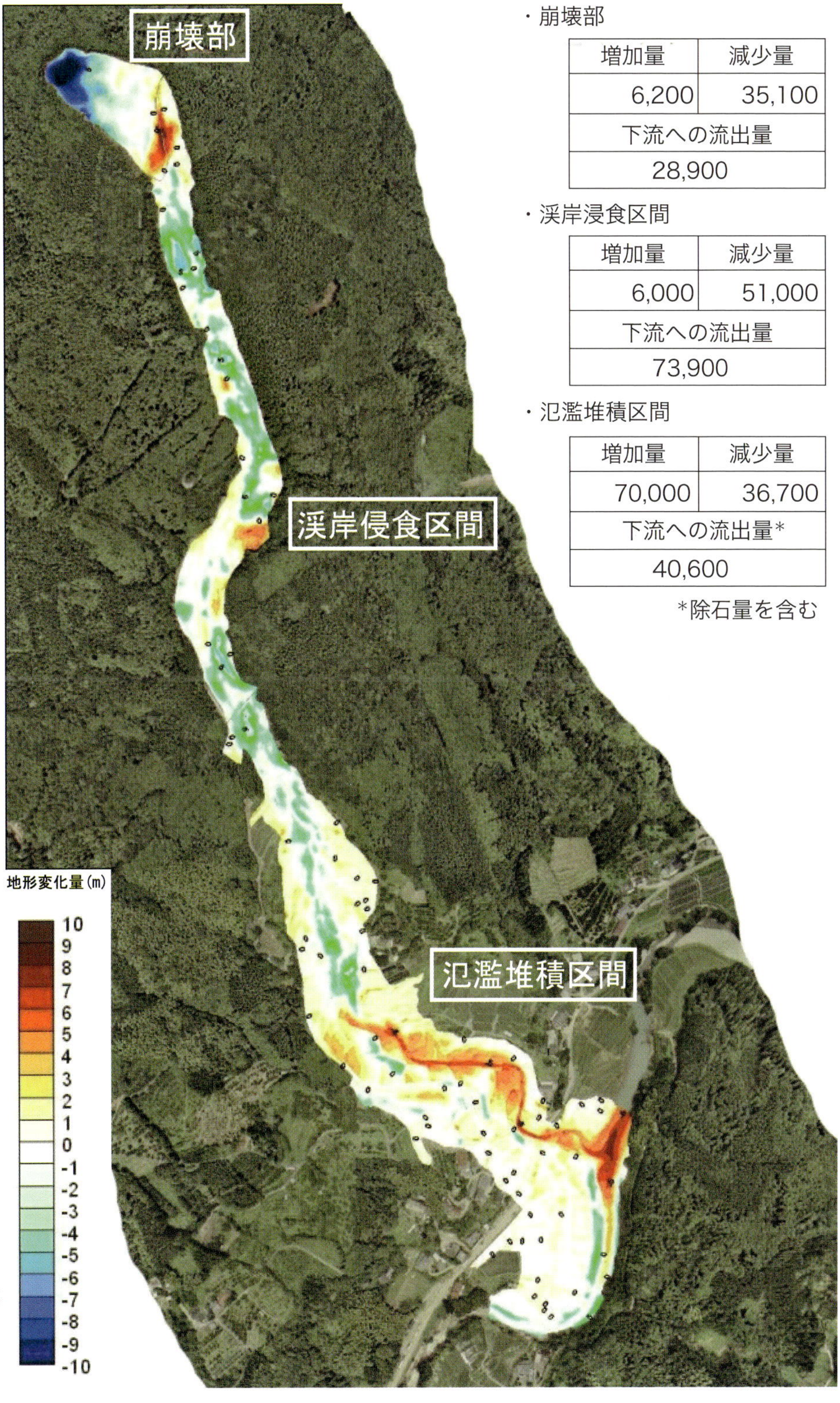

・崩壊部

増加量	減少量
6,200	35,100
下流への流出量	
28,900	

・渓岸浸食区間

増加量	減少量
6,000	51,000
下流への流出量	
73,900	

・氾濫堆積区間

増加量	減少量
70,000	36,700
下流への流出量*	
40,600	

*除石量を含む

［図3］災害前後の地形変化量[3)]
(2003年8月2日･4日、朝日航洋撮影)

・災害直後の2003年8月2日及び4日に撮影した空中写真（撮影縮尺1:10,000）からデジタルオルソを作成し、オルソ上で土砂流下の痕跡がみられる箇所以外はレーザデータを参考に図化を行った。

・災害で変化のない箇所のレーザデータを空中写

［図4］航空レーザ計測による3次元地形モデルのオルソフォト鳥瞰図[4)]

真の標定点に使用して空中三角測量を行うことにより、異なるセンサで計測した成果の整合性を確保し精度を高めた。

・周辺の樹種、樹高等の現況から、地形が変化した箇所の地盤高を推定して数値図化を行った。

一方、災害後に実施した航空レーザ計測は、地表面のデータを高密度に計測できる最新の測量技術であり、計測点は概ね1点/m²の密度で得られている。

作成した数値モデルから、それぞれ1m間隔のDEMを作成し、これらの差分を計算することで崩壊部、渓岸侵食区間、氾濫堆積区間のそれぞれの地形変化量を算出した［図3］。

崩壊部の地形変化量の差は－28,900m³、渓岸侵食区間の地形変化量の差は－45,000m³であり、これらを合わせた73,900m³が最下流の治山堰堤より下流へ流出したと計算された。また、氾濫堆積区間における地形変化量の差は＋33,300m³と計算されたが、これらの値はレーザ計測時点で既に相当量の除石が行われたと考えられることから、これらの誤差が含まれている可能性がある。

全域における地形変化量の差は－40,600m³となり、これらは、除石量及び宝川内川下流へ流出した量とみなすことができる。なお、本検討で算出した地形変化量についての現地検証は未実施であり、計測誤差等を含むものである。

本検討は、空中写真数値図化データと航空レーザデータとを比較し、災害前後の地形変化量を把握する方法を確立した一事例である。現在では航空レーザデータの整備が全国的に進んでいることから、災害前後の航空レーザ同士の比較によって迅速に精度の高い地形変化量を把握することが期待できる。しかし、いまだ航空レーザ計測を実施していない箇所では本検討による方法を用いることが地形変化量の把握には有効である。

(3) 緊急航空レーザ計測による3次元地形モデル

崩壊土砂はその下端を流れる集川本川にそのまま合流して土石流化した。崩壊地下端部には一部ペースト状の土塊が残っており、この付近で既に崩壊土塊の土石流化が起こっていたことを示している。宝川内の土石流は1997年の針原土石流災害に比べて石礫が多いのが特徴で、河床には4×5×4m程度の巨礫の堆積も見られた。また、集落入口付近で測った土石流痕跡の高さは約2.5mであった。本鳥瞰図は災害直後に実施された航空レーザ計測による1mDEMをもとにオルソフォトを合成させて、本地区南方上空から見た立体画像である[4)]。崩壊の発生と残土の状況、渓床及び渓岸の侵食状況、土石流の直進性とその氾濫状況、巨礫や流木の堆積状況等が明瞭である。

参 考 文 献

1) 谷口義信:2003年7月九州地域豪雨災害調査報告（速報）――水俣災害, 砂防学会誌, Vol.56, No.3, pp.31-35, 2003.

2) アジア航測ホームページ:2003年7月九州豪雨土砂災害, http://www.ajiko.co.jp/bousai/kyusyu/kyusyu.htm (accessed 10 Jan. 2012)

3) 村上治・福田真・小林浩・渋谷研一・家城隆:航空レーザー計測等を用いた地形変化量の算出――水俣市宝川内集地区を例として, 砂防学会研究発表会概要集, pp.340-341, 2004.

4) 小川紀一朗・沼田洋一・清宮大輔・千葉達朗:2003年7月水俣市宝川内土石流災害をみる, 写真測量とリモートセンシング, Vol.42, No.5, pp.4-5, 2003.

1.9
石川県 白山土石流災害
2004

(1) 災害の概要

2004年5月17日に白山山麓の手取川上流部に位置する甚之助地すべりの標高1,900m付近で大規模な崩壊が発生し、一部は土石流となり下流部へ流出した。この崩壊及び土石流は、連続雨量216mm（5月15〜17日）に達する豪雨と融雪が重なったことによって発生したものとされている[1)]。

土石流は砂防堰堤群によって大部分が捕捉され、人家までは到達していない。この土石流による人的な被害はなかったが、砂防堰堤34基のうち23基が一部破損したほか、工事用道路の仮設橋や登山道の吊り橋が流失する被害があった。

甚之助地すべりは、白山南西斜面の標高1,200〜2,600mの高地に位置する大規模な地すべりである。地質は中生代の砂岩・頁岩からなる手取層群であり、流れ盤の強風化部が地すべりを起こしている[2)]。土塊総量は4,000万m^3を超えると想定され、これが流動化した場合には、下流域へ甚大な被害を及ぼす恐れがあるとされている。

地すべりの活動に伴い、崩壊や土石流が頻発していることから、明治時代から現在に至るまで砂防事業が行われており、各渓流には砂防堰堤が多く設置されているほか、地すべり対策工事が進められている。現在でも上部ブロックでは融雪期を中心として年平均10cm以上移動している箇所がある。

本地すべり周辺では、1934年7月に前年の豪雪の雪解けと集中豪雨が重なったことにより、別当崩れと呼ばれる大規模崩壊が発生し、別当谷、甚之助谷、柳谷等を合わせると6,000万〜1億m^3の土砂が崩壊したという[1)]。土砂は直下流の市ノ瀬集落を埋没させたほか、最下流の手取川扇状地の広い範囲に氾濫し、死者・行方不明者100人以上もの大きな被害を出した。この災害は手取川大水害と呼ばれている。また、2006年9月には、本大規模崩壊地の下流側において山腹崩壊とそれに伴う土石流が2回発生している。

(2) 航空レーザ計測による土砂移動状況の把握

朝日航洋では、大規模崩壊発生直後の2004年5月24日に空中写真撮影（撮影縮尺1:10,000）を行い、翌日に航空レーザ計測を実施した。また発生前の2000年9月20日に撮影された空中写真(撮影縮尺1：20,000、林野庁）より数値図化を行った。これらのデータを比較して土砂移動状況の検討を行った。

[図1]甚之助谷地すべり概観(2004年5月24日撮影)

災害前の空中写真数値図化

できるだけ正確な数値地形データを取得するため、以下の点に注意して図化を行った。

- 災害で変化のない箇所のレーザデータを空中写真の標定点に使用して空中三角測量を行うことにより、異なるセンサで計測した成果の整合性を確保し精度を高めた。
- 数値図化は災害後のオルソフォトを重ね合わせた上で土砂移動の痕跡を判読し、崩壊部及び河道部の地形変化が見られる箇所のみを実施した。

災害後の航空レーザ計測

航空レーザ計測は、地表面のデータを高密度に計測できる最新の測量技術であり、計測密度は1点/m²以上となるようにした。[図2] には航空レーザデータから作成した陰影図を示す。

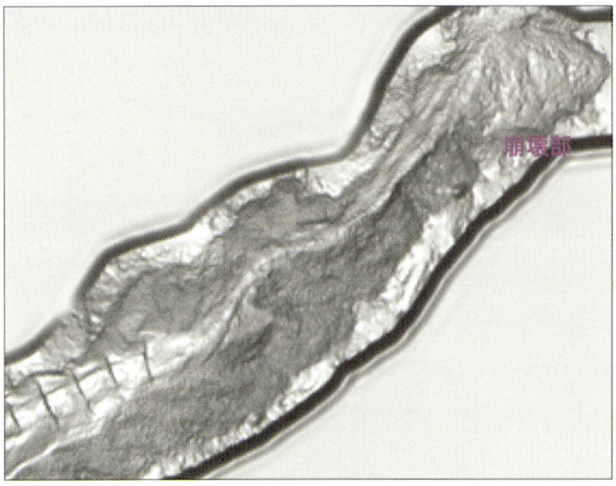

[図2] レーザ計測データによる陰影図(最上流部)

災害後の空中写真撮影とデジタルオルソ作成

災害直後に撮影した空中写真からデジタルオルソを作成し、土砂の移動が認められる範囲の確定を行うとともに、レーザ標高データを付与し3次元モデルを構築した。[図3] には大規模崩壊地を正面からわかりやすく示した鳥瞰図を示す。

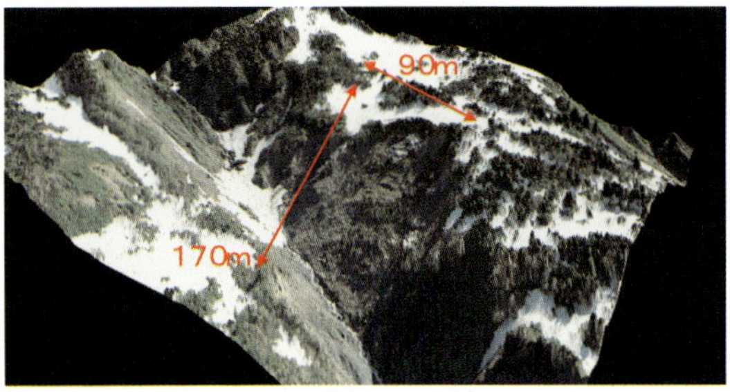

[図3] デジタルオルソフォトを用いた鳥瞰図

災害前後の地形変化量の算出

作成した大規模崩壊発生前後の数値地形モデルから、1m間隔のDEM(Digital Elevation Model)を作成し、これらの差分を求めることで地形変化量の算出及び土砂移動状況の検討を行った。[図4] に最上流部の災害前後の地形変化量を示す。

崩壊部における地形変化量は－43,200m³ (注:本検討では現地検証等は行っておらず、計測誤差を含むため確定値ではない) と計算された。大規模崩壊に伴う土石流は、急勾配部では渓床部・渓岸部を侵食しながら流下する一方、緩勾配部や砂防堰堤の堆砂域では堆積し、一部は下流側へ流出したものとみなされた。

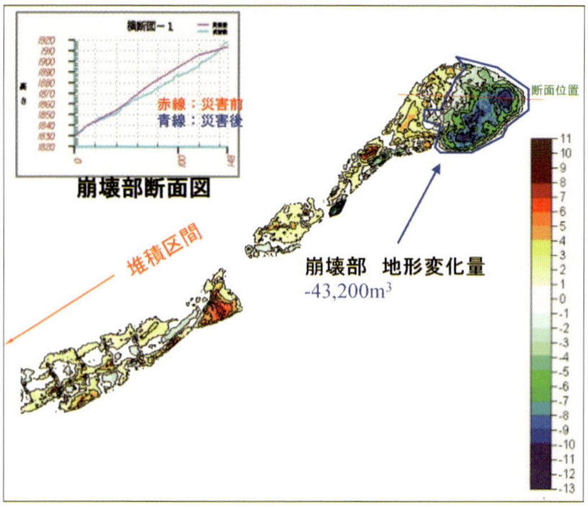

[図4] 災害前後の地形変化量(最上流部)

本検討においては、空中写真数値図化データと航空レーザ計測データの比較によって土砂移動状況の検討を行った。その結果、当地域のような土砂移動が頻発する箇所においては、あらかじめ航空レーザ計測を実施しておき、土砂移動発生後に迅速に計測を行ってレーザデータ同士の比較を行った方が空中写真数値図化より高い精度で地形変化量を求められることが確認できた。

これらの方法を用いれば地形変化量を算出できるだけでなく、地形変化が見られた箇所を詳細に解析することにより、土砂移動の影響範囲や砂防計画の基本データである土石流のピーク流量等を精度良く把握できる。

また、急峻な山岳地域で災害が発生した場合には、現地調査には危険が伴うと考えられることから、本検討のようなリモートセンシングによる手法が特に有効と考えられる。

参考文献

1) 国土交通省北陸地方整備局金沢河川国道事務所, http://www.hrr.mlit.go.jp/kanazawa/ (accessed 13 Sep. 2011)
2) 奥野岳志・汪発武・松本樹典:白山における巨大甚之助谷地すべりの運動様式及びその影響素因, 地すべり, Vol.41, No.1, pp.57-64, 2004.

1.10
新潟・福島豪雨災害

2004

(1) 災害の概要

新潟県中越及び福島県会津地方では、2004年7月12日夜から13日にかけて、日本海から東北南部に停滞する梅雨前線の活動が活発化した。新潟県栃尾市では日降水量421mmを記録し、各地で24時間雨量が300～400mmに達する記録的な大雨となった。長岡地域及び三条地域の一帯では、これまでの最大日降水量の記録を上回った[1)]。特に、五十嵐川、刈谷田川上流の刈谷田川ダム、大谷ダム及び笠堀ダムは、いずれも日雨量400mm以上を記録し、山間地が猛烈な豪雨となった。県内の観測所の時間雨量データを比べると、全体に雨量の少ない柏崎を除くと、最も西側に位置する寺泊では、時間雨量が7月13日5時から20mmを超えたが、8時過ぎにはほぼ10mm以下に収まっている。それに対して、東頸城丘陵の東側に位置する各観測所では、時間雨量が20mmを超えるのは概ね6時または9時からで、北の三条が早く、南の長岡及び守門岳が遅い時間となっている。

この豪雨により、五十嵐川及び刈谷田川では、急激な増水で、計画洪水位を越え堤防が一部決壊した。五十嵐川では三条市諏訪、刈谷田川では見附市明昌町及び中之島町などで決壊し、三条市、中之島町、見附市及び村松町などが浸水した。また、長岡地域の日本海側の丘陵地帯では、崩壊、地すべり及び土石流が同時多発的に発生し、甚大な被害が起こっている。

新潟、福島両県では、死者・行方不明者16人のほか、住宅の全壊、半壊及び浸水など多数の被害が発生した。特に、出雲崎町中山では土砂崩れにより尊い人命が失われた。

(2) 空中写真による崩壊地、地すべり、土砂流出状況把握

災害状況をいち早く把握するために、災害直後の2004年7月23日に空中写真撮影を、パスコが実施した。三島町逆谷付近の空中写真を［図1］に示す。空中写真をもとに、土砂災害が著しかった4町1村管内（寺泊町、和島村、与板町、出雲崎町、三島町）の広域の災害状況を、緊急的かつ面的に把握することを目的に写真判読を行った。

［図1］三島町逆谷付近
(2004年7月23日、パスコ撮影)

この判読の結果を［図2］に示す。崩壊地は約2,400カ所、崩壊面積（CA）が約0.58km²になると確認された。管内の山間地面積（A）に占める崩壊地発生面積率（CA/A）は、約0.45%であった。写真判読の結果、土砂の生産及び流出は、以下のような特徴を捉えることができた。

・崩壊地は、表層土が一気に滑落流出したものと、表土の撹乱が少なく、土塊が流動化し短い移動を示した地すべり性崩壊の2種類が見られる。
・崩壊地は、大半が100m²以下の小規模な崩壊地で、崩壊土砂は崩壊地内に残り、崩壊地下流への土砂流出がほとんど見受けられない。
・大規模な崩壊地は、土砂の流下距離及び堆積距

離が長く、崩壊土砂の流動性が高かったことが推察される。

・崩壊地の多くは、山腹上部などの遷急線付近で発生しているものが多い。

・土砂流出の見られる崩壊地では、流動化した土砂が緩勾配の谷底平野にマウンド状に堆積し、その下流側に土砂濃度の低い泥水が氾濫している。

本災害では、自治体の避難勧告の遅れが問題として挙げられ、この災害後、避難勧告・避難行動マニュアルの整備、高齢者の避難支援ガイドライン及び土砂災害警戒情報の提供など、ソフト対策がさらに重要視されるようになった。

［図2］崩壊地分布図（速報、パスコ作成）

(3) 航空レーザ計測データを利用した崩壊・土石流発生の実態と地形解析

砂防計画を立案する上で、地域の荒廃特性を把握することは重要である。近年では、航空レーザ計測技術の発達により、詳細かつ高精度な3次元地形情報と、その出力結果が比較的容易に入手できるようになり、これまでの空中写真判読技術と併せると荒廃特性を明らかにする判読情報が飛躍的に多くなってきている。

ここでは、まず集中豪雨によって多発した崩壊地の分布状況の把握にレーザ計測データを用いた崩壊地の自動抽出手法[2)]を適用し、災害直後のレーザ計測出力図と空中写真判読から作成した崩壊地分布図とを比較して適合性を検証した。次に、検証過程でDTM（Digital Terrain Model）から作成される地形解析値（傾斜度、地上開度等）と写真判読による崩壊地分布図およびレーザ計測による斜面地形区分図を基にして崩壊発生箇所の地形的特徴を整理し、集中豪雨による崩壊危険斜面（箇所）抽出の基礎となる地形要因を検討した。

検討対象地域は信濃川左岸側の東頸城丘陵北縁部の小木ノ城地区で、面積は航空レーザ計測を行った約30km²である。丘陵頂部を背中合わせにして東西に面積1.0～2.0km²程度の小流域が並列している。地形は丘陵～小起伏山地で、稜線部の標高が約200～300mとなっている。地質は新第三系更新統の寺泊層（黒色泥岩）と椎谷層（砂岩泥岩互層）の分布域にある。［図3］に対象地域の鳥瞰写真を示す。

レーザ計測データによる勾配分布

レーザ計測データから5m×5mメッシュの3次元地形データを作成し、ある地点の標高とその周囲の標高から当該地点の最大傾斜度を算出した。

その結果、本地域は丘陵性山地のため一般山地に比べて緩傾斜の斜面が多く、最頻出傾斜が20～25度となり、全体に斜面勾配の分布は緩い傾向にある。特に谷底地が発達している斜面では傾斜角10度以下が20%を占める。

崩壊地の写真判読と自動抽出

災害後のレーザ計測データを用いた等高線図、DSM（Digital Surface Model）陰影図（いずれも縮尺1:5,000）と災害前後の空中写真を用いて判読を行い、崩壊地分布図を作成した。

レーザ計測データから5m×5mメッシュの3次元地形データを作成し、傾斜10度以上、面積200m²以上に相当する裸地面（レーザ反射波のファーストとラストがほぼ一致する区域で、比高差が1.0m以内）および地上開度（ϕ = 85度、半径L = 50m）等を条件として抽出を行った。

この結果、自動抽出された崩壊候補地と写真判読によって抽出された崩壊地の適合率を［表1］に示す。ここでいう適合率とは、写真判読された崩壊地の数を母数とし、自動抽出した崩壊候補地が1つでも含まれる崩壊地の数の割合である。

［表1］より、崩壊地面積が100～125m²範囲を除いて、写真判読で抽出した崩壊地の9割以上が自動抽出された崩壊候補地と適合していた。特に、

［表1］自動抽出と写真判読の適合率

崩壊地面積（m²）	的中個所数	見逃し個所数	適合率(%)
200以上	199	2	99
175～200	26	1	96
150～175	27	3	90
125～150	28	0	100
100～125	34	7	83
全体	305	13	96

［図3］対象地域の鳥瞰写真（朝日航洋作成）

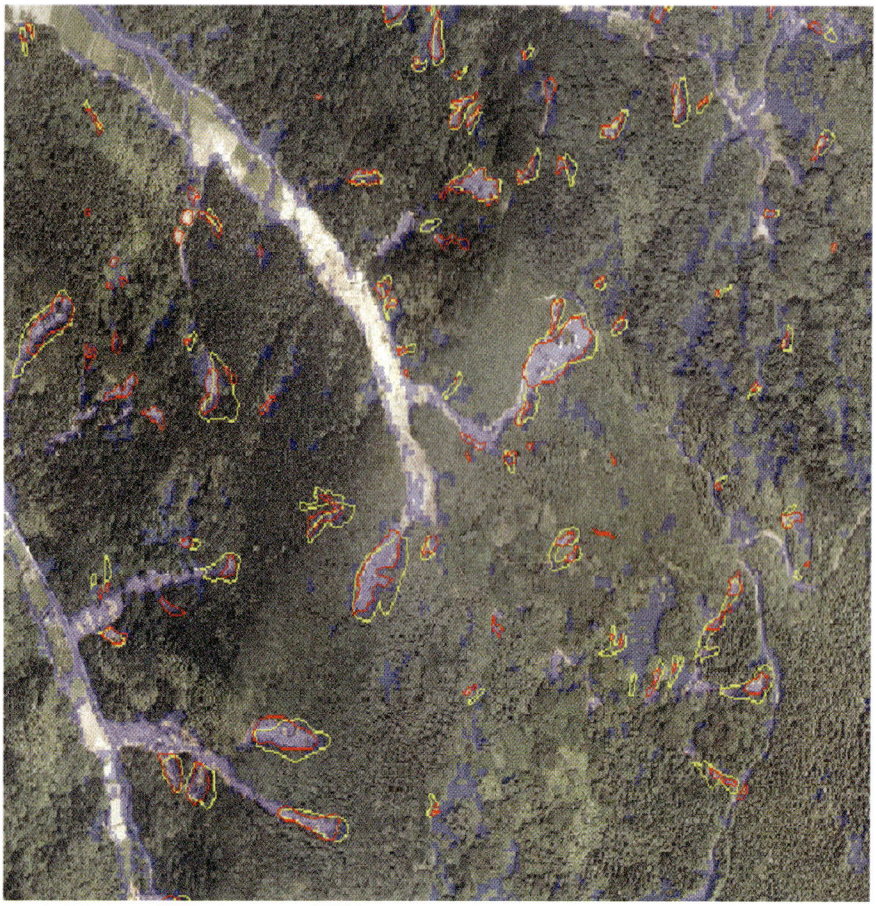

■自動抽出　　□写真判読　　□自動抽出に基づく再判読

[図4]崩壊地の写真判読と自動抽出（朝日航洋作成）

崩壊面積が200m²以上では99％ときわめて高い適合率となっている。全体の適合率は96％であった。

崩壊と斜面地形区分（判読図・等高線図）

　レーザ計測データを用いた等高線図（縮尺1：2,000）とレーザによる斜面地形区分図に写真判読による崩壊地分布図を重ね、[図4]に示した。

・頂部斜面で発生している崩壊は見られない。
・当該流域における比較的規模の大きな崩壊地の大部分は谷頭斜面に見られる。
・下部谷壁斜面で多くの崩壊が生じているが、崩壊規模は谷頭凹地内で生じているものに比べ小さい。
・また、下部谷壁斜面の崩壊も凹形斜面で生じているものが多い。下部谷壁斜面内（下部遷急線の下側）にも谷頭凹地のような形態が存在していると考えられる。

・崩壊頂部は、遷急線直下に形成されるものが多い。

などがわかった。

　最後に、航空レーザ計測による崩壊候補地の自動抽出により、期待される効果を述べると、以下のようにまとめることができる。

・広域にわたって斜面崩壊が多数発生している場合、空中写真の判読技術者は全域を見ることなく、自動抽出された崩壊候補地に焦点を絞って判読を進めることができる。
・空中写真判読に伴う図面への崩壊地の位置の移写ミスもなく、崩壊地の形状や規模をより正確に特定できる。
・自動抽出された崩壊候補地を参照して空中写真判読を行うことは作業効率を非常に向上させ、

崩壊状況の資料を迅速に提供し得る。
・今回、開発・提案した航空レーザ計測による詳細な3次元地形情報に基づく崩壊地の自動抽出方法は、斜面防災GISによるハザードマップの作成上、必要な崩壊箇所の抽出に役立つものと考える。

(4) 航空レーザ測量による浸水域の把握

ここでは、航空レーザ測量による標高データを用いて、簡易に浸水域を把握する方法を検討した。そのため同データを用いて浸水域の再現を試み、現実の浸水域と比較した。水は低いところへ流れ、ほとんど水平に滞留する、という想定を基に、台地などの自然物や道路、堤防などの人工工作物に遮蔽された範囲に、精密な標高データを用いて水の湛水（浸水が滞水した）範囲を表現できる簡易なシミュレーションシステムを作成し、描画を試みた。この解析のポイントは、標高データの精度である。一般に航空レーザ測量により計測した標高精度は標準偏差で30cm以内とされ、相対的標高精度はそれ以上であると言われる。ここでは、そのような高精度標高データを用いることにより、簡易なシミュレーションシステムで湛水域を再現し、実際の災害現場を調査した浸水域との比較を行い、その実用性を報告する。

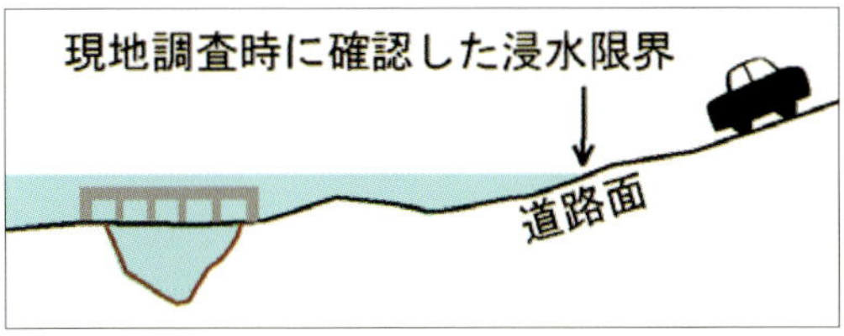

［図5］現地調査での湛水状況の一部確認

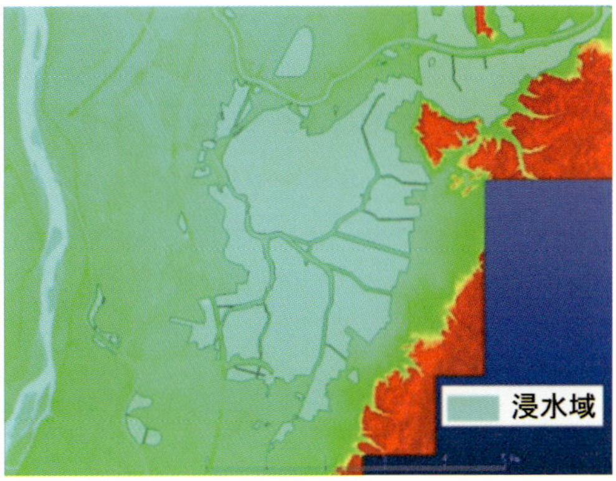

［図6］写真判読と現地調査による見附・長岡地区の浸水域図（約1:160,000）（国土地理院作成）

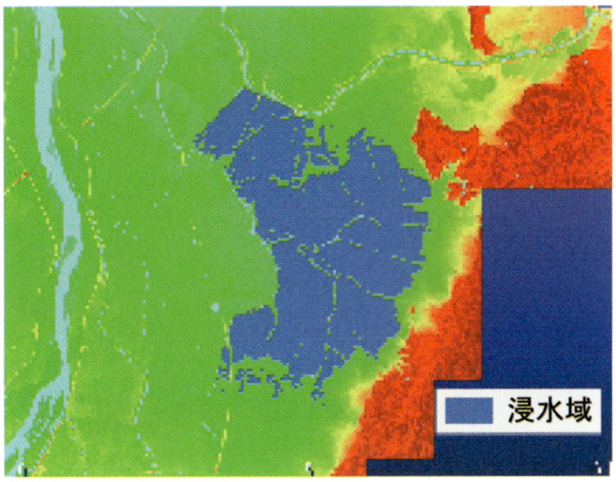

［図7］簡易システムによる見附・長岡地区の湛水域図（約1:160,000）（国土地理院作成）

新潟・福島豪雨災害において国土地理院では、三条市～長岡市地区に流れる五十嵐川、刈谷田川の決壊に伴う浸水状況を、空中写真判読及び現地調査により、「平成16年7月新潟・福島豪雨、信濃川下流災害情報図」に記録したが、この作業に併せて翌年（2005年）航空レーザ測量を実施して、2mメッシュ標高データを取得した。このとき取得した2mメッシュ標高データのデータ形式は植生や建物等を取り除いたDEM（Digital Elevation Model）で、精度は前述のとおりである。このデータを用いて前述の作業を実施した。

簡易洪水シミュレーションシステムの原理

洪水は、通常滞水しても排水状況が良ければ、1日もしないうちにほとんど痕跡も残さず、退水してしまう。しかし低地が広がり排水の著しく悪い地域では長期間湛水する。本簡易洪水シミュレーションシステムでは、このような長期湛水するケースを想定した場合、精密な標高データにより、湛水の水面標高を与えれば湛水エリアをパソコン上で表示させることができる。なお、本システムは浸水後の湛水状況のみを示すことが可能であり、浸水域と湛水域の性格が異なることに注意したい。このシステムは標高データから段彩表現で地表を表示するプログラムを改良し、任意の標高値で凹地を着色し湛水部を表現する簡易なものである。このシステムによる表示結果（湛水域）と現地調査結果（浸水域）とを比較して実用性を検討した。

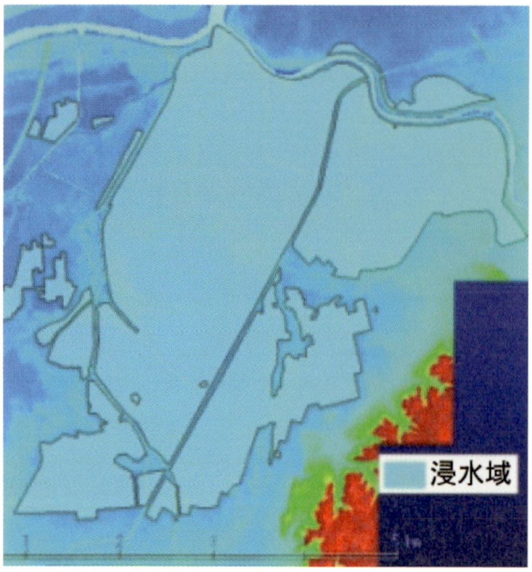

［図8］写真判読と現地調査による三条・栄地区の浸水域図（約1:160,000）（国土地理院作成）

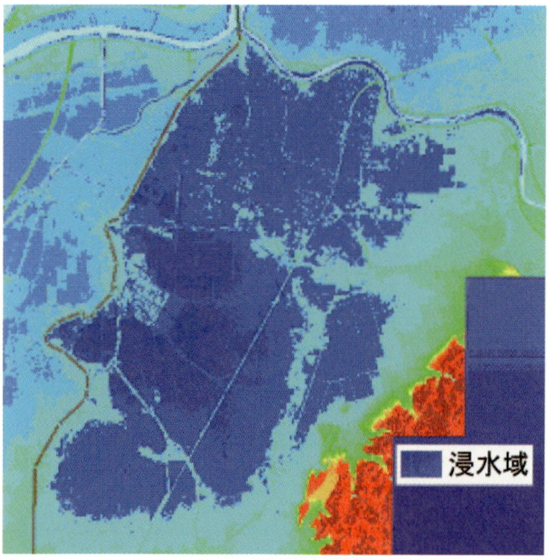

［図9］簡易システムによる三条・栄地区の湛水域図（約1:160,000）（国土地理院作成）

現地調査結果と簡易洪水シミュレーションシステムの出力図の比較

空中写真判読及び現地調査の記録から浸水域を求めた調査結果［図6、図8］と簡易洪水シミュレーションシステムの湛水域［図7、図9］とを比較するときわめて似た形状に仕上がっている。

しかし、このシステムを用いると予想どおりにこの画像を作れるかというと、そう簡単ではなかった。このシステムでは、湛水した水面高を決定する箇所を設定する必要がある。安易に考えれば、堤防決壊箇所に設定すればよいはずだが、堤防決壊箇所（注水箇所）の標高を基準として満水した場合の状況を描画しても、実際の湛水形状と同じにならない。現実には、浸水後、多くの場合、水が何らかの経路で排水されてしまうからである。それでは、役に立たないシステムにも見えるが、活用は可能となった。現地調査や聞き取り調査などで、湛水域の水際の位置さえつかめば［図5］、その高さを注水高に設定することにより、その時点の湛水範囲の把握［図7、図9］が可能になる。この当たり前とも言える結果が容易に引き出せるのは、航空レーザ測量で取得する高精度な標高データによるものである。実際の利用としては、湛水状態でどれだけの範囲で家屋が浸水していたか、一部の湛水位置情報だけから状況予測が可能となることである。

浸水危険度の予測など、高度に利用するためには、流水の水勢や排水条件など多くの条件要素を組み込むことが必要となる。

本システムの開発は2006年に報告したものであるが、2011年の現状では、国土の航空レーザ測量による標高データの整備状況は著しく進んでいる。また国土地理院では整備データを順次ホームページで公開するようになった。

平野や盆地の湛水域など注水高を設定して状況を観察するのであれば、今日、廉価なGISでも今回紹介したシステムと同程度の表現は簡単に表示できることから、市町村における防災資料の作成、教育分野への活用などに広く活用されることを待ち望む次第である。

参考文献

1）（財）阪神・淡路大震災記念協会　人と防災未来センター:平成16年7月新潟・福島豪雨災害調査報告（速報）, DRI調査レポート, No.6, 2004.
2）高泰朋・守岩勉・五島直樹・前海眞司・鈴木隆司・尾崎順一・金俊之:航空レーザ計測を利用した崩壊地の自動抽出, 砂防学会誌, Vol.63, No.4, pp. 26-29, 2010.
3）三条市:7・13新潟豪雨災害の記録, 平成17年10月, 2005.
4）長岡市:「平成16年7月新潟・福島豪雨」7・13水害の概要, 平成17年2月15日, 2005.
5）中之島町災害対策本部:7.13水害速報, 2004.7.24.
6）見附市災害対策本部:7.13集中豪雨被害状況経過報告・支援策, 平成16年10月, 2004.
7）7.13新潟豪雨洪水災害調査委員会:7.13新潟豪雨洪水災害調査委員会報告書, 平成17年5月, 2005.

1.11
台風14号土砂災害
2005

(1) 災害の概要

2005（平成17）年9月初旬、台風14号が非常に強い勢力のまま九州西岸をゆっくり進んだため宮崎県を始め九州山地東側の地域は累加雨量1,000mmを超える豪雨にみまわれた。宮崎市街地の南西にある鰐塚山では累加雨量が1,013mmに達し、周辺の斜面で大規模崩壊や土石流が発生した。特に注目されるのは2003年の熊本県水俣災害に続いて、いわゆる「深層崩壊」と称される大規模な斜面崩壊が発生した点である。

鰐塚山北麓斜面では、崩壊面積1万m²以上の斜面崩壊が10カ所以上発生し、特に別府田野川は流出土砂が山地から下流約3kmまで氾濫、流下し、河床が5～6m上昇、河道が60m前後に拡大した[1]。

鰐塚山南麓の広渡川上流では崩壊面積6万m²に及ぶ大規模崩壊が発生し、崩土が河道を埋め天然ダムを形成した。幸いにもこの地域では人的被害はなかったが、崩壊や流出土砂の規模では記録的

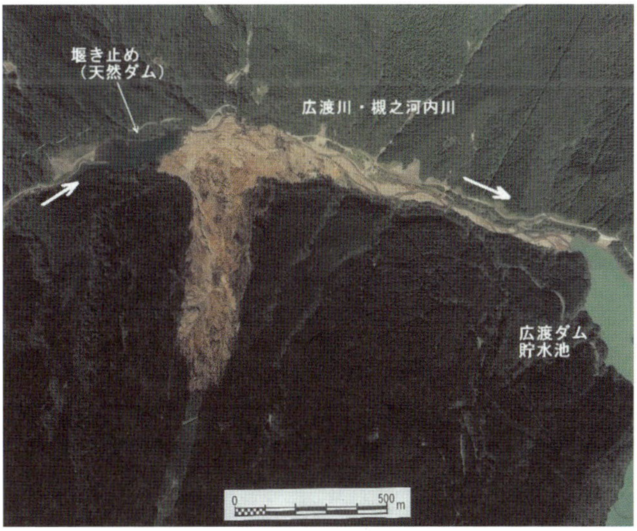

［図1］崩壊地の空中写真（2005年9月20日撮影）[1]。崩壊土砂が河道を埋め、上流に天然ダム（堰き止め湖）が形成されている

［図2］大規模崩壊の全景。崩壊土砂は崩壊地下部に堆積し河道を埋め天然ダムを形成した。崩壊した斜面は平均傾斜30度前後で地すべり性の崩壊と考えられる

［図3］河道を埋めた崩壊土砂とそれによってできた天然ダム

［図4］天然ダムの流出口。河床部の堆積土砂厚は5～6mと推定される

なものであった。この地域の土砂災害の特徴は、崩壊面積が1万m²以上と崩壊規模が大きいこと、崩壊土砂が崩壊地にとどまった「地すべり性崩壊」[1)]が存在することである。もちろん累加雨量1,000mm以上と記録的な豪雨であったことは言うまでもない。地質は、四万十帯に属する新生代、古第三紀～新第三紀の日南層群、砂岩・泥岩よりなり、地すべり地形が多いのが特徴である。

(2) 天然ダムを形成した大規模崩壊の空中写真判読と現地調査

鰐塚山南麓の広渡川上流で発生した大規模崩壊は、幅約150m、長さ約400mに達するもので、崩壊土砂が河道を閉塞したため上流に天然ダムを形成した［図1～図4］。崩壊土砂は崩壊地の下部に地すべり土塊状で残留しており［図5］、「地すべり性崩壊」と考えられる。崩壊面積は61,000m²、崩壊土量は610,000m³と推定されている［図6］[1)]。地質は日南層群、砂岩・泥岩よりなり、流れ盤構造であった可能性がある。また、崩壊前の地形は地すべり地形かクリープ地形と推察される［図7］。

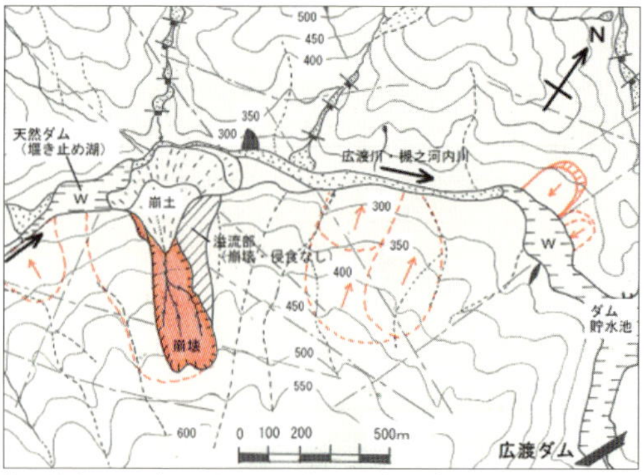

［図5］空中写真判読による崩壊分布図[1)]

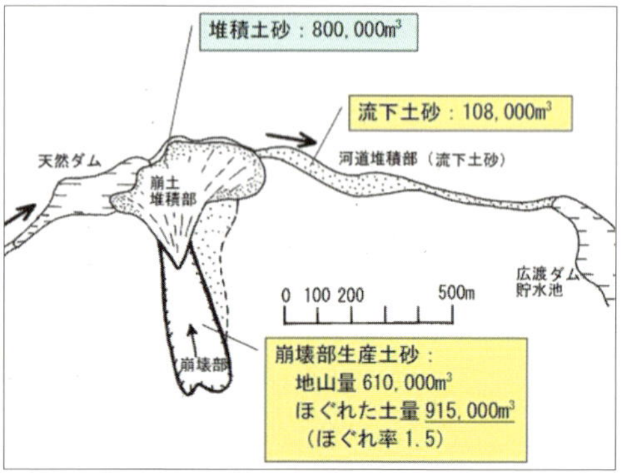

［図6］空中写真判読と現地調査から推定した土砂収支の概念図[1)]。崩壊土量（地山量）は61万m³と推定され、崩壊土砂のほとんどは崩壊地の下部に堆積し河道を埋めた

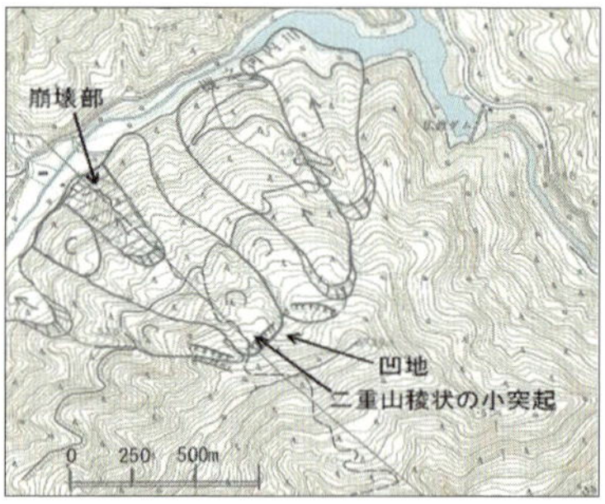

［図7］崩壊前地形。地すべり地形の部分が崩壊した

この崩壊によって下流の河畔公園の一部が埋没したが人的被害はなかった。この崩壊は、鰐塚山周辺で発生した大規模崩壊の中でも天然ダムを形成した特に大規模な崩壊として注目される。

参考文献

1) 古閑美津久・堀川毅信・宇城輝・谷内正博：2005年台風14号による宮崎県鰐塚山北麓および北郷町広渡川上流の崩壊・土石流，応用地質，Vol.47，No.4，pp.232-241，2006.

1.12

沖縄県那覇市・中城村土砂災害

2006

(1) 災害の概要

記録的長雨に見舞われた沖縄県では、梅雨前線の停滞により2006年5月23日から6月15日まで24日間連続して降雨を観測した。6月10日午前、沖縄気象台は沖縄本島地方に対して大雨・洪水・雷雨注意報を発表、12日午後には本島中南部、北部に対して大雨・洪水・雷雨警報を発表した。この記録的降雨により、沖縄県内では地すべり5カ所、崖崩れ3カ所の土砂災害が発生した。

6月10日、中城村北上原では沖縄県としては今までにないほど大規模な地すべりが発生した［図2、図3］。このため、地すべり斜面末端部周辺の安里地区の住民40世帯148人に避難勧告を、地すべり頭部周辺の北上原地区の住民15世帯41人に避難指示・勧告を発令した。5月1日からの降雨量は、災害を起こした6月10日前日の9日までに533mm（那覇市胡屋）に達した。その後も降雨が続き、二次地すべりが発生した12日夜までに更に141mmの降雨があり、これは平年の2倍以上の降雨であった。

一方、那覇市首里鳥堀町の斜面に立地するマンションでは、6月12日夜に隣接する駐車場の陥没が発見され、その後の調査で約400m²にわたり、約2mに達する陥没が確認された。このため那覇市は、マンション住民や周辺住民28世帯86人に対して避難指示・勧告を発令した。

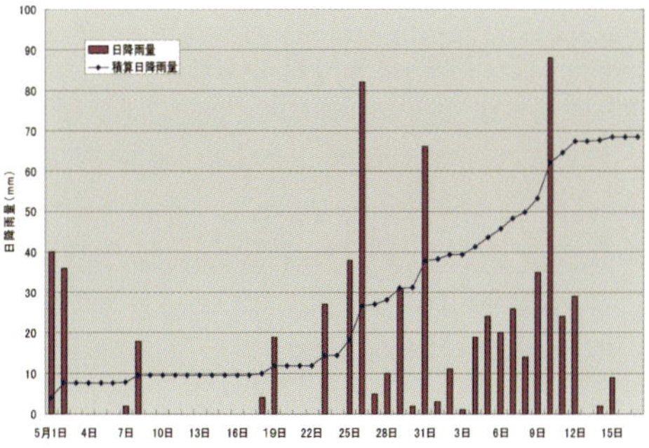

［図1］アメダス雨量（那覇市胡屋）[1]

(2) 空中写真による土砂災害の把握

6月10日16時頃、中城村北上原では幅約120m、長さ約300m、移動土塊量約34万m³の地すべりが発生した。地すべりは、標高100～120mの海食台の谷状浸食斜面で発生した。［図3］はパスコが、2006年6月21日に撮影した垂直空中写真である。

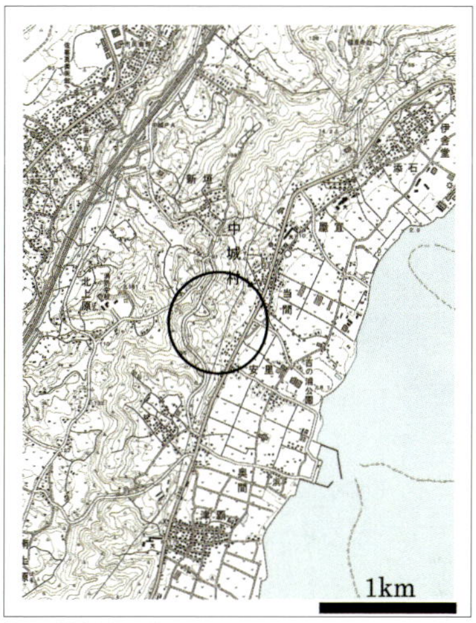

［図2］位置図（国土地理院, 1:25,000, 沖縄市南部）

［図3］北上原地すべり全体の空中写真
（パスコ撮影、撮影縮尺1:4,000）

地すべり発生前の斜面勾配は、斜面上部で約23度、下部で約12度程度であり、この斜面に分布している地層は島尻層群の泥岩で斜面とは流れ盤の関係にあった[2)]。また、地すべりの発生した斜面はもともと谷地形の斜面であり、既往の地すべりブロックが2カ所で確認されていた［図4］[3)]。

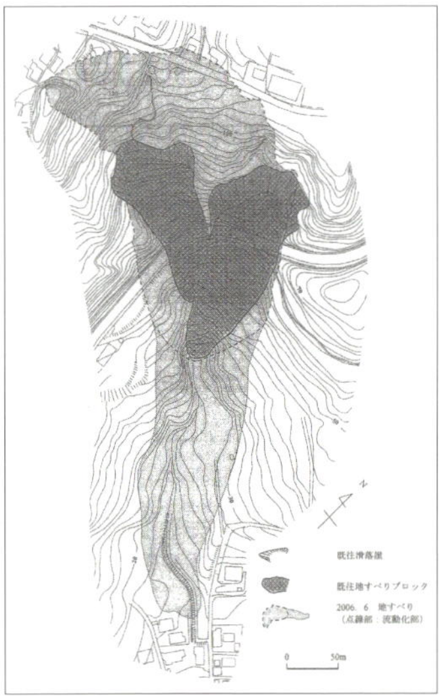

［図4］地すべり発生前の地形[3)]

［図5］地すべり移動体の流動状況

［図6］L字状に屈曲した地すべり頭部
（［図3］の空中写真の拡大画像）

空中写真［図5］からわかるように北上原の地すべりは台地縁辺部の斜面頂部で発生したが、その後の二次すべりもあり、全体として頭部のすべりは斜面谷部の北西方向に深く切り込んだように破壊が進んだ。また、地すべり発生後に起こった二次すべりの発生によって、多量の水を含んだ一次すべりの舌端部での流動化に伴い、急速な強度低下により地すべり移動体の泥濘化が進んだ。この結果、一次すべり発生の2日後には、早くも移動体内へ立ち入り調査および観測等が困難となった。地すべり移動体の泥濘化により、最終的には地すべり滑動による移動長は500m以上に達した。急速に進んだ移動体の泥濘化のために、移動体が人家に近づいても地すべりの移動量を具体的に観測する有効な手立てはなかったようである[2)]。

地すべり土塊の急速な強度低下は、沖縄県の島尻層群特有の現象と考えられているが、北上原の地すべりは今までにない大規模な地すべり発生であった。

空中写真［図5、図6］を見ると、灰白色を呈する島尻層群泥岩分布域で、すべりが発生したことを確認できるとともに、頭部破壊の状況を詳しく読み取ることができる。また、多量の水分を含んで流動化した移動体舌部の流動状況の特徴をはっきりと確認できる。空中写真では地上からの観察だけではわかりにくい広大な地すべりの全体状況、特に頭部や流動化部との連続性及び流動化土塊の内部構造などをわかりやすく把握できることがわかる。

参 考 文 献

1）気象庁ホームページ:防災気象情報アメダス
2）宜保清一・佐々木慶三・周亜明:沖縄県中城村北上原地すべりの発生・移動形態, 地すべり学会沖縄県中城村安里地すべり報告速報第2報(6月24日), 2006.
3）陳伝勝・宜保清一・佐々木慶三・中村真也:沖縄、島尻層群泥岩分布地域の地すべり類型区分の試み、地すべり, Vol.43, No.6, pp.339-350, 2007.

1.13
愛知豪雨災害

2008

(1) 災害の概要[1) 2)]

2008年8月26日から8月31日にかけて、停滞前線を伴った低気圧の影響により、東海・関東地方を中心に記録的な大雨に見舞われた。

8月26日、前線を伴った低気圧が東シナ海を東に進み九州南部に接近した。これに伴い、27日にかけては西日本の太平洋側を中心に南から暖かく湿った空気が流れ込み、大雨となった。また、この低気圧が日本の南海上に進んだ8月28日から31日にかけては、本州付近に停滞した前線に向かって南から非常に湿った空気の流れ込みが強まり、大気の状態が不安定となって、東海、関東、中国および東北地方などで記録的な豪雨となった。

局所的で短時間に激しい雨が至るところで降り、1時間降水量の記録を更新した地点が、全国で20カ所を超えた。特に、愛知県岡崎市では、8月29日の1時から2時までの1時間降水量が146.5mmを記録し、気象庁観測史上7番目の降水量で、8月の記録としては、観測史上最高を記録した。

愛知県幸田町［図1］では、広田川の堤防が約40mにわたって決壊し、田畑約210haが水没したほか、各地で土砂災害が発生した。

被害は、愛知県内で死者2人、負傷者5人、住家全壊5棟、半壊3棟、一部損壊28棟のほか、床上浸水2,480棟、床下浸水14,106棟に上った。

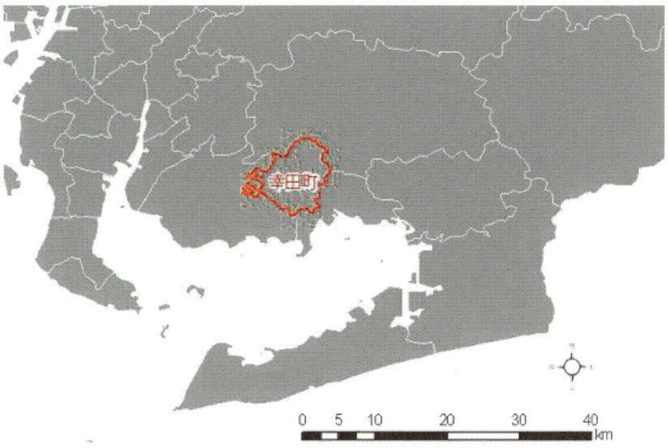

［図1］愛知県幸田町の位置図

(2) SAR衛星による浸水域抽出

2008年8月30日午前6時1分に、パスコでは、XバンドSAR衛星であるTerraSAR-Xから、被災地の緊急撮影を行った。撮像諸元は、下記のとおりである。

・撮像モード：StripMapモード
・分解能：約3m
・入射角：28.7度
・軌道：ディセンディング（南行軌道）
・偏波：垂直偏波、単偏波（VV）

平滑な水面はマイクロ波の反射強度が弱いという特性を利用し、取得したデータを基に豪雨による浸水域の推定を実施した。

［図2］は、浸水域の抽出結果である。水色に着色した部分が抽出した浸水域である。背景図には、災害前のALOS衛星のパンシャープン画像（2008年5月27日撮影）を使用している。抽出結果では、幸田町の菱池地区及び坂崎地区（坂崎遊水池周辺）で、比較的大規模な浸水が継続していることが確認された。また、この画像の取得は、降雨のピークから24時間以上が経過しており、ピーク時の浸水範囲はさらに広域であったものと推定される。

本事例では、発災後、比較的早い段階で撮像を行い、浸水範囲を明瞭に捉えることができた。また、XバンドSAR衛星による国内初の浸水域の抽出事例であり、その有効性が実証された事例であった。

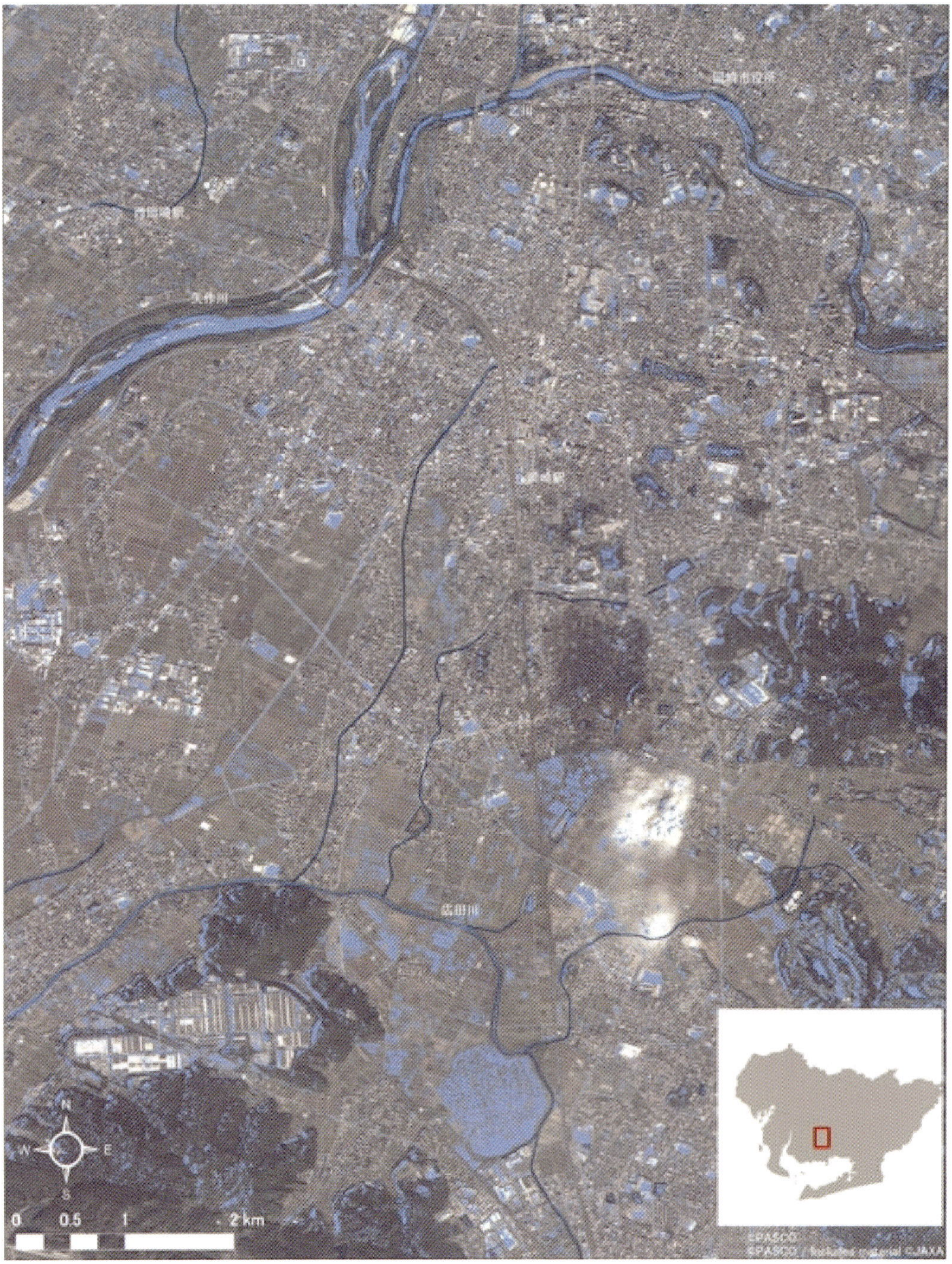

［図2］幸田町周辺の浸水域抽出結果（パスコ作成）
幸田町は、画像の最下部に位置し、濃い水色で表現されている曲線が広田川である。広田川と白文字で記載されている周辺に浸水域が点在していることがわかる。また、比較的大規模な浸水域は、円形で現れていて、田畑が水没している様子がわかる

参考文献

1）気象庁：平成20年8月26日から31日に発生した豪雨の命名について，報道発表資料，平成20年9月1日，2008.
2）消防庁：平成20年8月末豪雨による被害（第12報），災害情報（平成21年5月22日），2009.

1.14
山口県防府災害

2009

（1）災害の概要

2009年7月20日から山口県内では活発な梅雨前線の影響で大量の雨が降り、特に21日には山口県防府市で観測史上最大の降雨となり、死者21人という激甚な災害を引き起こした［図1］[1)]。土砂災害が多発した防府市一帯の降雨は、7時から9時、10時から12時の2回の降雨ピークが確認され、国土交通省真尾観測所の総雨量は297mmに達している。また、この降雨は最大3時間雨量で130mm、最大6時間雨量で230mmに達し、総雨量の約70%が6時から12時の6時間に集中した短期間豪雨であった。この豪雨により後半のピークに土石流の発生が集中した［図2～図4］。

（2）災害前の航空レーザ計測成果を用いた緊急航空レーザ計測による差分解析[2)]

上田南川は、流域面積1.0km²、平均河床勾配10度の土石流危険渓流である。谷出口の上流部は、過去の土石流堆積物を侵食する形で流路が形成されており、右岸側は土石流堆積物、左岸側は風化した花崗岩の地山が卓越する。地質は白亜紀後期の花崗岩、上流部には熱変質を受けた変成岩類が分布している。植生は、流路沿いにはタケや針葉樹が分布しているが、流域のほとんどは広葉樹である。流域内には複数の表層崩壊が確認されたが、規模の最も大きな崩壊は支川の源頭部よりやや下流

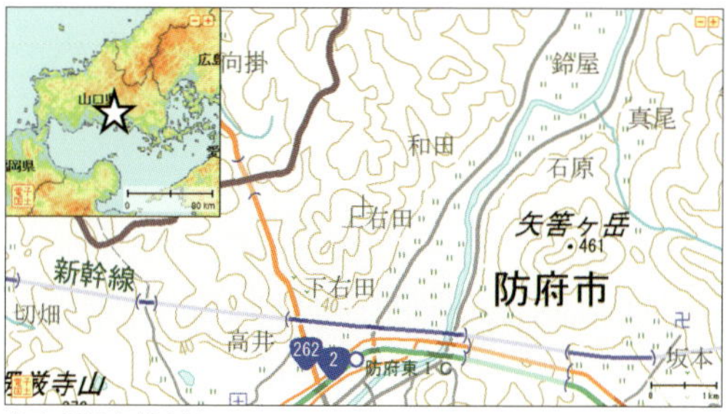

［図1］調査位置図

［図2］上田南川における土石流氾濫堆積状況
（2009年7月22日、アジア航測撮影[2)]）

［図3］下右田地区における土砂流出状況
（2009年7月22日、アジア航測撮影[2)]）

［図4］下右田地区における土砂流出状況
（2009年7月22日、アジア航測撮影[2)]）

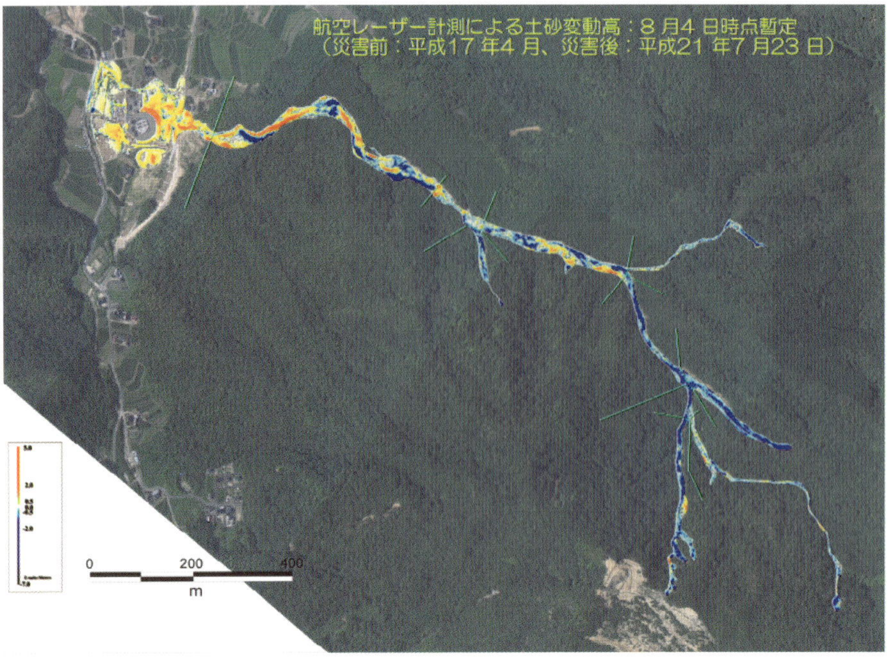

［図5］上田南川における土砂変動図

の標高330mに発生した。崩壊地は長さ23m、幅14m、最大崩壊深3.0mであり、斜面勾配は25度で谷地形を呈していた。崩壊した土砂は幅10～20mで侵食しながら谷を200m流下し、本川に流入した。本川に流入した土砂量は4,000m³程度であり、対岸に土砂が乗り上げた痕跡があった。

上田南川における災害前後の航空レーザデータの差分解析による土砂変動図を［図5］に示す。これによれば、上流域で崩壊が発生するとともに、渓床が2m以上洗掘され、それらが中流域から下流域に流出して堆積した様子がよくわかる。また、中流域における渓床・渓岸の二次侵食も特徴的である。

土石流は渓床・渓岸部に存在した直径1m以上の巨礫や樹木を巻き込みながら流下した。中流部の金毘羅滝付近における勾配が10度程度のほぼ直線河道で、幅15m、流動深3.5m程度の土石流の流下痕跡が見られた。この土石流は谷出口から一気に氾濫している。谷出口から真尾川までの勾配は3～5度程度であるが、土石流の巨礫の多くはここで堆積していた。残りの比較的粒径の小さい土砂が老人ホームに流入し、入居者7人が死亡した。土石流が老人ホームに流入したのは21日12時20分であった。

次に、剣川は防府市下右田を流れて佐波川に合流する流路延長約4.5kmの河川である。流域の地質は主に花崗岩である。剣川の中～上流部の山地には表層崩壊が多発した。表層崩壊の多くは尾根付近の凹地形で発生・土石流化して剣川本川まで到達した。崩壊地の多くは長さ25m程度、幅18m程度、最深部の深さ4m程度の小規模なものだった。崩壊地の傾斜は25度程度である。最上流部で発生した崩壊が流動化し、流下の過程で河道堆積物や側岸を侵食して土石流へと発達した。剣川には2基の砂防堰堤が存在した。そこには1mを超えない程度の石礫、細粒土砂、流木が堆積し、細粒土砂以外の土砂の多くが捕捉され、停止していた。下流部では数カ所で洪水氾濫による人家への土砂流入及び浸水被害が生じていた。これらの洪水氾濫は上流から流下してきた土砂により河床が上昇し、河積が減少したことや、橋が流木で閉塞したことによって生じたものである。

参考文献

1) 古川浩平他:2009年7月21日山口県防府市での土砂災害緊急調査報告, 砂防学会誌, Vol.62, No.3, pp.62-73, 2009.
2) アジア航測ホームページ:平成21年7月中国・九州北部豪雨災害, 2009.
http://www.ajiko.co.jp/bousai2/hofu/hofu2.htm
(accessed 10 Jan. 2012)

1.15
岐阜県可児市・八百津町周辺豪雨災害
2010

(1) 災害の概要
2010（平成22）年7月11日から16日未明にかけて、梅雨前線の影響により西日本から北日本の広い範囲で大雨に見舞われた。

岐阜県内では、15日19時の時間雨量が多治見市で81mm、御嵩町で76mmに達し、県内各地で河川の増水や土砂災害による被害が発生した。特に、可児市及び八百津町周辺は、以下に示す被害が集中して発生した[1)]。

・人的被害の状況
　死者4人、行方不明者2人、重傷者1人
・住家被害の状況
　全壊4棟、半壊3棟、一部損壊8棟、床上浸水75棟、床下浸水380棟
・道路被害の状況
　災害規制29カ所、雨量規制27カ所、道路施設被害133カ所
・河川被害の状況
　浸水4カ所、河川施設被害188カ所
・土砂被害の状況
　土石流被害2カ所、崖崩れ2カ所、砂防施設被害15カ所

可児市土田では、可児川右岸虹ヶ丘橋下流で溢水し、運送会社のトラックなどが流され道路を塞ぎ、死者1人、行方不明者2人となる被害が発生した。山間部でも土石被害が多数発生し、八百津町野上では家屋が全壊し死者3人となる被害が発生した。

(2) 斜め写真撮影システムによる災害映像
緊急時のヘリコプターでの斜め写真の撮影は、被害状況を把握するために、広域的な撮影を行う必要がある。しかし、事前に被害状況を把握して、撮影計画を立案することができない。そこで、撮影は、撮影者が現地の被害状況を、ヘリコプターから目視で確認しながら実施されることが一般的である。そのために、山間部及び目標物の少ない市街地では、撮影した写真の場所を特定することが非常に困難である。

パスコでは、ヘリコプター等に搭乗した人が簡単な操作で撮影ができる携帯型の斜め写真撮影システムを開発した。これは、GPS及びレーザ計測器を用いてリアルタイムに撮影位置や方向を取得し、高画質デジタルカメラを用いて被害状況を撮影するシステムである。これにより、被害の場所を容易に特定することが可能になった。

そこで、本システムを利用して、パスコでは、2010年7月16日に緊急撮影を実施した。以下に、災害現場に対して、取得した写真及び撮影位置を示す。

可児市土田付近

［図1］及び［図2］は、可児市土田付近の画像と可児川と名鉄鉄橋との交差地点の北側を拡大した画像である。これらの画像では、運送会社のトラックが鉄道橋梁の手前まで流されたことがわかる。また、［図3］は、ヘリコプターで撮影した軌跡（緑色の点線）および撮影方向（矢印）である。被災状況を上空から確認して、旋回しながら集中的に撮影している状況がわかる。

御岳町付近

［図4］及び［図5］は、御岳町付近の画像および土砂の崩落地点の拡大画像である。土砂の崩落が民家に隣接する道路まで流出した状況が見られる。［図6］は、［図3］と同様に、ヘリコプターで撮影した軌跡（緑色の点線）及び撮影方向（矢印）である。斜め画像取得システムは、地図と連動することができるために、山間部でも被災位置の確認ができる。

［図1］可児市土田付近の画像（パスコ撮影）

［図2］可児市土田付近の拡大した画像

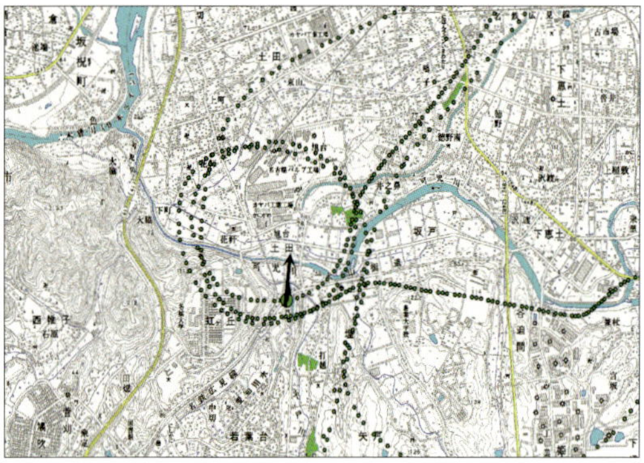

［図3］撮影した軌跡及び撮影方向

［図4］御岳町付近の画像（パスコ撮影）

［図5］土砂の崩落地点の拡大画像

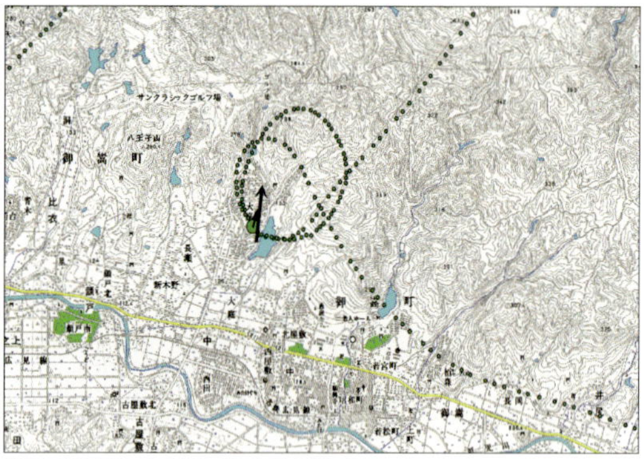

［図6］撮影した軌跡及び撮影方向

今回の事例では、災害後の翌日に撮影することができ、早い段階で被害状況の全貌を的確に把握することができた。

今後、これらの撮影成果は、災害範囲及び規模の把握だけではなく、二次災害の防止及び円滑な復旧活動に活用できるであろう。

参考文献

1）岐阜県「7.15豪雨災害検証委員会」：7.15豪雨災害検証報告書, 平成22年9月, 2010.

1.16
広島県庄原市豪雨災害

2010

(1) 災害の概要

2010（平成22）年7月16日の午後3時から6時にかけて、広島県庄原市では最大時間雨量72mm、3時間累積雨量173mmの集中豪雨が発生し、庄原市の川北町、西城町を中心とする約4km×4kmの狭い範囲に200カ所以上の斜面崩壊と、崩壊土砂による土石流が発生し、洪水氾濫などによる災害が発生した[1)]［図1］。

広島県では6月下旬から停滞した梅雨前線による雨が降り続いており、災害現場の近隣に設置されていた大戸雨量計では7月1日から16日までの累積雨量が267mmに達していた。そこに、3時間の累積雨量173mm、最大時間雨量72mm、最大60分雨量91mmの集中豪雨が発生したのである。広島県の発表によると、庄原市における被害状況は死者1人、負傷者1人、住宅被害22棟（全半壊、その他）となっている。今回の災害では土石流の発生が37カ所、崖崩れの発生が5カ所であった。

アジア航測が撮影した斜め写真［図2～図4］と航空レーザ計測時に撮影した写真から、土砂移動の状況を判読したところ、今回最も被害が大きかった篠堂地区では、至るところで斜面崩壊が発生し、崩壊総面積は約1.4km^2、崩壊面積率は約4.2%となった[2)]。

(2) ヘリコプターによる緊急航空レーザ計測

アジア航測では、これらの災害の実態を明らかにするために、7月18日から24日にかけてヘリコプターを用いたレーザプロファイラ計測（以下、航空レーザ計測）ならびに空中写真撮影（垂直・斜め）を行った。現地では災害発生後も天候が不安定だったため、雨雲の下を低高度で飛行でき、詳細なデータを取得できるヘリコプターを選択した。

現地での計測データは、アジア航測の新百合技術センターで解析し、7月19日に斜め写真判読による災害速報、7月23日に中間段階での土砂移動判読図、そして8月3日には計測成果による土砂

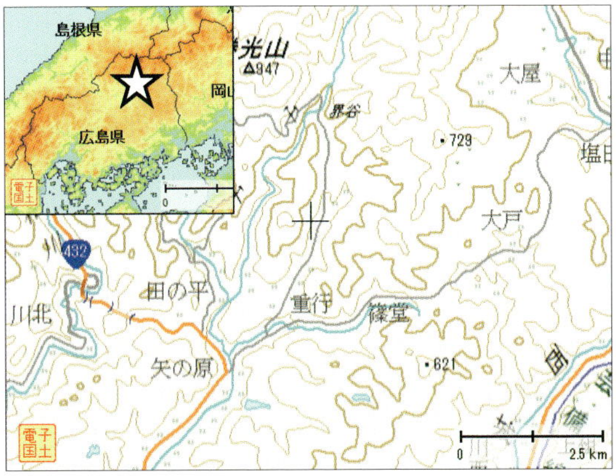

［図1］調査位置図

［図2］重行地区の土砂・流木氾濫の状況
（2010年7月18日、アジア航測撮影[3)]）

［図3］先大戸地区の土砂・流木氾濫の状況
（2010年7月18日、アジア航測撮影[3)]）

移動判読図を発表した[1]。ここでは、把握した災害の状況を紹介する。

航空レーザ計測成果から作成したオルソフォトを［図5］に示す。ここで、左側が篠堂地区、右側が先大戸地区である。これらの地区を中心に集中的に表層崩壊が発生し、それに伴って大量の土砂と流木が流出した。通常はこのような空中写真を判読して土砂移動状況図が作成される。しかし、あくまで森林等の地物に覆われている地域の地表の判読精度には限界があり、植生の下で発生した小規模な表層崩壊は判読できない場合がある。

［図4］篠堂地区における土砂生産流出状況
（2010年7月18日、アジア航測撮影[3]）

一方、航空レーザ計測成果から作成した赤色立体地図を［図6］に示す。赤色立体地図では森林等の地物を剥いだ地表の様子が表されるので、空中写真判読で判読漏れした小規模な崩壊地も、赤色立体地図を判読すれば明瞭に把握できる。特に今回の表層崩壊は、斜面のある一定の標高に並んで発生しているのが特徴的であった。これは斜面の水文地質学的性質によるものと考えられる。

さて、航空レーザ計測のもう一つの特徴として主にラストパルスの活用で高精密な地表の地形モデルが、ファーストパルスを活用することで森林の表面の形状モデルが構築でき、森林に関する様々な計測が可能になった。航空レーザ計測の計測装置は4発以上のパルスデータを識別すること

［図5］災害域のオルソフォト[3]
（2010年7月18・19日、アジア航測撮影）

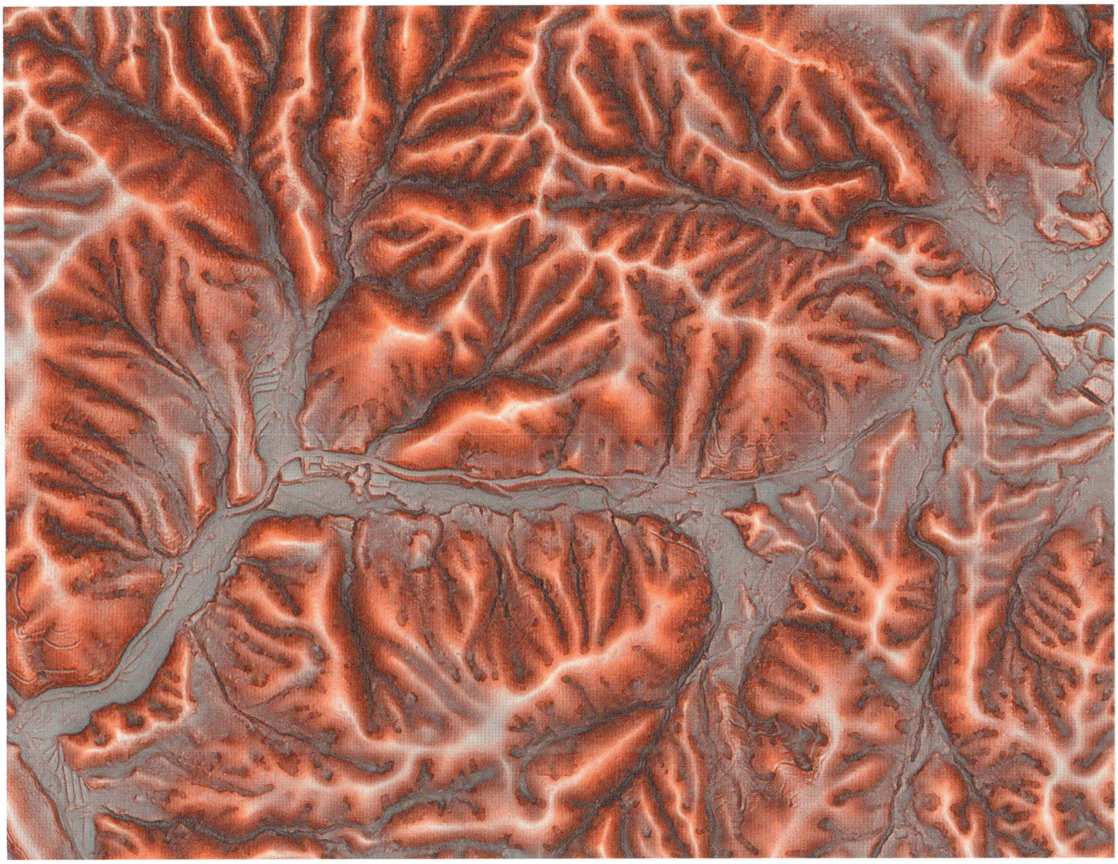

［図6］赤色立体地図[3)]
（アジア航測作成）

［図7］森林の樹高分布図[4)]
（アジア航測作成）

ができ、このうち最初にはね返ってくるファーストパルスで作成される森林樹冠等の地物表面の形状モデルと最後のラストパルスで作成される地表の地形モデルを差し引くとそれが森林地域の場合は樹高を表すことになり、広域の高精度な樹高の分布モデルができる。

航空レーザ計測成果から作成した樹高階と崩壊地の抽出状況を［図7］に示す。樹高の高いところほど緑色を濃くし、一方で樹木の低いほど色は透明で表現した樹高分布図である。崩壊後のレーザデータで作成したので、崩壊が発生しているところは樹木がなく、透明になっているため表層崩壊が明瞭に判読できる。経験的に植生の貧弱な斜面ほど豪雨時の崩壊が多く発生することが知られているが、今回の災害では植生に関係なく、凹形斜面であれば崩壊が発生していた。一方で、樹高が低くて樹冠率も低い、若い造林地のような場所では、平滑な斜面でも崩壊が多く発生しているようである[2)]。

(3) GeoEye-1衛星で見る豪雨被害

広島県庄原市での土砂災害の状況は、GeoEye-1衛星画像から見ることができる［図8］。ここでGeoEye-1衛星の撮影状況について以下に整理す

［図8］庄原地区全景（2010年7月26日撮影）
赤枠：土砂災害が顕著な範囲

［表1］災害発生と撮影状況

撮影日	状況	災害発生からの日数
2010年 3月14日	災害前	4カ月前
（2010年7月16日夕方　豪雨災害発生）		
2010年 7月26日	災害後	10日後
2010年12月19日	災害後	5カ月後

る［表1］。

土砂災害は7月16日に発生し、その後GeoEye-1による最初の撮影は7月26日でその5カ月後の12月19日にも再度撮影している。なお、災害前については、同年3月14日に撮影している。実際には［表1］以外にも多くの撮影を行っているが、天候の関係で雲が多く写っているなどの場合があり今回は対象外としている。

まず、災害直後の7月26日撮影画像（GeoEye-1）では、ある特定の約2km×1kmの範囲に土砂崩れが集中しており、その範囲より外側には目立った土砂崩れはさほど見受けられない。このような特徴的な状況が見て取れる［図8赤枠］。また、GeoEye-1は4バンド（R, G, B, NIR）を搭載しているので、近赤外線（NIR）バンドを使ったフォールスカラーで判読を試みた。近赤外線は、目に見えない波長であり、森林の葉に強く反射し、逆に水域では吸収されるという特徴を持つ。トゥルーカラー画像と比較して、フォールスカラー画像を用いた目視判読では、森林と裸地（土砂災害）領域の区別が明らかである［図9］。抽出作業を行う上でも作業時間の短縮につながるものと考えられる。

次にGeoEye-1による災害前の2010年3月14日撮影と2010年7月26日撮影とを比較する。これにより、被害状況のより正確な把握、現況復旧計画などに役立つことがわかる［図10］。災害が起こってからは、防災ヘリコプター、航空機、衛星など、その時の機動力のあるものでいち早く撮影し、現地の状況把握に努めることが重要であるが、「災害前」の状況を知るということも災害状況を知る上では重要である。災害前については、過去に遡って撮影をすることは不可能であることは言うまでもない。衛星画像に関しては、地球上を常に回っているため、撮影も休むことなく行われている。今回の庄原地区では、災害前の直近では、GeoEye-1により2010年3月14日に撮影しており、それより前では、IKONOSで2008年4月28日に撮影されている。このように衛星画像であれば、通常は災害前の画像があるので、これらを活用することでより詳細かつ迅速に被災状況の把握が可能になる。

被害状況を把握した後、復旧対策などに着手する場合、二次災害の危険性（河道閉塞、土砂ダム、土砂崩れ）について調査しておく必要がある。特に現地調査では険しい山奥などの状況は把握が難しい。ヘリコプター、航空機はいずれも費用の問題やある程度の当たりをつけて飛ぶ必要があり、広範囲の調査の場合は見落とす危険性もある。衛星であれば、定期的に飛来し撮影も実施することから、応急／恒久対策工の状況、二次災害に関する情報収集などが可能になる。災害から5カ月後のGeoEye-1画像を見ると、道路の復旧状況がわかる［図11］。また、撮影は冬季なので森林は落葉しこれまで隠れていた箇所の確認ができるようになっている。

災害時にはまず迅速に状況を把握することが重要である。空からの場合、防災ヘリコプターによる撮影、空中写真、衛星画像などが考えられるが、これらには一長一短があるため、それぞれの特徴を見極めながら、最適な選択を行う必要がある。衛星による撮影の場合は、ヘリコプター、航空機に

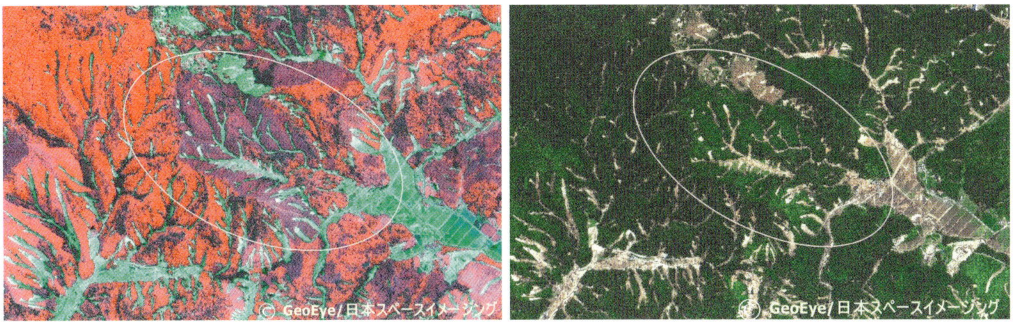

[図9]フォールスカラー、トゥルーカラーによる比較(白枠:樹種による色の濃淡が明確なため、判読しやすい)

[図10]災害前(2010年3月14日撮影)、災害直後(2010年7月26日撮影)の比較

[図11]災害直後(2010年7月26日撮影)、災害後(2010年12月19日撮影)
(矢印:道路の復旧状況が確認できる)

比べ風の影響を受けず、また一度の撮影面積も約2,000km²以上と広範囲の撮影が可能である。さらに後継機のGeoEye-2も計画されており、解像度も向上する予定である。今後も災害状況の把握について迅速な衛星による観測が期待される。

参　考　文　献

1) 土田孝･武田吉充･小川紀一朗･中井真司:2010年7月16日の豪雨による広島県庄原市土砂災害調査速報, 自然災害科学, Vol.29, No.2, pp.245-257, 2010.
2) 西真佐人･林真一郎･山越隆雄･清水武志:2010年7月16日の梅雨前線豪雨により広島県庄原市で発生した土砂災害, 土木技術資料, Vol.52, No.9, pp.6-7, 2010.
3) アジア航測ホームページ (2010) :平成22(2010)年7月広島県豪雨災害, http://www.ajiko.co.jp/bousai/hiroshima2010/syoubara.htm (accessed 10 Jan. 2012)
4) 小川紀一朗:レーザープロファイラー計測から見た崩壊の形態と斜面の状況, 日本地すべり学会関西支部平成23年度秋のシンポジウム, pp.19-28, 2011.

2.1
チリ地震津波
1960

(1) 災害の概要

1960年5月23日4時11分(日本時間)、チリ沖を震源[図1]とする大地震が発生した。地震規模を示すMw(モーメントマグニチュード)は9.5で、現在でも有史以来最大規模のものである。断層の大きさは、幅200km、長さ800kmと推定され、そのずれは20m以上あったようである。有感地震が観測された領域は、震源から半径約1,000kmという広大な範囲であった。この地震により、ペルー・チリ海溝が盛り上がり、海溝沿いの山脈が2m以上沈み込むという非常に大きな地殻変動が確認されている。また、チリ全土が壊滅的打撃を受け、直接的な犠牲者は約1,700人にも上るものであった。

この地震は、環太平洋沿いの国々に津波による大きな被害をもたらした。ハワイのヒロ港では、地震発生から約15時間後、大きな津波が発生して61人の犠牲者を出している。

日本では、1960年5月24日早朝(日本時間)、北は北海道から南は沖縄まで、その沿岸部で甚大な津波被害が発生した[1]。地震発生から実に22時間以上を経過してのことである。津波は、約18,000kmの距離[図1]を伝播してきており、その速度は時速にして約800km/hという凄まじいスピード(ジェット機並みのスピード)で伝播してきた。日本における津波の特徴としては、波が膨れ上がってくるような「海ぶくれ」という形で、波長は非常に長く、40分くらいでゆっくり水位が上下したということである。

日本における津波被害は、死者・行方不明者142人、家屋全壊が1,500棟以上、半壊が2,000棟以上、流失が1,200棟以上という大規模なものであった。特に、志津川、女川、気仙沼、大船渡、陸前高田などでは、波高が高く、甚大な被害を受けた。その当時、過去の経験から津波は地震発生後

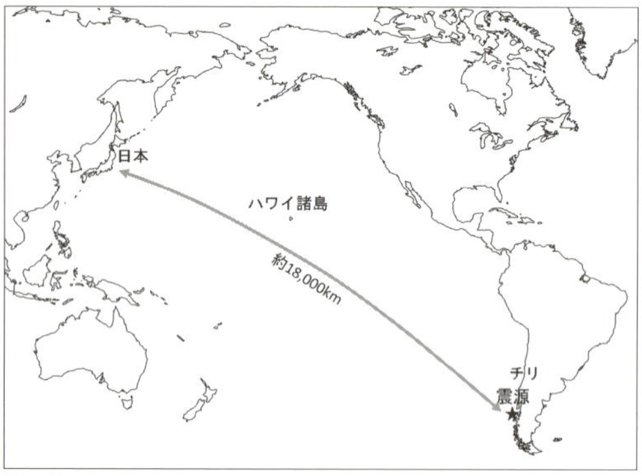

[図1]震源地と日本までの距離

に発生するという考えが浸透しており、被災地では地震を感じず、津波の発生をにわかに信じることができなかった。そのため、避難が遅れ、大きな被害につながったといわれている。

(2) 空中写真による津波災害の把握

空中写真は、特に人的被害が大きかった岩手県大船渡市(死者数53人)と宮城県志津川町(死者数41人)における、津波発生直後の1960年5月24日に撮影されたもの(アジア航測撮影)と発生後約6カ月の11月21日に撮影されたもの(パスコ撮影)である。

[図2]と[図3]は、それぞれ大船渡市における津波発生直後と6カ月後の空中写真である。[図2]では、河口付近で船が陸地に乗り上げていることや鉄道沿線で津波の被害があったこと、港では流木などが存在することなどがわかる。一方、[図3]では、鉄道沿線や河口付近で、家屋が建ち並び始めていることが見て取れる。

[図4]と[図5]は、それぞれ志津川町における津波発生直後と6カ月後の空中写真である。[図4]からは、大船渡市同様に、河口付近での被害が大きいことや港や水田地帯で流木などが散在していることがよくわかる。一方、[図5]では、被

[図2]津波直後の大船渡市(1960年5月24日早朝)
(アジア航測撮影)

[図3]6カ月後の大船渡市(1960年11月21日)
(パスコ撮影)

[図4]津波直後の志津川町(1960年5月24日早朝)
(アジア航測撮影)

[図5]6カ月後の志津川町(1960年11月21日)
(パスコ撮影)

害を受けた地域でもいくつか家屋を確認でき、大船渡市同様、急ピッチで復興が遂げられてきた様子が窺える。

参　考　文　献

1) 建設省国土地理院:チリ地震津波調査報告書——海岸地形とチリ地震津波, 1961.

2.2
新潟地震

1964

(1) 災害の概要

新潟地震は、1964（昭和39）年6月16日13時1分過ぎ、新潟県粟島南方沖40km（北緯38度22.2分、東経139度12.7分、深さ34km）を震源として発生した。地震の規模はM7.5、新潟市での旧気象庁震度階はV（強震）だった。この地震で粟島は島全体が約1m隆起し、震源域に近い日本海沿岸部では5〜20cmの地盤の沈降が認められた。地震後に発生した津波は、10〜60分後に佐渡を含む新潟県、山形県、秋田県の海岸に押し寄せ、その波高は波源域に近い新潟県村上市府屋〜塩谷では約4mに達した。

この地震による被害は、死者は26人と地震規模に比較して比較的少なかったが、鉄筋コンクリート建物を含む多くの建築物や橋脚、石油タンク、盛土・地下構造物が、砂地盤の液状化などによって被災した。さらに、地殻変動による地盤沈降と津波による湛水が、復旧の妨げとなった。これらは、沿岸地域での地震被害の特徴を示すものであった。

(2) 精密な空中写真によって初めて捉えられた近代都市の地震災害

1921年の関東大震災以来、大都市における地震被害については、常に火災が注目されてきたが、新潟地震では居住市街地からの出火による大規模な延焼火災は発生しなかった。しかし新潟空港と新潟港の間にある昭和石油新潟製油所（現：昭和シェル石油新潟石油製品輸入基地）の石油タンクは12日間にわたって炎上し続け、周辺にも延焼して民家数十戸が全焼した。被災直後に撮影された空中写真はこの火災による黒煙を生々しく捉えている［図1］。タンクの西側（画面左）の敷地が黒ずんでいるのは浸水のためである。この石油タンク火災の原因は当時、液状化現象による損傷と言われていたが、後に長周期地震動によるものであることが解明されている。

［図1］火災が発生し黒煙を上げる石油タンク
（1964年6月17日、国際航業撮影、撮影縮尺1:12,500）

新潟地震の発生した時代は、写真測量による地形図作成が本格的に開始されてから約10年が経過しており、大都市や平野部の中縮尺〜大縮尺空中写真の整備が進められていた。そのため、被災状況についての詳細な判読調査が行われ、地震直後の状況が詳細かつ広範に記録された[1) 2) 3)]。また、地表面の変状について、地震前後の空中写真を用いた写真計測により定量的に解析することも、後に行われた[4)]［図2、図3］。

さらに、この時の震災対応ではヘリコプターなどによる空撮やテレビ放映用のVTRを含め、震災の状況を詳細に伝える記録画像が多数残された。それらの画像情報と詳細な地質調査によって、大規模な液状化等の地盤災害についての理解が進み、その後の地震・地盤工学の進歩に大きな貢献を果たすこととなった。

［図2］信濃川河岸の市街地の被災状況。中央の昭和大橋は橋桁が落ち、競技場のある公園では液状化が発生している（1964年6月19日、国際航業撮影、撮影縮尺1:6,000）

［図3］地震の2年前と地震直後の空中写真から写真測量により計測した信濃川河岸地域の地盤の永久変位[4)]

参考文献

1）馬籠弘志：新潟地震とPhoto Survey, 写真測量, Vol.3, No.3, pp.115-118, 1964.

2）武田裕幸・今村遼平：航空写真による新潟地震の災害調査, 写真測量, Vol.3, No.3, pp.120-121, 1964.

3）高橋博：新潟地震災害調査における空中写真の利用, 写真測量, Vol.4, No.3, pp.103-114, 1965.

4）濱田政則・安田進・磯山龍二・恵本克利：液状化による地盤の永久変位の測定と考察, 土木学会論文集, Vol.376/Ⅲ-6, pp.211-220, 1986.

2.3
宮城県沖地震

1978

(1) 災害の概要

宮城県沖地震は、1978（昭和53）年6月12日の17時14分に発生した。震央は宮城沖で、M7.4で震源の深さは約40kmであった。震度5が観測された地域は宮城県仙台市・石巻市、岩手県大船渡市、福島県福島市、山形県新庄市、震度4が観測された地域は北海道から東北地方、関東地方にわたる大規模な地震であった。地震による津波も発生しているが、幸い仙台港で最大30cm程度であった。

宮城沖地震の歴史は、宮城県東方沖を震央とする地震が過去の記録から26〜42年の周期で発生しており、単独で発生するとM7.3〜7.5規模である。三陸沖と連動したとされる1793年にはM8.2が発生していた。2011年に発生した東日本大震災は、1978年宮城県沖地震から33年後に発生したこととなり、宮城県東方沖を震央とする地震の発生周期に一致している上に、三陸沖・宮城沖・福島沖の広範囲の連動地震と考えられる。

宮城県沖地震の特徴は、仙台市という人口50万人以上の大都市が地震被害を受けた、都市型の地震災害であった。この都市型の地震被害の特徴は、以下の3点である。

・新興住宅団地の造成で切土や盛土などの人工改変の差、及び、田んぼや湿地などの軟弱地盤の特性により、地震被害に大きな違いがあった。丘陵地では、人工的な地盤の変化点で地盤が崩壊し住宅が被害を受けた。また、水田を開発した平野部では、液状化が発生しオフィスビルの倒壊や傾斜が発生した。
・ライフラインの被害で住民生活に多大な影響が及んだ。電気・電話の復旧は短期間で完了したが水道は約1週間、ガスは約1カ月間を要した。
・ブロック塀、石塀、門柱の倒壊、ガラス片及び落下物によって多くの死者・負傷者が出た。死者27人のうち、実に19人が、ブロック塀等の倒壊や土砂崩壊により野外で死亡している。

一方、本地震で幸いであった点は、次に示す2点である。

・ガスタンクや原油タンクの損傷及び一部で火災（8件）は発生したが、民家の火災発生が少なく大火災とはならなかった。この要因は、震度2の前震があり、夕食の支度にはわずかに早く、また、初夏であり暖房器具が使われていなかったなどが考えられる。
・本地震では、多数の強震計による観測記録が得られた。これらの観測記録と家屋倒壊被害の状況をもとに、3年後の1981年には建築基準法が改定された。改定では一次設計、二次設計の概念が導入され、中規模地震では軽微な損傷、大規模地震でも家屋の倒壊は免れるように、建物の耐震基準が見直された。

(2) 空中写真で捉えた地震被害

地震の被害状況は［表1］に示すとおりである。

［表1］1978年宮城県沖地震の被害状況
（『宮城県災害年表』より）

死　者	27人
負傷者	10,962人
建築物被害状況	
全　壊	1,377棟
半　壊	6,123棟
一部破損	125,370棟
非住家	43,238棟
被　害　額	
被害額合計	268,764,146千円

地震後の空中写真（パスコ撮影）で被害状況を確認してみると、本地震の特徴でもある新興住宅団地での被害状況が確認できる。特に、仙台市太

［図1］太白区恵和町（道路部の被害）（パスコ撮影）

［図3］太白区八木山（造成地の被害）（パスコ撮影）

［図2］太白区緑ヶ丘（宅地を含んだ被害）（パスコ撮影）

［図4］青葉区北根黒松（パスコ撮影）

白区の八木山周辺の新興住宅地及び造成地の青葉区の黒松団地での被害が確認できた。

［図1］では、住宅造成地の縁端部の道路が、円弧状に崩壊し、通行ができなくなっている。幸いに住宅の倒壊には至っていないが、危険な状況であった。写真のブルーシートの右のアスファルト舗装にも円弧状の亀裂が確認できる。また、道路下の雑木も円形状のすべりの舌部が確認できる。

［図2］では、住宅の倒壊が確認できる。宅地の前面の道路（写真の黒い部分）も含めて被災しており、道路と宅地も含めて大きな規模で災害が発生した状況がわかる。黄色の範囲の道路部には土砂が確認でき何らかの変状があり倒壊していない家屋についても、多少の被害は発生していると思われる。

［図3］は、太白区の八木山周辺の学校敷地内の被害状況である。グラウンドは丘陵部を造成して作られているが、グラウンドの盛土部分の崩壊が、空中写真で確認できる。大規模な面積を造成する場合は、盛土の高さも高くなると考えられ、地震の際に被害を受けやすくなる。また、建築物の周囲の道路にもブルーシートが確認できる。建築物の部分も、斜面を造成し階段状になっているため被害を受けたと考えられる。

［図4］は、青葉区の北根黒松の新興住宅地の縁端部の斜面であり、崩壊被害の状況が見える。崩壊によって発生した土砂が、斜面の下を流れる仙台川に達していることが確認できる。土砂の崩壊量が多い場合は河川を堰き止めて、二次災害が発生することも考えられた事例である。

参 考 文 献

1）大竹政和監修：防災力！ 宮城県沖地震に備える，創童舎，2005.
2）源栄正人：宮城県沖地震の再来に備えよ，応用地質，宮城県沖地震図書編集委員会，2004.

2.4 長野県西部地震 御岳崩れ

1984

(1) 災害の概要

1984（昭和59）年9月14日午前、長野県木曽郡大滝村直下を震源とするM6.8の地震が発生した。地震による直接的被害は少なかったが、降り続いていた雨の影響で、地震発生直後に随所で大規模な土砂崩れが発生した。

御岳山（標高3,063m）の南東斜面の尾根部に起きた「御岳崩れ」では15人、王滝川沿いの滝越地区の山腹崩壊では1人、王滝川の支川である大又川の右岸の段丘に起こった松越地区の崩壊では13人。合わせて29人の死者が出た[1]。

最も死者の多かった「御岳崩れ」では、最大深さ約150m、崩壊面積750万m^2（750ha）、崩壊土量は約3,600万m^3（公式）で、この崩壊規模は日本の1900年以降の崩壊のうちでは1911（明治44）年の稗田山の崩壊（長野県姫川流域）の約1億m^3に次いで2番目に大きいものとなっている[2]。

次いで、死者が13人の「松越地区の崩壊」では、その規模は最大幅100m、長さ100mで、深さ30mの段丘堆積物約10万m^3が土石流となって大又川へ流れ落ちたという[3]。［図1］にそれぞれの崩壊地の位置と土砂流出状況を示す。

(2) 大規模崩壊を間近に捉えた空中写真

「長野県西部地震」により御岳山南側山腹八合目（標高2,550m）付近の伝上川上流部に「御岳崩

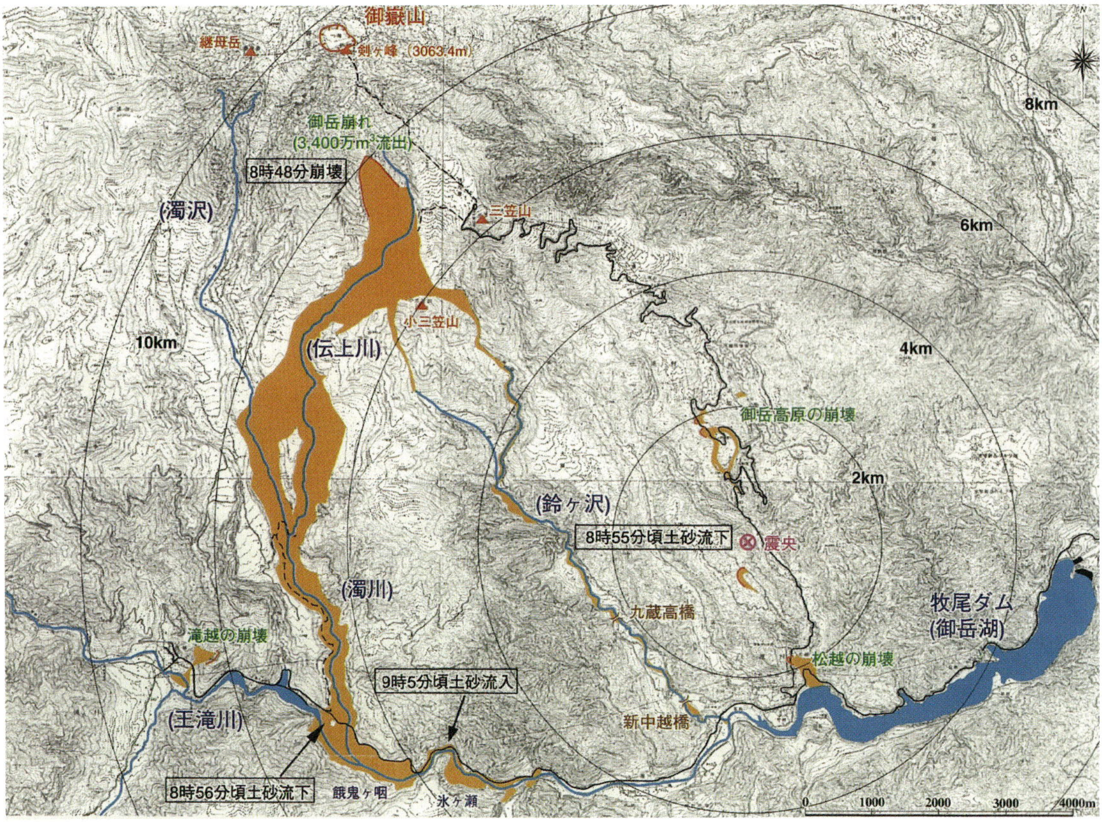

［図1］崩壊地の位置と土砂流出状況（多治見工事事務所資料による）

れ」と呼ばれる巨大崩壊が発生した。その規模は、斜面長1,480m、最大幅480m、最大深さ150mであり、崩壊土量は約3,600万m³と推定されている。この崩壊は山体斜面の旧谷地形の上に積層した火山噴出物の崩壊であり、旧地表面に沿って堆積し風化した軽石層が地震動に誘発されてすべり面となったと考えられている。

山頂斜面を構成する火山噴出物を岩塊として含んだ崩土は、河谷を侵食しながら岩屑流（岩屑なだれ）となって伝上川を流下し、一部は濁川にも流れ込んだ［図2］。岩屑流は、側方斜面を侵食しながら、濁川では温泉の宿舎を押し流し［図3］、王滝川に合流して、その先端はさらに3.2km下流の氷ケ瀬付近まで達した。これにより王滝川沿いに約2,100万m³が堆積した[4)]。王滝川・濁川合流点付近では厚さ約40mもの土砂が王滝川を堰き止めた結果、上流に天然ダム湖が出現した。湛水範囲は上流側へ約2.5kmに及んだ［図4］。なお、［図2～図4］は1984年9月17日に国際航業が撮影した撮影縮尺1：8,000の空中写真である。

歴史時代に、日本の火山で発生した巨大崩壊が目撃され記録された事例は多くないが、1640年北海道駒ヶ岳、1741年渡島大島、1792年雲仙岳眉山、1888年磐梯山などの事例がある。これらの崩壊は、噴火に伴うものであったが、雲仙眉山の崩壊の発生原因はよくわかっておらず、地震が誘因であったと考えられている。しかし、浅間山・富士山をはじめ日本の成層火山の山麓には、巨大崩壊の結果生じたと考えられる地形や堆積物が認められるところが多い。地質時代を含めれば、このような大規模崩壊は、かなり普遍的に発生している事象であると考えられる。

(3) 御岳山の土砂流出状況（空中写真）

長野県西部地震により御岳山の山頂に近い南斜面で大規模な崩壊が発生した。この崩壊による崩落物質は、岩屑流となって約9分で王滝川を12km流下し、王滝川の河床を20～40mの厚さで約2kmにわたって埋積した。この様子を撮影した空中写真を［図5］に示す。この大規模崩壊による山体

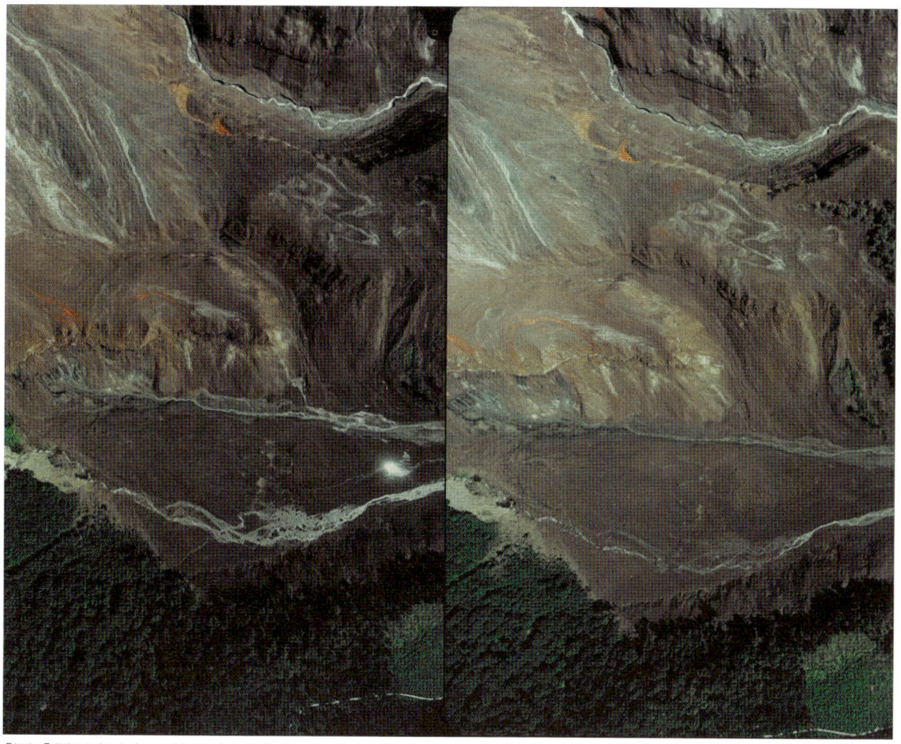

［図2］濁川中流部の状況（立体視）。伝上川（写真上方）を流下してきた岩屑流は尾根を乗り越えて濁川（写真下方）に流れ込んだ。尾根上には、岩屑流の底部を移動する溶岩や軽石層からなる岩塊が、地表面と衝突・接触し粉砕されながら描いた流動痕が残されている

[図3]濁川下流部の状況(立体視)。中央の平坦地にあった濁川温泉の建物は完全に流失し、一家4人が行方不明となった。河床に定着した岩屑流堆積物の表面には、小丘が点在し、小規模な流れ山地形を形成している

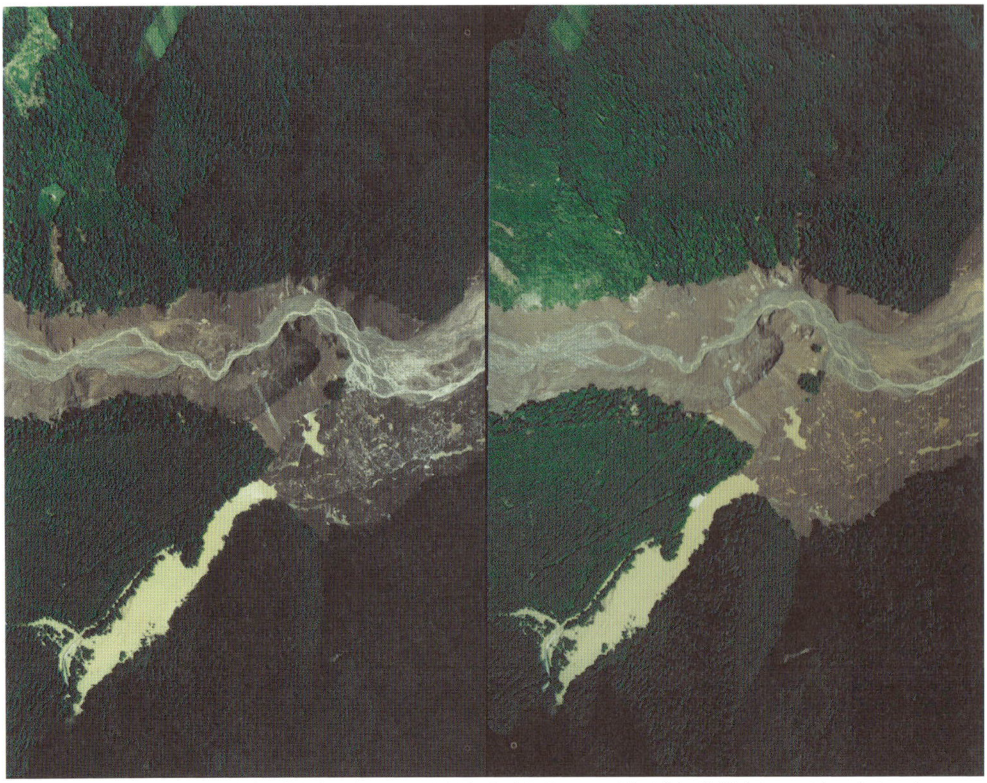

[図4]濁川と王滝川の合流点(立体視)。岩屑流は小尾根を乗り越し、王滝川を河道閉塞して下流に向かった

からの崩落物質の量は、$3.6 \times 10^{7} km^{3}$ に達すると推定されている[5)6)]。

この大規模崩壊は、御岳山の標高2,555mから1,900mにかけての傾斜約30度の南斜面尾根部で発生し、主に溶岩とスコリアとからなる岩体がこれより下位の厚い軽石層上を滑落した。この結果、南斜面に長さ1,350m、幅380m、深さ150mの馬蹄形凹地を形成した［図9］。崩落した岩体は、岩屑流となって流下し、崩壊地直下に位置する谷を隔てて広がる比高100～150mの台地上に一部乗り上げ鈴ヶ沢に流入した。伝上川に沿って流下した大部分の土砂は、2km下流に位置する河道屈曲部で一部の土砂が比高約100mの台地上に溢れたが、ほとんどの土砂は伝上川から濁川に沿って流下し王滝川に達した後停止した。なお、伝上川沿いの台地に溢れた崩壊土砂は1～2mの厚さで堆積した。

崩壊発生から停止するまでの岩屑流による土砂の流送距離（*H*）は12km、落差（*L*）は1,600mに達し、*H*/*L*は0.133であった[7)]。

崩壊地直下で台地上に乗り上げた土砂の堆積状況から、ここに到達した土砂は乾燥した状態であったと推定されている。しかし、中流部では乾燥状態の土塊と明らかに水が介在したと考えられる堆積物が見つかっている。伝上川流域の濁川温泉周辺では土塊または塊状の火山岩塊を含んだ泥流状堆積層として確認されている。下流部では流れ山となった土塊や塊状の火山岩塊を除けば堆積物の表面は比較的平坦で、全体として泥流に近い流れであったと推定されている[7)8)]。

長野県西部地震による大きな規模の崩壊にはこのほかに、松越崩壊や滝越崩壊、御岳高原の崩壊などが発生している[9)]。これらの崩壊は、いずれも新期御岳火山噴出岩類と、これに由来する堆積物の分布域で発生している。

全体的に見て崩壊地の分布の発生頻度の高いところは余震域にほぼ対応し、王滝川北側の山地斜面で多い。

空中写真［図5］を見ると、大量の土砂が斜面を洗掘または乗り越えながら流動した痕跡を読み取ることができ、林地である斜面が淡褐白色に変色している。特に、［図7］を見ると伝上川を流下した岩屑流が斜面上を乗り上げて西隣の濁沢へと流入した状況などを確認できる。

［図5］御岳山の大崩壊と岩屑流の流下状況（1984年10月31日、パスコ撮影）

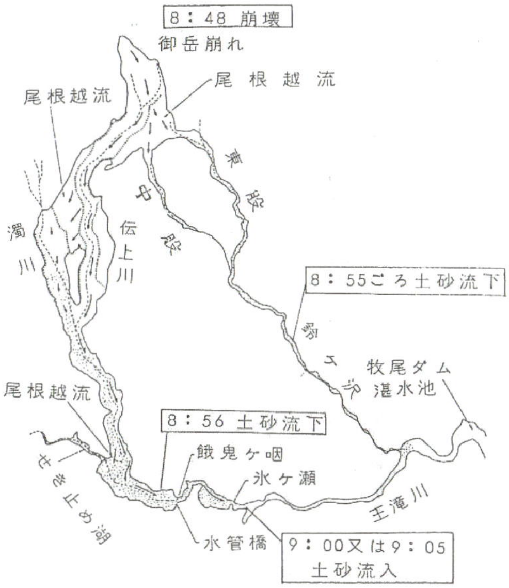

［図6］御岳山の崩壊に伴う土砂の流動[10)]

御岳山南斜面の大規模崩壊は、国土地理院の作成した資料［図8、図9］によると、最大150m以上の厚さで崩落が発生したことがわかる。また、大規模崩壊の発生した斜面は規模の大きな古い崩壊斜面と侵食の進んだ谷に挟まれた尾根状の斜面であることもわかる。

この大規模崩壊による土砂量は10の7乗オーダーに達し、発生時には戦後最大規模と言われた。そ

［図7］岩屑流による伝上川からの氾濫状況
（1984年10月31日、パスコ撮影）

れから24年後の2008年に岩手・宮城内陸地震（M7.2）により荒砥沢ダム上流でこれと同程度の規模の大規模な地すべりが発生した。

(4) 斜め空中写真から見た松越地区の崩壊

ここでは、松越地区の崩壊地について、当時としては珍しい斜め写真による判読、図化・計測を紹介する。

松越地区の崩壊地の立体斜め写真を［図10］に、判読図を［図11］に示す。斜め写真の判読から、崩壊は段丘面を深くえぐるように発生し、その平面形態としては2カ所の明瞭な馬蹄形の滑落崖が連続して見られる［図11A、B］。崩壊地内には、これらの崩壊ブロックA､Bを分割する小尾根Cが存在する。またAブロックの左側には、Aブロックの崩壊より崩壊深の浅いブロックDも観察される[12]。

基盤の走向傾斜は、D､Eに見られる。比較的フラットな面が基盤であるとするならばN-S方向の傾斜を示し、E方向に傾斜していると思われ、斜面全体が流れ盤であると考えられる。

崩壊地内に残積する崩土は凹所のところどころ（G、H、I、J）に散在するが、全体的に角礫状の岩塊を主体とし、マトリックスは泥質のようである。C､Fの小尾根は基盤の一部であると想定され、基盤の元地形は非常に不連続であったものと思われる。

次いで、斜め写真から図化した平面図及び立面図を［図12］に示す。図化はWILD社解析図化機（BC2）による。同図から崩壊深が25.5mと計測された。

［図8］崩壊前の地形[11]

［図9］崩壊後の地形[11]

［図10］松越地区の崩壊地の立体斜め写真（1984年9月28日、朝日航洋撮影）

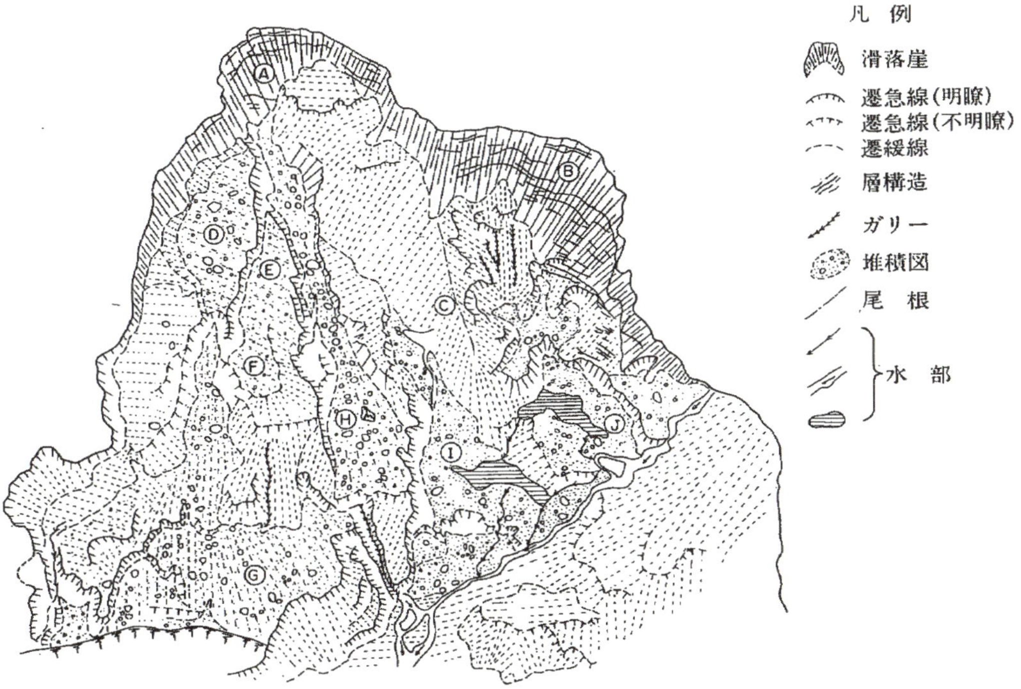

［図11］松越地区の崩壊地判読図

以上のことから、「松越地区の崩壊」はここ数年砂防分野でいう深層崩壊（崩壊深5.0m以上、崩壊土砂量10万m^3以上）の一つに挙げられよう。

ちなみに、従来は急峻で危険な岩盤斜面などの詳細測量はロッククライミング作業を併用した平板測量などが行われていたが、斜め写真による図化技術は現地立ち入りが困難な崖面などの地形形状を詳細に図化することが可能になった。

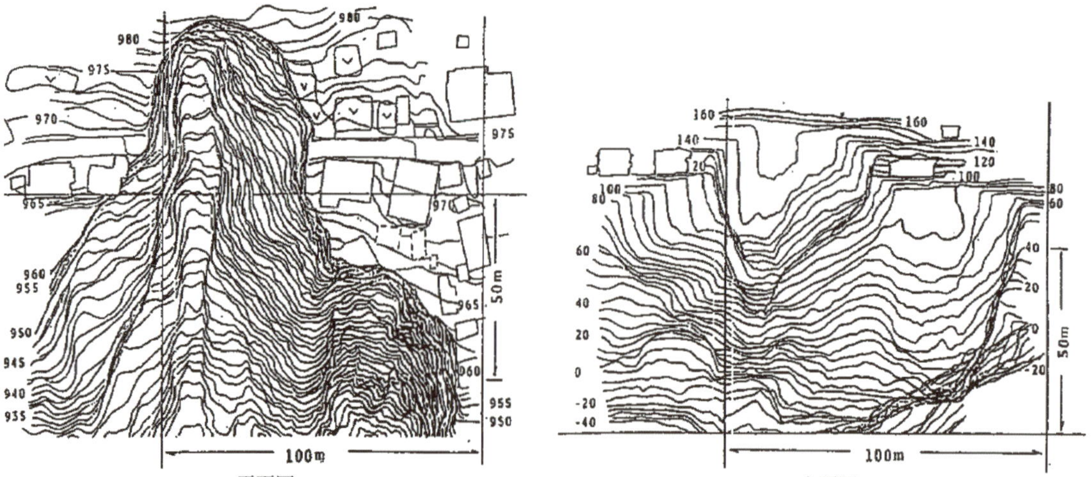

平面図　立面図

［図12］斜め写真から図化した平面図と立面図

(5) 大規模崩壊の危険度予測の事例（航空レーザ）

発生実績の分析

火山防災マップでは、山体崩壊とそれによって発生する岩屑なだれ堆積物の取り扱いは難しい。同マップでは過去の発生実績の掲載例は多いが、予想図の掲載例はほとんどない。これは火山噴火に伴う大規模崩壊の発生事例が少ないこともあり、崩壊地点や到達範囲の検討が難しいためである。御岳山には1984年御岳崩壊の実績があることから、火山噴火緊急減災対策の中で大規模崩壊の検討も行われている[13) 14) 15)]。崩壊が発生する可能性の高い地点を、地形・地質情報を総合して抽出し、エナジーコーンで、到達距離を検討している。

大規模崩壊の危険性の高い地点の抽出

大規模崩壊の発生実績から、発生しやすい、地形条件と侵食条件を整理した［表1］。

御岳山では、山頂付近の地形や噴火履歴から、火口生成可能性の高い範囲を抽出した。次に、その周辺で、［表1］の地形条件と侵食条件を満たす地点について、地質調査を基に抽出した［図13］。

航空レーザ計測による1mDEMの利用

地形的要因の検討のため、2007年11月にアジア航測が取得した航空レーザ計測の1mDEMを使用して斜度図、地上開度図、地下開度図、尾根谷度図を作成した。さらに、赤色立体地図を作成判読し、遷急線分布図を作成した［図14］。

侵食速度は、3時期（1979年、1984年、2000

［表1］崩壊発生地点の地形判読のポイント

判読地形要素	指　標
傾斜度	地表面の勾配を表す。急斜面を抽出するための要素であり、急勾配ほど滑動力が大きくなる。相対的な不安定さを指し示すひとつの指標となる。
遷急線	斜面勾配の変化点である。その場所から下方が急勾配となっている点であり、侵食の最前線ということができる。末端開放の指標となる。
尾根筋	連続する凸地形を表す指標である。凸地形は平面的に同じ面積でも、平坦地形より体積が大きくなり、滑動力が大きくなる。また、側方が開放されているため、相対的に不安定となる。
谷筋	谷の最深部をつないだ線である。末端開放や側方開放の指標となる。また、地表流水等により侵食が進行している部分であり、ブロック範囲を決定する際の指標となる。
崩壊面積	異なる時期の崩壊面積の差分で算出する。短期間の侵食の傾向や速度を表す。面積が増加している範囲は、最近の不安定化が進行していると判断される。
侵食量	接峰面図と現況の地形面との差分で算出する。接峰面図は過去の侵食前地形に近似するものとして扱う。長期的な侵食速度を指し示す指標となる。接峰面谷埋め量が多い範囲は、長期的侵食速度が大きいものと判断される。

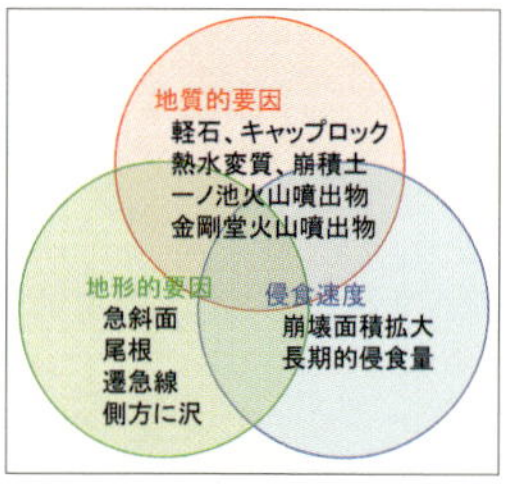

［図13］大規模崩壊発生地点の絞り込み

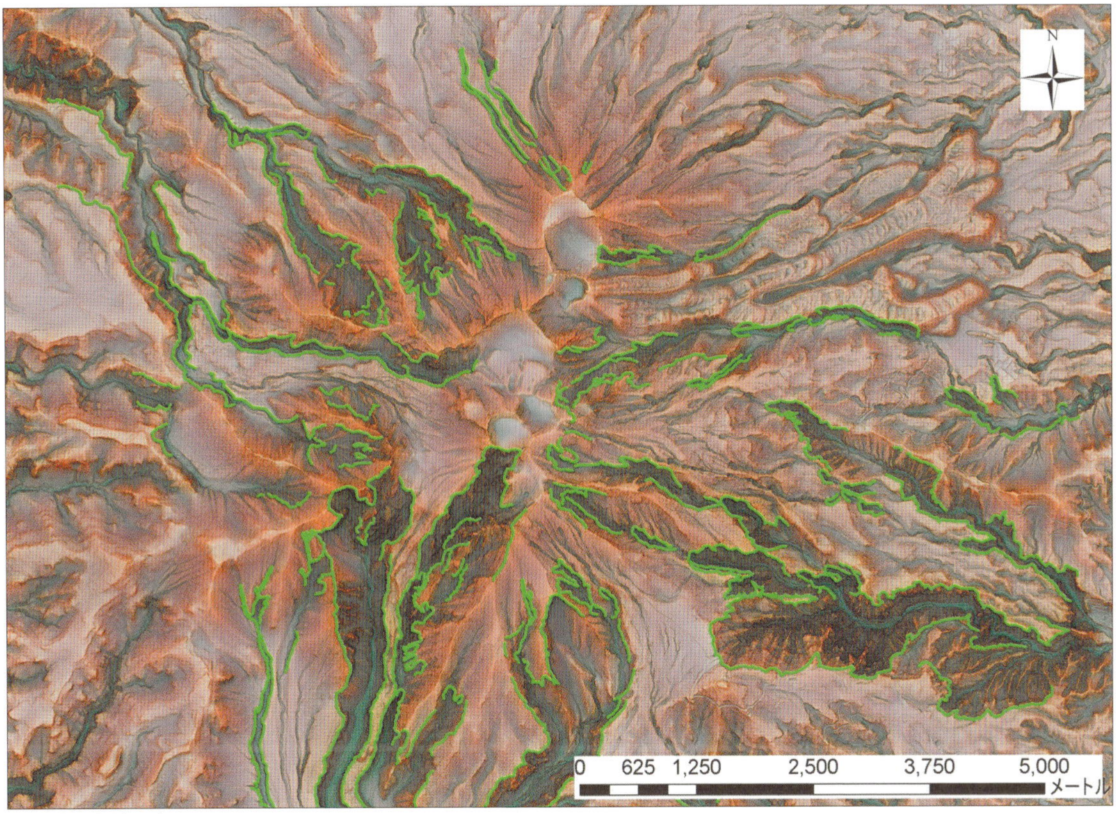

[図14]遷急線分布図

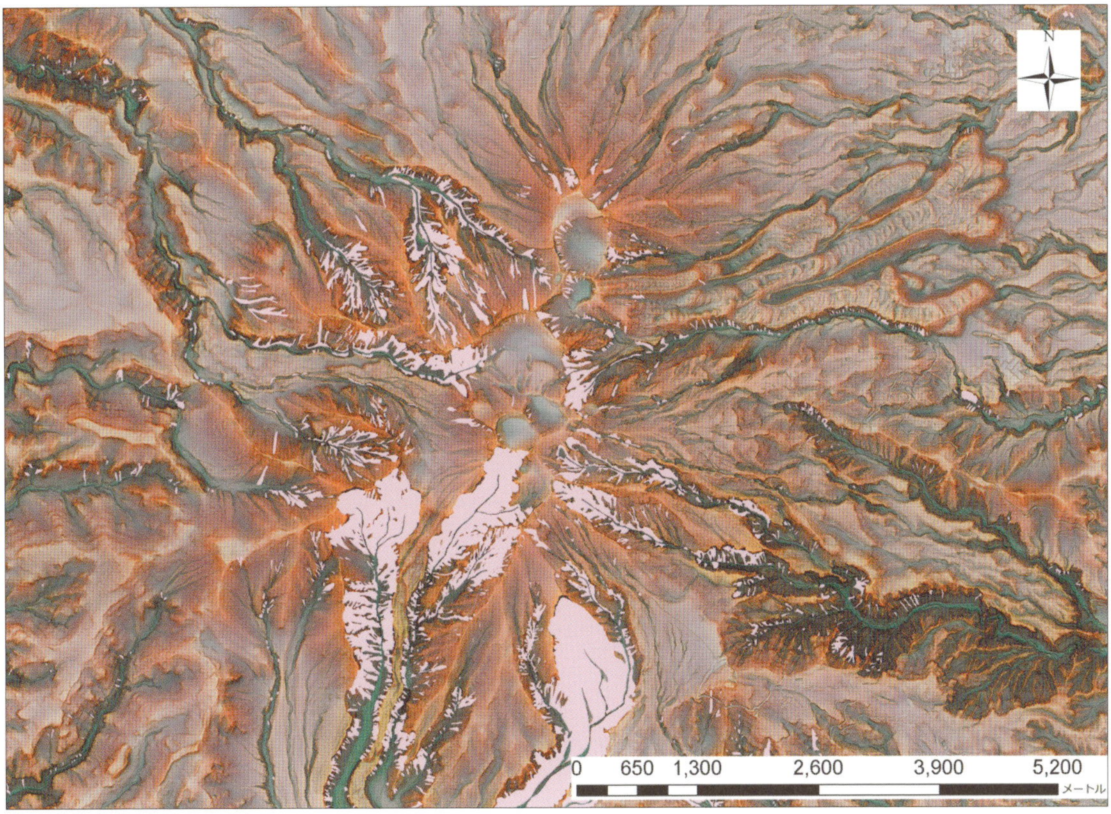

[図15]崩壊分布図(2000年)

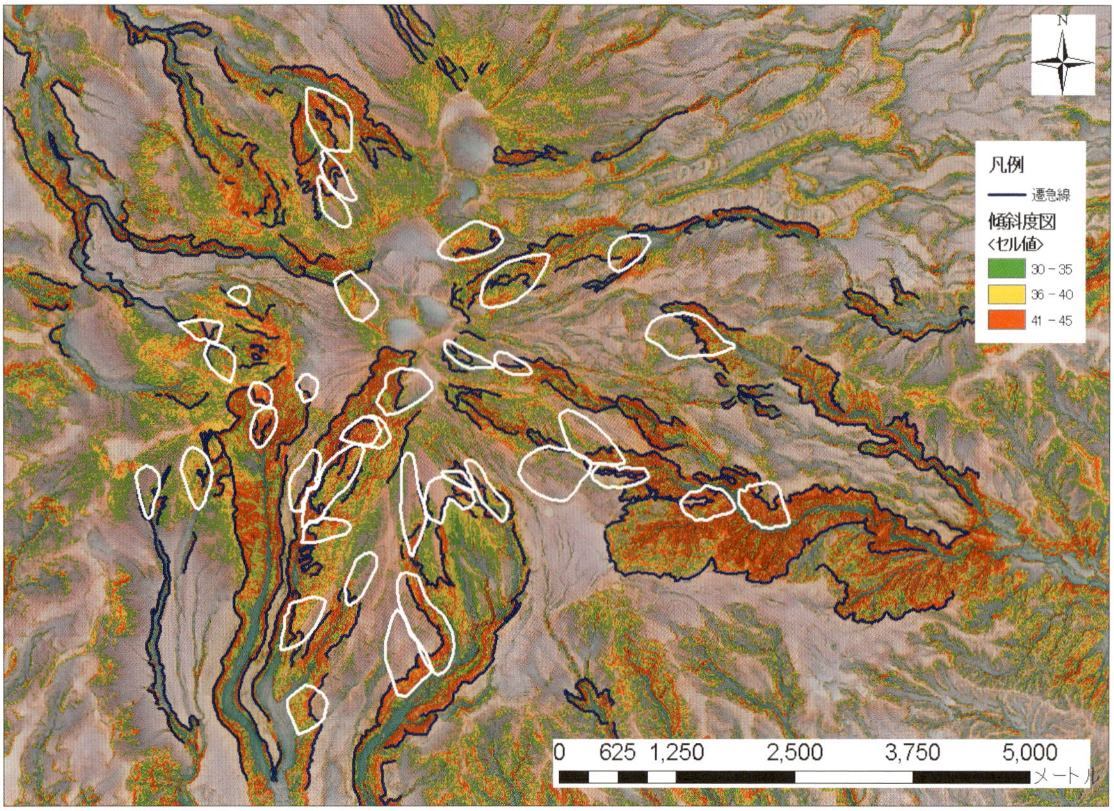

［図16］大規模崩壊可能地形

年）の空中写真を判読し、それらの面積の拡大・縮小の傾向から評価した。2000年撮影の空中写真の判読による崩壊地分布を［図15］に示す。

大規模崩壊可能地形の抽出

斜面の傾斜、遷急崖、末端開放、崩壊地などの地形要素について検討し、①末端部が急勾配で、最大傾斜方向に遷急線あるいは崩壊地が存在する地点、②尾根状で側方に渓流やガリーが存在する地点に着目した。範囲は、地点ごとに断面図を作成し、傾斜25度のすべり面を仮定して決定した。ひとまとまりで崩壊する可能性のある範囲を大規模崩壊可能地形として抽出した［図16］。

その結果、地形的要因と侵食速度から抽出された大規模崩壊可能地形は38カ所となった。なお、この段階では、不安定性などの滑動可能性については考慮していない。これらの地点について、現地踏査による軽石層の分布、キャップロック、湧水、崖錐などの位置、さらに層序的に一ノ池火山噴出物と金剛堂火山噴出物との関係を検討し、最終的な大規模崩壊可能性地形について13カ所を抽出した［図17］。

今後、それぞれの想定地点に、すべり面を仮定して崩壊土砂量を推定し、改良エナジーコーンモデルで等価摩擦係数を求める。さらに、到達限界を崩壊地点からの見通し角で設定し、尾根の乗り越え可能性なども考慮し、最終的な到達範囲予測図を作成する方向で検討を進める。

参 考 文 献

1）小林和典：御嶽山，空から見る国土の変遷（日本写真測量学会編），pp.146-147，古今書院，2002.
2）荒木春視：長野県西部地震による大崩壊，写真測量とリモートセンシング，Vol.24，No.1，pp.2-3，1985.
3）粟田泰夫・原山智・遠藤秀典：1984年長野西部地震の緊急調査報告，地質ニュース，No.364，pp.20-31，1984.
4）三次災害防止研究会編：二次災害の予知と対策 No.1，全国防災協会，p.178，1986.
5）地質調査所：長野県西部地震に伴うデブリアバランシュ，第32回噴火予知連絡会資料，1984.
6）国土地理院：1984年長野県西部地震による災害（速報），国土地理院時報，No.60，pp. 48-52，1984.
7）守屋以智雄：1984年御岳南腹の大崩壊と岩屑流，月刊地球，

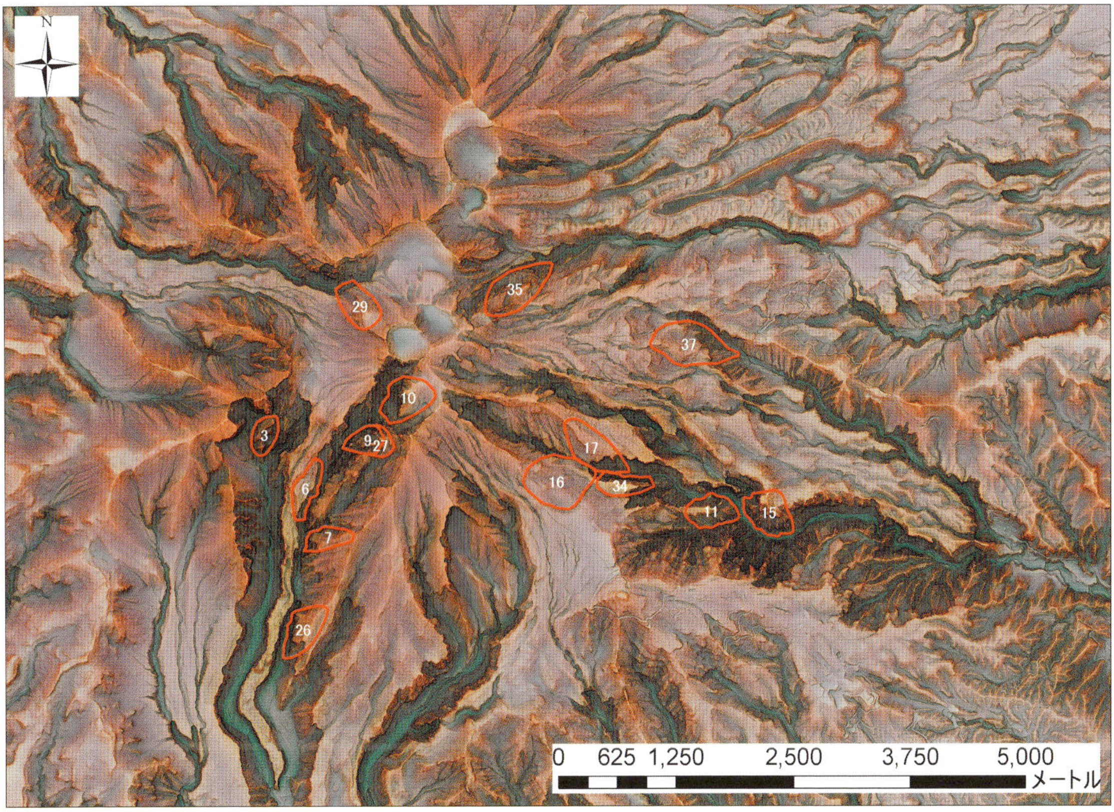

［図17］最終的に抽出された大規模崩壊可能地形

Vol.7, No.7, pp.369-373, 1985.

8）奥田節夫ほか：1984年御岳山岩屑なだれの流動状況の復元と流動形態に関する考察, 京大防災研年報, 第28号B-1, pp.491-504, 1985.

9）長岡正利ほか：長野県西部地震による伝上川上流大規模崩壊の地形特性と発生条件, 天然資源の開発利用に関する日米会議耐風・耐震専門部会第17回合同部会, 1985.

10）建設省土木研究所砂防部砂防研究室：御岳崩れに伴う土砂動態, シンポジウム資料集, 火山体の解体及びそれに伴う土砂移動, 日本地形学連合, 1985.

11）国土地理院：国土地理院技術資料D・1-No.261, 1984年長野県西部地震による地形変化4, 1984.

12）近藤達敏・田北広・坂田章吉：長野県西部地震における松越地区の崩壊と地質, 土と基礎, Vol.33, No.11, pp.47-52, 1985.

13）多治見砂防事務所：平成21年度御嶽火山噴火緊急減災報告書, 2009.

14）鈴木雄介・岸本博志・千葉達朗：御嶽山火山噴火緊急減災検討, 砂防学会予稿集, 2008.

15）鈴木雄介・岸本博志・千葉達朗・岡本敦：御嶽山の新期活動に関する新知見——マグマ噴火を中心として, 日本地球惑星科学連合2009年大会予稿集, 2009.

2.5
北海道南西沖地震
1993

(1) 災害の概要

日本では、津波災害の発生はまれではない。20世紀には、遠地津波も含めると、10年に1度くらいの頻度で津波による被害が発生しており(2.1〜2.3節参照)、1世代の中で複数回被災する地域も少なくない。北海道奥尻島は、1982年の日本海中部地震の津波で被災し、その10年後に北海道南西沖地震の被害を被った。

地震は、1993（平成5）年7月12日午後10時17分過ぎ、北海道奥尻郡奥尻町北方沖の日本海海底（北緯42度46.9分、東経139度10.8分、深さ35km）を震源として発生した。地震の規模は、M7.8、震源に近い奥尻島での揺れは、当時は地震計が設置されていなかったため、推定で旧気象庁震度階のⅥとされている。この地震に伴う地殻変動により、奥尻島では数10cmから1m以上の地盤の沈降が認められた。

この地震では地震動による家屋の倒壊、斜面災害に加えて大津波による大きな被害が発生した。最終的に、人的被害は、死者230人（青森の1人含む。奥尻島では島の人口の4%にあたる198人)、行方不明者29人、負傷者323人に達し、その多くが津波による犠牲者であった。さらに、全半壊家屋は1,000棟を超え、奥尻島で人的被害をもたらした大規模な斜面崩壊［図1］などの斜面災害のほか、道路の損壊630カ所、港湾・漁港の被害80カ所、船舶被害1,729隻を数えた。

津波は、波源域の東側直近に位置する奥尻島西岸に地震発生の2〜3分後に到達し、さらに島の南端部を回り込んで、青苗の集落を襲った。奥尻島の各地区における津波の高さ（波高）は、島の西側で5〜8.5m、島の東側では3.5〜6m、島の南部の初松前地区で16.8mであった。また津波の遡上高は、津波の直撃を受けた島の西側で特に高く［図2]、藻内地区では最大遡上高30.6mが認められている。津波は北海道本島の渡島半島西岸にも押し寄せたほか、山陰地方の日本海沿岸にも、船舶や港湾施設などの被害をもたらした。

奥尻島では、津波襲来直後に火災も発生した。出火原因はよくわかっていないが、プロパンガスのボンベや家庭用の燃料タンクが爆発を繰り返し、さらに漂流物に燃え移って延焼を拡大させたと考えられている。火災は最初の出火から約11時間後に鎮火し、延焼面積は約5ha、焼失家屋は192棟に及んだ。

(2) 津波災害前後の空中写真の比較

地震が夜間に発生し、被災地は離島であったた

［図1］奥尻島奥尻地区で発生した斜面崩壊

［図2］奥尻島藻内地区における津波遡上跡。
この地点の遡上高は約20mに達する

[図3]津波襲来の翌朝撮影された青苗地区の空中写真
(1993年7月13日、国際航業撮影)

[図4]地震前の青苗地区の空中写真
(国土地理院撮影:C HO-76-16 C5-16)

め、被災後数時間以内の状況を、俯瞰的に捉えた画像は残されていない。しかし、翌朝に撮影された空中写真は、津波のもたらす災害の状況をよく伝えており［図3］、この状況は、写真測量学会誌上でも報告された[1)]。標高の低い岬の先端部分や港湾に沿う低所の家屋は完全に倒壊流出し、敷地は更地のように変貌している。また浸水範囲の縁辺部には瓦礫が滞留し、それらの延焼はまだ鎮火していない。

地震以前に撮影された空中写真［図4］を見ると、岬の東岸（写真上部）には明瞭に海蝕台が見えており、地震後の写真ではそれらが不鮮明になっているのは、地盤の沈降の影響によるものと考えられる。

奥尻島の被害状況は津波災害の縮図を示す。これらの光景は、18年後に発生した東日本大震災でさらに大規模・広範になって記録されることとなった。

参考文献

1) 中筋章人:空から見る北海道南西沖地震の被災状況, 写真測量とリモートセンシング, Vol.32, No.9, pp.6-7, 1993.

2.6
阪神・淡路大震災

1995

(1) 災害の概要

1995年1月17日午前5時46分に発生した兵庫県南部地震（M7.3）は、災害関連死を含めて6,400人以上の人々が犠牲となる大規模災害となった。この地震災害は、人口稠密な大都市圏を震度Ⅶの強い揺れが襲い、耐震性の劣る家屋倒壊による死傷者が多かった点においては、1948年の福井地震による前例を踏襲するものであった。しかし、新たに注目された点として、高速道路・新幹線の連続高架部や中高層ビルの倒壊、地下鉄、埋め立て造成した人工島・港湾の被災など、戦後の近代的なインフラストラクチュアも大きな損傷を受けたことがある。また震源が、大地震を伴って動くことが前もって地形学・地質学的に予測されていた活断層と強い関連があったことも、大いに注目された。

この地震災害では、死者の9割は建物の倒壊による圧死であり、またその多くが近代都市に残存する老朽化住宅（既存不適格建築物）の倒壊によるものであった。また、市街地における地震災害として懸念されていた延焼火災も発生した［図1、図2］。さらに、淡路島や六甲山地などの宅地造成地などに発生した斜面災害、活断層のずれによる建物や道路などの破壊などがあり［図3］、戦後発展した大都市が抱える内陸直下型地震に対する脆弱性が強く印象づけられた。

特に、淡路島北部の野島断層の挙動が、活断層に関する従来の知見と一致したことは、全国の活断層の調査が一斉に強化されるきっかけとなった。この災害直後から改めて空中写真判読調査やトレンチ調査などの詳細な地質調査が行われて、活断層の活動度が評価され、その網羅的成果に基づいて、全国の地震の長期的予測（内陸地震と海溝型地震による）がまとめられた。その反面、これ以後数年おきに内陸直下型地震による被害が相次いだこともあって、その後の地震災害に対する警戒感が、内陸地震に集中していく傾向をもたらしたことも否めない。

この災害に対する各種の調査活動は、地震発生が早朝であり、激甚な被災地も神戸周辺と淡路島に限定されていたため、比較的早い時間から実施することができ、航空機と衛星の光学画像及びレーダー画像による、詳細な地点情報と総攬的情報が、大量に集積した[1]。これらは、近代都市における網羅的な地震災害情報とその収集方法に関する、その後のモデルになった。

まず空中写真撮影は、最速は当日午前中から開始され、民間各社と国土地理院によって約1カ月の間に膨大な量が撮影されている[2]。また衛星リモートセンシングは、SPOT衛星の解像度10m（パンクロマチック）の光学画像が提供された。SPOT衛星はまだ初期のタイプであったが、この時の解析事例の蓄積は、後の高分解能衛星画像による災

［図1］長田区若松町周辺の延焼状況
（1995年1月17日13時57分、国際航業撮影）

[図2]長田区菅原通の火災現場の地上写真。550m×250mが焼失した(国際航業撮影)

害調査技術の基礎となっている。加えて、JERS-1衛星の合成開口レーダー画像の干渉処理（干渉SAR）によって、地震時の地殻変動が面的に抽出された。これは国内で初めての事例であった。さらに、前年の1994年から始まっていた全国GPS観測網整備により、近畿地方の広域地殻変動が地震の翌日には明らかになるなどの成果もあった。これらの調査成果の一部は、GISによって調整され、ちょうど普及し始めたインターネットにより配信された。阪神・淡路大震災では、各種の画像を用いた先端技術による災害状況把握について、高精度化や情報通信手法などに関する課題も明ら

[図3]淡路島北部の北淡町(当時)に出現した野島断層(1995年1月17日、国際航業撮影)。最も早く地表地震断層の出現を捉えた空中写真のひとつ。撮影縮尺1:5,000で撮影された。断層による低崖(矢印)は中央左の民家の敷地内を通過し、建物を損傷させた。造成区画の境界に右横ずれの変位が明瞭に認められる

かになり[3]、その後の災害対応に生かされていくこととなった。

(2) JERS-1 SARによる地殻変動抽出

観測対象物が植生に覆われていても、L-band SARは電波透過性に優れることから、地震に伴う地殻変動量の検出に適している。本地震に伴う変動量の空間的広がりを調べるためにJERS-1 SARを用いた観測が、地震発生後の1995年2月6日に実施された。干渉解析には2シーンの独立したSARデータが必要であるが、これを一方として(ここではマスターという)、もう片方(スレーブという)を、地震直前に阪神地方を通過した1994年12月24日とすべく、2月6日の軌道がこの軌道に最も近づくように、軌道修正した。しかし、JERS-1の軌道高度が568kmと低く、空気抵抗量の予測が困難だったためか、実際には非常に遠ざかってしまった。そのために、それまでとりためてきたJERS-1のアーカイブの中からスレーブとして最適な画像を1992年9月9日のものとした。これら2シーンの基線長はシーン中心において、125mであった。時間差は約2年半にわたっており、果たして良好な干渉縞が得られるか心配であった。結果的には、[図4]に示すよう良好な結果が得られ、L-band SARは干渉解析に良好な性能を示すことが確認された。

震源は、明石海峡直下の16kmの地点(淡路島北部:北緯34度36分、東経135度2分)[4]であり、野島断層、会下山断層、神戸西宮断層が順次連動し、阪神・淡路大震災の地殻変動に大きくつながった。干渉処理に関しては、2枚のSAR画像を同じドップラー周波数で映像化し(共通帯域での処理)、両画像が重なるように調整(コレジストレーション)した後に、ピクセルごとの位相差を計算する(位相計測)。地形の高さに伴う位相の変化分を補正し、最後に、軌道誤差を取り除く。JERS-1の軌道誤差はレンジ方向に約50m、アジマス方向に約180m(いずれも3シグマ)といわれており、これらの軌道縞の除去が必須となる。また、この事例では地殻変動箇所が淡路島、神戸側の本州、和歌山、さらには徳島に連続して発生しており、これらを接続するために、SAR干渉画像のアンラップ処理において、これらの島々をパイプで結ぶ連接処理を行い、その後に軌道誤差を推定するという手法を用いた[5]。

[図4]は視線方向の変動量を虹色で表現したもので、地面が衛星に近づく方向を緑から赤で、遠ざかる方向を緑から紫で表現する。差分干渉処理では使用するレーダー信号の半波長が色の1サイクルになっており、JERS-1 SARでは使用する波長からこの色のサイクルは12.8cmとなる。[図4]から以下が読み取れる。淡路島では合計で8周期の縞(フリンジとも言う)が確認でき、断層直下では衛星方向(視線方向)に合計88cmの隆起が見られる。西宮側では大きな変動が現れており、建物倒壊など多くの被害に関連づけられる。神戸市内に、いくつかの三角模様状の箇所がある。これは、地形の回転などに対応すると考えられ、家屋の倒壊に関係した可能性がある。

なお、[図4]は1999年に作成したもので、震災直後のデータから作成した画像はSN的にも不

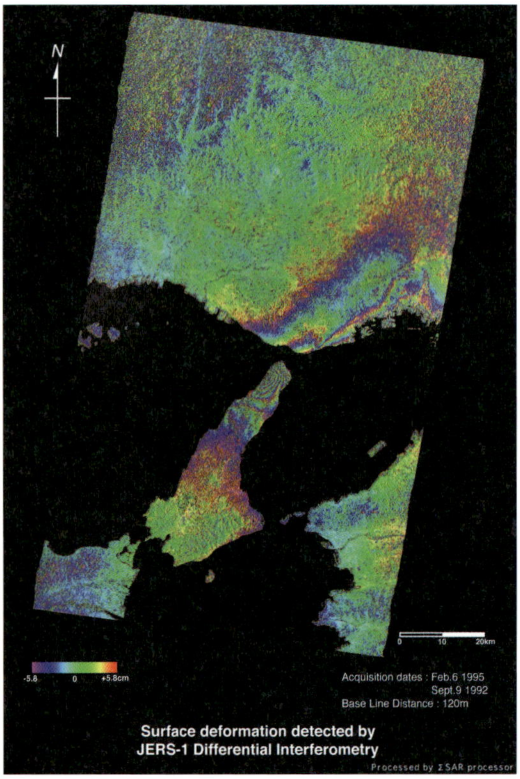

[図4] JERS-1 SARを用いた阪神・淡路大震災の地殻変動図(1999年作成)

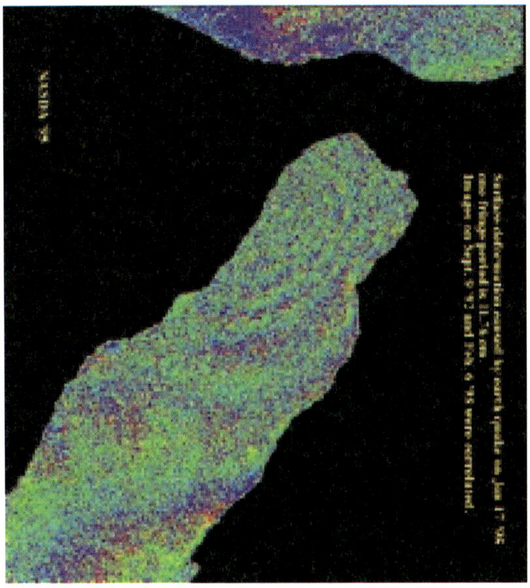

［図5］1995年2月6日以降に作成した淡路島野島断層近くの地殻変動（第一版）

十分、軌道誤差もとりきれてない解析画像であったが、その後、時を経て良好な画像を得ることができた。参考までに、［図5］に1995年当時の処理画像を示す。

（3）活断層を直近に控える近代都市の地震災害

神戸市街地背後の六甲山地の山麓には、活断層が分布している。今回の地震では、活断層の動きの神戸市街地部地表への出現は微小であった。しかし、地下の震源からの震動は地表部で増幅され、揺れによる多くの被害が発生した。

神戸市内では、阪神高速道路3号線の高架橋の橋脚が、延長約635mにわたって倒れ、新幹線の高架部分も崩落した。また西宮港大橋や地下鉄も崩壊した。全半壊合わせて約20万棟を越える家屋被害の多くは、古い木造家屋や古い耐震基準で設計された建物であったが、10階建前後のビルで3～7階の中間階が座屈し崩壊する現象も多発した。地震直後は約260万世帯で停電し、都市ガスが86万世帯で供給停止したほか、断水が130万世帯、電話不通が30万回線など、ライフラインを含む都市機能が壊滅状態となった。倒壊家屋が道路を閉塞し消火活動が滞ったために延焼火災となった場所もあり、531件の出火によって約104万m^2が延焼した。また神戸市が造成したポートアイランドと六甲アイランドの人工島が液状化現象で泥の海となったほか、港湾の施設や岸壁も広範に液状化で沈下や陥没が起こり、使用不能となった。

これらの都市施設被害の詳細は、地震発生直後から各社・各機関により撮影された空中写真に基づいて記録されていったが、ここでは、空中写真を用いて短期間に集中的に建物・構造物被害状況や地盤災害状況の判読図をまとめた事例[7]を紹介する。この判読成果は3面（縮尺1：10,000）からなる「阪神大震災の被災マップ」［図6～図8］として2月中に印刷され、全国に無料配布された。

（4）盛土造成地における地すべり災害

兵庫県南部地震は、M7.3とそれほど大規模な地震ではなかったが、震源の深さが約10kmと浅く、六甲山地の至るところで斜面崩壊が生じた。山麓の宅地部においても盛土等が滑動し、大きな被害をもたらした。ここでは、兵庫県西宮市仁川百合野台の地すべり災害を紹介する。

地すべり地は、六甲山地の南縁部に位置し、基盤は花崗岩からなる。花崗岩の上位には鮮新統から更新統の大阪層群が分布する。これらの丘陵地は近世以後、沢地形部を盛土するなどにより宅地化が進行した。

本崩壊地においても盛土は当時の谷地形を埋め立て、崩壊以前の地形上に造成された。盛土下部は沢地形の基盤面沿いに滞水しやすく、地下水位が高かったと推定される。本地すべりは、地震動により、盛土下底部の地下水を含んだ部分が液状化し、盛土全体が崩壊したと考えられる[8]。地すべりの発生した斜面は、平均傾斜20度の緩傾斜であったが、［図9］に示したように崩壊した土砂は仁川沿いを広範に埋塞流下し、家屋13棟を倒壊させ、34人の人命を奪う甚大な災害をもたらした。

六甲山麓には多くの盛土地盤があるが、今回の地震によってそれら全部が崩壊したわけではない。また地すべり・崩壊を起こした部分では、多くの場合、湧水が認められており、地下水が重要な要因であったことが窺える。

［図6］阪神大震災の被災マップ[7]（灘区の一部、凡例は［図7］を参照）。画面右中の被害集中地域は、阪急電鉄六甲駅南側の市街地で、広い延焼区域を含む。画面上の六甲山山麓には、既に認定されていた活断層がある

凡例

- 倒壊した木造建物（区域）
- 屋根瓦被害及び変形の顕著な木造建物（区域）
- 倒壊した非木造建物（鉄筋コンクリート造、鉄骨造など）
- 変形・破壊の顕著な非木造建物（鉄筋コンクリート造、鉄骨造など）
- 消失区域（1995年1月20日時点）
- 道路・橋梁破壊箇所、高架道路倒壊・破壊箇所
- 鉄道高架橋破壊箇所、駅の大破箇所、軌道の顕著な変形箇所
- 液状化による噴砂・浸水区域
- 地盤・盛土の顕著な破壊・変形箇所
- 岸壁の破壊沈下箇所
- 斜面崩壊、崖崩れ箇所
- 新編「日本の活断層」による確実度Ⅰの断層
- 同上で不明瞭部分及び別文献による名称の付いた断層やリニアメント

［図7］神戸市東灘区の阪神高速3号線高架橋倒壊付近の斜め・垂直写真（1995年1月17日、国際航業撮影）と被災マップ

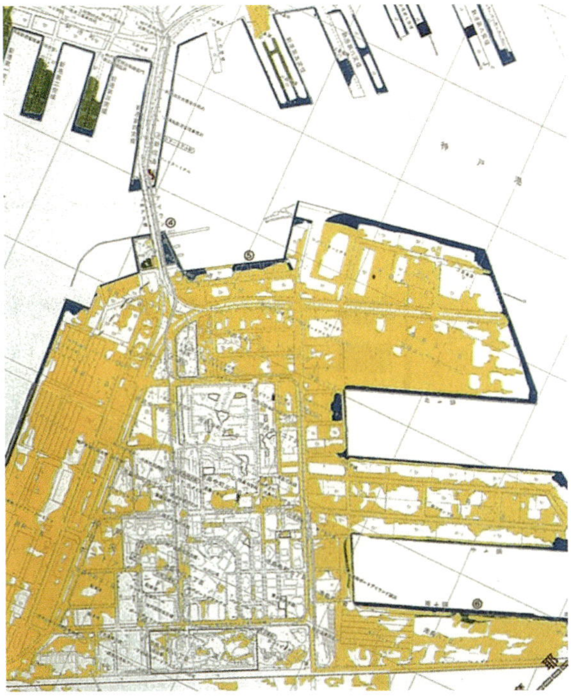

［図8］神戸市中央区ポートアイランド付近の液状化マップと空中写真（国際航業撮影）

［図9］仁川百合野台の地すべり状況[9]（撮影日不明、アジア航測撮影）

(5) 垂直空中写真から見た液状化

阪神・淡路大震災では、交通施設の損壊、家屋や中高層構造物などの倒壊及び火災、斜面崩壊に加えて、液状化による被害も甚大であった。一般に、液状化現象が起こりやすいとされる場所は、旧河道や埋立地など砂地盤を持つ場所といわれているが、この地震でも、六甲アイランドやポートアイランドなどの埋立地で、特に液状化現象による大きな被害があった。そこでここでは、社会基盤に大きな影響を与えた液状化現象に関する状況把握について触れることとする。

朝日航洋では、地震による状況把握のため、地震発生日の1月17日から1月21日まで空中写真撮影を実施した。撮影はアナログ航空カメラのRC30を用いて地域や地形を考慮しつつ、詳細な把握が可能な1:5,000の撮影縮尺と広範囲を捉える1：10,000の撮影縮尺を選択して1,120枚の撮影を実施した。これらの密着写真は記録としてフラットベッドのスキャナを用いて数値化し、CD-ROM12枚に保管した。その中のいくつかの空中写真を用いて液状化現象の状況把握を試みた。

［図10］に六甲アイランドの南西部の画像を示す。［図10］より、まず南側の左から3番目のガントリークレーンが転倒してコンテナに倒れ掛かっていることが見てとれる。次に岸壁周辺にいく筋もの亀裂が走っており、単写真で確認するだけでも岸壁が崩壊していることが判読できる。六甲アイランドでは、液状化現象を含む影響によって岸壁のほぼ全面が滑動しており、最大水平変位量が約5.2m、沈下量が2.2mであったが、南西部付近の岸壁でも4.3mの水平変位と1.7mの沈下が報告されている[10)]。

［図11］及び［図12］は、ポートアイランドの西側にある西コンテナ埠頭であるが、辺り一面が砂で埋め尽くされていることが見てとれる。図の中央下側に位置するワールド記念神戸ポートアイランドホールの西側付近のみ白線がはっきりと見えるため駐車場であることが確認できる。特に図の中央より西側の道路からコンテナ付近について広く噴砂していることが確認される。資料[10)]によると、ポートアイランドの埋め立ては2期にわたって実施されており、第1期に北側、第2期に南側に施工されている。第1期にはポートアイランドの中央部付近においてプレローディングやサンドドレーンなどの地盤改良が実施されているが、液状化現象が顕著な西コンテナ埠頭付近には、地盤改良が施されていないようであった。なお、［図11］は当時の数値化写真であるが、［図12］は現存した密着写真を2011年に市販のフラットベッドのスキャナで数値化したものである。その色および画像の鮮明さから、時代の進歩を認識できる。

［図13］は、ポートアイランドの北西側に位置するメリケンパーク付近であり、海面に砂が流出していることが確認できる。これは、液状化現象によって噴出した砂が岸壁の崩壊とともに海へ流出したものと判断される。

ここでは空中写真からの液状化現象の状況把握について紹介した。空中写真の利点である、広域を短時間で記録できる特徴から、震災直後の現地の状況を被害の空間的広がりも含めて確認できることが実証できた。［図11、図12］に示したように、1995年当時と2011年の数値化写真では鮮明さが異なり、改めて測量及び関連技術が日進月歩であることが認識できる。今後も、空中写真は最新の技術を活用しながら、より精細な地理空間情報として社会に貢献するであろう。

［図10］六甲アイランド南西部（朝日航洋撮影）

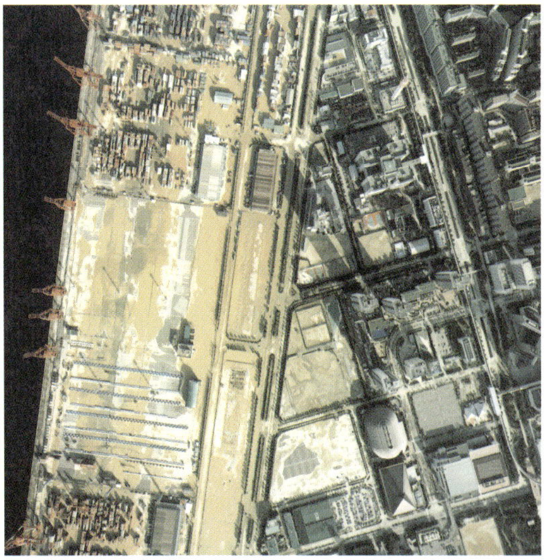

[図11] ポートアイランド西コンテナ埠頭付近(朝日航洋撮影)

[図12] 西コンテナ埠頭付近(2011年数値化)

[図13] メリケンパーク付近(朝日航洋撮影)

(6) 空中写真による建物被害解析技術のその後の発展

阪神・淡路大震災の当時は、画像解析処理における技術的な制約が大きかったため、空中写真をリアルタイムに解析して、被害情報を速やかに取得・提供するには至らなかった。最近、画像解析技術は飛躍的に進化しており、特に、オブジェクトベースの画像解析技術は、高分解能画像の解析に幅広く活用されている。オブジェクトベースの画像解析は、画像セグメンテーションによって得られた均質な画像領域をベースに、スペクトルやテクスチャ情報で解析を行う。震災前のデータを利用することなく、単画像でも迅速に被害情報を取得できる可能性がある。そこでここでは、阪神・淡路大震災当時の空中写真を利用し、新しい画像解析技術で火災被害の抽出を試みた事例を紹介する。

兵庫県南部地震による家屋の被害は、全壊が約10万5千棟、半壊が約14万4千棟にのぼっている。なかでも、火災による被害は、総務省消防庁の集計結果では、全出火件数が293件あり、そのうち建物火災が269件と大半を占めている。また、延焼により、全焼は7,036棟、半焼が96棟、焼損床面積が835,858m²に達していた[11)]。

火災の大半は、地震発生当日の1月17日に集中し、早朝5時46分の地震発生から1時間以内の件数が、全体の約70%を占めている。その後も数日間にわたって断続的に出火が続いていた。出火の原因は、電気器具によるものが最も多く、次いで、ガス・石油器具によるものとなっている[12)]。

火災被害が最も大きかった地域は兵庫県であり、焼損面積1,000m²以上の大きな火災のほとんどが神戸市内で発生している。焼損面積1万m²以上の大規模焼失地域は、長田区及びその周辺地域に集中しており、その原因は建物の木造率や密集度といった条件によるところが大きいと考えられている。[図14] は、震災当日に航空機から斜め撮影した神戸市長田区の写真である。大規模延焼火災が集中した長田区で、黒煙が立ちのぼる様子が捉えられている。[図15] は地震翌日に撮影した空中写真であり、[図14] の斜め写真の画面左上に

［図14］阪神・淡路大震災の火災状況（パスコ撮影）

［図15］建物倒壊・焼失地区の航空写真（パスコ撮影）

［図16］建物被害の画像解析結果（パスコ解析）

位置し、火災で黒煙が立ちこめている箇所である。この地域は、ほとんどの建物が焼失し、深刻な被害を受けている。

新たな解析に使用した画像は、［図15］に示す地震発生翌日の1月18日に撮影した縮尺1:4,000の空中写真である。空中写真のみを用いた画像解析は、オブジェクトベースに基づくものであり、画像の領域分割によって抽出したオブジェクトに対して、倒壊・焼失建物と非倒壊建物を含む地物のテクスチャの違い等を利用して分類し、倒壊・焼失建物の抽出を行う。

［図16］は、オブジェクトベースの画像解析手法による倒壊・焼失建物（赤色の地域）の抽出結果を示す。［図15］の空中写真と比較して、建物が倒壊・焼失している地域を良好に抽出していることが確認できる。

以上より、最近のオブジェクトベースの画像解析手法では、地震発生後の空中写真のみを利用した建物被害の自動抽出が、比較的精度良く実行できることが明らかとなり、さらに、より迅速な被災状況の把握が実現できる可能性があることを示唆するものである。

(7) SAR干渉画像による地殻変動解析技術のその後の発展

JERS-1が国内で初めて捉えた地殻変動は1995年兵庫県南部地震に伴うものであった。SAR干渉画像を用いた地殻変動の解析技術は、その後大きく進歩し、その後の地震災害調査において大きな成果を上げている。ここでは、当時のデータを新しい処理方法で解析した兵庫県南部地震のSAR干渉画像を紹介する。

［図17］は、地震を挟む1992年9月9日と1995年2月6日のJERS-1 SARデータの干渉処理を行って得た初期のSAR干渉画像である[13]。SAR干渉画像では、赤や青の縞模様が密集しているところほど地殻変動が大きいことを示している。神戸周辺に幅数km、長さ約20kmほどの北東－南西方向の帯状の地殻変動が見られる。この変動は震源断層の右横ずれ運動によるものとして説明できる。また、淡路島では同心円状の変動が野島断層を中心とした地域に見られ、野島断層の右横ずれ及び南東側隆起によるものとして説明できる。

［図18］[14]は、地震の数カ月後に［図17］とは別のソフトウェアGSISARで作成されたSAR干渉画像である。GSISARは国土地理院がJPLの協力により開発したSAR干渉解析ソフトウェアで、干渉解析処理技術の高度化[15]により、広い範囲を高い精度で解析できるようになった。［図17］では、北部・神戸市を含む中央部・淡路島を含む南部の3つの干渉画像を別々に作成していたが、［図18］では1枚の画像として処理している。また、コヒーレンスの向上により、淡路島北西部では、位相の不連続が明瞭に見えるようになった。このことは、震源断層が地表地震断層として地表に達したことをとらえている。さらに、縞の数がより細かく数えられるようになり、野島断層で80cm以上の衛星視線方向の食い違い変位成分が計測できた。垂水区と須磨区の境界の海岸付近でも位相の不連続とLOS変化量の符号の逆転が見え、この付近の

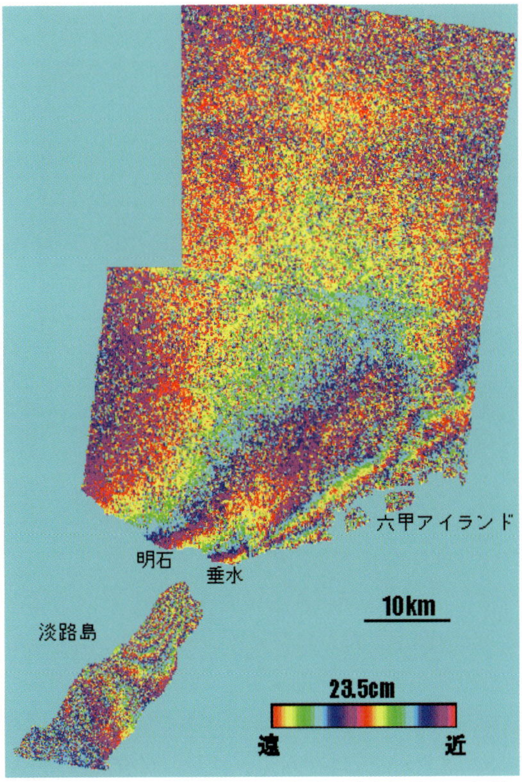

［図17］JERS-1 SARによる1995年兵庫県南部地震の初期の干渉画像[13]

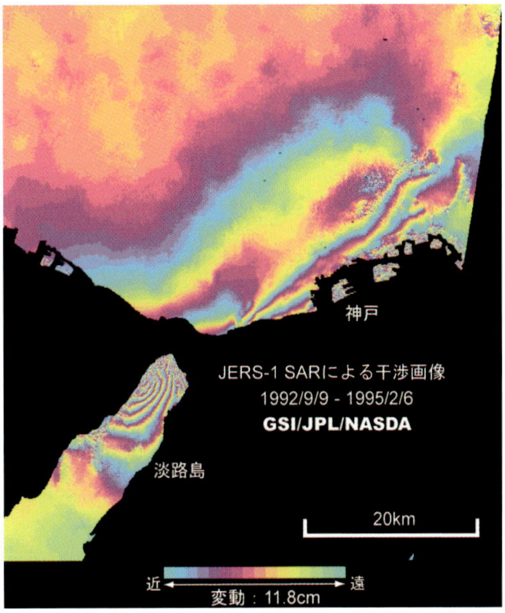

［図18］JERS-1 SARによる1995年兵庫県南部地震の数カ月後に作成された干渉画像[14]

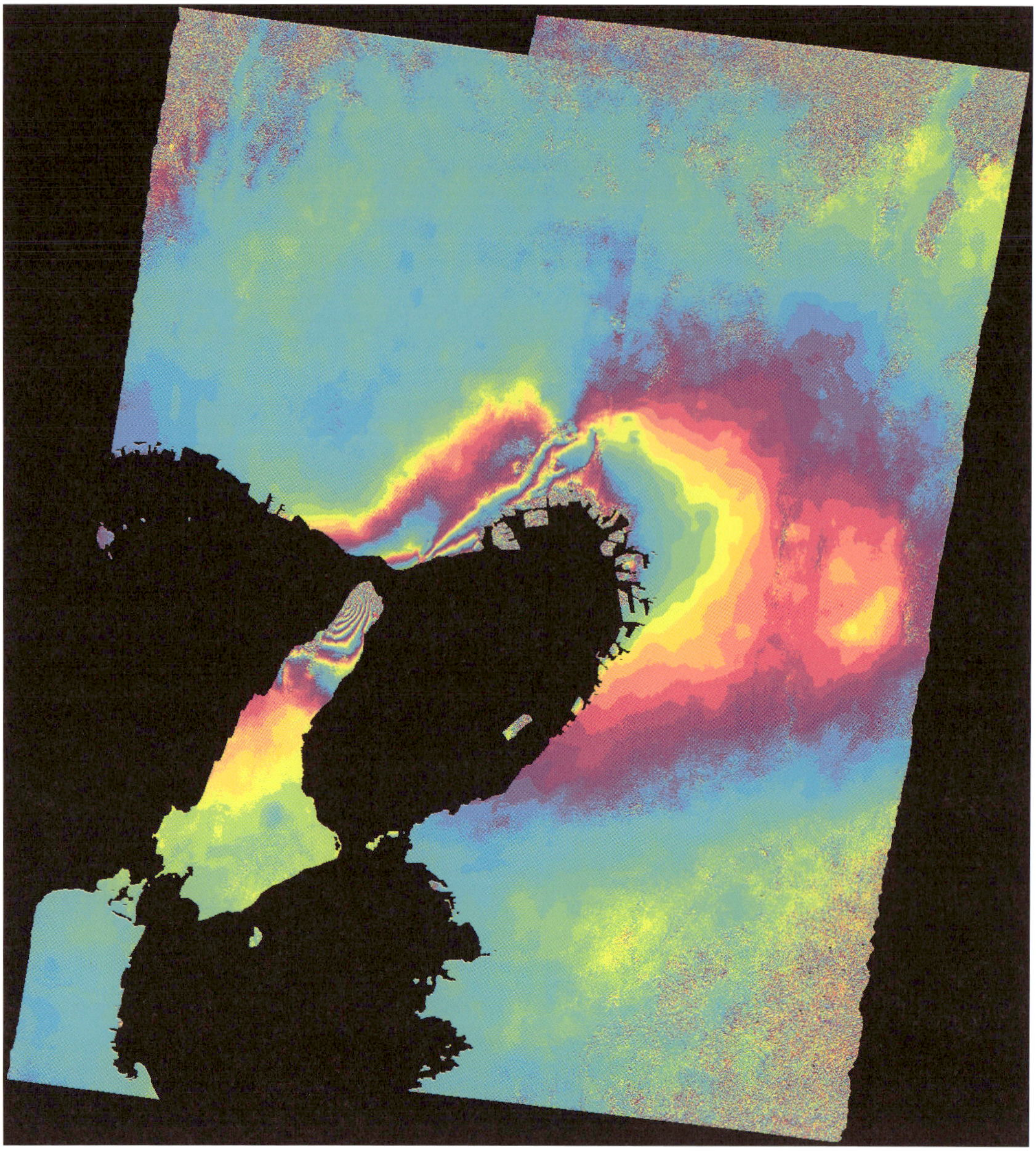

［図19］JERS-1 SARによる1995年兵庫県南部地震の2004年頃に作成された干渉画像

地下に断層の存在が示唆される。この垂水地区東部の断層は、淡路島の野島断層の北東延長上より、東側にシフトしている。

Ozawa et al.（1997）[16] は、［図18］のSAR干渉画像とGPS、水準測量データを用いて、6枚の矩形断層面からなる断層モデルを推定した。その結果、淡路島北西部の野島断層北部で最大の3.1mの右横ずれを伴う逆断層滑りが、神戸市では0.3～1.2mの横ずれを主とする滑りがそれぞれ推定された。また、断層面上端は淡路島では地表に達しているが、神戸側ではその深さが2～4km程度であると推定された。

ポートアイランド、六甲アイランド、及びその周辺の海岸部には、変動がはっきり計測できないまだら模様が見られるが、これらは液状化現象によって地面が複雑に変化したことを示している。

［図19］は、2004年頃に藤原智が作成した干渉画像で、藤原ほか（1999）[17] がJERS-1の弱点であった衛星間の基線値を推定するアルゴリズムを開発したことなどにより、［図18］の北部ではゼロ（つまり水色）になっていなかった変位量が［図19］ではゼロになっており、全体的に地殻変動計

測の確度が高くなった。そのおかげで、東隣の大阪平野を含むパスの干渉画像と結合することができるようになり、東西の観測幅が75kmから130kmに広がり、広範囲の地殻変動分布を高い精度で計測できるようになっている。

参考文献

1) 力丸厚編:阪神大震災関連情報資料, 写真測量とリモートセンシング, Vol.34, No.2, pp.4-5, 1995.
2) 小特集 阪神・淡路大震災における写真測量分野の活動, 写真測量とリモートセンシング, Vol.34, No.3, pp.4-19, 1995.
3) 政春尋志:阪神・淡路大震災への国土地理院の取り組みと災害対応への写真測量分野の課題, 写真測量とリモートセンシング, Vol.34, No.4, pp.57-62, 1995.
4) 内閣府:阪神・淡路大震災教訓情報資料集 http://www.bousai.go.jp/1info/kyoukun/hanshin_awaji/earthquake/index.html (accessed 12 Nov. 2011)
5) Shimada, M.,: Verification processor for SAR calibration and interferometry, Adv. Space Res., Vol.23, No.8, pp.1477-1486, 1999.
6) 島田政信:地震解析中間報告, 阪神・淡路大震災関連調査, 兵庫県南部地震災害調査報告, 地球環境観測委員会, 宇宙開発事業団, リモート・センシング技術センター編, pp.91-96, 1995.
7) 1995年1月17日阪神大震災の被災マップ:国際航業, 社内技術資料, 1995.
8) 佐々恭二・福岡浩・汪発武:地震時地すべり再現試験機の開発, 第36回地すべり学会研究発表講演集, pp.223-224, 1997.
9) アジア航測阪神・淡路大震災航空写真撮影・編集グループ:阪神・淡路大震災航空写真集, 1995.
10) 運輸省港湾技術研究所:港湾技研資料, No.857, p.1762, 1995.
11) 総務省消防庁:阪神・淡路大震災について(確定報), http://www.fdma.go.jp/detail/672.html, 2006年5月19日発表
12) 総務省消防庁:地震時における出火防止対策のあり方に関する調査検討報告書, 1998.
13) 村上亮・藤原智・齊藤隆:干渉合成開口レーダーを使用した平成7年兵庫県南部地震による地殻変動の検出, 国土地理院時報, No.83, pp.24-27, 1995.
14) 村上真幸・藤原智・飛田幹男・新田浩・中川弘之・小沢慎三郎・矢来博司:国土地理院における干渉SARによる地殻変動検出技術の進展, 国土地理院時報, No.88, pp.1-9, 1997.
15) 飛田幹男:合成開口レーダー干渉法の高度化と地殻変動解析への応用, 測地学会誌, Vol.49, No.1, pp.1-24, 2003.
16) Ozawa, S., Murakami, M., Fujiwara, S., and Tobita, M.,: Synthetic Aperture Radar Interferogram of the 1995 Kobe Earthquake and its Geodetic Inversion, Geophys. Res. Letter, Vol.24, pp.2327-2330, 1997.
17) 藤原智・飛田幹男・村上亮・中川弘之・P. A. Rosen:干渉SARにおける地殻変動検出精度向上のための基線値推定法と大気——標高補正, 日本測地学会誌, Vol.45, pp.315-324, 1999.

2.7

十勝沖地震

2003

(1) 災害の概要

2003(平成15)年9月26日午前4時50分過ぎに、北海道襟裳岬東南東沖80kmの深さ45kmを震源とするM8.0の地震が発生し、北海道東南部で震度6弱を記録するなど、広い範囲で強い揺れが観測された。この地震により、北海道東部の太平洋岸を中心に、地震動による家屋等の構造物の損壊・斜面崩壊・液状化による地盤の変形などの被害が生じた。さらに、震央から230km以上離れた札幌市や北見市周辺においても、液状化に起因するとみられる地盤災害が発生した。また苫小牧市内の製油所で石油タンク火災が発生したが、これは、長周期地震動の周期と、石油タンクの固有周期が一致して石油タンクが内容物と共に共振するスロッシングと呼ばれる現象により、構造物部材の摩擦から発火したものであった(2.2新潟地震の節を参照)。さらに、北海道から東北地方の太平洋沿岸に津波が襲来し、北海道豊頃町の十勝川河口で犠牲者が出た。津波の海岸での波高は、北海道豊頃町・大津で2m55cmが計測されている。

この地震により、震央から約230km離れた網走支庁常呂郡端野町で、シラスの液状化に起因する土砂流動災害が発生した。変状は、火砕流台地上の浅い谷を盛土造成した農地で発生したもので、地表部には長さ200m、幅30m以上の陥没地が生じ、陥没域の低所側末端にできた噴砂孔群から数1,000m^3の土砂が流出して、近傍の農地と小河川を埋積した[図1、図2]。液状化した軽石や火山灰に富む盛土材料は、長時間にわたって墳砂孔から絞り出されるように流出したと考えられるが、その間に陥没域の表層を覆う非液状化層はほとんど側方に移動した痕跡がなく、陥没に伴って生じた地表の開口亀裂からの噴砂も少なかったことが傾斜地の液状化としての特徴であった[1)]。

(2) 航空レーザスキャナが捉えた微小な人工改変地形

地震発生から8日後に撮影された航空レーザスキャナによる地形モデルからは、造成した農地の地形的特徴を明瞭に把握することができる。この地域の地形は、一見すると大規模火砕流の堆積原面とそれを侵食した谷が周氷河的環境のもとで平滑化された自然地形であり、耕地化が進んでもそれがよく保存されているように見える。しかし実際には、地表面のかなりの部分は地形の人工改変が進んでいるらしい。

グリッドサイズ2mのDEMから作成した標高傾斜図[図3上]からは、標高を表す色調のパターンが耕地区画の形状を反映してパッチワーク状を呈する部分が読み取れる。この不連続に急変する標高・傾斜のパターンは、耕地区画に人工改変が施されたことを示唆する。1m間隔の等高線図で見ると[図3下]、等高線が描く斜面の向きや傾斜のパターンが耕地の区画ごとに不連続に急変する様

[図1]液状化により最大3mの陥没が生じた農地

［図2］陥没した農地の垂直写真。白い部分が流出した火山灰（国際航業撮影）

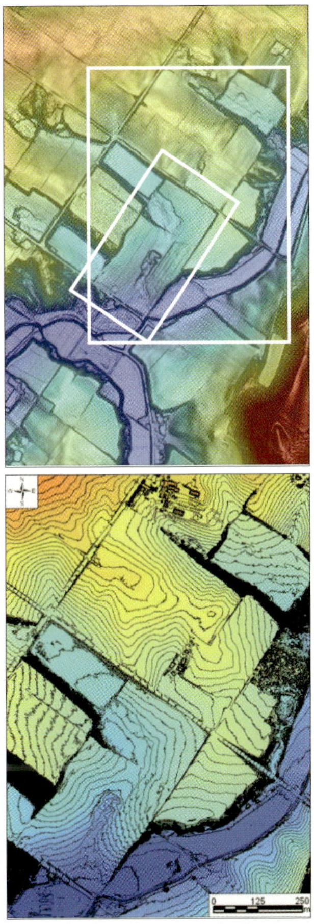

［図3］（上）航空レーザ計測による2mDEMから作成したカラー標高傾斜図（標高値を色相、傾斜度値をグレースケールに割り振って透過合成した図:ELSAMAP）。大きな白枠は（下）の範囲。小さな枠は［図2］の写真の範囲（国際航業計測）
（下）航空レーザ計測の2mグリッドのDSMによる標高段彩図と等高線

子が一層明瞭になる。これは切り盛りによる人工改変が進んだことを示しており、それは尾根地形部分にもかなり広範囲に及んでいる。なお、画面中央の不定形の段差は陥没地の縁を示している。このような地形の特徴は、空中写真からは識別しにくく、1:25,000地形図などではほとんど読み取ることができない。緩傾斜面が卓越する丘陵地などにおいて人工地形の分布・形状を明らかにするには、航空レーザ測量によって細密なデジタル地形モデルを作成し、起伏、傾斜や斜面の向き等の斜面形状の要素を視覚化する手法が有効であろう。

参 考 文 献

1）向山栄・佐々木寿ほか:平成15年（2003年）十勝沖地震によって生じたシラスの液状化による絞り出し流動現象, 応用地質, Vol.45, No.5, pp.259-268, 2004.

2.8

新潟県中越地震

2004

(1) 災害の概要

新潟県中越地震は2004年10月23日17時56分頃に新潟県中越地方で震源の深さ約13km、M6.8の規模で発生し、震度計による判断が始まってから初めて震度7と判定された［図1］。本地震による被害は、旧山古志村、長岡市（旧山古志村）、小千谷市、川口町、魚沼市（旧堀之内町）を中心として、道路、鉄道、家屋被害、及び地すべり、崩壊等が生じ［図2］、10万人以上が避難し、広範かつ長期間に及んだ。旧山古志村などは一時全村民が避難した。被害総額は約3兆円に上り、2011年の東日本大震災、1995年の兵庫県南部地震に次ぎ地震災害としては3番目の被害額となっている[1]。特筆すべき災害形態として、多数の土砂災害と土砂ダムにおける河道閉塞が挙げられる［図3］。

中越地震は、航空測量各社がデジタル航空カメラを導入し始めた時期と重なり[3]、航空レーザ計測と高解像度デジタル空中写真が組み合わされて活用された最初の災害でもあった[2]。

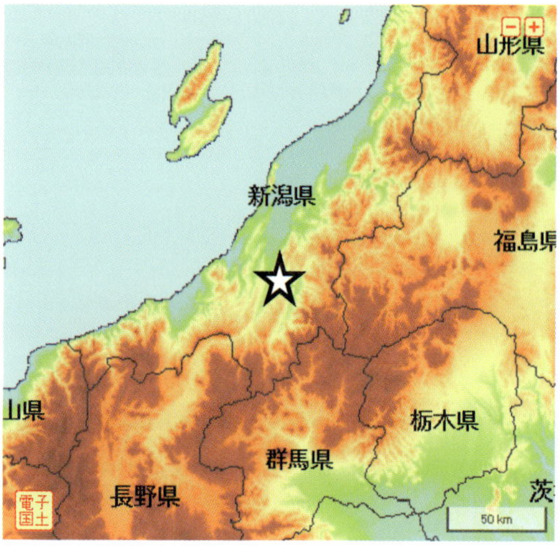

［図1］新潟県中越地震の震源

［表1］新潟県中越地震の被害額[1]（単位:億円）
（2004年11月17日、新潟県に加筆、修正）

項目	被害額
住宅	7,000
社会資本（道路、鉄道、河川など）	12,000
地すべり（1,662カ所）	8,300
鉄道（上越新幹線、在来線）	500～1,000
高速道路	200
農林水産関連	4,000
中小企業の損失など	3,000
電気・水道・ガス	1,000
その他（学校、病院施設など）	3,000
合計	約30,000

［図2］旧山古志村上空から見た芋川流域の被災状況[2]
（2004年10月24日、アジア航測撮影）

［図3］河道閉塞箇所の鳥瞰図[2]（アジア航測作成）

(2) 複数回による緊急航空レーザ計測と差分解析

アジア航測は、被災状況把握のため通常の空中写真撮影及びデジタル航空カメラDMCによるデジタル空中写真撮影、レーザ計測等を実施した[4]。それらは迅速に関係機関に配布され被災状況の把握に使用された。中越地震のような大災害時は、広域の被災状況を把握する必要があり、空中写真1枚1枚ではなく、それらを接合した広域のオルソ画像等が非常に役立った。

被災状況が徐々に明らかになると、その対応策が求められる。どの箇所がどの程度危険なのか、対策優先度やどのような応急対策工が実施できるのかなどが課題となる。以下、土砂ダムの検討事例について述べる。

［図2］のような被災直後の空中写真から河道がところどころで閉塞しているのが明らかとなったが、実際にどのくらいの規模の土砂ダムがいくつ発生し、貯水容量はどのくらいなのか、どの箇所が最も危険で二次災害の可能性があるのか、現地状況の変化等を把握し、至急検討する必要があった。そのため、被災直後から、複数時期のレーザ計測データ等を活用することにより、土砂ダムの規模や貯水容量を把握し、危険度の判定や満水までの余裕時間等を迅速かつ正確に検討できた。また、周辺での崩壊の発生、土砂ダムの形状の変化や堆砂状況等を定量的に捉え、下流域の警戒避難策定や安全な対策工事及び今後の土砂対策計画の検討に役立った。

課題としては、地震前の地形データ等の有無や精度により土砂量や危険度判定が左右されることである。災害発生前からの基礎データを整備しておく必要がある。

(3) IKONOS画像による被害状況把握

IKONOS衛星による緊急撮影対応

新潟県中越地震は2004年10月23日17時56分

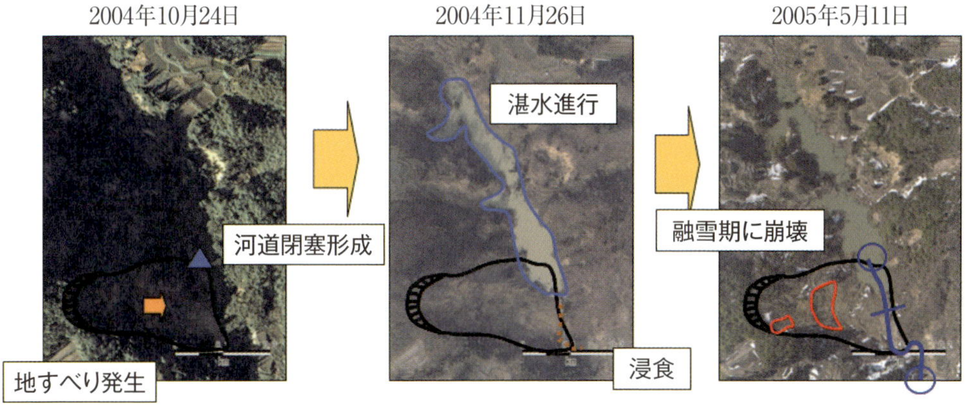

［図4］地すべり発生から侵食の状況（アジア航測作成）

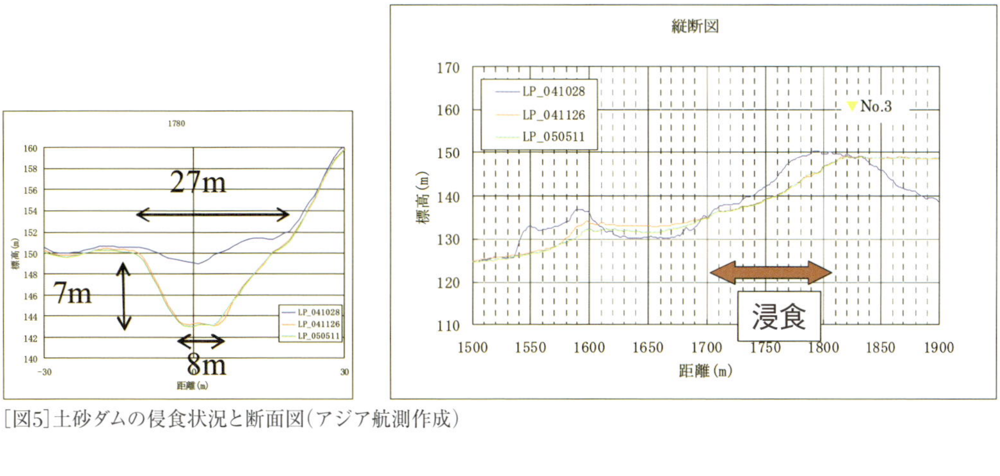

［図5］土砂ダムの侵食状況と断面図（アジア航測作成）

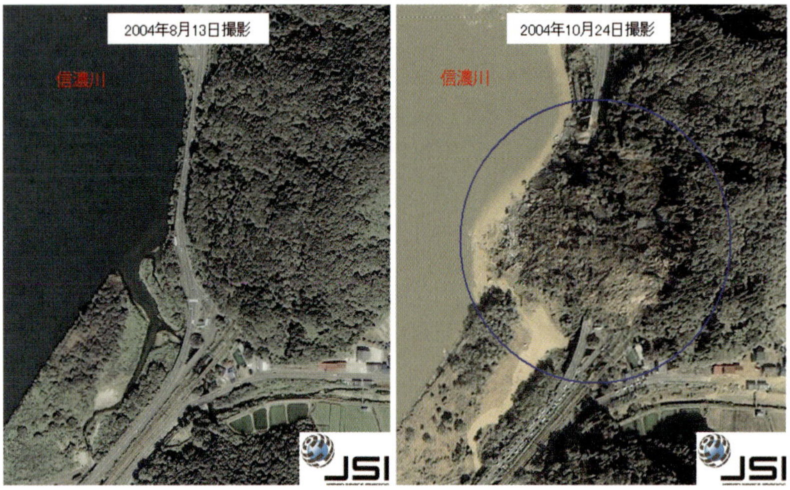

［図6］新潟県長岡市妙見町榎トンネル付近のIKONOS画像（斜面崩壊）[5]

頃に発生した。地震発生約2時間後に、日本スペースイメージングは国の関係機関と連絡を取り、震災状況把握のためにIKONOS衛星による被災地の撮影検討に入った。翌24日には被災地から西へ約500km離れた鳥取、岡山の上空を通過する衛星軌道があり、それを利用して午前11時4分頃にIKONOS衛星を東方向に約35度（オフナディア角）傾けて新潟県小千谷市を中心とした面積約1,260km^2の撮影を実施した[5,6]。撮影1時間後にはブラウズ画像を添付して、関連省庁へ撮影成功の連絡をした。さらに、その2時間後には1m分解能のカラー画像ができ、同地域震災前の画像と併せて顧客へ納品することができた。また、その日の17時頃には、災害前後の比較資料を作成し、災害状況速報資料として関係機関への配布を行った。さらに被害の状況を時系列的に把握するため、震災6日後の10月29日、1カ月後の11月23日にもIKONOS衛星による被災地の撮影を実施した[5]。

衛星画像でみる斜面崩壊

今回の地震は人口密度、家屋密集度が低い山間部で発生したため、1995年の阪神・淡路大震災のような都市直下型地震に比較すれば人的被害が少ない。しかし、一方で地震による斜面崩壊や地すべりなどで鉄道・道路のインフラが至るところで大きな被害を受けた。2004年は、7月に新潟県地方で大規模な水害が起こり（平成16年新潟・福島豪雨災害）、また夏から秋にかけて多くの台風が上陸するという例年にない多雨に見舞われた年であった。このため、もともと地すべりが発生しやすい地形であったところに、降雨によって地盤が緩み、それが地震発生した際に多くの土砂崩れを引き起こしたものと思われる。震災翌日の10月24日に撮影されたIKONOS画像と空中写真を併用して、目視判読によって作成された災害状況図によると、被災範囲全域では1,000箇所以上に及ぶ斜面崩壊や地すべりなどの土砂災害が発生したとされている。

［図6］は震災翌日の10月24日にIKONOS衛星により撮影された新潟県小千谷市と長岡市の市境にある榎トンネル付近で発生した斜面崩壊の様子を写した画像である。震災前2004年8月13日の同地域の画像が整備されているので、震災前後の比較が簡単にできる。地震により、山の西斜面が大きく崩れ落ち、大量の土砂が西側の信濃川に流れ出ている状況が一目瞭然である［図6の青い円］。また、南北に走る県道589号線（別名：三国街道）やJR上越線が崩れた土砂により分断され、多くの車輛が通行止めにされている様子が画像から確認できる。この斜面崩壊の発生区間は新潟県中越地震の象徴的な被災現場の一つとして、当時のメディアに大きく報じられた。

時系列画像による河道閉塞の状況把握

河道閉塞は地震・豪雨・火山噴火などの自然災害による大規模な土石流や崖崩れが川の流れを堰き止め、上流側に大量の水が溜まった状態をいう。新潟県中越地震以前では人工的につくられたダム

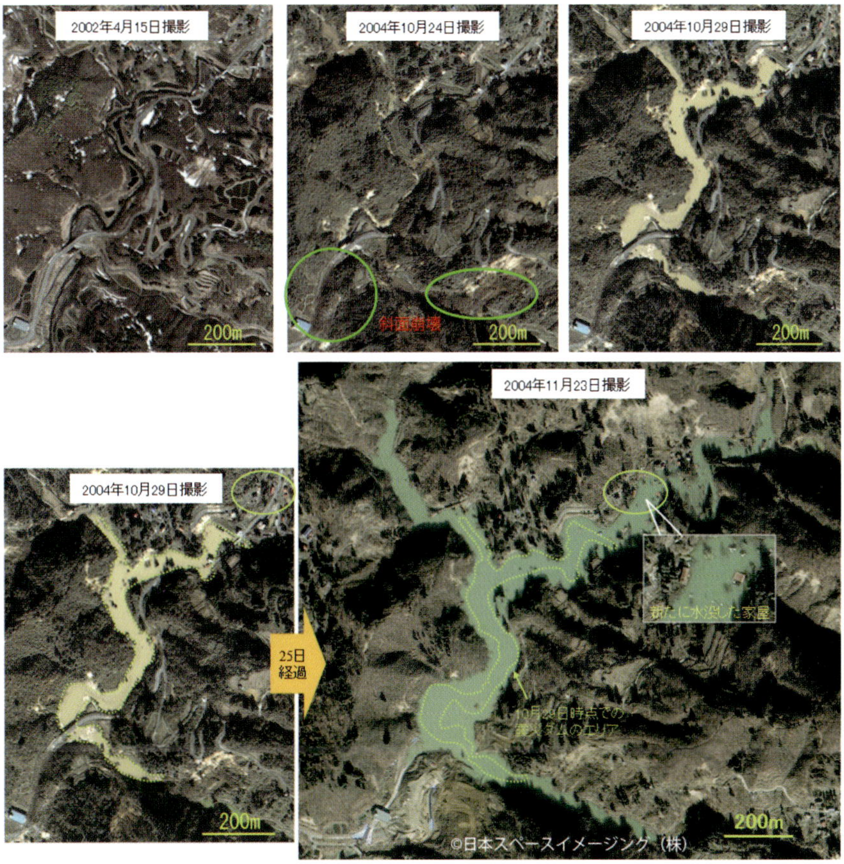

［図7］新潟県長岡市山古志東竹沢付近のIKONOS画像（河道閉塞）

と区別する意味で天然ダムと呼ばれていたが、美しい印象を与えてしまう恐れがあり被災者の心情にそぐわないとの理由から、このような呼び方になったとされている。また、発生原因によっては震災ダム、土砂崩れダム、堰止湖など様々な呼び方がある。構造的に脆弱なため、越流水や余震などによる崩壊が起きると、下流域に大きな被害が発生することが予想される。

新潟県中越地震において、新潟県山古志村（現長岡市山古志東竹沢）を流れる芋川流域でこの現象が発生した。［図7］には時系列的に撮影されたこの周辺地域のIKONOS画像を示す。平常時の画像（2002年4月15日撮影）と比較し、地震翌日の2004年10月24日の画像では斜面崩壊が発生し、河道が閉塞されていることが確認できる。また、震災6日後の10月29日、1カ月後の11月23日の画像では河道閉塞により水位が上がり、多くの家屋が水没した様子が捉えられている。このように、定期的に衛星により被災地域を撮影することで広域的な被災状況の変化を時系列的に把握することができ、災害発生時における活用が期待される。

(4) 高分解能衛星画像が捉えた広域的地震災害の総攬的情報

大規模で広域的な災害が発生した場合、以後の対策を戦略的に決定するために、発生した事象の種類と規模、被災範囲、対応の緊急性などについて、被災地全域にわたって総攬的に、かつできるだけ速く把握する必要がある。地震災害では、多様な災害現象が広域において予兆なく瞬時に同時多発する。また、発災直後には激甚被災地からの情報は途絶えがちであり、特に山間地のような、人の目に触れにくい場所の被害状況はすぐに把握できないことが多い。

このような広域的かつ多様な災害の発生状況を、早期に面的に取得し、災害の全体像を得る手段としては、従来は航空機による空中写真の判読に頼るところが大きかった。しかし従来のアナログ空中写真は、現像焼き付け、判読結果の地形図への移写に時間を要し、モザイク作成、縮尺の変更やオルソフォト化にも手間を要するなど、作業の迅速性を制約する条件が少なくなかった。また、従来の衛星画像情報も、被害状況を直接把握するには解像度が必ずしも十分でなかったことから、情報取得の迅速性、周期性および広域性のみを活かして、①災害前の危険地域の概略抽出、②災害発生後の時系列的情報提供、③災害後の復旧支援、への利用が考えられてきた。しかしIKONOS衛星画像のような地上解像度1mクラスの高分解能画像情報は、災害対応への衛星リモートセンシングの利用方法を一変させた。

2004（平成16）年新潟県中越地震の際には、IKONOS衛星画像による災害状況図［図8］の作成が試みられ、高分解能衛星画像が、災害状況を視覚的に把握して総覧的情報を取得し、かつ伝達することに十分利用できることが実証された[6]。この図は、災害状況を如実に示す画像としての情報をできるだけ活かし、ほぼ同時に撮影した空中写真も参照しながら、斜面崩壊・地すべり、河道閉塞箇所、施設損壊箇所、液状化発生領域など多様な災害種とその位置を、従来の空中写真による判読図と同様に、衛星画像の上に直接表示したものである。

判読の結果、衛星のデータ取得幅（約11km）の制限や画像の解像度を考慮すると、被災範囲全域では約1,500カ所の土砂災害発生箇所があることが、直ちに想定された。また崩落土砂による河道閉塞箇所が70カ所以上あり、既に天然ダム（土砂ダム）が形成されつつあることも認識できた。さらに低地部における液状化発生領域や、主要道路等での盛土の陥没・変形などが、多くの箇所で認められた。

1m解像度の衛星画像といえども、航空機による空中写真と比較すると解像度は劣るので、道路面の亀裂などの小規模な災害現象を抽出することは難しい。しかし、災害状況のイメージングには、認定できる現象の種類がやや限定されたとしても、肉眼視によって被災地点と被害の種類を確認できることが役に立つ。光学画像の高分解能化によって被災状況の肉眼判別が可能になったことは、衛星画像を災害状況把握の実用の段階に推し進めたブレークスルーであったと考えられる。

また、新潟県中越地震の際には、近年の地震観測網の整備および既往地震や地震動シミュレーションの事例研究の蓄積、さらにインターネットなどの情報通信環境の整備により、夜間や悪天候などで現地の被災情報が乏しい段階でも、被害状況をある程度推定することができる状況であった。これは、1995（平成7）年阪神・淡路大震災の時との大きな相違点である。広域的な情報取得を特徴とする衛星画像の有効性は、周辺分野での情報収集・伝達技術の発達と不可分である。2004年当時は、それらのインフラ整備が次第に成熟しつつあった。

なお、新潟県中越地震の時点では、デジタル航空カメラは普及し始めたばかりだったが、この後、デジタル化した空中写真と衛星画像を用い、肉眼判別能力を最大限に生かした災害調査が行われるようになった。またマイクロ波などによる衛星画像の画像判読技術が災害調査で実践的に用いられるようになったのは、さらに数年の後であった。

参考文献

1) 国土技術政策総合研究所・土木研究所：平成16年（2004年）新潟県中越地震土木施設災害調査報告, 2004.
2) 小野田敏・小川紀一朗・高山陶子・村木広和・寺本忠正・藤井紀綱・平松孝晋・千葉達朗：高分解能デジタル写真による中越地震の被害状況, 平成16年新潟県中越地震災害被害調査報告会講演集, pp.37-42, 2005.
3) 力丸厚：新潟県中越地震関連のリモートセンシング観測情報リスト, 写真測量とリモートセンシング, Vol.43, No.6, pp.4-6, 2004.
4) 小野田敏・小川紀一朗・高山陶子・村木広和・寺本忠正・藤井紀綱・平松孝晋・千葉達朗：高分解能デジタル写真による中越地震の被害状況, 平成16年新潟県中越地震災害被害調査報告会講演集, pp.37-42, 2005.
5) 李雲慶：災害時における高分解能衛星IKONOSの観測について, 写真測量とリモートセンシング, Vol.44, No.2, pp.36-37, 2005.
6) 向山栄：平成16年新潟県中越地震の被災状況をIKONOS衛星画像で見る, 写真測量とリモートセンシング, Vol.43, No.6, pp.2-3, 2004.

記号	判読項目	備考
	地すべり箇所	これらの区分は全体の傾斜、滑落崖の明瞭度や崩落土塊表面の特徴のなどによるもので、厳密なものではない。
	斜面崩壊箇所	
	地盤・盛土の顕著な破壊・変形箇所	
	崩落土砂の河道閉塞による湛水域	
	液状化による噴砂、陥没箇所	市街地における液状化地点を除く。
	道路構造物損壊箇所	崩落土砂によって確認できない箇所がある。
	道路斜面損壊箇所（切土、盛土）	
	鉄道施設損壊箇所	
	砂防・治山施設の損壊	
	空中写真判読範囲	

JSI 日本スペースイメージング株式会社

国際航業株式会社

[図8]IKONOS衛星画像と空中写真から判読した平成16年新潟県中越地震の被災状況図
（2004年10月24日撮影、10月25日作成）

2.9

能登半島地震

2007

(1) 災害の概要

2007年3月25日9時41分58秒、能登半島西方沿岸を震源とするM6.9の地震が発生し、能登半島中央部（穴水町、輪島市、七尾市）では震度6強を記録した。国土地理院による調査により、輪島市門前町地区から羽咋郡志賀町にかけて、地震前後で最大約41cmの上下変動（隆起）が確認された[1]。

[図1]能登半島地震の震源

総務省消防庁の統計[2]によると、本地震による死者は1人、負傷者は重傷・軽傷合わせて356人である。また住家被害は全壊686棟、半壊1,740棟、一部破損は26,958棟に上った。この中でも震源に近かった輪島市門前町地区の被害が大きく、伝統的な工法で建てられた木造家屋の被害が大きかった[3]。

被災を受けたのは典型的な高齢化・過疎化地域であり、高齢者の生活問題や過疎化問題を考慮し集落を再建することが、震災復興の重要な課題とされた[4]。

本地震においては津波による被害はなかったものの、液状化や噴砂が生じたほか、比較的広い範囲で斜面崩壊や盛土崩壊等の土砂災害が生じた。被災エリアの多くは、新第三紀中新統の凝灰岩、泥岩、礫岩、火山岩類からなる、いわゆるグリーンタフ地域にあたる。最大加速度や震度分布に対し震源近くで必ずしも崩壊が多いわけではなく、震度5弱、最大加速度500gal程度で発生しているケースも見られた[5]。

崩壊等によって、国道249号を始めとする主要な道路路線も大きな影響を受け、広域にわたって道路網が寸断された。このような被災状況は従来の空中写真等の判読やヘリコプターによる上空からの視察で把握されるが、迂回路等の法面状況等も含めた通行可能性の確認には実際に車両を走らせ確認することが有効である。本地震において、地上からの全周囲画像撮影による災害調査が国内で初めて行われた[5]。

(2) 干渉SAR画像で捉えた地形変化

2006年1月に打ち上げられた陸域観測技術衛星ALOS「だいち」に搭載された合成開口レーダーPALSARは、干渉度が極めて高く、高い分解能で地表変動を捉えた干渉画像を得ることが期待されていた。2007年3月に発生した能登半島地震は、日本国内における被害地震に関してPALSARによる解析を行う初の機会となった。解析の結果、地震に伴う地表変動を反映したきわめて明瞭なSAR干渉画像が得られた。[図2]は，地震前の2007年2月23日と地震後の4月10日に対象地域の西方上空から観測されたPALSARのデータを用いて作成されたSAR干渉画像である。

国土地理院ではこの画像を解析し、精度の高い震源断層モデルの推定を行った[6]が、さらに詳細に観察すると、SAR干渉画像には、断層運動による広域の弾性的変形を示す変動パターンに加えて、局所的な地表の変動を反映したと思われる微小な変動パターンが多数みられた。宇根ほか（2008）は、これらが地震動に伴うわずかな地すべり性の変状を把えている可能性があると考え、調査・解析を行った[7]。以下にその概要を示す。

SAR干渉画像には、地下の断層運動による広域的な弾性変形と、地すべりなどの局所的な表層の変状が合成された変動が記録されていると考えることができる。このため、SAR干渉画像から、震源断層モデルをもとに計算した広域的な弾性変形のシミュレーション結果を取り除いた差分画像を作成した［図3］。

詳細に観察したところ、さまざまな変動パターンが判読された。中でも、山間部に、長さ・幅が数百m程度の楕円形や馬蹄形のパターンが多数見られた。変動量は干渉縞1～2周期分、すなわち衛星視線方向数cmから20cm程度のものが多い。

この画像を地形図と重ね合わせたところ、変動パターンの多くは地形図から判読できる地すべり地形の分布と一致し、推定される変動の向きも概ね地形と整合的、すなわち、地すべり移動域の沈下もしくは最大傾斜方向への水平移動を示す変動であった。

このうちの数カ所を現地踏査した結果、変動パターンが現れた場所で、地震時に発生したと判断できる地表の段差や道路上の亀裂、斜面変動による樹木の転倒などが観察された。このことから、地震時の地すべり性の地表の変動が変動パターンに示されていると考えられる。

このうち最大のものは、七尾市中島町古江に現れた幅約1.5km、奥行約700mの楕円形の明瞭な変動パターンである［図4］。地形的には過去の地すべりを示す特徴はなく、また、いくつかの尾根や谷を越えてパターンが広がっている。この変動をより詳細に把握するため、Fujiwara et al.[8] の手法を用いて、異なる軌道からの2組のSAR干渉画像を解析し、変動を上下方向と東西方向の成分に分離（2.5次元化）した。2006年12月23日と2007年5月10日に対象地域の東方上空から観測したデータを用いてSAR干渉画像を作成し、上述の西方上空より観測した干渉画像と組み合わせて変動ベクトルの解析を行い、上下方向［図5］と東西方向［図6］のそれぞれの移動量の分布を求めた。さらに、これをもとに最大の変動を示す地点を通る東西断面の変動ベクトルを求めた［図7］ところ、中島町古江では、地すべりの構造から想定される変動パターンとよく整合する地表変動を示す結果が得られた。現地踏査では地表に亀裂等の顕著な地すべりの兆候を発見することはできなかったが、楕円形のブロック全体が移動するすべり量最大数十cm程度の初生的地すべりが発生していたことが推定される。

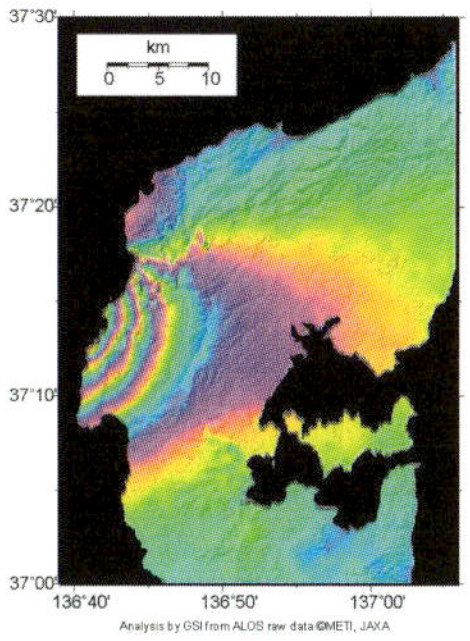

［図2］SAR干渉画像

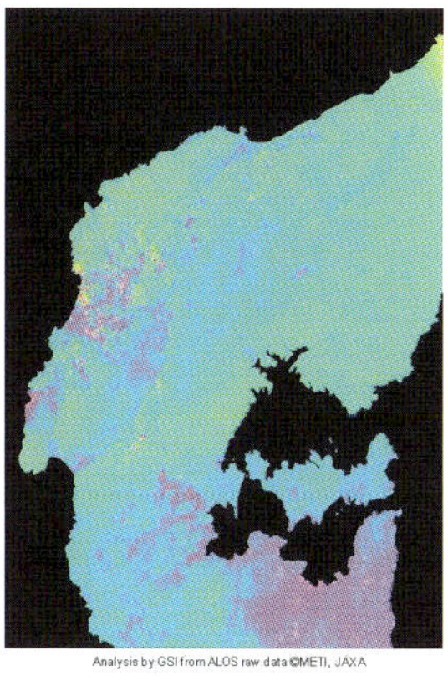

［図3］地殻変動差分画像

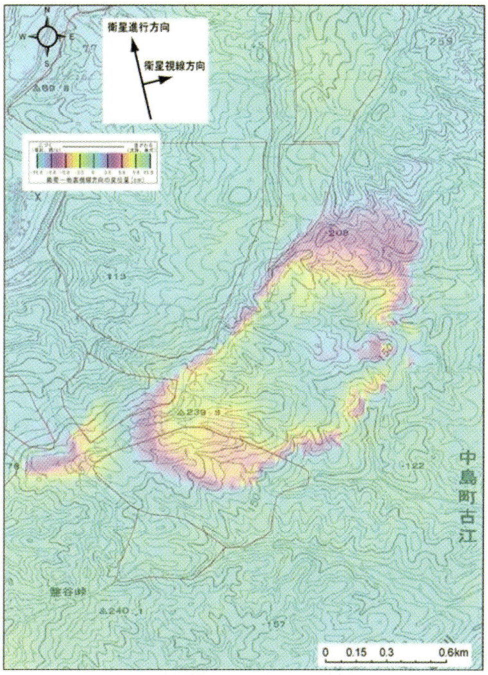

Analysis by GSI from ALOS raw data ©METI, JAXA

［図4］最大の変動パターン

なお、地震後のSAR干渉画像では、この地すべりに伴う変動は観測されておらず、地震時のみに活動したと考えている。

一方、現地調査や空中写真判読から明らかに地すべりや斜面崩壊が認められる地点に、差分画像では変動パターンが表れていない場合もあった。これは、地すべりや斜面崩壊の範囲が狭かったこと、地形変化が大きすぎてSARが干渉しなかったことなどにより、変状の情報が得られなかったためと考えられる。

今回作成したSAR干渉画像による地殻変動差分画像は、このほかにも様々な地震に伴う非構造性の地形変化を捉えている。

［図8］は、最も家屋倒壊などの被害が著しかった輪島市門前町道下周辺の地殻変動差分画像である。図中Aで示した地域では、図の中央を西流する八ヶ川の沖積低地の範囲が紫～黄色を示していることから、周辺（青）より数cm衛星から遠ざかっていることがわかる。これは、地震動により未固結の沖積層が液状化もしくは圧密により沈下したものと考えられる。実際、この地域では、地震後、橋やカルバート、マンホールなどの地中の構造物が道路面などから抜け上がる現象が多数見られ、これは、沖積層の地盤が沈下したことを示している。また、全体的には青や紫の単調な色が示されている。このことは、地盤に比較的一様な変動があったためにSARの干渉が得られていることを示しているが、図中Bから南の海岸に沿った帯状の地域には、さまざまな色の画素が不規則に並び、干渉が得られていない。この地域の地盤は小規模な砂丘と沖積低地で形成されている。砂丘砂や未固結の砂質沖積層が表層に分布する地域のみ干渉が得られていないことは、砂質の地盤に地震動により不規則な地表の変形が起こったことを示していると考えられる。

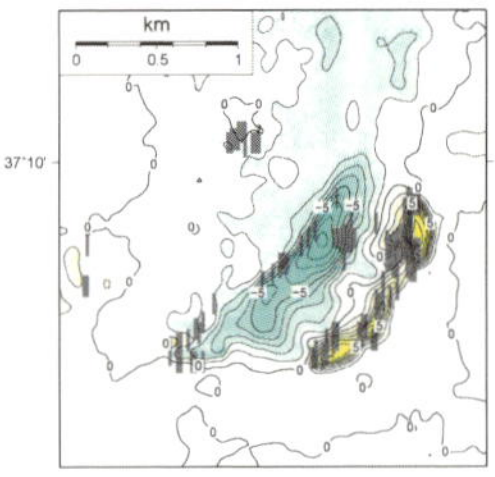

［図5］上下方向の変動量（単位:cm、水色:低下、黄色:隆起）

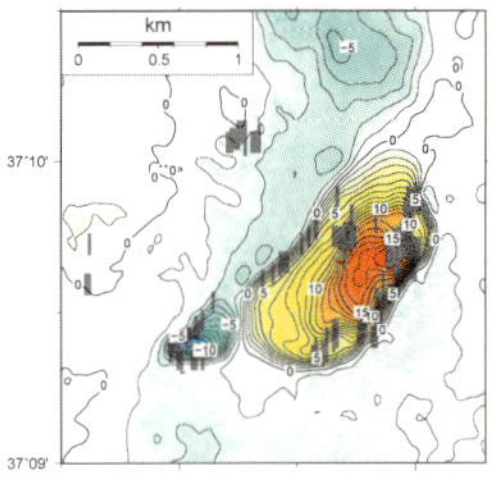

［図6］東西方向の変動量（単位:cm、水色:西方向、黄～赤:東方向）

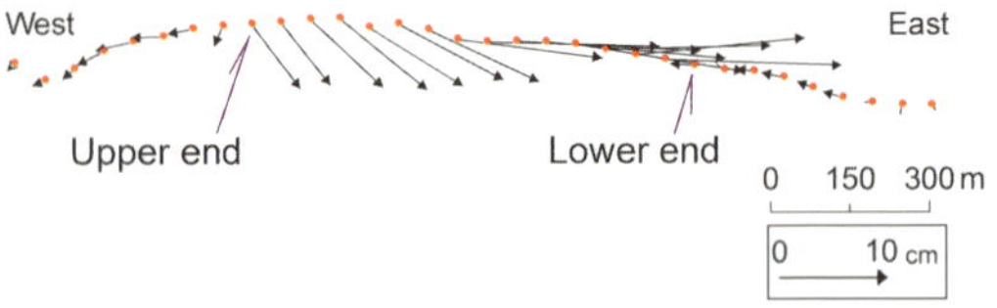

［図7］東西断面の地表変動ベクトル

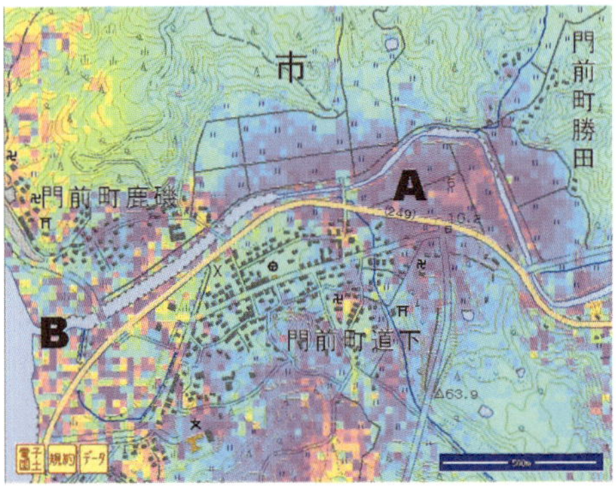

［図8］輪島市門前町道下付近の地殻変動差分画像

(3) 全周囲画像を用いた道路災害調査

全周囲画像は、撮影地点の周囲360度をシームレスに撮影したパノラマ画像であり、専用の全方位カメラを車両に取り付けて撮影される。撮影者の意図を介在することなく撮影位置の周囲を全方位にわたって撮影するので、ビデオカメラ等で撮影者が被災状況を確認しながら撮影するのとは異なり見落としなく周囲の状況を記録する。また同じ場所を撮影することによってその場所の被災状況やその復興状況を経時的に記録することが可能である[9]。

使用したカメラはPoint Grey Research社製Ladybug2である。Ladybug2を車両の上に設置して撮影経路の画像を約1m間隔で取得するとともに、GPSによる軌跡も取得し、撮影した画像と関連付けた。

撮影は災害発生から3日後の2007年3月28日と、それから約1カ月後の2007年4月29日に行った。2回の撮影において同じ箇所の画像を比較すれば、災害後の状況とその復興について把握することが可能である[9]［図9］。

全周囲画像は、撮影地点から任意の方向を見た画像を再現することができる。たとえば［図10（上）］のように真上から周囲を見たような画像も

［図9］全周囲画像が捉えた路面上の亀裂
（アジア航測撮影、上:3月28日、下:4月29日）

再現可能であり、道路上の亀裂等道路面の状況把握に優れている。

正距円筒図法で作成された全周囲画像の各画素は撮影地点からの水平角・鉛直角に対応する。カメラが路面に鉛直に設置され、その高さが与えられていると仮定すると、道路面もしくは道路面上にある地物の長さや高さを簡易的に計測できる[9]。これによって、路面上の亀裂の規模などを後から簡易的に把握することが可能である［図10］。

［図10］全周囲画像による簡易計測例
水平計測（上）と鉛直計測（下）

参考文献

1) 国土地理院:平成19年（2007年）能登半島地震に伴う水準測量結果（速報値）について, 報道発表資料, 2007.
2) 総務省消防庁:平成19年（2007年）能登半島地震（第49報）, 2007.
3) 佐藤弘美・藤田香織:伝統的木造町家建築の地震被害と構造性能評価, 歴史都市防災論文集, Vol.3, pp.71-76, 2009.
4) 金斗煥・山崎寿一:能登半島地震被災地域における過疎化と集落特性, 日本建築学会近畿支部研究報告集, 計画系 Vol.49, pp.233-236, 2009.
5) 小野田敏・小川紀一朗・屋木健司・武藤良樹:能登半島地震による斜面崩壊特性について, 平成19年日本応用地質学会研究発表会講演論文集, pp.51-52, 2007.
6) Ozawa, S., Yarai, H., Tobita, M., Une, H., and Nishimura, T.,: Crustal deformation associated with the Noto Hanto Earthquake in 2007 in Japan. Earth Planets Space, Vol.60, pp.95-98, 2008.
7) 宇根寛・佐藤浩・矢来博司・飛田幹男:SAR干渉画像を用いた能登半島地震及び中越沖地震に伴う地表変動の解析, 日本地すべり学会誌, Vol.45, No.2, pp.33-39, 2008.
8) Fujiwara, S., Nishimura, T., Murakami, M., Nakagawa, H., Tobita, M., and Rosen, P. A.: 2.5-D surface deformation of M6.1 earthquake near Mt. Iwate detected by SAR interferometry, Geophys. Res. Lett., Vol.27, pp.2049-2052, 2000.
9) 兼原秀幸・織田和夫・山本直正:都市映像データベース「Location View」—地上映像が広げる空間情報の可能性—, 写真測量とリモートセンシング, Vol.46, No.6, 2007.

2.10

新潟県中越沖地震

2007

(1) 災害の概要

2007年7月16日10時13分頃、新潟県上中越沖を震源とする地震が発生した。震源は新潟県上中越沖（北緯37度33.4分、東経138度36.5分）であり、震源の深さが約17km、地震の規模はM6.8であった。この地震により、［図1］に示すように、新潟県長岡市、柏崎市、刈羽村、長野県飯縄町で最大深度6強を観測し、新潟県上越市、小千谷市、出雲崎町で深度6弱を観測した。

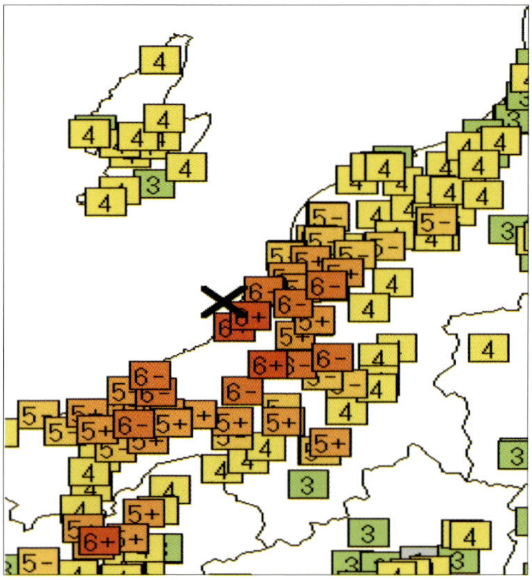

［図1］震度分布図[1)]

地震による被害は、新潟県、長野県及び富山県にわたり、人的被害は死者15人、重軽傷者2,345人に上り、そのうちで新潟県柏崎市は死者14人、重軽傷者1,664人と多くの死傷者を出した。また、建物被害は全壊1,319棟、半壊5,621棟、一部損壊35,070棟で、そのうちで被害の大きかった柏崎市は、全壊1,109棟、半壊4,505棟、一部損壊22,506棟と多大な被害を受けた。［図2］に柏崎市東本町の全壊家屋の状況を示す。

ライフラインでは、電気は新潟、長野両県で約26,000世帯が停電し、水道は約62,000世帯で断水するなど、住民生活に多大な影響を与えた。さらに、崖崩れや構造物被害及び線路の湾曲等により交通機関が通行止めや不通になるなど、応急復旧や緊急災害支援に支障を来した。［図3］にJR信越本線青海川駅付近で発生した段丘崖の崩壊状況を示す。

［図2］家屋の倒壊状況[2)]

［図3］段丘崖の崩壊状況（パスコ撮影）

(2) デジタル地形データで見る原子力発電所の被災

この地震で、東京電力の柏崎刈羽原子力発電所では、運転中の原子炉が自動で緊急停止した。敷地での地震の揺れは、3号機原子炉建屋での地震動加速度が、タービン建屋の1階で最大2,058ガルを記録し、これは耐震設計時の基準を上回るも

［図4］柏崎刈羽原子力発電所周辺の高度段彩陰影起伏図（国際航業作成）

のであった。しかし原子炉・冷却用施設等、重要な施設からの外部への放射性物質流出は確認されず、被害は屋外にある変圧器からの出火と（約2時間後に鎮火）、原子炉建屋内のクレーンの損傷、建屋内の低レベル放射性廃棄物が流出したことによる微量の放射性物質汚染にとどまった。

発電所の敷地は、海岸の丘陵地と砂丘を切り盛りして造成したものである（1978年12月：1号機着工、1985年9月：1号機営業運転開始）。地震による敷地地盤の大規模な変状はなかったが、一部では墳砂を伴う不同沈下や、法面の小規模な崩壊や亀裂等が発生した。7月24日に実施された航空レーザ計測による地形データからは、海岸の岸壁沿いの地盤の一部が不同沈下していること、更に一段高い敷地でも、建物周囲の地盤の一部が沈下していることが読み取れる。

［図4］は、航空レーザ計測の1mのDSM（建物や樹木等も含む地表面モデル）から作成した柏崎刈羽原子力発電所周辺の高度段彩陰影起伏図である。

図の色相は、低標高（青）～高標高（赤）を示す。青色系で示した最も海岸寄りの敷地内での濃い青色斑状模様と、緑色系で示した2段目の敷地内に青色斑状模様がみられるのは、不同沈下により路面や建物の周囲の地盤に凹凸が生じているものと推定される。原子炉建屋と配管などの付帯施

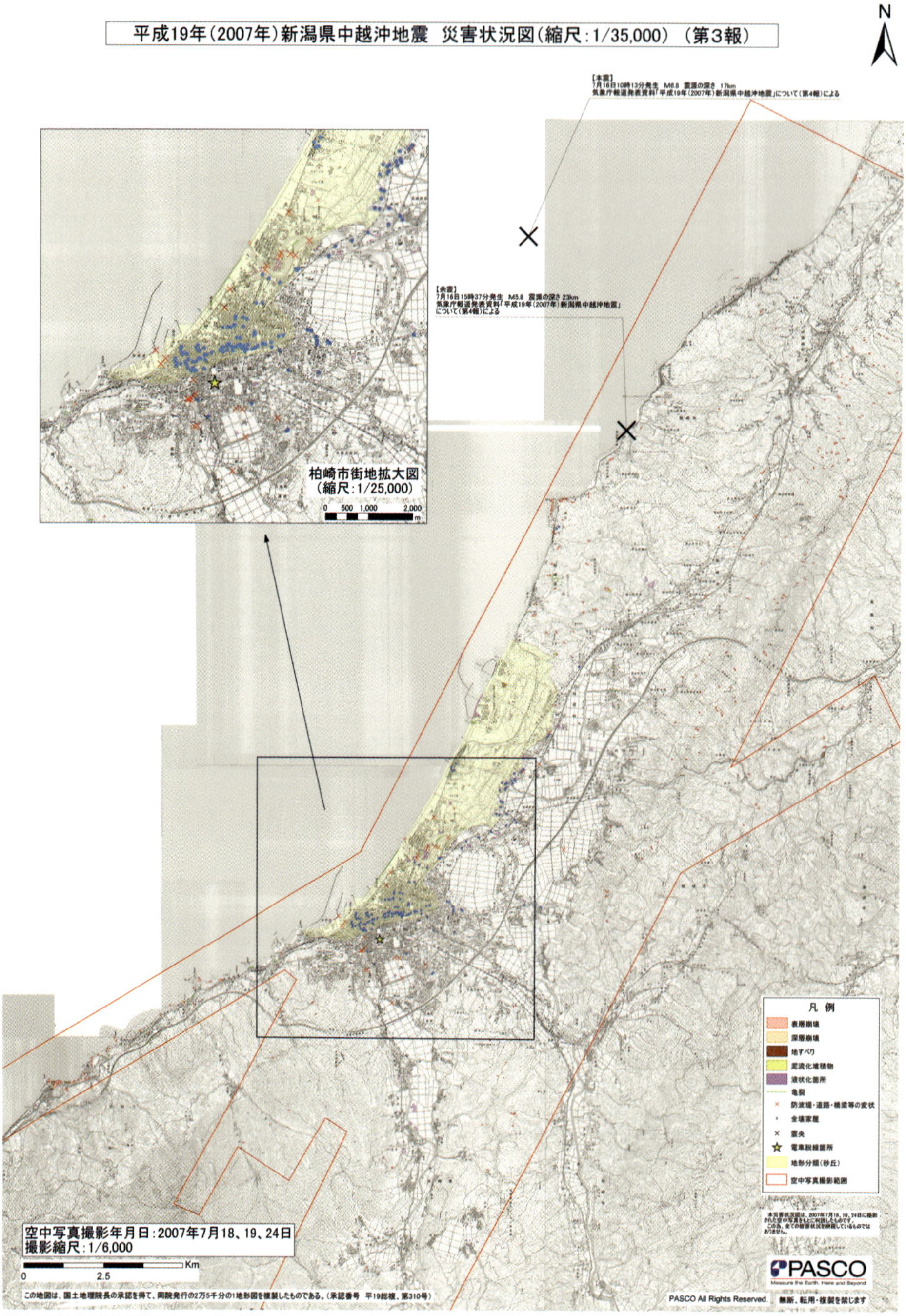

［図5］災害状況図（パスコ作成）

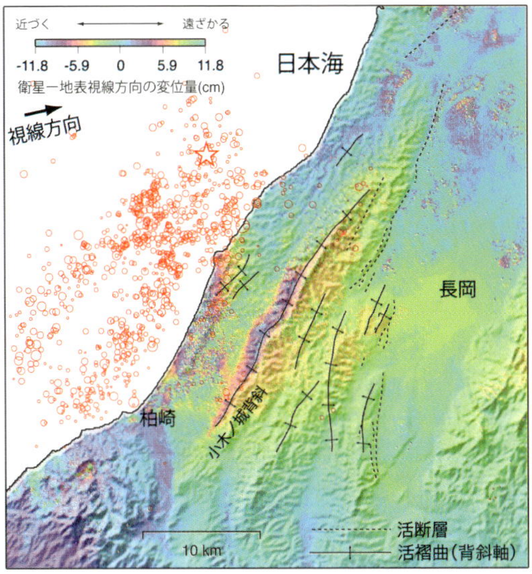

Analysis by GSI from ALOS raw data of JAXA, METI

[図6]北行軌道の「だいち」SARデータ干渉解析によって得られた地殻変動分布図
(2007年6月14日と9月14日に取得されたデータの干渉処理による。星印及び赤丸は、気象庁一元化震源による本震と余震の震央を表す。点線及び実線は、それぞれ活断層[9]と背斜軸を表す[10)11)]。Nishimura et al.(2008)[6)]の解析を基に加筆・修正)

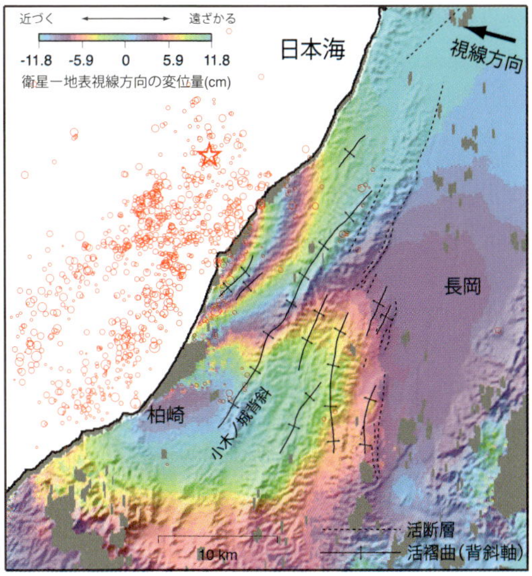

Analysis by GSI from ALOS raw data of JAXA, METI

[図7]南行軌道の「だいち」SARデータ干渉解析によって得られた地殻変動分布図
(2007年1月16日と7月19日に取得されたデータの干渉処理による。その他の図の説明は[図6]と同じ)

設は堅牢なため、構造も機能も維持されたが、周囲の盛土の一部が相対的に沈下したものと推定される。

なお、敷地内部のこのような状況は、地震発生から5日後の7月21日には報道機関などに公開されており、地盤沈下箇所では墳砂の発生も認められている。

(3) 空中写真から作成した災害状況図

地震発生後、航空測量関連各社は震災の被害状況をいち早く把握するために、パスコでは航空機を用いて斜め写真撮影及び垂直写真撮影を行った。

[図5]は、2007年7月18日、19日、24日に撮影された垂直空中写真(縮尺1:6,000)をもとに、技術者が空中写真の実体視で判読して作り上げた災害状況図である。

縮尺1:35,000の災害状況図には、全壊家屋の位置や防波堤、道路、橋梁の変状箇所、表層崩壊や地すべり等の土砂災害箇所及び液状化発生箇所を記載した。また、当該地の特徴的な地形である砂丘の分布範囲も併記した。これによると、柏崎市市街地の全壊家屋が、砂丘の内陸側縁辺部に多く分布していることがわかる。これは、砂丘下の沖積層の厚さの急変部で、地震動が増幅される「なぎさ現象」と呼ばれる作用によるものと考えられている[3)]。また、刈羽村では、砂丘地の末端斜面の液状化による地すべりで、家屋が大きな損壊を受けたとされている[4)]。

(4) SAR干渉解析で捉えた活褶曲の成長

SAR(合成開口レーダー)干渉解析は、人工衛星等による2回のSAR観測の差を取ることによって地殻変動の面的分布を検出する技術[5)]である。SAR干渉解析によって得られる地殻変動量は、衛星視線方向の変動量1成分のみ、すなわち衛星と地面の間の距離の変化であるが、人工衛星が北行軌道の場合は西側上空、南行軌道の場合は東側上空から対象地域を観測するため2成分の変動量を得ることができる。新潟県中越沖地震に伴う地殻変動は、陸域のGPS連続観測網においても検出されているが、SAR干渉解析からは面的に地殻変動を検出できるというSAR干渉解析の利点を発揮した珍しい地殻変動が発見された[6)]。

解析に用いられたのは陸域観測技術衛星「だいち」(ALOS)に搭載されたSARセンサ(PALSAR)のデータであり、[図6]と[図7]に異なる方向から捉えられた新潟県中越地方の地殻変動分布図を示す。西側上空からの地殻変動分布図[図6]を見ると、新潟県中越沖地震の震源断層すべりに伴う地殻変動が柏崎の北の海岸線付近に認められる。それに加えて、余震域から東に離れた丘陵地域(西山丘陵)において、震源断層のすべりによっては説明できない15cmに達する帯状の変動域が明瞭である。この変動域における変動方向を[図6]と[図7]を組み合わせて解析すると、西向き成分を持つ隆起であることが判明した[6)7)]。帯状の隆起は、地質図に記載されている小木ノ城(中央油帯)背斜に沿った領域で発生しており[6) 7)]、幅1.5km、長さ15kmにわたって小木ノ城背斜の中・南部に沿うように現れている。東側上空からの地殻変動分布図[図7]には、海岸線付近に最大30cm弱の衛星に近づく方向(隆起もしくは東向き)の変動が顕著であり、震源断層のすべりで概ね説明できる。しかし、小木ノ城背斜に沿って干渉縞にオフセットが認められ、ローカルな地殻変動が小木ノ城背斜付近に存在することを表している。この地殻変動は、隆起域付近では地震活動がほとんど見られないため、非地震性の現象であり、背斜軸に沿った隆起ということで褶曲構造の変形と上下変動の向きが一致することから、活褶曲の成長を表すと解釈できる。このような活褶曲の急激な成長を表す地殻変動が測地学的手法によって検出された例は、世界的にも珍しい。

この隆起は、小木ノ城背斜を横切る水準測量によっても確認された。過去の水準測量データから活褶曲の成長は、新潟県中越沖地震の40年ほど前から年間2～4mmの速度で続いていたとの報告もある[8)]。余震域から離れた活褶曲が急激に地震とほぼ同期して成長したことへの解釈としては、以前からゆるやかに続いていた成長が、周辺で発生した大地震(新潟県中越沖地震)による応力変化によって加速されたとの説が有力である[6)]。

参考文献

1) 気象庁ホームページ, 気象統計情報, 強震波形(2007(平成19)年新潟県中越沖地震)(accessed Nov. 2011)
2) 国土交通省北陸地方整備局:「能登半島地震・新潟県中越沖地震」北陸地方整備局の取り組みと地域支援, 新潟県中越沖地震, 第1章 新潟県中越沖地震の概要, 2008.
3) 新潟大学災害復興技術センター, 柏崎市街部の建物被害と地盤構造, 2007年新潟県中越沖地震 新潟大学調査団調査報告, 2007.7.
4) 新潟大学災害復興技術センター, 刈羽地域の液状化による建物・宅地被害, 2007年新潟県中越沖地震 新潟大学調査団調査報告, 2007.7.
5) 飛田幹男:合成開口レーダー干渉法の高度化と地殻変動解析への応用, 測地学会誌, Vol.49, No.1, pp.1-24, 2003.
6) Nishimura, T., Tobita, M., Yarai, H., Amagai, T., Fujiwara, M., Une, M., and Koarai, M.,: Episodic growth of fault-related fold in northern Japan observed by SAR interferometry, Geophysical Research Letters, Vol.35, L14401, doi:10.1029/2008GL034337, 2008.
7) 小荒井衛・宇根寛・西村卓也・矢来博司・飛田幹男・佐藤浩:SAR干渉画像で捉えた2007年(平成19年)新潟県中越沖地震による地盤変状と活褶曲の成長, 地質学雑誌, Vol.116, No.11, pp.602-614, 2010.
8) 西村卓也:測地観測によって明らかになった新潟県中越沖地震に伴う地殻変動と地震に同期した活褶曲の成長, 活断層研究, Vol.32, No.1, pp.41-48, 2010.
9) 地震調査研究推進本部地震調査委員会:長岡平野西縁断層帯の長期評価について, 2004.10.
10) 小林巖雄・立石雅昭・吉岡敏和・島津光夫:5万分の1地質図幅「長岡」, 産業技術総合研究所地質調査総合センター, 1991.
11) 小林巖雄・立石雅昭・吉村尚久・上田哲郎・加藤碵一:5万分の1地質図幅「柏崎」, 産業技術総合研究所地質調査総合センター, 1995.

2.11
岩手・宮城内陸地震
2008

(1) 災害の概要

2008（平成20）年岩手・宮城内陸地震の災害調査活動では、各調査機関により直ちに空中写真（デジタル・アナログ）の撮影・判読や航空レーザ計測が実施された。また、地上型レーザ計測や衛星干渉SARなど各種の計測手法が投入され、土砂堆積量の計測、地殻変動の観測などに様々な成果を上げた。

地震は、6月14日午前8時43分過ぎに、岩手県内陸南部の栗駒山山麓（北緯39度2分、東経140度53分、震源の深さ約8km）で発生した。地震の規模はM7.2で、岩手県奥州市と宮城県栗原市では最大震度6強を観測した。

この地震は山間地で発生したため、平野部の都市には大きな被害をもたらさなかったが、山地部では、強い揺れにより崩壊や地すべりが多発した。崩れた土砂は渓流を埋積して土砂ダムを形成したほか、一部では渓流の上流部で発生した崩壊が大規模な土石流となり人的被害をもたらした。二迫川上流の荒砥沢ダム湖の斜面では、大規模な地すべりが発生し、流出した土砂の末端はダム湖に突入した［図1］。また、山間の道路では、法面・斜面の崩壊や、橋梁の損壊などの被害も発生した。

さらに、栗駒山東方から南東方にかけての山麓には、延長約20kmにわたり、亀裂や段差などが断続して出現した。それらの一部は明瞭な地表地震断層と認められ、トレンチ調査などによって今回の地震に先行する変動も確認された[1]。しかしこれらの変動地形は地震前には活断層として認識されておらず、低頻度で発生する未知の活断層による地震への対策が今後の課題となった。

［図1］荒砥沢ダム湖上流の大規模地すべり（2008年6月14日、国際航業・パスコ共同撮影）

(2) 大規模地すべりや土石流被害を捉えた空中写真と、災害対策用に作成された正射写真図

この地震の空中写真は、国土地理院が2008年6月15日、16日及び18日の3日間にわたって撮影したほか、民間航測会社もデジタル航空カメラで撮影している[図2]。国土地理院が撮影に使用した航空機及びカメラは、測量用航空機「くにかぜⅡ」及びRC30、撮影縮尺は1：10,000である。

この地震では、宮城県北部の栗駒山の南側地域一帯で大規模な土砂災害が多発した。このうち、北上川水系迫川の支流である二迫川の荒砥沢ダム上流で発生した地すべりを捉えた空中写真が[図3]である。この地すべりは、長さ約1,300m、幅約800m、崩壊土塊約6,700万m³に及ぶ[2)]巨大なもので、すべり面の深度も約180～200m[3)]と非常に深く、S字の道路が写った部分の土塊は崩壊以前の表層の状態を保ったまま300m以上にわたって水平に移動したことが、この空中写真及び後述の正射写真図から判読された。

また、この地震では内閣府のとりまとめ（2010年6月23日時点）で、死者17人、行方不明者6人の被害が生じているが、このうち、7人の死亡が確認された栗原市駒の湯温泉の被害状況を捉えた空中写真が［図4］である。これは、東栗駒山東斜面標高1,360m付近で発生した崩壊が、沢に沿って約800mの標高差を土石流となって流下し、約3km下流にあった駒の湯温泉の施設を押し流したものである。駒の湯温泉の施設は、［図4］中Aの地点にあった。少し左に建物の屋根が写っているが、これは全壊して流された施設の一部である。もともと駒の湯温泉の施設があった箇所には厚さ約8mの土砂が堆積したほか、この土石流はさらに2km以上沢を流下し、県道近くの行者滝付近まで達した。また、駒の湯温泉から沢を挟んだ対岸でも幅約300m、長さ約200mの斜面崩壊が生じている。

一方で、この地震による被害は山間部で発生したため、被害の発生箇所を把握する際の目安となる地物が少なく、被害の位置や規模などの全体像をつかみにくい状況が生じていた。そのため、国土地理院では、空中写真を簡易オルソ画像化したものに地名や沢名などの地図情報を重ねて表示し、被害状況を容易に把握可能な写真図として、被害が集中していた荒砥沢ダム上流地域［図5］、駒の湯温泉地域［図6］及び一迫川上流地域の3地域についての正射写真図を作成した。縮尺は1:7,000または1：8,000のA1判の図とした。

［図2］岩手・宮城内陸地震の撮影範囲(概略)

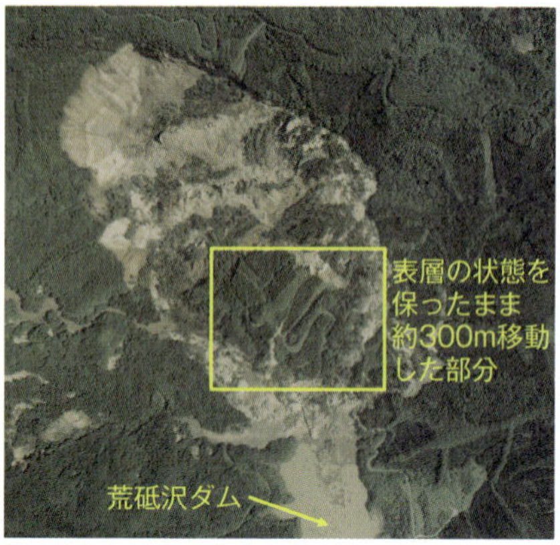

［図3］空中写真が捉えた荒砥沢ダム上流の地すべり

［図4］駒の湯温泉の土石流被害状況

(3) 航空レーザ計測で捉えた地震前後の地表変動

この地震では様々な規模の土砂崩落が発生したため、その崩落土砂量などを計測するために、航空レーザ計測が積極的に導入された。地震発生時には、既に国内各地の河川沿いを中心に航空レー

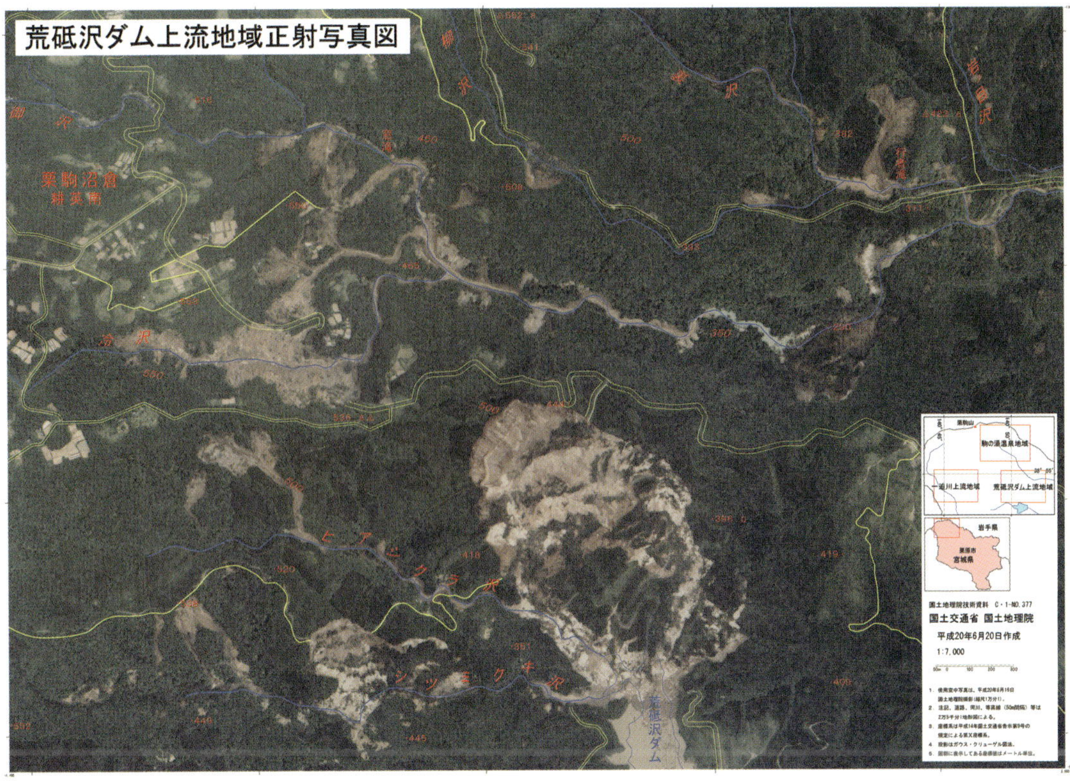

[図5]荒砥沢ダム上流地域の正射写真図

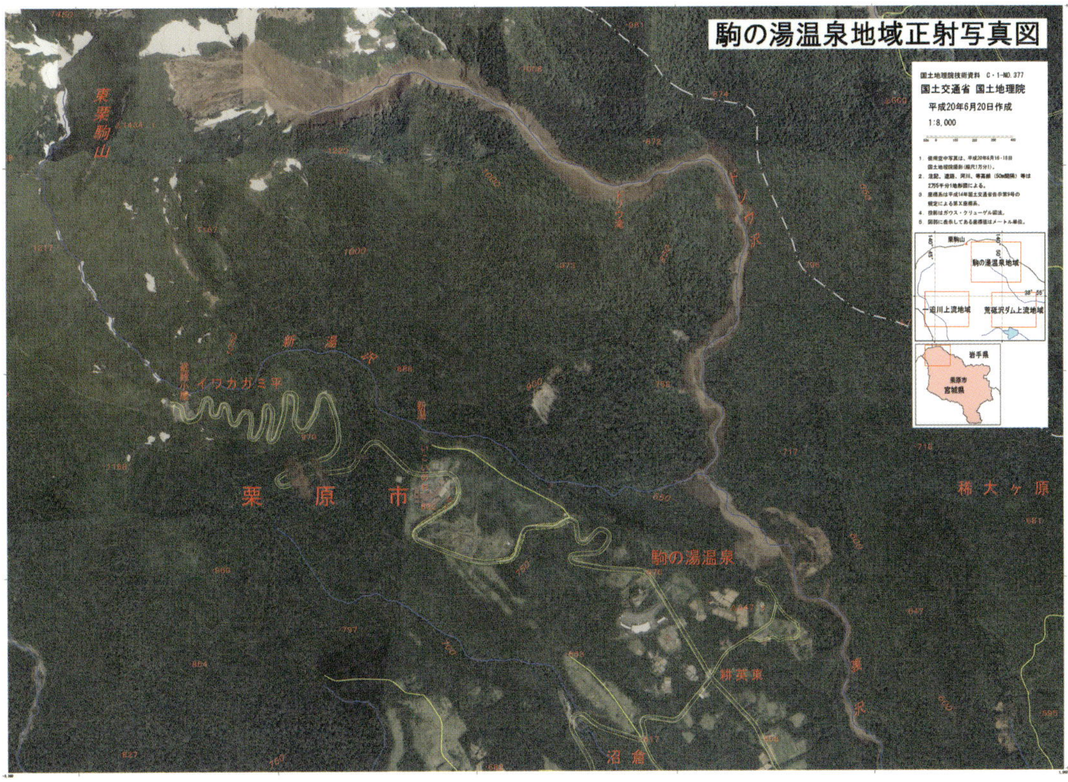

[図6]駒の湯温泉地域の正射写真図

ザ計測による地形データ整備が進められつつあり、被災地域の一部にも、地震前に取得された地形データがあった。そのため、地震前後の地形を比較して、移動土砂量を定量的に、かつ迅速に把握することが期待されたのである。

また土砂量だけでなく、地殻変動を計測するために、2時期の空中写真を用いた地表面移動量計測が行われた[4]ほか、2時期の航空レーザ計測データから地表面の3次元的な移動量を計測する手法も開発され（特許第4545219号）適用された[5]。この手法は、数値標高データ（DEM）から算出した地形量を画像化し、画像のパターンマッチング解析を応用して、画像上の計測領域の水平変位量を自動的に計測するものである［図7］。移動前後の画素の持つ標高値から鉛直変位量が算出できるので、3次元変位ベクトルが得られる。

DEMを用いた2時期の比較計測は、空中写真測量による従来の手法と比較して、大量・高密度の計測点を迅速に計測でき、地表面の動きを面的に詳細に把握できる。この手法は、地表の特徴点が追跡不能なほど大変形を起こした場合には不向きであるが、斜面の地すべりやクリープ、あるいは断層変位などの抽出には効果的で、後に七五三掛（しめかけ）地すべりの調査[6]にも応用されるなど様々な試みがなされている（4.5節参照）。

この地震では、荒砥沢ダム湖の右岸斜面に大規模な地すべりが発生したが、地すべりブロックの近傍には明瞭な横ずれ成分をもつ亀裂群が生じ、活断層の地上延長部であることが疑われた［図8］。しかし2時期（2006年と2008年）のDEMを用いた数値地形画像解析［図9］により、地表面はそれぞれ鉛直方向に動く成分を持ち、小ブロックが重力性マスムーブメントとしてそれぞれ異なる方向に動いたことが推定できた。

（4）XバンドSAR衛星による地すべり調査

2008年6月16日午後5時40分に、パスコでは、XバンドSAR衛星のTerraSAR-Xで、被災地の撮像を実施した。撮像範囲は、被災地の中心となる栗駒山の南東斜面約100km^{2}である。撮像諸元は、下記のとおりである。

- 撮像モード：SpotLightモード
- 分解能：約1.5m
- 入射角：49.3度
- 軌道：アセンディング（北行軌道）
- 偏波：単偏波（HH）

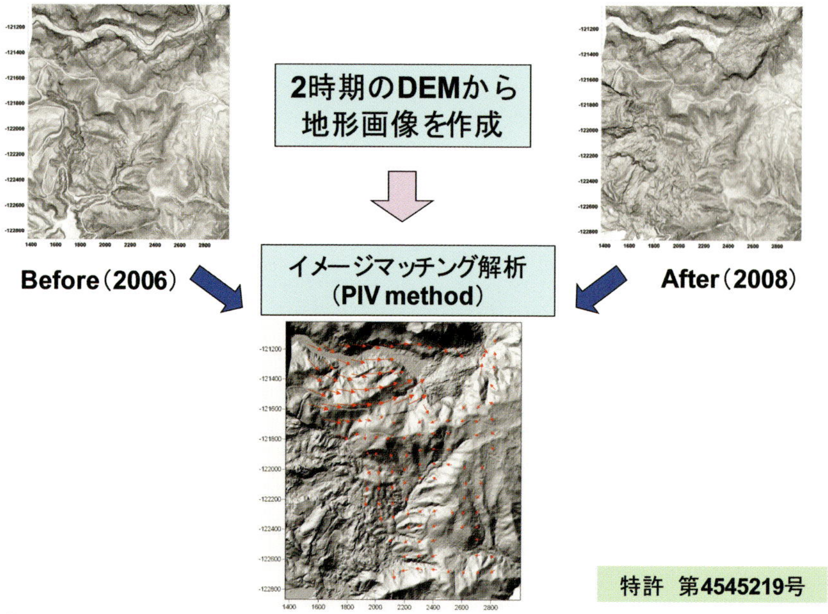

［図7］2時期のDEMから作成した数値地形画像のパターンマッチングによる変位量計測の概念図

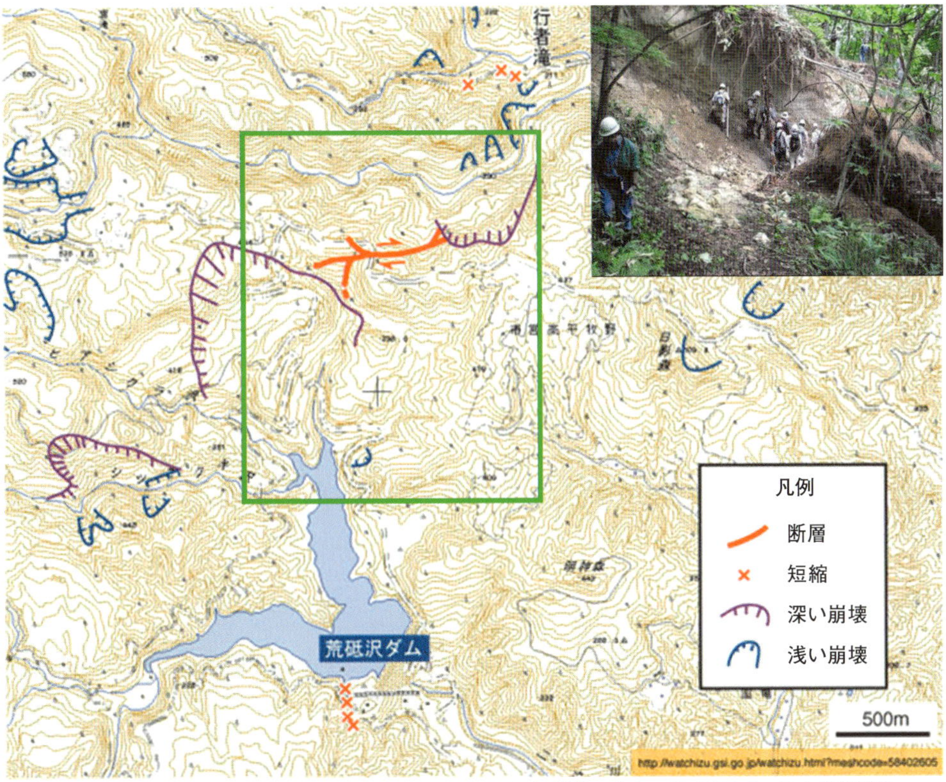

［図8］産業技術総合研究所による現地調査で明らかにされた亀裂群の分布。枠は［図9］に示す解析範囲

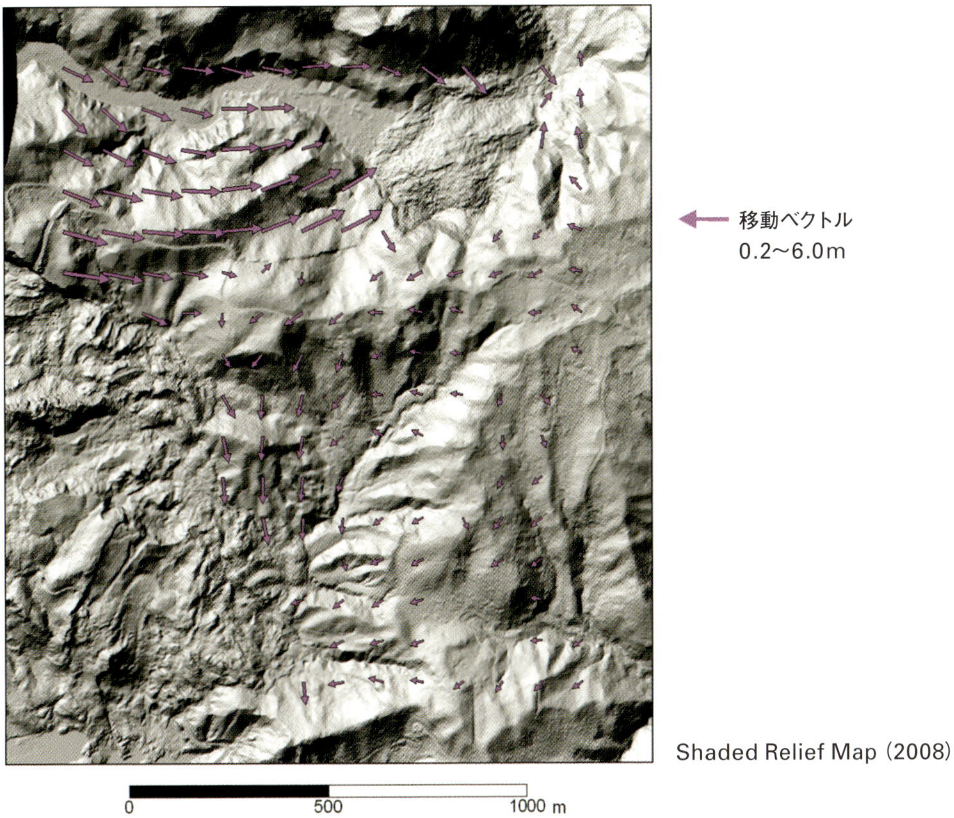

［図9］数値地形画像マッチングによって計測された地表面の動き（最大水平成分は約6m）

荒砥沢地すべり等のその後の変化を捉えるため、撮像はその後、同年7月8日及び7月30日にも実施された。

6月16日の撮像画像を［図10］に示す。土石流の起因となった東栗駒山の山腹崩壊（画像右上）や土石流の流下経路（矢印で図示）、荒砥沢の地すべりの状況（画像左下）が明瞭に確認できる。また、土石流により被災を受けた駒の湯温泉付近の拡大画像を［図11］に示す。土石流の流路を塞いだ地すべり（赤色のハッチ）、駒の湯温泉の建物（赤色の円形）も確認することが可能である。

荒砥沢地すべり付近の3時期の拡大画像を、それぞれ［図12～図14］に示す。6月16日と7月18日の変化を抽出するために、前者の画像に赤色、後者に緑色と青色に割り当てて合成した画像を［図15］に示す。［図15］のA地域では、新たな亀裂が発生し、約8.5mの落差が生じていることがわかる。B地域では、A地域に伴い滑落崖の肩が沈下したため、影が後退していることが確認できる。C地域では、道路付替え工事のための伐採及び掘削跡が確認できる。

同様に、7月18日と7月30日の変化を［図16］に示す。［図16］のA地域では、亀裂が拡大しており、落差が約11mに拡大していることがわかる。D地域では細長い小さなブロック（長さ約70m、幅約5m）が消失しており、滑落したことが想定される。また、E地域では直径約13mであった湛水面が拡大（長さ約80m、幅約15m）していることが確認できる。

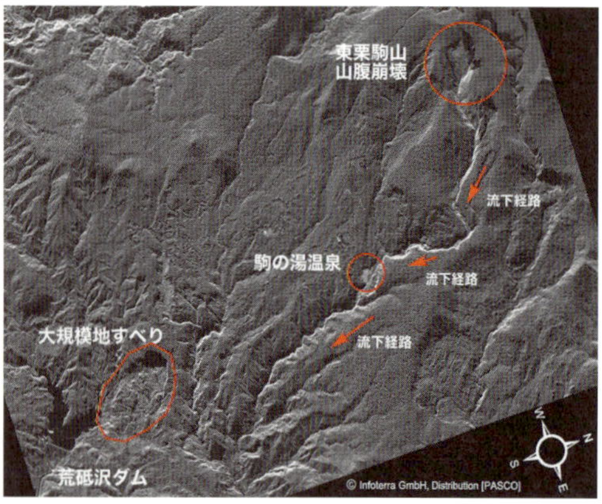

［図10］全体画像（東栗駒山、駒の湯温泉、荒砥沢）

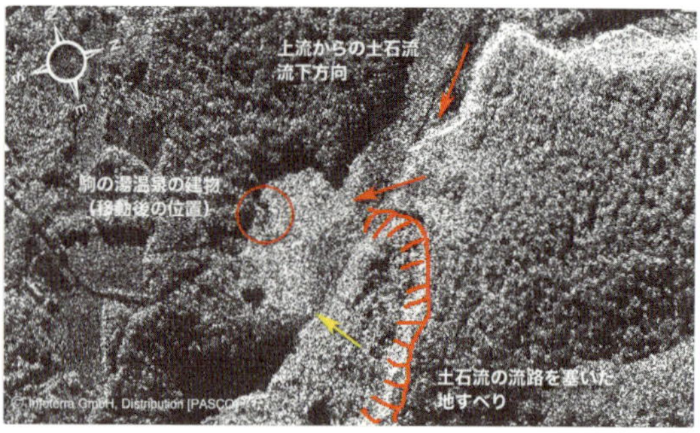

［図11］駒の湯温泉付近（拡大画像）

［図12］荒砥沢ダム湖周辺（6月16日撮影）

［図13］荒砥沢ダム湖周辺（7月18日撮影）

［図14］荒砥沢ダム湖周辺（7月30日撮影）

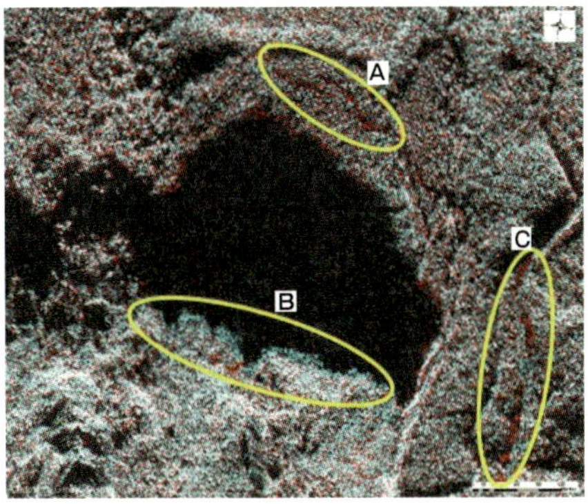

［図15］6月16日と7月18日の変化

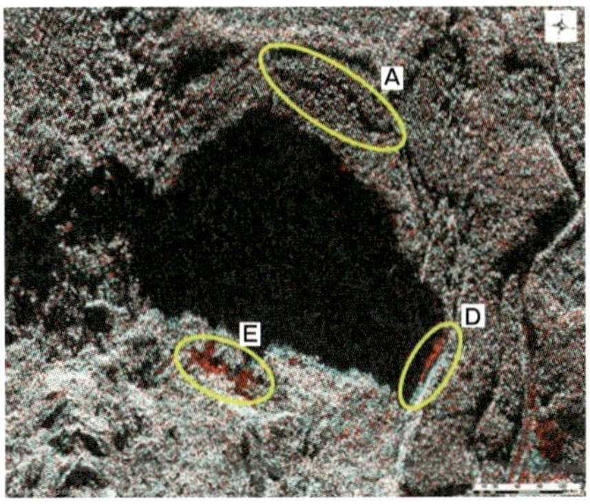

［図16］7月18日と7月30日の変化

本事例は、XバンドSAR衛星による国内初の震災時の土砂災害の把握事例である。高分解能XバンドSAR衛星を用いることにより、単画像より土砂災害の概況の把握が可能なこと、また、複数時期の撮影を実施することにより、強度画像から数mオーダーの変化が抽出可能なことが検証された。

(5) AVNIR-2・PRISMによる広域観測と土砂災害箇所抽出

災害発生直後は通常、現地の様子が把握できずどこにどの程度の被害が発生しているのかわからない場合が多い。また救援活動計画の策定においても、現地の状況を把握することが第一優先となる。この意味においては、高分解能衛星による詳細観測ではなく、中空間分解能ながら広域観測可能な光学センサが重要となる。岩手・宮城内陸地震でも陸域観測技術衛星「だいち」(ALOS)の高性能可視近赤外放射計2型(AVNIR-2)による広域観測が発災直後の広域の様子を捉え、その後の救援活動(高分解能衛星による観測運用計画の策定を含め)に資する情報を提供することができた[7]。

［図17］は発災の翌日にAVNIR-2が捉えた震源地付近の画像である。AVNIR-2は分解能が10mながら70kmの観測幅があり、また衛星進行方向に対して左右44度のポインティング機能が特に災害発生時の緊急観測に効果を発揮した。［図18］は［図17］中、黄色枠Aで示した範囲の拡大である。国道397号線の石淵ダムから北に入った尿前沢付近で、発災前の2006年5月4日に観測されたAVNIR-2画像と比較すると、地震に伴う土砂崩れによって沢が数カ所にわたって堰き止められている様子が確認でき(画像中黄色丸)、この後の天候によっては、下流に位置する奥州市への二次災害の危険性も懸念された。同様に、［図19］は［図17］中、黄色枠Bで示した範囲の拡大である。被災後の左画像では、国道398号線より東側の斜面で発生した多数の土砂崩れの様子を確認することができた。

［図20］は同じく6月15日に緊急観測されたAVNIR-2画像による「だいち防災マップ」である[8]。「だいち防災マップ」は国土地理院発行1：50,000地形図の図画に合わせAVNIR-2及びパンクロマチック立体視センサ(PRISM)の最新画像をベースマップとし、行政界や道路・鉄道網・広域避難場所等を重ね合せ表示しており国内防災関係機関や自治体向けに整備したものである。ベースマップにALOS光学画像を使用することで通常の地形図では視覚的に捉えにくい土地利用状況を把握することができる。ベースマップに発災後の画像を使用することで、衛星画像に馴染みの少ない防災関係者でも容易に被害箇所を認識することができた。発災前後の防災マップを比較した結果、オレンジ枠で示した場所で地面が露出しており、山間部で多数の土砂災害発生箇所があることがわかった。

発災から約2週間後の7月2日、雲が少ない好条件でAVNIR-2/PRISMの同時観測が行われた[9]。［図21］は7月2日観測のAVNIR-2全体画像である。［図22］はPRISM及びAVNIR-2によるパンシャープン画像、及び国土地理院発行数値地図50mメッシュ(標高)を用いて作成した鳥瞰図で、

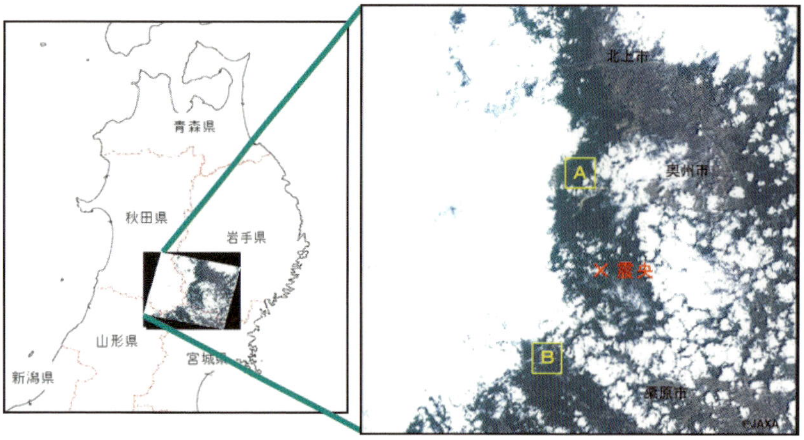

［図17］2008年6月15日観測のAVNIR-2画像

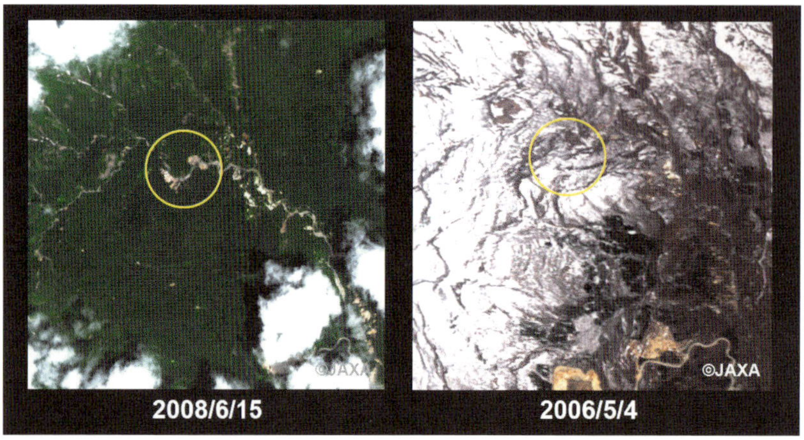

［図18］［図17］中のAの拡大（左:発災後、右:前）

［図19］［図18］中のBの拡大（左:発災後、右:前）

荒砥沢ダム北側の大規模崩落現場の様子を示している。また、ダム北側の沢でも土砂崩れのため川が堰き止められていることがわかった。［図23］は荒砥沢ダム付近の拡大図だが、［図22］のように鳥瞰図で見ると周囲の地形と被災箇所の様子がより明確に把握できる。［図24］は宮城県栗原市立築館中学校付近のパンシャープン画像の拡大である。生徒たちが支援活動で上空を飛ぶヘリコプターに向けて、感謝の気持ちを伝えるために校庭に描いた「ありがとう」の文字を確認することができた。

参考文献

1）丸山正・遠田晋次ほか:2008年岩手・宮城内陸地震に伴う地震断層のトレンチ掘削調査, 活断層・古地震研究報告, No.9, pp.19-54, 2009.

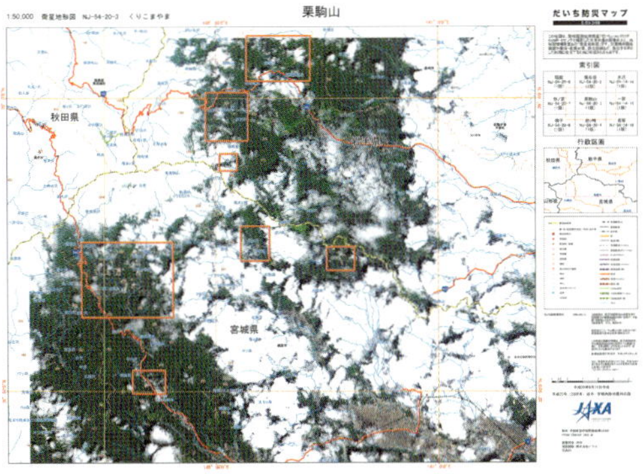

［図20］2008年6月15日のAVNIR-2緊急観測画像を用いた「だいち防災マップ」

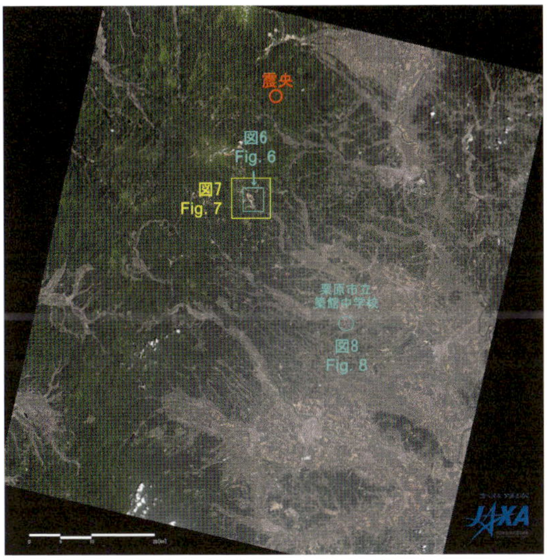

［図21］2008年7月2日観測のAVNIR-2画像

［図22］PRISM/AVNIR-2によるパンシャープン画像による荒砥沢ダム北側の大規模崩落地の鳥瞰図

2）農林水産省東北農政局・林野庁東北森林管理局・宮城県土木部：荒砥沢ダム災害復旧事業のあらまし, 2009.2.

3）川辺孝幸：2008年岩手宮城内陸地震による地震災害について, 山形応用地質, 第29号, pp.41-53, 2009.

［図23］荒砥沢ダム付近拡大（左：発災後、右：発災前）

［図24］宮城県栗原市立築館中学校の校庭に描かれた「ありがとう」の文字（パンシャープン画像）

4）神谷泉・小荒井衛・関口辰夫・岩橋純子・中埜貴元：2008年岩手・宮城内陸地震における荒砥沢ダム北方の水平変位, 写真測量とリモートセンシング, Vol.47, No.6, pp.38-43, 2008.

5）向山栄・西村智博・浅田典親：詳細DEMを用いた2時期の地形画像マッチング解析から推定した平成20年（2008年）岩手・宮城内陸地震における荒砥沢ダム周辺の地表変動, 地球惑星科学関連学会2009年合同大会予稿集, Y167, 2009.

6）高見智之・向山 栄・齋藤克浩・森 一司：二時期レーザ地形画像比較による地すべり変動の面的把握, 第49回地すべり学会研究発表会講演集, pp.241-242, 2010.

7）JAXA EORC：陸域観測技術衛星「だいち」（ALOS）による平成20年（2008年）岩手・宮城内陸地震の緊急観測結果について, 2008.
http://www.eorc.jaxa.jp/ALOS/img_up/jdis_iwatemiyagi_eq_080615.htm（accessed 18 Oct. 2011）

8）同, 続報, 2008.
http://www.eorc.jaxa.jp/ALOS/img_up/jdis_iwatemiyagi_eq_080615_2.htm（accessed 18 Oct. 2011）

9）同,（5）, 2008.
http://www.eorc.jaxa.jp/ALOS/img_up/jdis_iwatemiyagi_eq_080702.htm（accessed 18 Oct. 2011）

2.12

駿河湾を震源とする地震

2009

(1) 災害の概要

2009年8月11日午前5時7分に、駿河湾の深さ23kmでM6.5の地震が発生し、最大震度6弱の揺れが観測された。この地震で死者1人、負傷者245人の被害が生じた。

この地震は想定東海地震の震源域とされる領域内で発生した地震であるため、東海地震との関連が問題となった。当日8時から開催された地震防災対策強化地域判定会委員打合せ会において検討した結果、この地震そのものは、想定される東海地震のようなプレート境界のすべりによる地震ではなく、沈み込むフィリピン海プレート内の地震であること、地震に伴って地下に埋設されている傾斜計やひずみ計にステップ状の大きな変化が現れその後もゆっくりした変化が続いたが、この地殻変動は想定される東海地震の前兆すべりによるものではないことから、東海地震に結びつくものではないと判断され、当日の11時20分に発表された[1)]。

(2) デジタル航空カメラが捉えた災害状況

撮影諸元

この地震は発生時刻が早朝であったことから、発災当日の夕方に、国土地理院が測量用航空機「くにかぜⅡ」によって、被災地の緊急撮影を実施した。撮影の諸元は、次のとおりである。

・撮影日	2009年8月11日
・航空機	くにかぜⅡ（ビーチクラフトC90）
・使用カメラ	UCD（UltraCamD）
・撮影コース	3コース
・撮影枚数	81枚
・撮影縮尺	1：5,000
・撮影高度	1,150m（3,800ft）

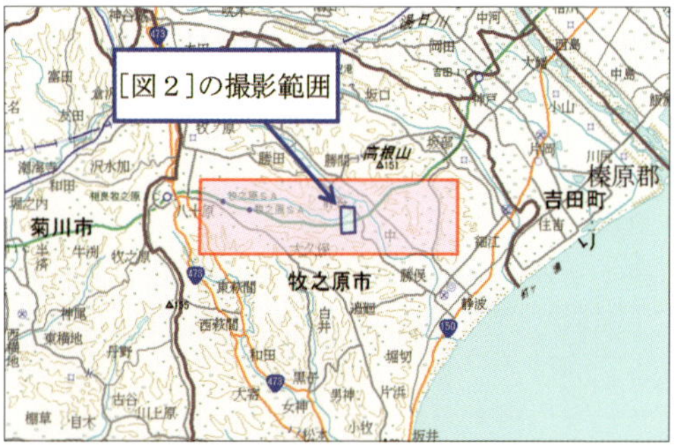

[図1]撮影範囲(赤枠内:東名高速道路関係)

この撮影は、前年7月に発生した岩手県沿岸北部地震に次いで国土地理院がデジタル航空カメラによって実施した2例目の緊急撮影であり、その撮影成果から比較的規模が大きい被害状況が確認された初めてのケースとなった。

また、地震発災当日中に緊急撮影を実施した事例としては、1995（平成7）年の兵庫県南部地震（阪神・淡路大震災）、2008（平成20）年の岩手県沿岸北部地震に次いで3例目である。

なお、同一フライトで静岡県榛原郡吉田町の市街地も114枚の撮影を実施しているが、写真上で判読できるほどの被害は確認されていない。

写真が捉えた被害状況

この地震による建築物に関する被害は、内閣府のまとめによると、半壊が6棟確認されているほか、屋根瓦のずれなどで一部破損した住宅が8,672棟に上っているが、屋根上のブルーシートが確認されるもの以外に写真で明瞭に判読できた被害はなかった。

一方、道路に関しては、全面通行止めを伴う被害が11カ所で発生しており、最大の被害は、東名高速道路の吉田IC～相良牧之原IC間で盛土法面の路肩部が40mにわたって崩落したものであった。

この崩落は、国土地理院の緊急撮影で捉えることができた。［図2］は、UCDにより捉えた被災箇

［図2］東名高速道路の崩落部を撮影したUCD画像
左が東京側、右が名古屋側（赤枠は［図3］の範囲）

所の写真である。デジタル航空撮影による画像カメラであるUCDの撮影画像は、従来のフィルム撮影による画像と異なりアスペクト比が大きい（11,500：7,500＝1.53）画像となる。

災害対応を目的に緊急撮影として撮影を実施したため、通常撮影では行わない雲の合間を縫っての撮影となっており、画像中に雲が写っている。

また、この緊急撮影で撮影された一連の画像は、CCDで撮影するというデジタル航空カメラの特徴を活かし、フィルム式カメラでは不可能であった夕刻時（17時26分～18時02分）に撮影した画像となっている。

［図3］は、［図2］中の赤枠の範囲内を拡大した画像である。夕刻時の撮影であるが、車線を示す白線や、路面の崩落部と、その右に配置されている水色のクレーン車の間の路面に生じた幅20cmほどのクラックも明瞭に判読でき、デジタル航空カメラを用いれば夕刻時でも災害対応の目的には支障がない画像が撮影できることが実証された。

［図3］崩落部の拡大画像

被害状況は、路面の白線部の長さが5mであることから、発生した土砂崩れは、幅約40m、長さ約110mの規模であることが判読できる。なお、この崩壊は道路の盛土部が崩落したもので、路面側が崩れの頂部で画像上側に向かって崩れ落ちており、すでに応急対策として矢板が10枚前後打ち込まれている状況も把握できる。

なお、この地震では1人の死者が発生しているが、これは静岡市において、室内に積まれた本等の落下により窒息して死亡したもの[2]で、この地震では、［図3］の崩落部以外に目立った被害状況は捉えられていない。

参考文献

1）気象庁：東海地震に関連する情報第3号.
http://www.jma.go.jp/jma/press/0908/11d/toukai200908111120_2.pdf（accessed 3 Jan. 2012）
2）内閣府：駿河湾を震源とする地震について，平成22年3月16日19時00分現在.
http://www.bousai.go.jp/kinkyu/090811-jishin-surugawan/090811-jishin-surugawan.html（accessed 3 Jan. 2012.）

3.1

1977年有珠山噴火

1977

(1) 災害の概要

災害現象の始まりを確実に予測することは難しいが、全く思いがけずにそれを記録できるときもある。[図1] は、有珠山火口からプリニー式噴火の噴煙柱が立ち上がった瞬間を、航測会社の機体が他の業務の飛行中に偶然に捉えた1枚である。

1977年8月の有珠山の大噴火は、7日9時12分に第1回の大噴火、ついで8日に第2回、9日に第3回・第4回の都合4回にわたった。このほか8月14日までの間に、10数回の小噴火が繰り返されたが、これらの噴火口はいずれも外輪山内側の火口原内に位置した。この噴火は大量の軽石と火山灰を吹き上げ、また最初の噴火による噴煙の高さは12,000mに達したため、火山灰は偏西風に乗って遠く日高方面やオホーツク海にまで達した。また噴出物には火山岩塊や火口原の堆積物も含まれていて、火山岩塊はいずれも火口から最大2km以内の地点に落下した。この時の噴出物の総量は約8,300万m^3といわれ、有珠山周辺の各渓流では約450万m^3程度の降下堆積量であった。

噴火活動は、8月13日の中噴火を最後に一応おさまった。それまでの活動は第Ⅰ期噴火と呼ばれる。しかし、3カ月を経過して第Ⅱ期の活動が始まり、11月16日に第1回の水蒸気爆発があり、1978年に入って1月13日に第2回、さらに7月15日、8月24日、9月12日などに最大規模の水蒸気爆発が起こっている。この間、継続的に小規模な噴火と水蒸気爆発が繰り返されたが、1978年10月27日の小噴火を最後に噴火活動が終わった[1)]。

[図1]有珠山1977年8月7日の第1回目噴火(国際航業提供)

(2) 噴火災害について

1年余続いたこの噴火災害では、地表調査に加えて大量の空中写真を利用した地形判読や計測が行われ、状況の変化が逐次把握された。災害実績図を [図2] に示し、その主なものについて概述する。

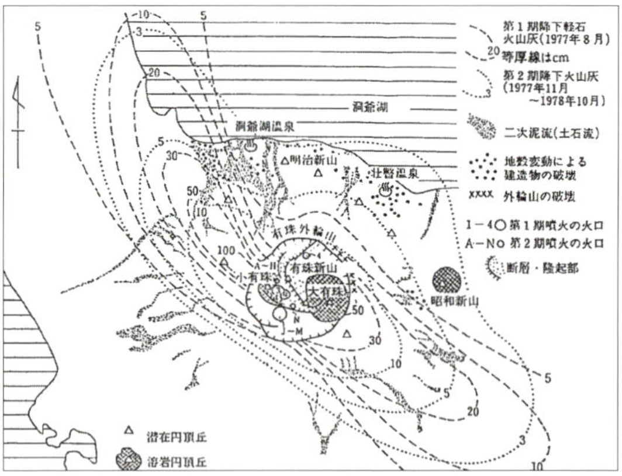

[図2]1977～1978年噴火後の有珠山災害実績図[1)]

降下火山灰

1977年8月の噴火は、石英安山岩質のマグマの上昇に伴い大規模な軽石噴火が発生し、道内の広い範囲にわたって降灰をもたらした。7日の降灰域は南東方向に広がり、日高地方まで達した。また、これに続く8日から9日の噴火では、北方や東方へ降灰域が広がり、留萌地方や十勝地方まで降灰が及んだ。これらの一連の噴火による有珠山周辺での降灰の厚さは、[図2] に示したようになり、降灰域は北西－南東方向に伸びた形となった。

1977年8月の一連の噴火による噴出物の総量は、$8.3 \times 10^7 m^3$と推定された。

地盤変動と地形変化

1977年8月7日の第Ⅰ期噴火の開始と同時に、山頂および北・北東山腹斜面から山麓を中心として地震活動を伴った顕著な地盤変動が始まった。火口原内では、小有珠東麓からオガリ山にかけて北西南東方向の断層崖が出現し、その崖の比高は噴火直後には最大1日1mの割合で増加した。その結果、1980年には標高660mの有珠新山が形成され、大有珠も若干高くなって735mとなった。引き続く火口原内の断層崖の成長は有珠新山を中心として北東に開いた“U字形”地塊を出現させた。そのことによって、北火口原の隆起・傾動、北東外輪山の迫り出し・傾動、さらには東丸山の西側山腹斜面に右横ずれ断層が形成された。これらの変動は1977年11月から1978年10月にかけての時期、すなわち第Ⅱ期噴火の時期に著しく進行した［図3］。さらに、有珠新山の隆起に伴って外輪山が、最大180m北東方向に移動した。源太川扇状地の末端にあたる湖岸でも約30m北東方向に移動した。

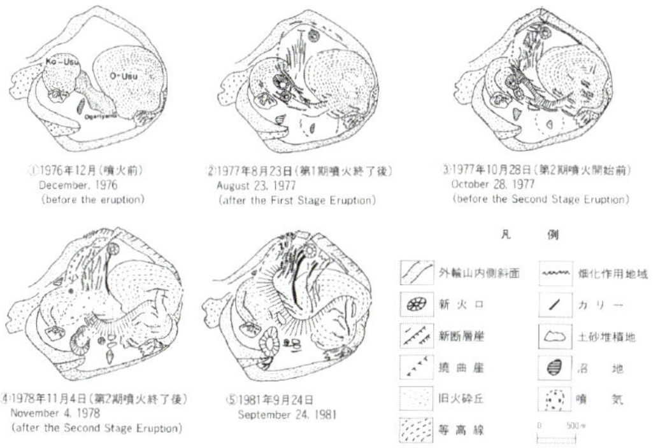

［図3］有珠山火口原の地形変化[2)]

泥流・土石流

有珠山では、噴火の10日後から周辺部で泥流が断続的に発生しだした。その中でも最大規模のものは、翌年（1978年）10月に2回発生した［図2］。

①1978年10月16日の泥流

低気圧の通過で、胆振地方は、1978年10月16日午前7時半頃から約1時間にわたって雷を伴った激しい降雨があった。この降雨は、降り始めから降り終わりまでに20〜30mmの降雨量が有珠山麓の各観測所で記録された。この降雨により、西山川、小有珠川、壮瞥温泉川、大有珠川、板谷川、泉地区で泥流が発生した。発生の規模は、洞爺湖温泉地区で、48,900m^3に達し、同年10月24日の泥流災害に次ぐ規模であった。泥流堆積物は、洞爺湖温泉保養所（西山川）付近で厚さ2mに達し、虻田町では住家被害（床上浸水3棟、床下浸水66棟）のほか農地被害や農作物被害が出た。

②1978年10月24日の泥流

1978年10月24日午後9時45分頃、有珠山周辺全域で大規模な泥流が発生した。特に、洞爺湖温泉地区では西山川と小有珠川から約14万m^3の泥流が発生し、3名の死者・行方不明者がでて、噴火開始以来最大の災害となった。当日、有珠山周辺では1時頃から昼頃まで13〜20mmの先行降雨があったのち、21時25分〜35分の10分間に21mmの記録的な局地降雨があった。この泥流による被害状況は、虻田町で死者2人、行方不明1人、全壊3棟、半壊4棟、床上浸水29棟、床下浸水142棟のほか、農業被害や土木被害が出た。壮瞥町では、床上浸水9棟、床下浸水12棟を始め農地被害や土木被害が生じた。

［図4］上空3,800mから撮影した有珠山火口（1978年10月、国際航業撮影）。中央やや左には、噴煙の合間から第4火口が見られる

（3）空中写真による火山精密地形図作成

有珠山噴火では、空中写真による調査・測量が繰り返し実施された。当時はアナログ図化機による地形図作成手法が成熟し、技術的に高い水準に達していた時期であった。

［図5］は、噴火から3カ月後の1977年11月4日に撮影した空中写真を基に、アナログ図化機を用いて作成した精密地形図である。この等高線は、緩急の地形が繊細に描かれており、まさに芸術的である。これを作成した図化機の技術者のレベルの高さを垣間見ることができる。

また、［図6］は、噴火から約1年を経過した1978年9月12日に、当時の三菱商事社会環境室の依頼で、パスコが撮影した空中写真である。WILD RC-10（f=153.12mm）のカメラを用いて、高度2,200mから撮影したものである[3]。

写真の中央の右上には大有珠、中央の左の噴煙で隠れている場所が小有珠である。白い噴煙が湧き上がっている場所は、デイサイト（火山岩の一種）の大噴火が始まった火口原である。ここは銀沼が位置していた場所であるために、銀沼火口と呼ばれた。また、その周辺は、生い茂っていた樹

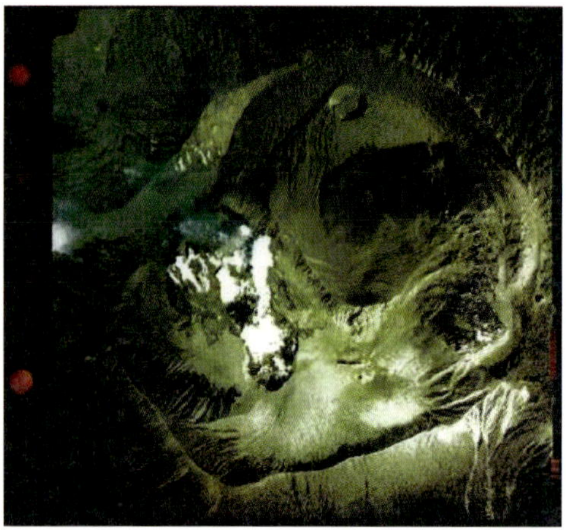
［図6］1978年9月撮影の空中写真

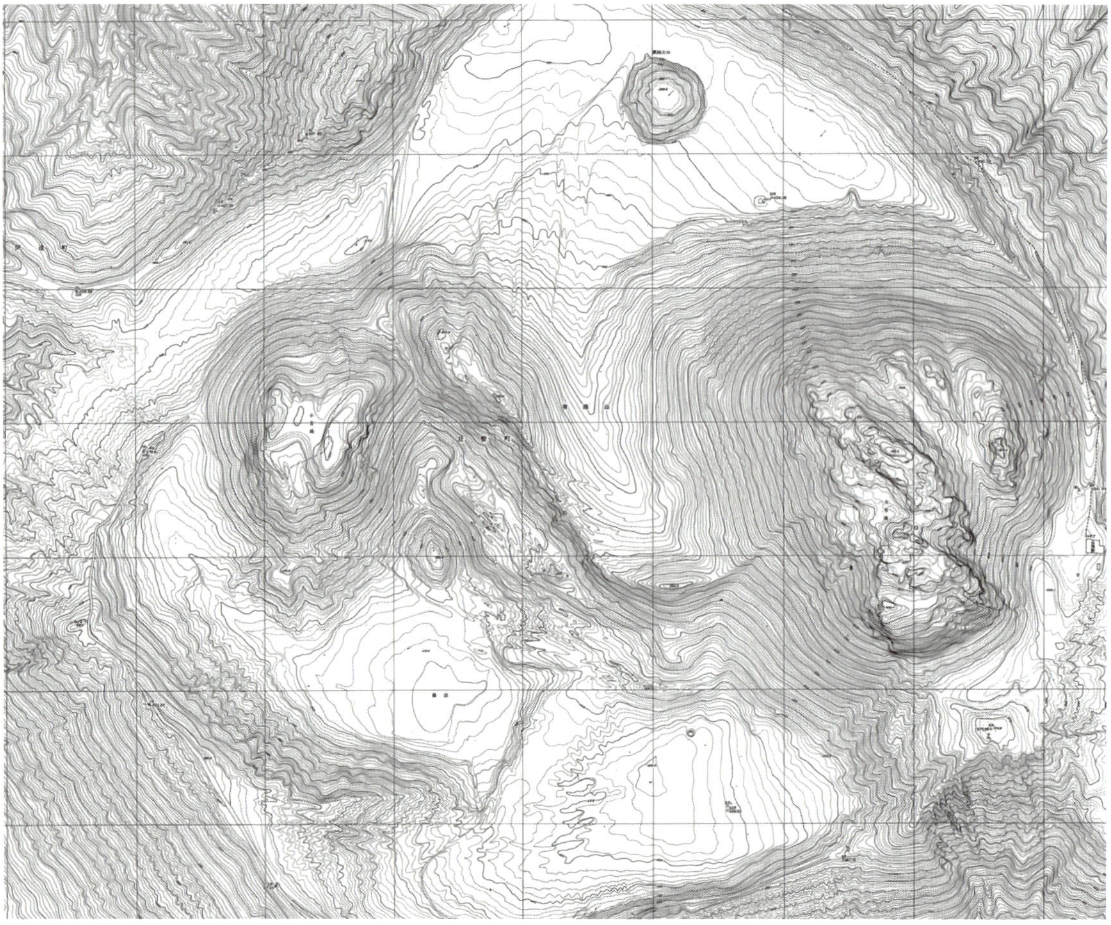
［図5］1977年11月4日精密地形図

木が剥ぎとられて、噴出した砂や岩に埋もれていることがわかる。中央の上部では、軽石噴火で現れた円形の火口がくっきりと見える。さらに、小有珠東麓部と大有珠南麓部（オガリ山）は、地形が隆起して、形成された潜在ドームは、有珠新山と命名された[4]。

［図7］は、有珠山の火山活動を調べるために、［図5］に示す精密地形図（1977年）を基準に、1976年10月17日、1977年11月4日及び1978年9月12日の空中写真を用いて、水平変位図を作成したものである。まず、写真判読では、3時期の空中写真に写っている同一の樹木及び地物を丹念に探し出し、それらの地点の水平位置及び標高を、アナログ図化機を用いて計測した。この結果をもとに、同一の樹木及び地物の移動をベクトルで表現し、標高値をベクトルの始終点に記述して、水平変位図を完成させた。この変位図の作成には、三菱商事社会環境室、ならびにリモート・センシング技術センターの協力を得た[5]。

［図7］の中央部には、移動した外輪山が斜めに位置している。1976年10月17日の灰色の破線の外輪山は、1977年11月4日には大噴火の影響で、大幅に北東へ移動している。また、1978年9月12日には、連続した噴火で、さらに北東に移動していることがわかる。さらに、有珠山の北東のエリア全体も北東に向かって変位ベクトルが伸びていることが示されている。

地形変位は、中央部で上下方向に約230m、水

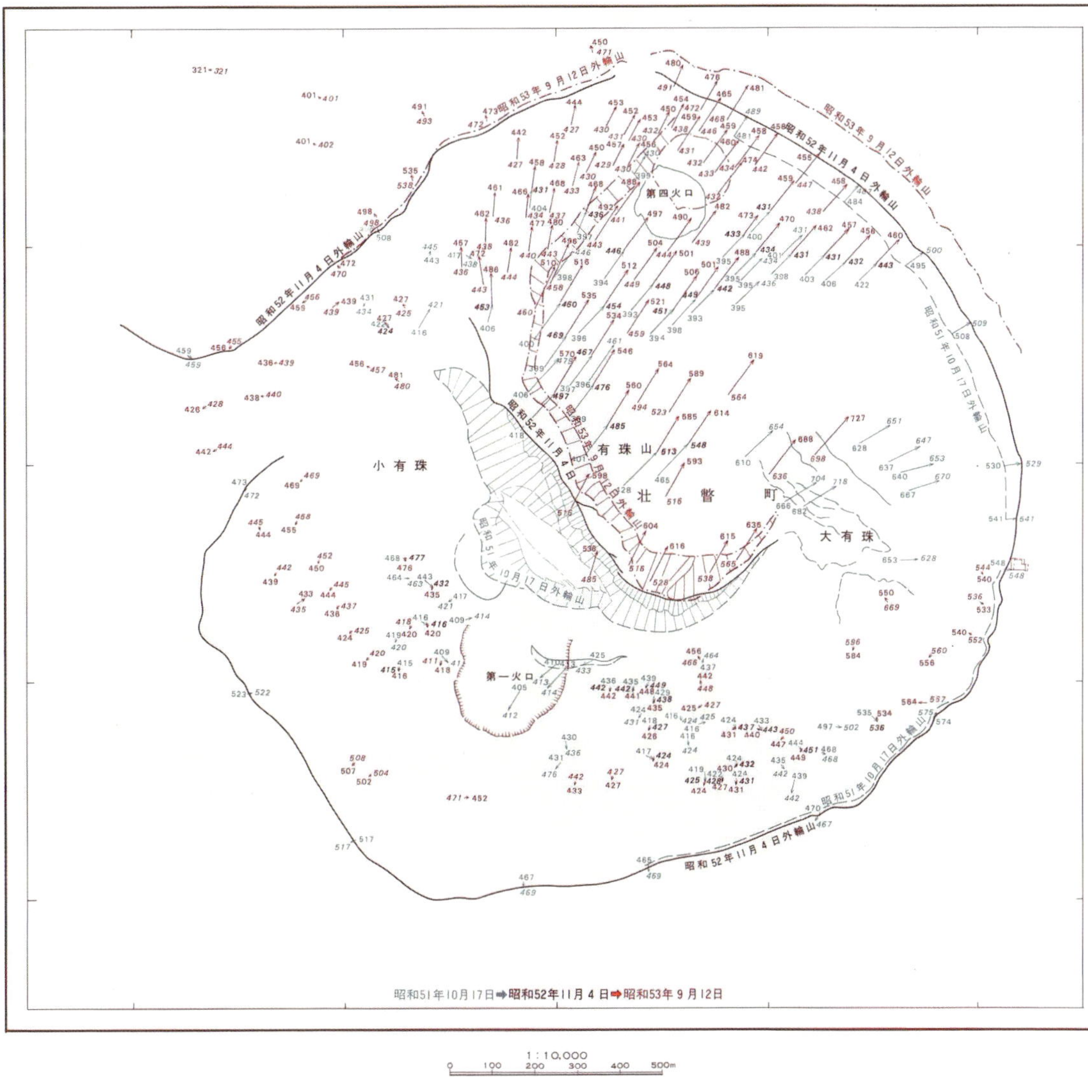

［図7］1976年から1978年の水平変位

平方向では北東方向へ約230mという驚異的な値に達している。これによって、大有珠の北外輪山と北側に位置する洞爺湖岸との距離は、約180m短縮したことが計測された。

以上のように、当時はアナログ図化機を用いて技術者が精密な地形図作成を行っていた。しかし、現在では、レーザ計測機器の出現により、火山精密地形図や地形の変化は、その多くが航空レーザ計測技術に委ねられている。

(4) 土石流氾濫シミュレーションの嚆矢

1978年10月16日及び24日に発生した土石流により、家屋の全半壊・浸水などの災害が起こり、24日には死者2人、行方不明1人の犠牲者を出した。この土石流は、細粒火山灰が地表を被覆したことによる雨水の浸透性低下がもたらした泥流災害である[6) 7)]。

扇状地面における土砂の堆積位置を演繹的手法により物理学的に予測するのは、初期の段階では極めて困難であった。その“穴”を埋める方法として、Random Walk Modelによる土砂堆積シミュレーションモデルを提示した。特に、従来の4方向のシミュレーションでは地形情報を十分生かし切れないことから、斜め方向を加味し、8方向の進行方法を提案したものである[8)]。

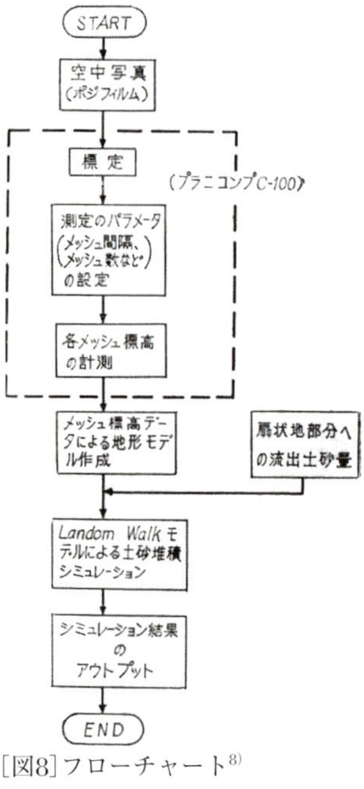

[図8]フローチャート[8)]

また、既往の地形図の標高を読み取るのではなく、最先端の解析図化機を使用して、空中写真から直接標高を読み取り入力する方式も取り入れた。これにより、高精度の地形図がなくとも空中写真があれば、シミュレーション計算が可能となった［図8］。

壮瞥町のカトレアの沢［図9、図10］で土砂堆積のシミュレーションを実施した。これによれば、

①4方向方式では不明瞭だった支渓ⅠとⅡの堆積分布が8方向で明確になった。
②斜め方向への移動が可能になったことで、横方向における堆積パターンがより実際に近くなった。
③4方向方式に比べ、横方向への制約が小さくなり、地形条件をより反映した堆積がシミュレートできた［図11、図12］。

これにより、実際の地形条件がシミュレーションによく活かされ、実情により近いシミュレーション結果が得られるようになった。

参 考 文 献

1) 勝井義雄:有珠山の噴火とその災害, 月刊地球, Vol.2, pp.414-420, 1980.
2) 山岸宏光・守屋以智雄・松井公平:有珠山の地形変動と侵食・土砂移動, 地球科学, Vol.36, No.6, pp.307-320, 1982.
3) 二宮泰:有珠山の変貌, 写真測量とリモートセンシング,

[図9]カトレアの沢の位置、青色は泥流の実績

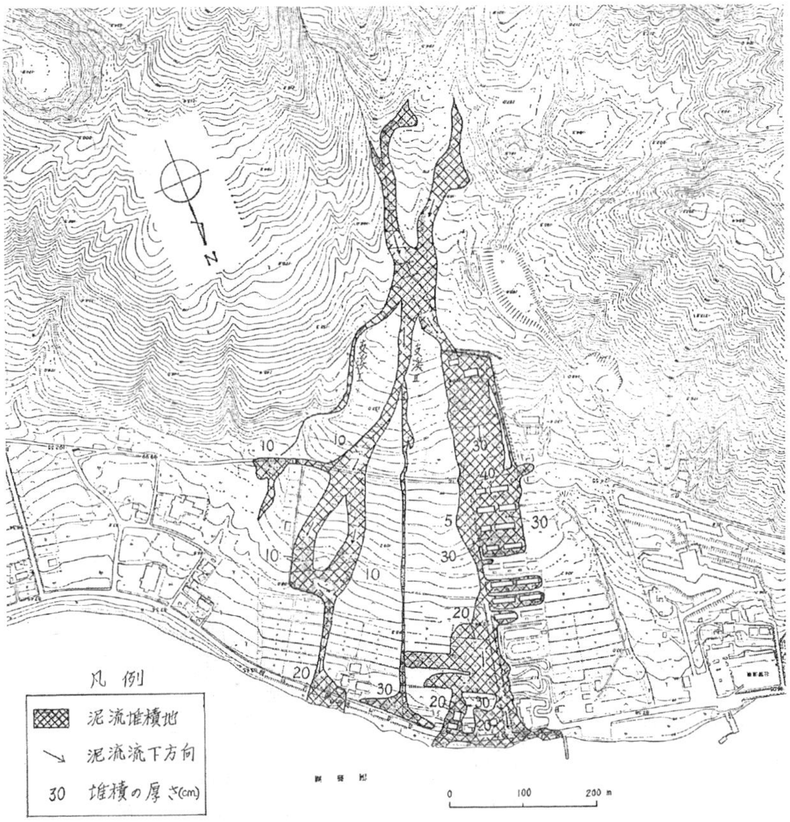

[図10]写真判読によるカトレアの沢泥流堆積状況[8]

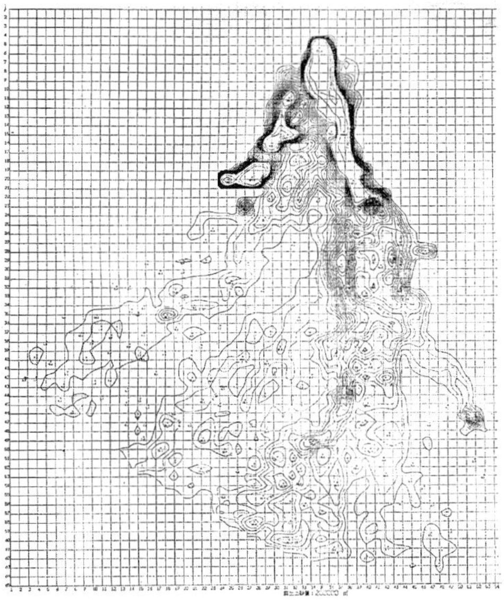

[図11]4方向ランダムウォークの結果[8]

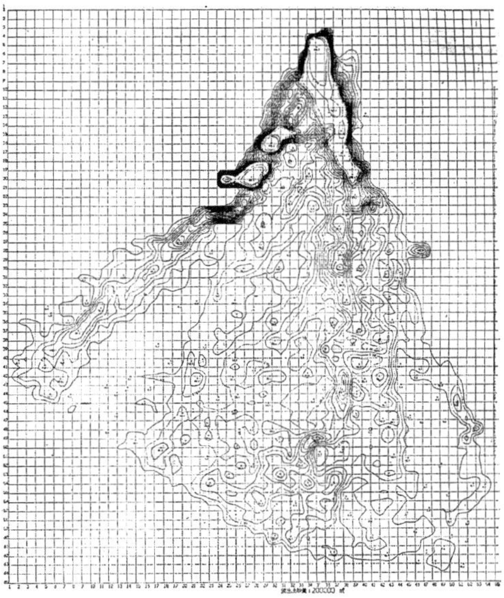

[図12]8方向ランダムウォークの結果[8]

Vol.17, No.1, pp.2-3, 1978.

4)気象庁:日本活火山総覧(第3版), 2005.

5) RESTEC: Monitoring of environmental effects caused by Mt. Usu eruptions through remote sensing, July, 1979.

6)中央防災会議:有珠山噴火災害教訓情報資料, 内閣府, (ア) http://www.bousai.go.jp/usuzan/index.html (accessed 10 Jan. 2012)

7)有珠火山地質図解説, 産業技術総合研究所地質調査総合センター, 2007.

8)岩本吉生・今村遼平・中筋章人・杉田昌美:8方向方式のRandom Walk Modelによる土砂堆積位置のシミュレーションについて, 新砂防, Vol.125, pp.16-21, 1982.

3.2
御嶽山噴火
1979

(1) 災害の概要

木曽の御嶽山（御岳山とも表記）は標高3,067mの成層火山であり、独立峰として諸方からその雄大な姿を望むことができる。御嶽山は古くから山岳信仰の対象とされ、最高点の剣ヶ峰には御嶽神社奥社がある。また木曽節にも歌われるように木曽を代表する名山であり、その山麓の美林から木曽五木の良質な材が産出される。一方、御嶽山は第四紀火山として最近約1万1千年の間に5回のマグマ噴火を起こしており、1979年までに11回の水蒸気爆発を起こしたとの報告がある（活火山データベース[1)]）。このように地質学的には比較的高い頻度で噴火していたにもかかわらず歴史上は明確な噴火の記録がなく、1979年10月28日早朝に御嶽山において突然噴火が始まったことは驚きをもって迎えられた。

噴火は開始時刻がわからないほどに静かに始まり、また前兆現象もほとんどなかった。28日8時過ぎから噴煙活動が活発化し噴煙は山頂上1,000mに達した。噴煙は西～南西の風に流され、降灰が山頂から東～北東方向に広がった。山頂から北東10kmの開田村（当時）の役場では降灰の最盛期は28日14～15時であり、周囲が薄暗くなったため自動車はヘッドライトを必要としたという。同村では28日夜まで降灰が続いたが、28日夜には噴火活動は顕著に衰えた。降灰は北東200km近くまで達し、開田村中心部の降灰の厚さは1～3mm、積算降灰量は20数万tと見積もられている（田中ほか, 1984[3)]）。

御嶽山の1979年噴火は有史以来初めてであり、噴火初日の降灰が大きく注目されたが、早期に終息したため大規模災害には至らなかったと考えられる。その後の御嶽山では1991年と2007年にも小規模な水蒸気噴火があったが降灰は火口付近にとどまった。御嶽山での災害としては、1984年の長野県西部地震に伴う大規模な山体崩壊によって死者29人を出す惨事があったことが記憶に残る。

(2) Landsatによる日本初の衛星災害観測

Landsatによる観測

1979年は、わが国の衛星地球観測の「事始め」とも言える年でもあった。わが国初の地球観測衛星受信処理局としての地球観測センター（EOC）が埼玉県比企郡鳩山村（当時）に開所したのが1978年10月、そして、米国のLandsat 2号と3号の受信を開始したのが1979年の1月である。直接受信局を開局、運用開始したことにより、Landsat衛星の各回帰ごとに日本とその周辺の観測データを取得できるようになった。ちなみに国産地球観測衛星の嚆矢となる海洋観測衛星1号（MOS-1）の開発予算が認可されたのもまさに1979年度であった。MOS-1の打ち上げは8年後の1987年であり、衛星としてはまだ影も形もなかった。なお、受信開始後に処理ソフトウェアのバグ取りに時間を要したこともあり地球観測センターが定常運用に移行したのは同年の7月である。

この歩み始めたばかりのEOCとわが国の地球観測コミュニティにとって、突然の御嶽山噴火は地球観測衛星によって災害観測がどこまでできるか、という実地試験のようなものであった。

幸い、御嶽山については、噴火前の10月23日にLandsat 3号により良好なMSSデータが取得できていた。また、11月1日にはLandsat 2号が御嶽山を含むパスを通過する。そこで、EOCでは、11月1日の衛星観測に同期して急遽職員を開田村に派遣することにした。十分な機材も揃っておらず現地に入れるかどうかもわからない状況での体当たりグランドトルースである。ここで得たデータがその後の解析にどの程度役立ったかは定かでないが、測定機器と解析手法が格段に進歩した現在でも、解析者が現地を見る、観察するということの重要性は変わっていないと考える。11月1日にもほとんど雲のない良好な画像が得られた。

衛星観測という観点から見ると、この時、Landsat 1号は既に運用を終了していたが、2号と3号の2機体制で9日間隔の観測が可能であったこと、鳩山での直接受信処理が本格運用に入っていたこと、さらには噴火の直前、直後の観測時に晴天だったことなど好条件に恵まれた。なお、1979年9月6日には、阿蘇山でも爆発的噴火が起き、死傷者3人を出す惨事となった。この噴火の研究に航空機リモートセンシングは活用されたが、衛星画像による解析は行われなかった。

データ解析

得られたLandsatデータの解析は、科学技術庁特別研究促進調整費による「1979年の御岳山・阿蘇山噴火に関する特別研究」の一環として、国立防災科学技術センターが中心となって組織した「1979年御岳山噴火に関する衛星、航空機リモートセンシングデータによる噴出物分布の研究」グループにより行われた。参加機関は林業試験所、気象研究所、宇宙開発事業団（NASDA）、千葉大学、画像工学研究所、リモート・センシング技術センター（RESTEC）である。

解析は、噴火前後の2画像の比較により行われた。まず2画像の位置合わせのためにGCPを用いた精密幾何補正が行われた。当時はDEMは存在せず、オルソ化など全く不可能で2次元上での合わせ込みである。引き続き2機のMSSセンサの相対感度補正が行われた。これら前処理を行った後、

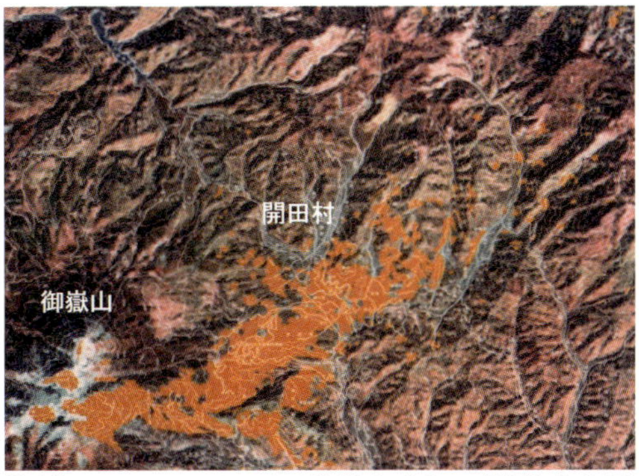

[図1] Landsatデータによる御嶽山噴火の噴出物分布領域抽出画像(RESTEC 1980)

RESTECが所有する画像解析装置（Image-100）を用いて降灰域の抽出処理が行われた。ちなみに当時は電子計算機そのものが高価で敷居の高い代物であり、NASDAのEOCも画像解析装置を有しておらず、標準処理用計算機の空きを使って細々と特別な処理を行う状態であった。そのため、計算リソースの面でも複数機関の協力が不可欠であった。上記の精密幾何補正はEOCが、相対感度補正は防災科学技術センターが行ったものである。

降灰域の抽出結果を［図1］に示す。基本的には、植生の上では、降灰域はバンド4（緑）、バンド5（赤）の輝度が上昇し、バンド7（近赤外）で大きく低下することを利用している。ただし、裸地上ではバンド7の輝度も上昇する。比較的良好な降灰分布が抽出できたのは対象地域の過半が植生に覆われていたことにも助けられたと考えられる。また、9日間に紅葉が進んでおり、その分は誤差として残っているものと考えられる。

まとめ

1979年の御嶽山噴火の降灰調査は、わが国の衛星地球観測の運用元年の出来事として、様々な幸運に恵まれて解析結果を得ることができた。これは今日のALOS「だいち」などの災害観測ミッションにつながる最初の重要な一歩だったと言ってよいであろう。

参考文献

1) 産業技術総合研究所:地質調査総合センター, 活火山データベース, http://riodb02.ibase.aist.go.jp/db099/（accessed 25 October, 2011）
2) 阿蘇山火山防災連絡事務所:過去の火山活動, 1979年の火山活動, http://www.jma-net.go.jp/aso/katudou.html（accessed 25 October, 2011）
3) 田中康裕・澤田可洋・中禮正明:御岳山の1979年噴火による降灰分布と山麓の川水のpH, 気象研究所技術報告, 第12号, pp.172-178, 1984.7.
4) (財)リモート・センシング技術センター:ランドサットデータによる1979年御岳山噴火の噴出物調査, RESTEC技術・研究報告TN-80010, 1980.3.
5) 向井幸男:ランドサットデータによる1979年御岳山噴火の噴出物調査, RESTEC, 6号, pp.60-62, 1981.3.

3.3 1983年三宅島噴火

1983

(1) 災害の概要

離島で起こる噴火の災害撮影は簡単ではない。1983年10月3日の三宅島の噴火では、予兆から噴火開始までの時間も噴火の継続時間も短かった中で、空中写真による貴重な画像が残された。

当日は12時頃から島の南部で小さな有感地震があり、14時前には北部の三宅島測候所で火山性地震が観測された。そのわずか1時間30分後の15時23分頃に、主成層火山南西斜面から激しい溶岩噴泉が始まり、4.5kmの長さの割れ目火口群が次々と開口して、溶岩流・スコリア降下・マグマ水蒸気爆発による岩塊落下・火砕丘の生成など多彩な活動を展開した［図1］。

噴火は翌10月4日未明に収まったが、流下した2本の溶岩流が都道を切断した。その一つは薄木地区の海岸に達し、他の一つは阿古地区中心部に流入し、340棟以上の家屋を埋没した［図2］。また噴出した火砕物による被害も広範にわたり、東京都の調べでは被害総額が255億円に達した。しかし、危険にさらされた1,500人の村民の避難が、1人の死傷者も出さずに短時間に終了したことは不幸中の幸いであった。

［図2］溶岩流は、都道を切断して阿古地区中心部に流入し、340棟以上の家屋を埋没した
（1983年10月7日、朝日航洋撮影）

［図1］噴火開始1時間後、南南西に伸びつつある火口列
（海上自衛隊撮影）

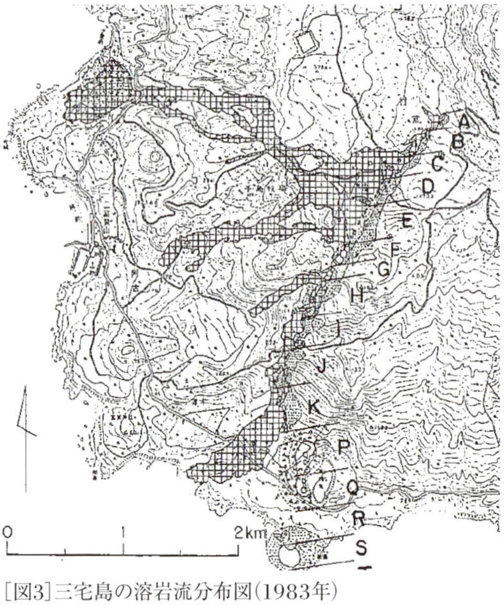

［図3］三宅島の溶岩流分布図（1983年）

三宅島は東京の南南西約200kmにあり、伊豆諸島の1つであるが、他の島と同様全島第四紀後期の火山噴出物から成っている。主火山体は、水深200mで測った基底の直径が約13km、比高約1,000mの裁頭円錐形の成層火山で、山頂に直径3km強のカルデラをもつ。カルデラが生じたのは約3,000年前に起きた大規模な噴火の直後であり、以後現在に至るまで二十数回の噴火活動が知られている。この間、1154年と1469年の噴火に挟まれた315年間の長い休止期を境として、それ以前は山腹噴火を伴った活発な山頂噴火、それ以後では山腹の割れ目火口群からの噴火によってそれぞれ特徴づけられている。今回の噴火も例外でなく、1962年の噴火と、それより22年前の1940年の噴火ときわめて類似した活動を行った[1)]。

なお、三宅島は2000年に再び噴火したが、その活動は従来とは異なる経過をたどった（3.8節参照）。

［図4］三宅島1983年の地形変化図[2)]

(2) 噴火に伴う地形変化の写真測量

多量の噴出物を伴う噴火災害では、前後の地形変化が大きく、これを正確に把握する必要がある。国土地理院では噴火終息後の10月7日に撮影された1：10,000カラー空中写真により、噴火後に地形の変化があった部分の写真測量を行い、従来の三宅島火山基本図6面をもとに、1983年三宅島噴火前後の写真測量から得られる地形変化と水準測量による上下変動南側4面を修正し、1984年3月に刊行した。あわせて、地形変化部分を別の色で旧図に加刷した三宅島噴火地形変化図（［図4］はその一部）を作成した。これら新旧両図の比較計測によれば、割れ目火口群西側の溶岩流を主とする噴出物の分布域における噴出物の体積（地形変化量）は、$7.0 \times 10^{-3} km^3$であった。

［図5］火口列南部の空中写真（10月25日、第一航業撮影）

参　考　文　献

1) 日本火山学会:三宅島の噴火, 火山第2集, 29巻特集号, p.350, 1984.
2) 長岡正利・水野浩雄・武田隆夫・大田安雄:1983年三宅島噴火前後の写真測量から得られる地形変化と水準測量による上下変動, 火山第2集, 第29巻, S125-S129, 1984.

3.4

伊豆大島三原山噴火

1986

(1) 災害の概要

伊豆大島三原山の1986年噴火は11月15日に始まり、11月21日の山腹での割れ目噴火によって大島全島民の島外避難というかつてない事態を引き起こした。

1986年7月は、12年ぶりにカルデラ内で火山性地震が観測され、次第に振幅が大きくなり10月27日から連続微動となった。11月12日13時頃に竪坑状火孔壁から噴気の上がっているのが目撃され、15日16時30分頃から火山性微動の振幅が増大した。17時25分に、竪坑状火孔南壁（［図2］のA火口：図の中央下の円形部分）で12年ぶりとなる噴火が始まった。高さ200～500mの火柱を噴き上げる溶岩噴泉の活動が続き、噴煙の高さは3,000mに達した。A火口の活動は、2、3日後にストロンボリ式噴火となった。溶岩は、1日約360万m^3の割合で噴出を続けて、竪坑状火孔及び三原山火口を埋め、19日10時頃には展望台付近の火口縁を越え、溶岩流となってカルデラ床まで流れ下った。19日23時頃から、噴火・微動が衰え、その後散発的に爆発が起こる活動が続いた[1]。

11月21日午前中から爆発が強くなり、黒煙や光環現象を伴うことも起こるようになり、空振は関東北部、東北南部からも報告された。16時を過ぎてから、三原山北西のカルデラ床で北西－南東方向の割れ目噴火が始まり（［図2］のB火口列：図の中央で斜めの黒灰色の直線部分）、大規模な溶岩噴泉活動を続け、北方と北東方向へと溶岩を流出した。噴煙柱の高さは、16,000mにまで達するようになった。17時47分にB火口列の延長線上のカルデラ外の北西斜面で、新たな割れ目噴火が始まり（［図2］のC火口列）、18時頃には溶岩が流下し始めた。溶岩流は元町へと向かって流下し、元町火葬場から70mの地点にまで到達した（［図2］の左上）[1]。

［図1］火山活動による噴出物の分布・モザイク画像（1986年12月1日、パスコ撮影）

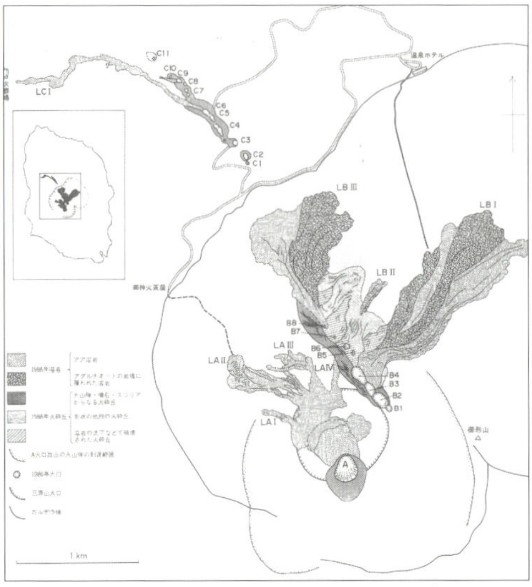

［図2］1986年噴火の火口及び噴出物の分布[3]

東京都は、11月21日20時52分に、大島町住民を東京に避難させることを決定し、続いて大島町の現地合同災害対策本部では22時50分に全島民に対して島外避難指示を発令し、22日6時には全員が島外避難を完了した[2)]。11月22日未明までにA火口、C火口列の噴火活動が収まり、B火口列は23日午前中まで活動が続いた。一方、地震活動は11月25〜26日にピークを迎えた後、11月末には早くも終了した。

1986年の噴火後は、元町小清水など島内の数カ所で、新たな温泉や噴気帯が出現した。1986年の一連の噴火活動で放出された噴出物の量は、5.8〜7.9×10^7tと見積もられている[3)]。

(2) 航空機マルチスペクトルスキャナの熱画像で捉えた火山活動

航空機搭載マルチスペクトルスキャナの熱赤外線センサを使って計測した画像を［図3］に示す。この画像では表面の放射温度が高いほど赤く表示されており、赤色→黄色→黄緑色→緑色→青色へ順次、放射温度が低くなる。［図3］は、火山活動がほとんど終息した12月1日に、高度約6,000mから計測されたもので、この時点でもまだ表面の放射温度の高い溶岩流が、［図2］に示すA・B火口周辺および元町へと近づいたC火口で認められ、溶岩流の形や分布がはっきりとわかる。溶岩流などの噴出物の分布を示した［図2］に比べると、［図3］では、これより東西方向に広い範囲にわたって放射温度の高い部分が認められるが、これは大量に降り積もったスコリアや火山灰等によるものである。

［図4］はマルチスペクトルスキャナによって得られたデータに色を割り付けて合成したものである。［図4］のフォールスカラー合成画像では、［図1］に示す通常のカラーの空中写真では判読の難しい溶岩や火山噴出物の分布を、より詳細に識別できることがわかる。

このように火山活動による火口の形成や噴出物の分布などの様子は、航空機による光学写真にほかのセンサで捉えた計測画像を併用することにより、わかりやすく判読でき、また様々な現象をよ

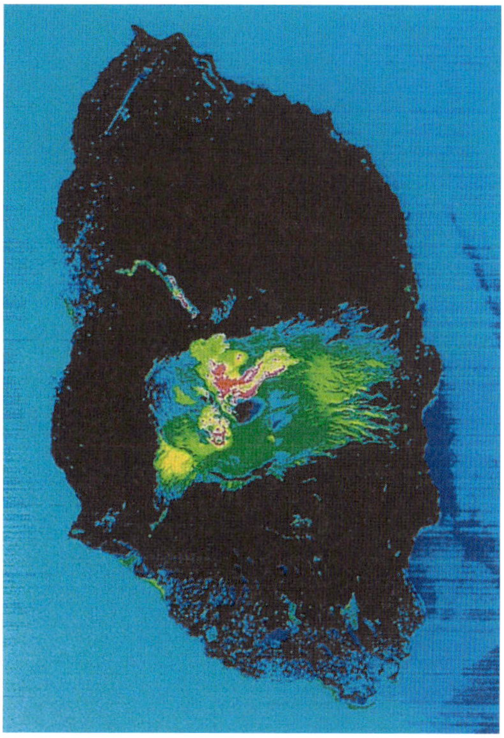

［図3］マルチスペクトルスキャナによる熱画像（12月1日、パスコ作成）

［図4］フォールスカラー合成画像（パスコ撮影）

り理解しやすくなる。

(3) LANDSATに見る伊豆大島の変化

伊豆大島噴火に関しては、膨大な量のリモートセンシングデータが収集された。その中で衛星による観測は、気象衛星「ひまわり」やNOAA、地球観測衛星LANDSATやSPOTなどで行われている。ここではLANDSATが噴火前後に捉えた画像を使って、溶岩や降灰の様子を比較してみる。

噴火前後のLANDSAT画像

熱異常、流出溶岩や降灰の分布、あるいは変色水域の検出等がLANDSATに期待される観測対象である。

［図5］は噴火前、1985年1月23日に観測されたTMデータからバンド7、5、3を使用してカラー合成した画像である。三原山のカルデラ内部は火口と南半分が露出した溶岩で黒く映っているが、北半分は薄く植物で覆われている。

噴火後の1986年12月12日に観測されたTMデータから同様なカラー合成を行った画像が[図6]である。火口付近の赤い点は高温の溶岩からの放射がバンド7のデータに強く反映しているためである。中央火口の温度が高くバンド7データからの推定最高値は約233℃に対応している。火口原の割れ目火口の温度は中央火口の温度よりも低く、外輪山外側斜面の割れ目火口の温度はさらに低い。一方、火口原内で北東方向に流れた溶岩は外輪山内壁直下の植物被覆の中まで入り、その境界が明瞭である。

噴火前の熱異常を調べるために、バンド6の画像を比較してみる。［図7］は左から1986年8月6日、11月10日、12月12日に観測されたTM画像である。［図7］右の画像では、溶岩が流出したと見られる地区の輝度が高い。［図7］左及び中央の画像では、その部分の輝度は低い。この時系列画像において、中央火口西南に位置する外輪山外側斜面（滑台と呼ばれる一帯）の輝度の変化が認められる。この付近はほぼ剥き出しの溶岩で、直射日光により地表面温度が上昇しやすいが、地下から供給される熱も加わっている可能性も考えられる。

高温の溶岩湖面を捉えたランドサットMSS画像

ランドサット4号が1986年11月18日に観測したMSSデータには、中央火口が撮影されている。

［図5］LANDSAT/TM（1985.1.23）、RGB=753

［図6］LANDSAT/TM（1986.12.12）、RGB=753

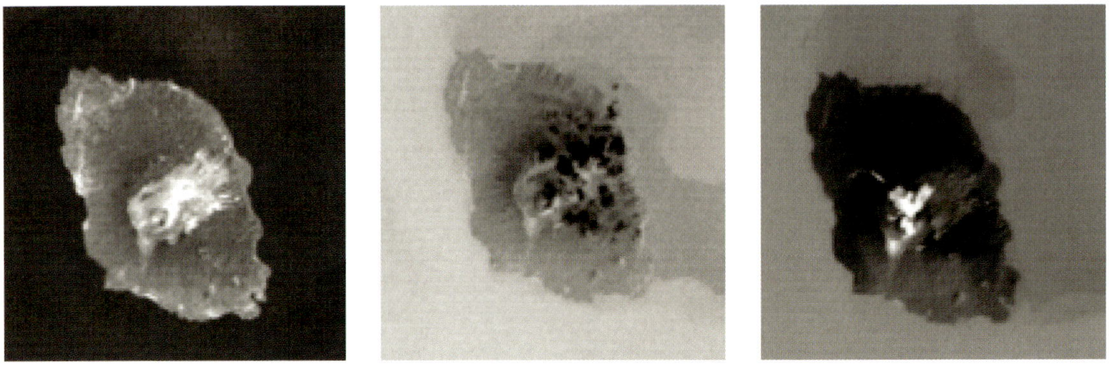

［図7］噴火前後の熱画像（1986.8.6、1986.11.10、1986.12.12のバンド6の画像）

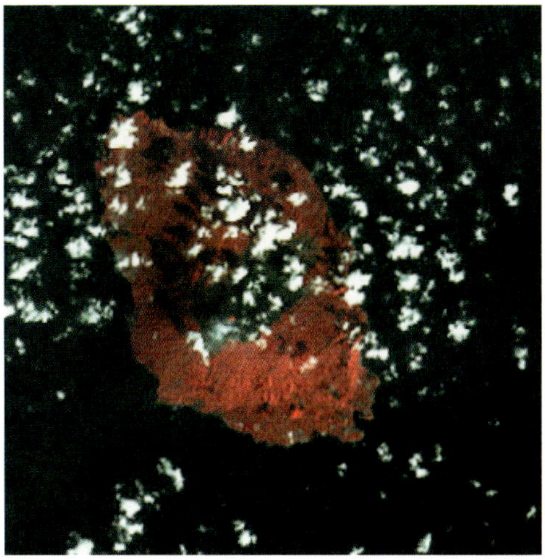

［図8］LANDSAT/MSS（1986.11.18）RGB=754

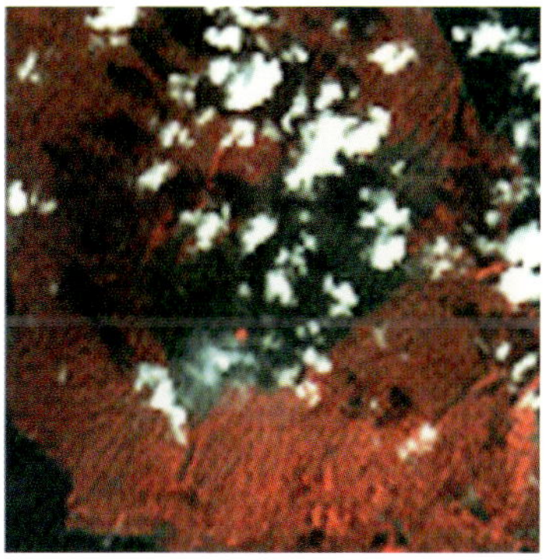

［図9］TMの中間赤外（1986.12.12）、MSSの近赤外（1986.11.18）画像が捉えた高温地点

［図8］は、MSSバンド7、5、4を使ってカラー合成した画像である。火口が赤く発色しているが、これは太陽光の反射に因るのではなく、高温の溶岩の放射によるものである。このような高温を示すのは、18日が中央火口の活動が盛んな時期で、溶岩湖面が下方から沸き上げて来る溶岩で絶えず更新され表面が高温に保たれていたためと考えられる。

［図9］にTMの中間赤外、MSSの近赤外画像が捉えた高温地点の拡大画像を示す。

参考文献

1）阪口圭一・高田亮・宇都浩三・曽屋龍典：伊豆大島火山1986年噴火と噴出物, 火山, 第2集, Vol.33, 伊豆大島火山1986年噴火特集号, S20-S31, 1988.
2）東京都総務局災害対策部：昭和61年（1986年）伊豆大島噴火災害活動誌, 1988.
3）曽屋龍典・阪口圭一・宇都浩三・中野俊ほか：伊豆大島火山1986年の噴火の経緯と噴出物, 地質調査所月報, Vol.38, No.11, pp.609-630, 1987.
4）豊田弘道・田中總太郎・杉村俊郎・中山裕則：昭和61年伊豆大島噴火に係わるリモートセンシング, 日本リモートセンシング学会誌, Vol.6, No.4, pp.27-63, 1986.

3.5
十勝岳噴火

1988

(1) 災害の概要

当時わが国では、1983年の三宅島、1986年の伊豆大島噴火と、灼熱のマグマが暴れまわる映像を立て続けに見せられ、「赤い」噴火は即座に災害へと結びつくものとなっていた。

1988年クリスマスイブの深夜、気象台のカメラがまたしてもその赤い悪魔をとらえた［図1］。それが積雪期の十勝岳であったことで、地元や関係者の多くの脳裏には、あの“大正泥流”の被災写真が重なり、大きな衝撃となったことは間違いない。

十勝岳は、“大正泥流”により144人の尊い犠牲者を伴う大災害を起こした1926～1928年噴火の後、1962年に噴煙高度12kmに達する規模の大きな噴火を起こし、再び犠牲者（死者・行方不明者5人）を出した。その後も、幾度かの地震・噴気活動が活発な時期を経て、1983年頃から再び活動が活発化し、1985年にはごく小規模な噴火を起こしていた。

1988年も9月下旬に地震が増加し始め、10月、11月には微動や有感地震が発生する中で迎えた12月、16日から水蒸気噴火が散発し、19日の噴火で噴出物にマグマ物質が確認され、24日夜の本格的なマグマ水蒸気爆発で活動のピークを迎えた。その噴火映像から覚える恐怖感は大きかったが、噴火としては「小噴火」で、火砕流も1kmほど斜面を流下した小規模なものにとどまった。噴火は時代が平成に変わっても継続し、3月5日までにのべ21回を数えたが、幸いにも人的被害は生じなかった。

その間、12月19日夜の噴火で、美瑛・上富良野の両町は一部の地区に避難準備を呼びかけ、24日夜の本格的な噴火後にそれは「避難命令」に変わった。しかし、その後は火口に最も近い居住地である白金地区を抱える美瑛町と、人家がより下流に位置する上富良野町で、町の対応は異なった。上富良野町では、住民の帰宅意思と北海道や専門家の慎重意見に町の対応が揺れたが、泥流監視装置の整備や避難訓練の実施等、避難対策の充実を条件に、12月30日には避難命令は解除された。一方、美瑛町が白金地区の避難命令を解除したのは5月1日で、127日間にわたる避難生活の[1) 2)]、社会的影響は大きかった。

“火砕流”は、後の雲仙・普賢岳の噴火により、その存在や危険性が世間に広く認知されることになるが、この十勝岳噴火時点では、「赤い映像」の衝撃はあったが、それは火砕流そのものへの恐れよりも“大正泥流”の再来に対する危惧によるものであった。この火砕流の連続写真から、われわれは十勝岳の噴火災害について、積雪期の融雪型泥流とともに火砕流による直接被害についても思いを馳せなければならない。

［図1］旭川地方気象台十勝岳火山観測所が夜間に捉えた雪面を下る火砕流の連続写真
（1988年12月25日00時49分～52分頃、高感度フィルムで撮影）

(2) 積雪期における噴火直後の一瞬を捉えた画像

衝撃の画像（前述［図1］）が撮られた一夜が明け、冬にはつかの間の晴れ渡った空に、道警や航測各社のヘリが飛び交った。

眼下の十勝連峰は、純白の斜面に、ひと筋の黒い傷跡が痛々しかった。いや、ひと筋と見えた火砕流は、よく見ると3本指の暗褐色の爪と、その後ろには刷毛ではいたように次第に薄くなる部分が明瞭に区別できた［図3］。時間が経てばこれらはすぐに雪にかき消されてしまい、観察できなくなってしまう。

こうした貴重な画像や現地調査等により、後者は火砕流に伴う火山灰を含む噴煙が地上風に流されたもの、前者の火砕流も、色調の濃淡等により堆積物の厚い部分と薄い部分の区分、あるいは流下順序等が把握された［図2］[3]。

振り返ると、火砕流の流下したはるか先には、美瑛・上富良野の市街地が見えた［図4］。積雪期の火砕流は、あれほど遠く見える町並みにも被害を及ぼすことがある悪魔の爪なのである。

(3) 航空レーザ計測データの陰陽図表現による火山微地形

近年（2012年現在）、火山活動時の地形計測手法として、航空レーザ計測が頻繁に行われるようになってきている（3.7、3.8節を参照）。しかし、十勝岳火山群における1988年12月～1989年3月にかけての噴火当時は、航空レーザ計測という測量技術は、まだ存在しなかった。

噴火から20年後の航空レーザ計測で見る微地形

噴火活動からちょうど20年を経た2009年に、十勝岳火山周辺の航空レーザ計測を実施する機会を得た。1988～89年の噴火の際には、降下火砕物の噴出、火砕流・火砕サージなどの現象が発生し

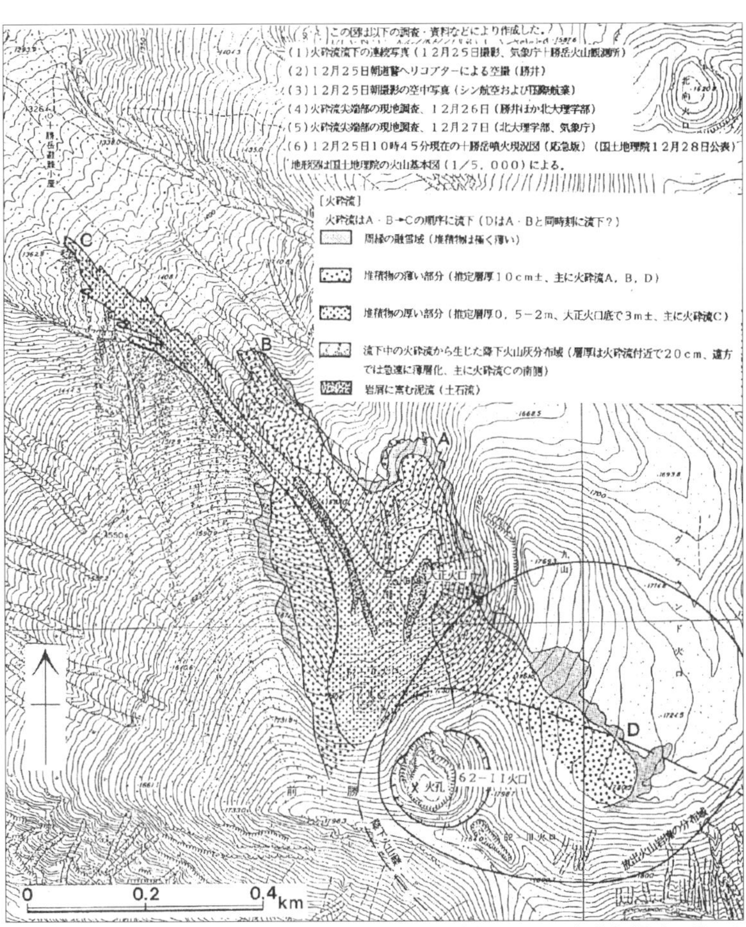

［図2[3]］十勝岳1988年12月25日00時49分頃開始の噴火のマグマ水蒸気爆発に伴った火砕流の分布

［図3］衝撃的な噴火から一夜明けた十勝岳の火砕流の痕跡（1988年12月25日午前、国際航業撮影）

［図4］噴煙を上げる十勝岳上空から見た美瑛・上富良野（同上）
“大正泥流”は、美瑛川・富良野川を下って、美瑛・上富良野に大きな被害をもたらした

ており、現在も当時の火山噴出物が堆積して火山地形として残されている。これを対象に詳細な航空レーザ計測データを基にした微地形解析を行った。さらには、1988年以前に形成された山体周辺に見られる様々な火山微地形についても検証した。

航空レーザ計測は、データの取得条件の良い積雪前の落葉時期（2009年10月）に実施した。データ取得密度は1点/m^2以上に設定し、フィルタリングにより樹木などを除去した後にDEM（数値標高モデル）データを作成した。ただし、噴火口周辺などの植生がほとんどない箇所については、噴石や露岩などの地形形状をそのまま表現するために、フィルタリング処理を実施しない工夫をした。

航空レーザ計測地形データを活かす表現方法

地形判読の際には、地形が立体的に表現され、視覚的にわかりやすい陰陽図（特許取得）を作成し、これを活用した［図5］。図の右上にはグラウンド火口を中心に大小8つ以上の火口群が分布し、図の右下（北西方向）に向かって噴出源の異なる溶岩流や火山泥流が流下した様子が鮮明に確認される。

a. 十勝岳火口群付近の地形判読

グラウンド火口周辺のオルソ画像［図6］及び陰陽図［図7］を比較すると、オルソ画像では確認できない地形の凹凸が陰陽図では明瞭に表現されている。［図8］では、1988～1989年噴火の際に62-Ⅱ火口（［図6］の白色噴煙を上げている火口）から噴出したものと考えられる直径20mを超える巨大な火山弾（［図8］の丸印）や噴石落下時のインパクトクレータの分布などがグラウンド火口内で確認できる。グラウンド火口内の南部の斜面には、雨水による侵食作用により筋状に刻み込まれたリルやガリーの発達形状が明瞭にわかる［図9］。

ほかにも火山基本図や地質図幅などに記載されていない小さな火口跡と考えられる凹地状の地形が複数確認できたことや、摺鉢火口や中央火口の内壁の溶岩層の露岩やアグルチネート構造が急崖地形として表現されていることから、微地形の判読を基にした噴火ユニットの推測にも活用できるものと考えられる。

b. 広域における火山体の地形判読

十勝岳周辺の山体を広域に地形判読を行うと、過去数千年の間に十勝岳火口群より北～北西側に流下した多くの溶岩流地形が確認できる。

［図10］に見られる焼山溶岩流やグラウンド火口溶岩流などにおいては、舌状ローブの溶岩末端崖、溶岩じわ、溶岩堤防、割れ目、滑落崖、陥没などの溶岩流の流れの特徴を示す典型的な地形を読み取ることができる。

また、［図11］では“大正泥流”と呼ばれる1926年噴火の際の泥流堆積物が中央火口溶岩流の上面に堆積しているのがわかる。表面地形が周辺の溶岩流地形とは異なり、溶岩流上面にある溶岩じわや溶岩堤防などが不明瞭で、流下方向に線状構造が見られるといった特徴から泥流堆積物の判読が可能である。

航空レーザ計測データは、今後の火山活動に伴う地形隆起や土砂移動などの地形変化を解析する上で非常に有効なデータといえる。また、火山微地形を表現した陰陽図は、これを用いて溶岩流の層序関係や侵食の度合いなどを判読し、火山形成史や地形発達史を考察する上でも非常に有効であり、火山学や地質学などの分野において、地形判読の教科書的な教材として画期的な表現方法であるといえる。

なお、本項で使用した図は、2009年度に北海道開発局旭川開発建設部より朝日航洋が受託した「石狩川砂防事業の内 砂防区域航空レーザ計測調査検討業務」の中で作成したデータの一部を使用した。

参 考 文 献

1）美瑛町：昭和63年（1988年）～平成元年（1989年）の噴火，http://www.town.biei.hokkaido.jp/modules/soumu/index.htm（accessed 25 Dec. 2011）
2）上富良野町：上富良野百年史，pp.1039-1048，http://www.town.kamifurano.hokkaido.jp/hp/saguru/100nen/7.06.02.htm（accessed 25 Dec. 2011）
3）勝井義雄・河内晋平・荒牧重雄・近藤祐弘：1988年十勝岳火山噴火の推移，発生機構および社会への影響に関する調査研究，文部省科学研究費（特定研究1　No.63115054）突発災害調査研究成果No.B-63-5，1989.

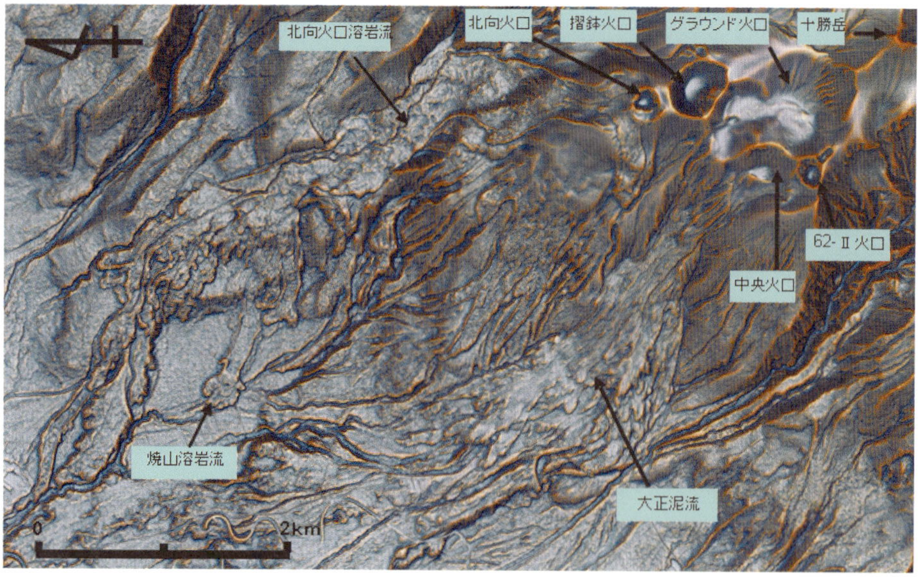

[図5]十勝岳周辺の火山微地形表現(陰陽図表現)

[図6]グラウンド火口周辺のオルソ画像

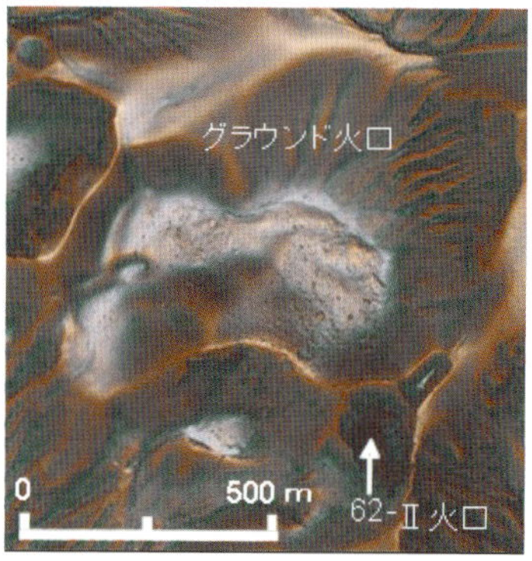

[図7]グラウンド火口周辺の陰陽図

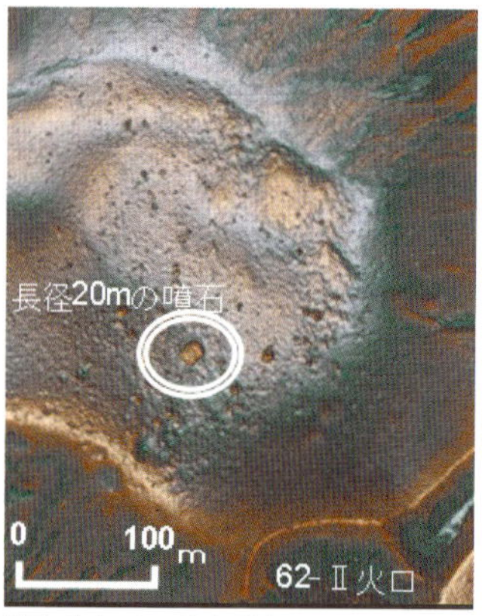

[図8]噴石の分布状況

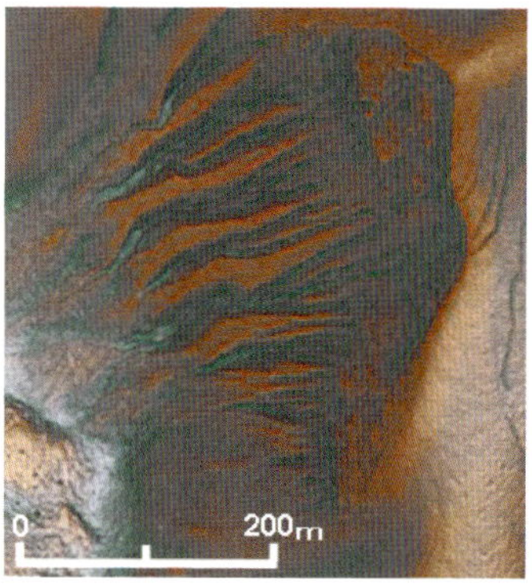

[図9]リル・ガリーの発達した斜面

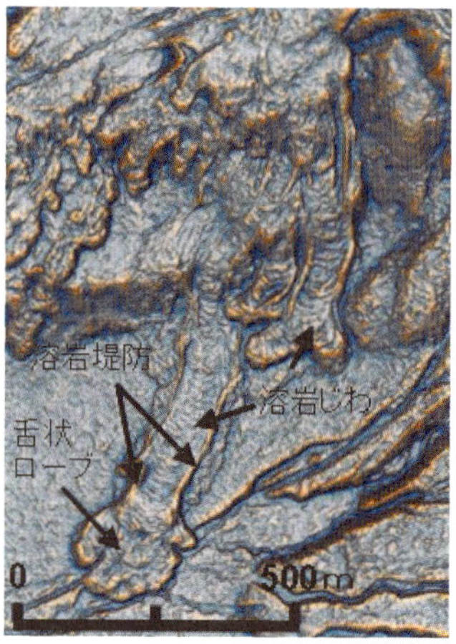

[図10]焼山溶岩流の典型的地形

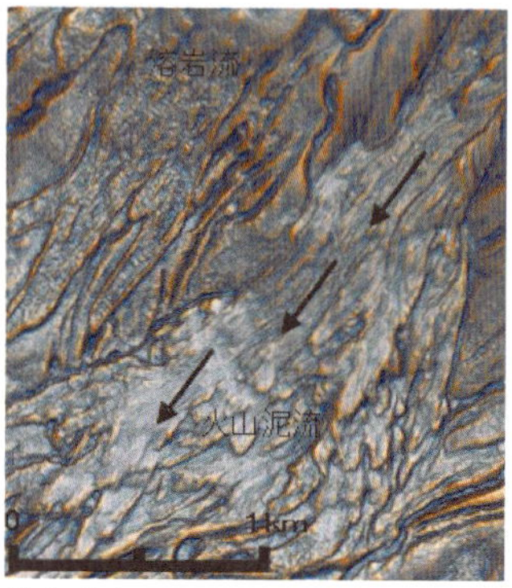

[図11]大正泥流の痕跡

3.6
雲仙・普賢岳噴火
1991

(1) 災害の概要

雲仙・普賢岳は、島原半島の中央部を東西に横断する雲仙地溝帯（幅約9km）内に位置し、裾野まで含めると南北約25kmの成層火山である。

[図1]雲仙・普賢岳位置図

普賢岳は、有史以降3回の火山活動（1663年、1792年、1990年）があり、1990年11月17日には198年ぶりに噴火を開始した。噴火の当初は、山頂東側の地獄跡火口及び九十九島火口から熱水と噴煙が認められるのみであり、同年12月には小康状態となり、噴火はそのまま終息するかと思われた。しかし、1991年2月12日に再噴火し、3月以降活動が活発になり、5月20日には地獄跡火口から溶岩の噴出が確認され、溶岩ドームが形成された。溶岩ドームは日々拡大を続け、ドームの崩壊により、5月24日に最初の火砕流が発生した。

不安定化が進行する溶岩ドームは、その後も拡大し、6月3日16時8分に大きく崩れ、大規模火砕流が発生し、報道関係者や火山学者、消防団員を含む死者行方不明者43人を出す大惨事を引き起こした。大惨事の後も、普賢岳は9,000回以上の火砕流を発生させるとともに、堆積した火山灰や岩石等が大雨により土石流となり、水無川や中尾川流域の住家約1,300棟が損壊の被害を受けた。

普賢岳は、1995年2月に溶岩噴出を停止し、5月に火山活動が停止状態にあるとされたが、現在でも山体には、約2億m³の土砂や岩石が堆積しており、多量の降雨により頻繁に土石流が発生している。

[図2]谷部を流れ下る火砕流
（国土交通省雲仙復興事業所ウェブサイトより）

[図3]2011年の雲仙普賢岳の様子
砂防施設が設置されている（パスコ撮影）

(2) 火砕流発生直前の熱赤外画像で見る溶岩ドーム

雲仙岳噴火の際には、民間の自主的な調査活動として、航空機からの赤外線熱ビデオ映像撮影も実施されている。この観測は、最初の溶岩ドームが5月20日に確認された後、6月3日の火砕流による災害の直前の5月30日に実施され、溶岩ドーム周辺の山体にも、高温の熱異常を示す箇所が認められた[1]。熱異常箇所は、最初に出現した溶岩ドームからやや東方に離れた斜面内に位置しており、少量の噴気を伴い、周辺には熱水の流出痕と思われる黒色の帯状の変色部も認められた［図4］。5月23日に撮影された斜め写真からは、30日に熱異常が確認される箇所周辺の山腹では、既に斜面崩壊が多発中であることも確認された。当時予定されていた熱ビデオ映像の第2回目の観測は、天候と器材調達の都合で実現しなかったので、この熱異常箇所付近の5月30日以降の状況の推移は不明である。

しかしその後、6月3日には最初の溶岩ドームの崩落と火砕流発生の後に、大規模な噴火があり、6月7日には溶岩ドームが山頂の東側斜面上まで拡大した（6月8日に崩落、火砕流発生）。この溶岩ドームは中心部に長く口唇状に開口する大きな亀裂を伴い、そこが溶岩噴出口の直上であることを示唆している。ドーム形成前後の斜め写真を用い、幾何補正を加えて同アングルにして比較すると、6月7日の溶岩ドームの亀裂の中心は、5月20日に確認された溶岩ドームの中心からではなく、やや離れた山頂東側の斜面上に位置しており、5月30日に観察された熱異常箇所の位置と一致する［図5］。さらに、5月23日の時点で観察された崩壊発生箇所、熱水の流出痕と思われる変色部は、新たに拡大した溶岩ドームを取り巻くように分布する[2]［図6］。これらのことから、最初の溶岩ドーム出現後、山体内のマグマとそれに伴う熱流体は、新たな出口を求めて山体内部を移動し、その通路は東側斜面の地表に到達していたものと考えられる。

熱映像の連続観測が実施されていれば、熱異常を示す領域が拡大傾向にあるのか否か、亀裂が成長しているか否かなどのデータが得られた可能性がある。山頂東側斜面における地下のマグマの挙動を推測するための情報が増え、最初の溶岩ドームの崩壊と溶岩ドームの新たな拡大を確信できたなら、6月3日の火砕流による被害を軽減することができたかもしれない。

(3) 空中写真で見る火砕流発生後の被害

雲仙・普賢岳では、活動期間中に、人的及び物的被害を与えた火砕流が6回発生している。人的被害では1991年6月3日に発生した火砕流が有名であるが、このほかに、住家に大きな損壊を与えた火砕流として1991年6月8日、1991年9月15日及び1993年6月23・24日の火砕流が挙げられる[3]。

火砕流は、火山噴火の際に高温ガスと粉状の火山灰等が混じったものが高速で山腹を駆け下る現

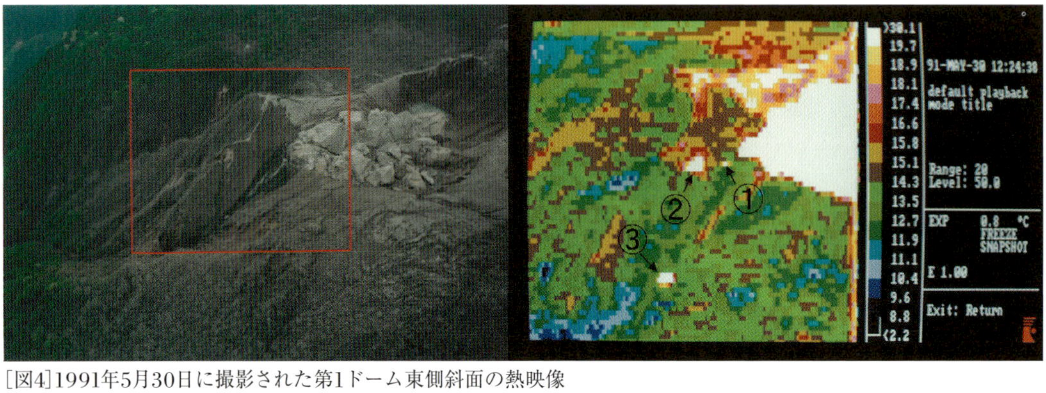

［図4］1991年5月30日に撮影された第1ドーム東側斜面の熱映像
左の写真の赤枠は熱映像取得範囲[1]（国際航業撮影）。高温の熱異常箇所のうち①、②付近から新たなドームの拡大が起こった。③はドームから落下した高温の岩塊。左の写真中央に見られる裸地の黒色部は、熱水の流出痕と考えられる

[図5]2時期の斜め写真による雲仙岳山頂部東斜面の地形変化の比較[1)]。左は5月23日撮影の斜め写真を幾何補正して右の写真と同じアングルにしたもの。右は6月7日撮影の斜め写真（国際航業撮影）

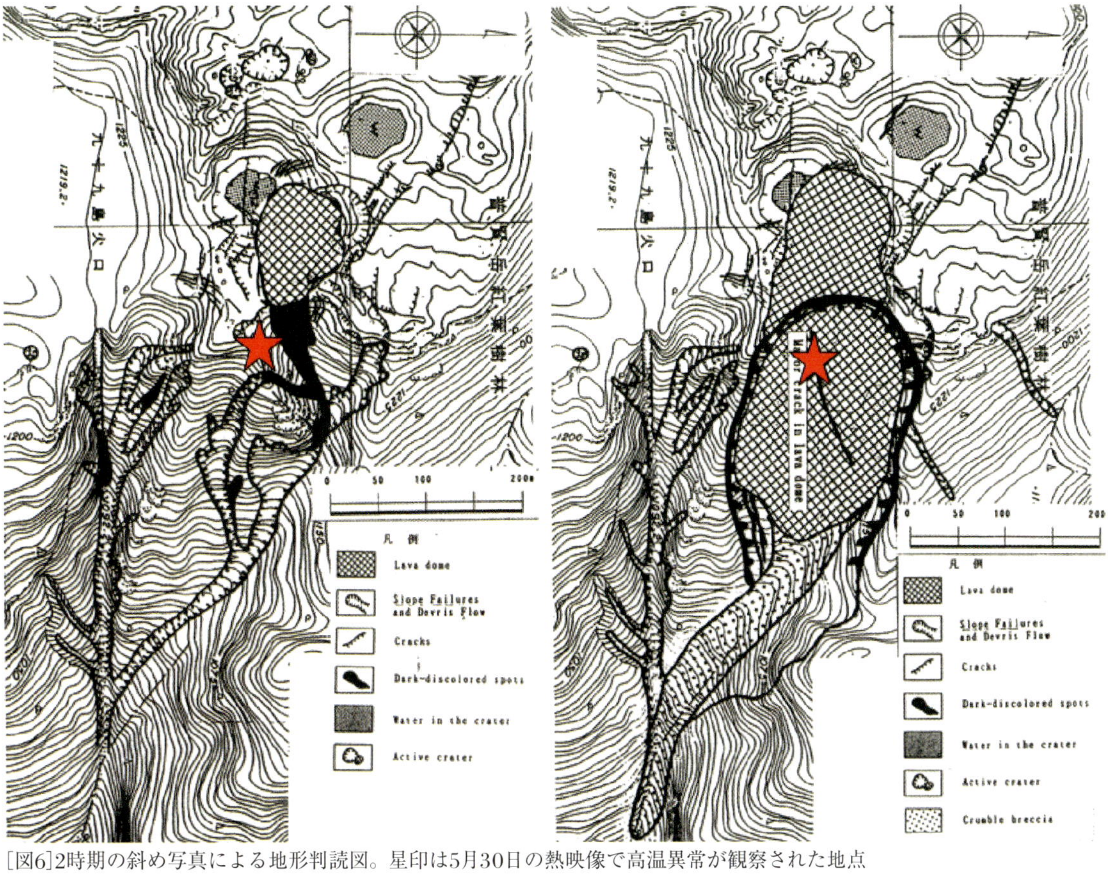

[図6]2時期の斜め写真による地形判読図。星印は5月30日の熱映像で高温異常が観察された地点
6月7日には溶岩ドームの新たな拡大の中心部となっている

象であり、ガスの温度は数百度に達すると言われている。普賢岳の火砕流は、山頂に形成された溶岩ドームが新しく供給されるマグマに押し出され、ドームが斜面に崩落することにより発生する。溶岩の破片が火山ガスとともに、山体斜面を時速約130kmで流れ下り、その規模は最大100万m^3と推定されている。

［図8］は、1991年6月3日及び6月8日の大規模火砕流発生後の6月16日に撮影した画像である。普賢岳頂上付近で発生した火砕流は、山体斜面を流れ降り、稲生山－岩上山と貝野岳の間のおしが谷を流下し、島原市北・南上木場地区を破壊した後に、水無川に入り、国道57号付近まで達した。この結果、島原市白谷町や南島原市（旧深江町）下大野木場地区等に多大な被害を与えている。

また、別の火砕流は、炭酸水谷、極楽谷及び赤松谷を流れ落ち、水無川に合流して、下大野木場不近まで達している。これらの2回の火砕流により、上木場地区等で約120件の住家が損壊の被害を受けている。

この後も成長を続ける溶岩ドームは、水無川方向ではなく、北東側の中尾川に崩れ落ち、火砕流を発生させ、島原市千本木地区では、1993年6月23・24日の火砕流で死者1人、住家約90棟の被害が発生した。

［図7］火砕流による火災の状況
（国土交通省雲仙復興事業所ウェブサイトより）

(4) 溶岩ドームの成長と土砂移動量計測

噴出量や噴出率の計測は、火山活動の把握にとって、また防災対策にとって重要である。

雲仙岳は1991年5月から1995年5月まで、地表に溶岩ドームを成長させては、崩壊して火砕流を発生させる活動を繰り返した。崩壊した溶岩は火砕流となって谷を走り、到達距離を徐々に伸ばしていった。1991年6月3日には、古い山体の一部も巻き込んだ崩壊が発生、高温の火砕流に伴われた火砕サージは遠方の高台にまで達し、43名の命を奪った。その後も火砕流の発生は続き、住宅も多数炎上した。また、大雨のたびに土石流が発生、氾濫して多数の住宅に被害を与えるとともに、扇状地を形成した。また、溶岩ドームの周囲には火砕流とならなかった溶岩礫で構成される円錐形の斜面が形成された［図9］。

火砕流は頻繁に発生したので、現地調査は危険

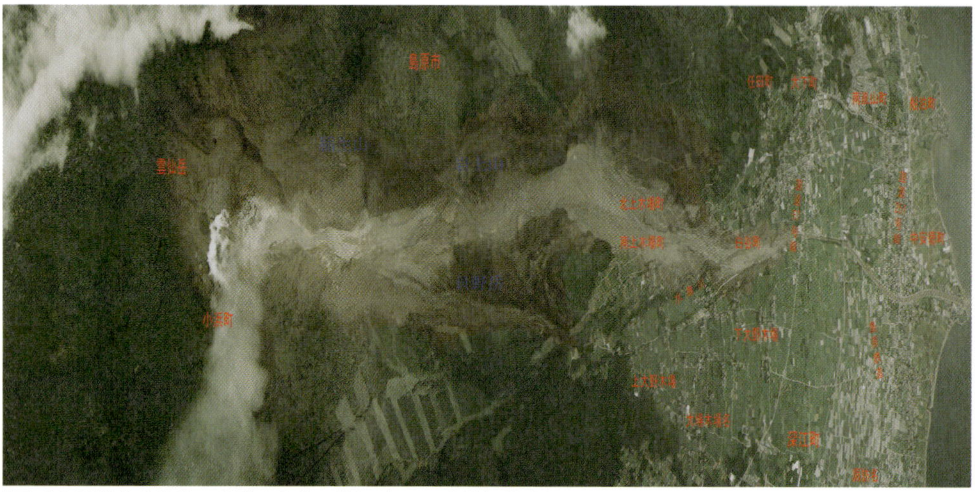

［図8］大規模火砕流後の普賢岳山麓の状況（パスコ撮影・作成）

[図9]溶岩ドームと火砕流と土石流
(1991年1月20日、アジア航測撮影)

[図10]空中写真判読図（1991年6月16日）[4]
6月8日の溶岩ドームの崩壊と火砕流の発生状況を判読したもの
緑色：火砕流本体部、水色：火砕サージ到達範囲

であった。刻々と変化する溶岩ドームの状況把握は、ヘリコプターからの観察で頻繁に行われたが、噴出レートの把握は、空中写真測量による図化と空中写真判読が重要な役割を果たした［図10］。

DEM作成、地形判読には13時期の空中写真とステレオペアから作成された等高線図を使用した。火砕流発生当初の分布は谷沿いに限られていたので、谷軸に直交する断面図を多数作成し、断面法で地形変化量の算出を行った。溶岩ドームが成長

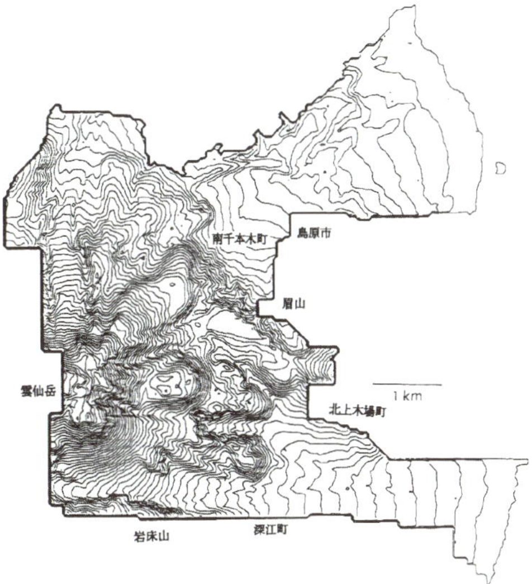

[図11]地形変化量を求めた範囲[5]

し、円錐形の山体が形成されるのに伴い、等高線図に方眼をかけて高度を読み取り、面的な差分計算を行った。図面縮尺1：5,000で1cmメッシュの方眼を使用したので、50mメッシュで、181×181ポイント読み取ったことになる［図11］。

溶岩ドームの崩壊によって発生する火砕流の体積は、粉砕されることによって隙間が増えるため、見かけの体積は約1.5倍程度に増加する。現地で採集した堆積物の土質試験を基に、測定値（みかけの堆積土砂量）に0.6を乗じて、溶岩換算値(DRE: Dense rock equivalent）として取り扱った。

溶岩ドームの表面や火砕流堆積物の表面には、数mを超えるような凹凸が無数にあり、等高線図では詳しく表現されない。噴火継続で現地立ち入りが困難なため、空中三角測量のための刺針は、外部の基準点を使用せざるを得なかった。火砕流と溶岩ドームの境界の位置は前進や後退を繰り返す計測を頻繁に行い、正確な算出に努めた［図12～図15］。

(5) 時系列衛星画像解析による火砕流被災状況の推移

1990年11月、1792（寛政4）年以来約200年

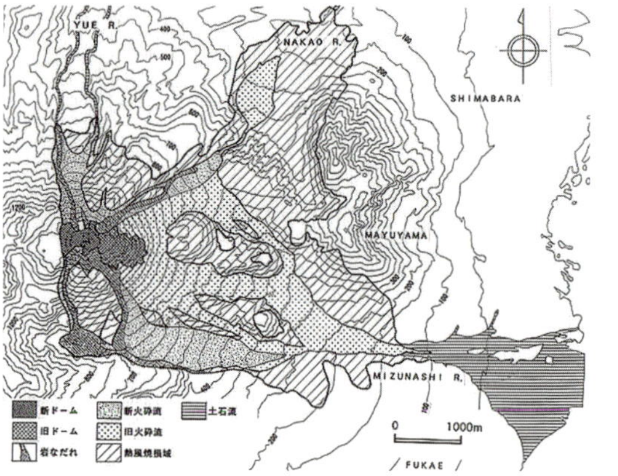

［図12］1995年5月の最終地形分類図[6)]
溶岩ドーム、火砕流、土石流、既往山体の侵食部分、火砕サージの影響範囲

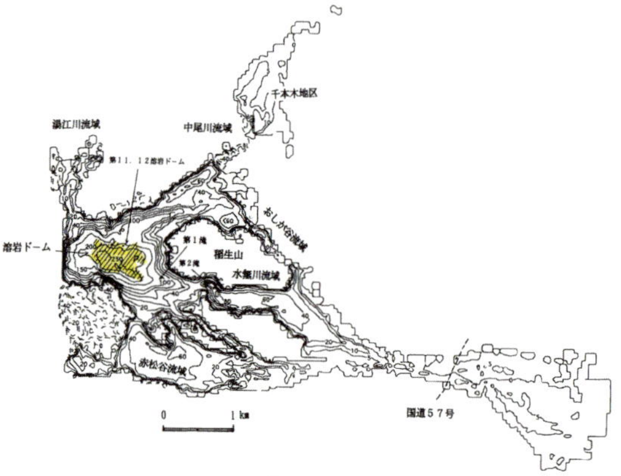

［図13］地形変化量分布図[5)]

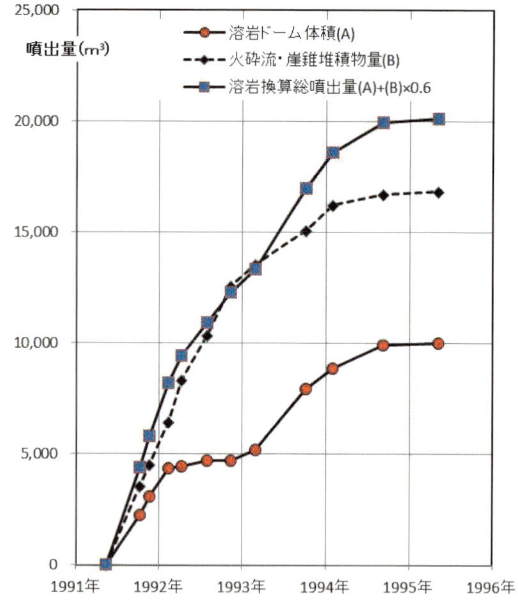

［図14］1995年5月段階の土砂移動実績図[7)]
(断面法による値はプロットしていない)

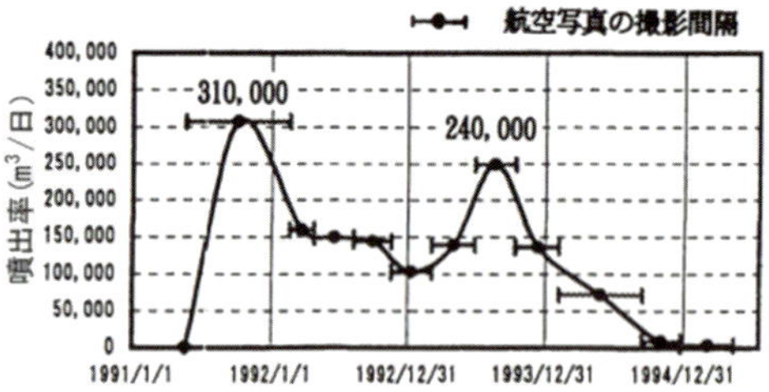

［図15］溶岩噴出率の推移[5)]
噴出率は1991年と1993年の2つのピークをもつ

ぶりに噴火活動を開始した雲仙・普賢岳は、1991年5月には火砕流を伴う激しい噴火活動を示し始めた。その後、多数の犠牲者を出した6月上旬の大火砕流などを経て、1995年春まで活動が続き、主に北東斜面から南東斜面にかけて火砕流などの被害を受けた。この間、人工衛星や航空機により膨大な画像データが取得された。特に、人工衛星データは複数の衛星/センサで観測が継続的に実施された。

［図16］は、噴火活動前に観測された画像の中では最も状態の良いSPOT/HRVデータによるもので、既存の標高データを合わせて南東方向から見た鳥瞰画像としたものである。この画像によれば、雲仙・普賢岳は噴火前、山頂も含めて山体はほとんどが森林に覆われていたことがわかる。

これに対し、［図17］は複数回の大火砕流発生後の1991年10月7日に観測されたSPOT/HRVデータによるもので、火砕流発生域について標高値を修正した標高データを統合し、作成された鳥瞰画像である。火砕流は主に北東斜面と東斜面を下り、山麓の集落（白谷町）まで及んだことがわかる。さらにここより水無川に沿って有明海に伸びるパターンは、火砕流堆積物や降灰堆積物が土石流として流れ下った跡である。

このように雲仙普賢岳の噴火とそれによる影響の調査は、多時期の人工衛星データにより、噴火前から噴火鎮静化時まで継続的に実施された。1990年11月から1995年4月末までの間に観測された人工衛星データの概要は、LANDSAT/TM（昼夜）画像が111シーン（55シーン）、SPOT/HRV

[図16]SPOT/HRVデータによる噴火開始前の
雲仙普賢岳の鳥瞰画像

[図17]SPOT/HRVデータによる1991年の
火砕流被害域を表す雲仙・普賢岳の鳥瞰画像

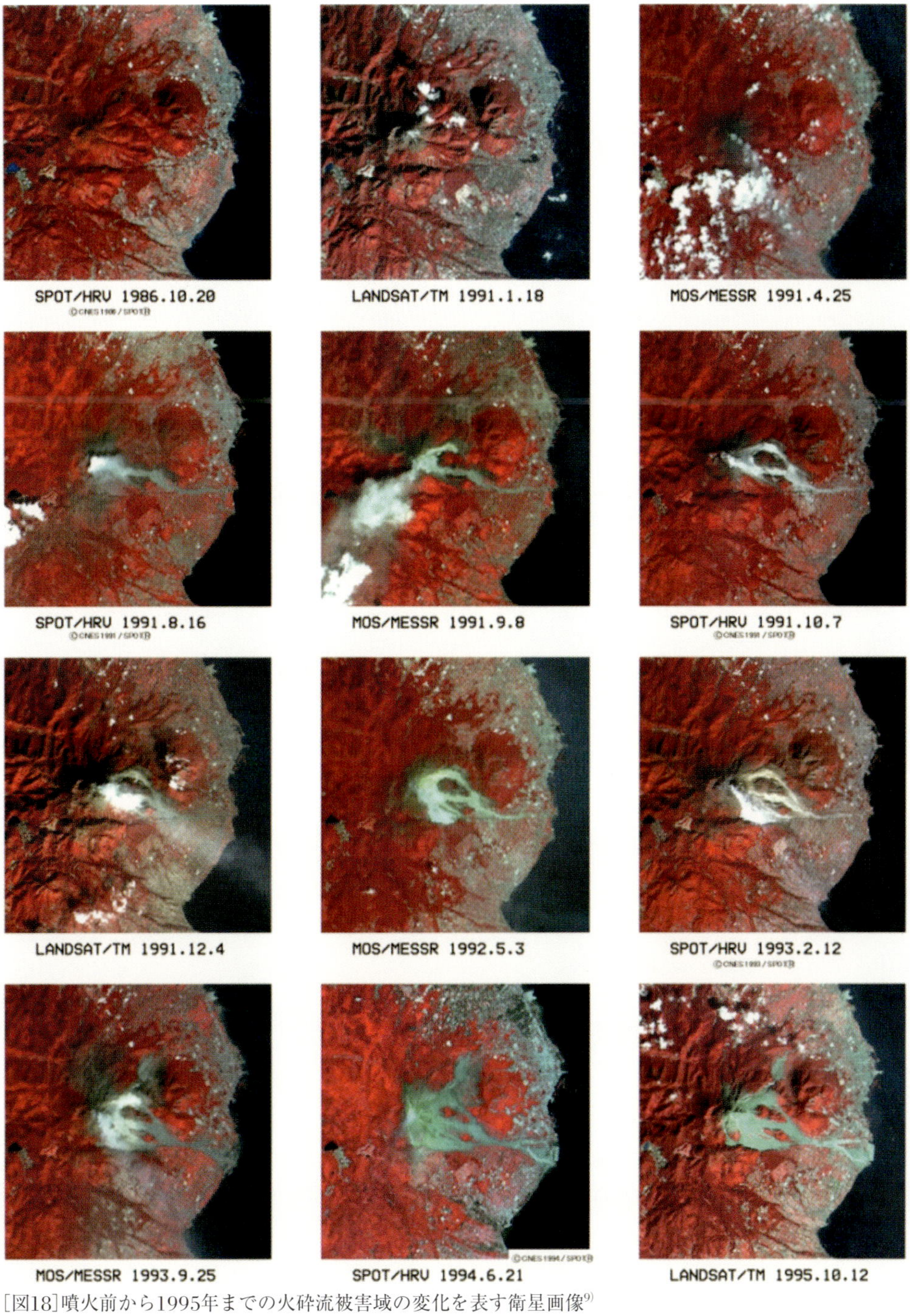

[図18]噴火前から1995年までの火砕流被害域の変化を表す衛星画像[9)]

［図19］SPOT/HRVデータによる1994年の火砕流被害域を表す雲仙・普賢岳の鳥瞰画像

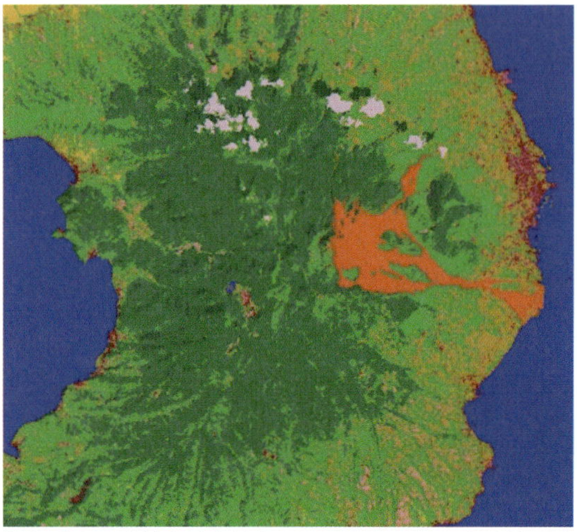

［図20］火砕流被害域を抽出したLANDSAT/TM土地被覆分類カラー画像

画像が113シーン（34シーン）、MOS-1,1b/MESSR画像が81シーン（29シーン）、JERS-1/SAR画像が16シーン、JERS-1/OPS画像が15シーンである。ここで（ ）内は取得データのうち天候の影響を比較的受けていない良質なシーン数である[8)]。これらのうち、噴火前の1986年の画像を含め、噴火活動開始後の1991年から噴火活動が沈静化した1995年までの衛星赤外フォールスカラー画像を示したのが［図18］である。これらにより、火砕流と土石流による被害域が東部の斜面一帯に拡大していった様子を知ることができる。特に1992年5月では南側斜面への火砕流の被害域の拡大、1993年9月では北東側への火砕流や土石流の被害域の拡大が顕著に映し出されている。

1995年10月には火山活動もほぼ鎮静化し、画像でも火山活動は認められない。その前年の鳥瞰画像が［図19］で、さらに1995年のLANDSAT/TMデータによる火砕流と土石流の被害域を含む土地被覆分類を行った画像が［図20］である。

これらの画像はNASDA（現：JAXA）のEOC（地球観測センター）で受信されたものであり、RESTECと日本大学、パスコ、アジア航測などの協力で解析と分析が継続的に行われ、火山活動に伴う火砕流とそれに続く土石流の被害域の拡大の詳しい報告がなされた。

参考文献

1) Mukoyama, S., Akamatsu, Y., and Matsuda, K.,: Topographic change and surface temperature anomaly associated with lava dome activity of Unzen volcano in 1991, International Geological Conference Abstracts, p.5332, 1992.
2) 向山栄・武智国加・河相祐子・増田一稔:雲仙岳の溶岩ドーム形成に伴う地形の変動について, 第1回地質環境シンポジウム論文集, pp.149-154, 1991.
3) 池谷浩・石川芳治:平成3年雲仙普賢岳で発生した火砕流, 土石流災害（第2報）, 砂防学会誌, Vol.44, No.5, pp.36-46, 1992.
4) 千葉達朗:雲仙岳噴火のディザスターマップの作成, 土質工学会雲仙岳噴火調査委員会報告「雲仙岳の火山災害」, pp.21-130, 1993.
5) 石川芳治・山田孝・千葉達朗:雲仙普賢岳噴火に伴う溶岩流出及び火砕流による土砂量と地形変化, 新砂防, Vol.9, pp.38-44, 1996.
6) 千葉達朗・遠藤邦彦・磯望・宮原智哉:雲仙岳の火砕流, 月刊地球号外雲仙岳噴火特集号, Vol.15, pp.60-63, 1996.
7) 長岡正利・熊木洋太・千葉達朗:雲仙岳噴火の溶岩噴出量計測と総噴出量, 月刊地球号外雲仙岳噴火特集号, Vol.15, pp.60-63, 1996.
8) 中山裕則・田中總太郎・遠藤邦彦ほか:人工衛星データによる雲仙岳噴火の観測(その4)、日本リモートセンシング学会第26回学術講演会論文集, pp.113-114, 1996.
9) Tanaka, S., Nakayama, Y., Inanaga, A. and Endo, K.,: Unzen Volcano from 1990 to 1995 observed by satellite, Advances in Space Research, Vol.21, No.3, pp.459-464, 1998.

3.7
2000年有珠山噴火

2000

(1) 災害の概要

「有珠山はうそをつかない山」と、岡田弘北海道大学教授（当時）は言う。2000（平成12）年3月31日13時07分、そのとおりに有珠山は約22年8カ月ぶり（開始日起算）に噴火を開始した。この予期された災害に対する調査活動には、普及が進みつつあったインターネット情報通信を背景に、従来からの空中写真撮影に加えて、航空レーザ計測、熱画像計測、新しい衛星リモートセンシング（レーダー衛星画像、高分解能光学衛星画像など）が投入され、成果を上げげた。

有珠山では、3月27日朝から火山性地震が次第に増加し、気象庁は28日00時50分に観測事実を伝えるだけの『火山観測情報 第1号』を発表した。しかし、その頃には有感地震も発生し始めたため、02時50分には『臨時火山情報 第1号』を発表し注意を呼びかけることとなった。さらに、翌29日、火山噴火予知連絡会拡大幹事会の見解を受けて、気象庁は11時10分に「今後数日以内に噴火が発生する可能性が高くなっている」旨の『緊急火山情報 第1号』を発表した。噴火前の緊急火山情報発表は初めてのことであった。

[図1]最初の激しい噴火後、小康状態となった有珠山西山火口の空中写真（2000年3月31日14時46分、国際航業撮影）。谷底の国道に、火口から流下したように白い噴出物が薄く堆積している

地元は約1万人に避難指示を出し、30日までには事前避難が行われた。その翌日、有珠山は西山山麓で噴火し、さらに翌4月1日には洞爺湖温泉街のすぐ裏にあたる金比羅山北西でも噴火を開始した。最も近い住宅からわずか250mほどの距離であった。

その後、これら2つの地域では、4月上旬に新しい噴火口が次々に形成された（（3）に後述）ほか、多くの火口から泥流や温泉水の流下が確認された。西山の火口群は、国道230号や避難道路（町道泉公園線）上に形成され、アパートを飲み込んだ。金比羅山の火口から流れ出た泥流は、西山川をあふれて温泉街に広がり、国道橋など2つの橋を押し流した。西山山麓では激しい地殻変動により多数の断層・割れ目が発達し、国道や住宅地は大きな段差でずたずたになった。

［図1］は、最初の激しい噴火後の状況で、左の谷を走っていた国道上に白い堆積物が火口から流下して薄くたまったように分布する。多くの火山灰は噴煙として立ち上がり写真奥の方向に飛散したが、一部の湿った高温ではない噴出物は、上空高く舞い上がらず、火口から斜面に沿って下り、国道反対側の斜面を越えて工場・住宅地を横なぐりの噴煙として襲ったことが、この写真からも想像がつく。有珠山噴火で最も恐れられていた火砕流の一種で、今回の噴火で発生したとされる「火砕サージ」を含む痕跡と考えられる。この火砕サージは、幸いにも小規模で比較的低温・低速であった[1]ため、大きな被害を免れた。

(2) 噴火災害に始まった航空レーザ計測という革新的時代の幕開け

国内で航空機にレーザ計測装置を搭載し、地形計測が本格的に始まったのは今から十数年前の

1998年頃である。当時使用していた航空レーザ計測装置はカナダのオプテック社製ALTM1025という、1秒間に25,000パルスのレーザ光を照射スキャニング可能な、当時では世界最高スペックの機材であった。それはプロトタイプともいえるものであり、様々な分野に試行されていた。

本節では2000年3月末、有珠山の火山活動における地形の隆起量を、初めて航空レーザ計測により捉えた時の計測状況と地形隆起沈降量の分布を紹介する。

航空レーザ計測による火山地形計測

2000年3月31日、航空レーザ計測機材を搭載したヘリコプターは10時過ぎにニセコヘリポートに到着した［図2］。直ちに給油を済ませ、計測関係者およびフライトクルーは飛行前の計測諸元、安全対策、緊急時の対処法などについてブリーフィングを行い入念な準備を実施した。

11時過ぎに、パイロット、ナビゲータ（機体誘導担当）、オペレータ（機器操作担当）の3人を乗せたヘリコプターはニセコヘリポートを離陸した。15分ほどで有珠山上空に到着すると、あらかじめ設定した東西方向の平行コースを計測開始した。対地高度900m、対地速度90km/h。残雪が散在する有珠山の山体には連日の火山性地震による割れ目が見られた。計測計画範囲は迫り来る噴火までの時間との勝負の中で作成されたものであるため、有珠山山頂を中心に単純に矩形に囲んだものであった。

しかし、火山性地震の分布が山体の西側に移動しているという情報から、計測クルーの現場判断により、計画範囲外のさらに西側の部分についてもレーザパルスを出し続け、念のために計測コースを延長した。

有珠山上空には報道、防災、測量、自衛隊など十数機の機体が飛行し混沌としていた。そんな中で、航空レーザ計測機は周囲の機体の動きと、いつ噴火が始まるかもわからぬ地表の変化を監視しながら、東西に設定されたコースを往復していた。

昼のニュースに合わせ取材をしていた報道機が次々に帰投すると、機体の数が減り、飛行効率が良くなった。有珠山のほぼ北側半分の計測を終え、西向きに飛行したコースを1kmほど延長し、左旋回したその時であった。ヘリ左前席のナビゲータが西山麓の国道230号線付近の樹林の中に黒く塊状で動くものを捉えた。機体旋回の揺動により一瞬見失った後、その黒い塊は一段と大きくなっていた。

2000年3月31日13時7分、23年ぶりの有珠山噴火を確認した［図3］。黒灰色を呈したカリフラワー状の噴煙は巨大なものとなりつつあり、安全確保のため、航空レーザ計測を中止しニセコヘリポートへ帰投した。予定したすべての計測範囲を終えることはできなかったが、主要部分のデータ取得は完了し、噴火前の航空レーザ計測による詳細な地形データ取得に成功したのである。

2時期の計測から捉えたドーム地形の出現

2回目の航空レーザ計測は噴火開始から約1カ月後の4月26日に実施した。4月初旬にはコックステイルジェットと呼ばれる激しい噴火現象が見られ、マグマ水蒸気爆発が活発であった。そのため、航空機の安全な飛行条件となる火山活動がやや静穏化する機会を待ち続け、この時期の計測飛行となった。しかしながら、噴火が突然始まる可能性も否めないことから、航空レーザ計測機とは別にもう1機の火山監視のためのヘリコプターを用意し、北海道大学有珠火山観測所長の岡田弘教授(当時)に搭乗を依頼し火山監視を実施した。これにより、突発的な噴火などに遭遇せず無事に計測飛行を終えることができた。

噴火前後の2時期の計測データから、地盤標高データの差分を求めた結果、噴火開始から約1カ月の間に最大65mもの地盤の隆起が見られ、北東―南西方向に軸をもつ潜在ドームの出現が確認された。潜在ドームとは、火山噴火によりマグマが直接地表に現れる溶岩ドームとは異なり、地下のマグマが地表には現れずドーム地形を形成するものである。

地盤が隆起した範囲は北東－南西方向に分布し、30m以上隆起した範囲が北東－南西方向に約1km、北西－南東方向に500mの拡がりをもって楕円状を呈することが判明した［図4］。地形の様子をレリーフ状に表現する陰影図からは潜在ドーム上に発達したグラーベン状（地溝状）の断層が確認された。

当時は噴火前後の地形データを、高さの差分＝変化量として計算したが、実際には水平方向の移動量もあったため、その後、より正確な地形変化量を求めるために、国道沿いの街路樹や建物などの移動量をベクトルで表示するなど補正を行った。

今後に期待できる航空レーザ計測

有珠山2000年噴火における航空レーザ計測の成功が、今日の火山地形計測につながっているものと考えられる。しかも計測範囲を西側に拡大したことが功を奏したといえる。もし、有珠山西麓の範囲を拡大せずに計画どおりの計測をしていたら、今回の噴火で出現した潜在ドームの半分程度しか捉えられず、ドーム頂部の核心部分のデータが欠測となった可能性もあった。

結果的に、様々な条件や幸運が重なり、航空レーザ計測という手法を火山噴火による地形変化に適用し、地下で動いたマグマの総量算出や潜在ドーム生成の浅部マグマ貫入機構に関する定量的なデータを提供した世界初の事例となった。この一つの計測事例が、“現代版のミマツダイヤグラム（昭和新山の隆起図）”として、航空レーザ計測による火山噴火災害調査という革新的時代の幕開けとなったと言えるだろう。

（3）刻々と変化する火山災害の容貌を画像情報でフォローする

噴火が始まると、やがて航空管制により有珠山

［図2］航空レーザ計測装置を搭載したヘリコプター（朝日航洋）

［図3］有珠山噴火の初動を捉えた写真
（2000年3月31日13時07分頃、朝日航洋撮影）

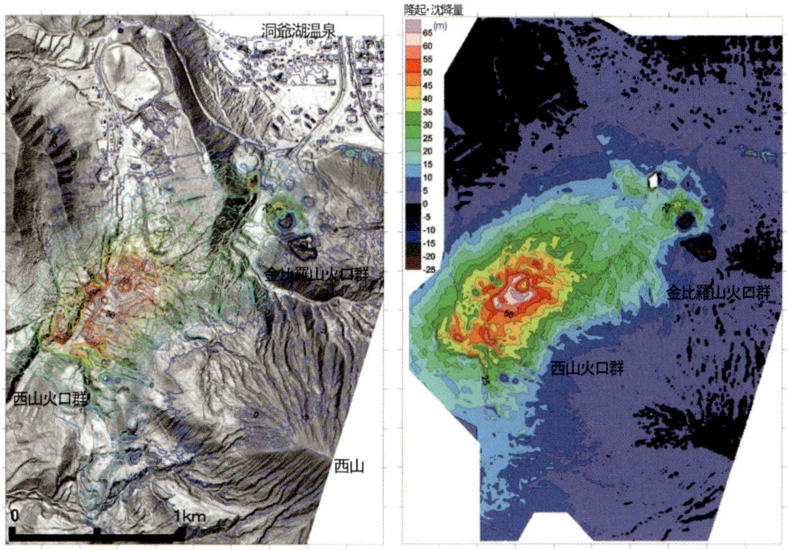

［図4］潜在ドームの出現を捉えた地形の隆起沈降量分布図（朝日航洋調整）

上空の飛行は制限され、わが国の災害で初めて設置され“ミニ霞ヶ関”とも言われた現地対策本部(有珠山噴火非常災害現地対策本部)の特別な許可を得られる場合を除いて、事実上一般の航空機による情報入手の道は閉ざされた。航空レーザ計測がきわめて有効な手段となった今も、噴火災害時には上空を飛行できないことは、活動火山のリアルタイム情報を得る上で大きな課題である。

そこで当時(その後の三宅島噴火、浅間山噴火などでも)活躍したのが航空自衛隊偵察航空隊である。偵察航空隊のRF-4E(ファントム)ジェット機は、百里基地(茨城)から毎日飛来し、日中は高速度でも高分解能のステレオ写真が撮れるパノラミックカメラ、早暁には赤外線カメラを駆使して、火山噴火予知連絡会(以下、予知連という)の現地対策室(伊達市)に連日連夜、貴重な航空写真を提供した。

予知連では、入手した空中写真をすぐに現地で判読、解析し、刻々と変化する有珠山の姿を、逐次、予知連有珠山部会や現地対策本部の会議で明らかにした。

[図5]は、偵察航空隊から提供された短冊形のステレオ写真である。予知連対策室には、総合観測班地質グループの空中写真判読専門家が常駐して判読作業にあたり、火山学者とひざ詰めで噴火口の発生、消長の確認を行った。その成果の一つとして、[表1]は西山火口群の推移をまとめたものである[2]。西山西麓では、延べ36個(N1～N36;

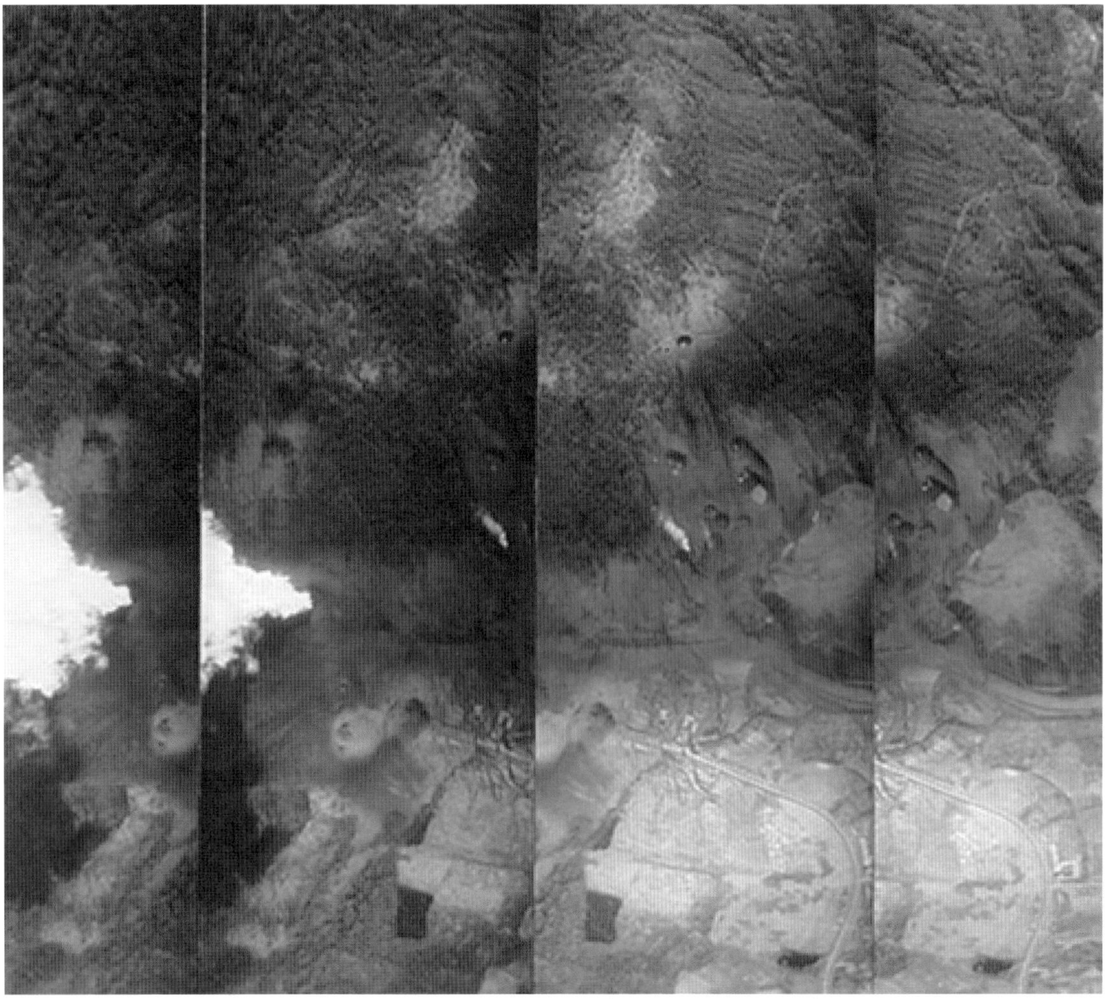

[図5]毎日提供された航空自衛隊偵察航空隊撮影の航空写真(2000年5月1日09時34分撮影)。短冊状の連続写真で実体視が可能である

同様に金比羅山火口群ではＫ１～Ｋ29の29個）の噴火口が、生まれては他の火口と合体、あるいは飲み込まれたり、土砂に埋もれていった経過がここに記されているほか、熱泥流（hot lahar）を噴出した火口も記されている。

偵察航空隊による空中写真は、噴火口の推移のほか、有珠山に特徴的な火山性地殻変動の様子もとらえていた。［図6］は、4月3日～5月1日の約1カ月間の断層・割れ目の変化（火口も描画）である。西山火口群周辺の地殻変動の拡大や、西山火口から北東に１kmほど跳び離れて一見関係なく噴火を始めた金比羅山火口群との地下での関係をうかがわせるように、その間を埋めて拡大した断層・割れ目帯が明瞭である。空中写真によって、このほか数時期の断層・割れ目の分布が把握されている。

［図7］は、偵察航空隊による赤外線写真の例である。地表の温度が上がらない早暁にも、赤外線撮影のためにファントムが飛来した。［図7］では、すでに温泉街に泥流が広くあふれ出しているのがわかる（白い部分）が、前日９日の写真はあふれ方が少なく、さらに7日にはまだ西山川の流路工内を流れていたことが把握された。この９日の晩から10日の未明に、泥流によって国道橋など2つの橋が流されたのである。偵察航空隊は、予知連教授陣の意向、要望を聞いて、すぐさま注文どおりの写真を撮影して現地に届けた。この活躍により、有珠山が最も変貌した危険な時期にも、空からの情報が絶えることはなかった。

［表1］空中写真判読により把握された噴火口の推移（西山火口群の例）

	4/2 15:37	4/3 15:32	4/6 15:41	4/7 9:25	4/7 15:32	4/9 14:39	4/11 15:30
N1	◎	○	○	○	○	○	○
N2	◎	○	○	○	○	○	○
N3	◎	○	○	○	○	○	○
N4	◎	○	○	○	○	○	○
N5	◎	○	○	○	○	○	○
N6	◎	○	○	○	○	○	-
N7	◎	○	○	○	○	○	○
N8	◎●	○●		-	-	-	-
N9	◎●	○●		-	-	-	-
N10	◎	○	○	○	○	○	○
N11	◎	○		-	-	-	-
N12	◎	○	○	○	○	○	○
N13	◎	○	○	○	○●	○	○
N14	-	-	◎●	○	○	○	○
N15	-	-	◎●	○	○	○	○
N16	-	-	◎	○	○	-	-
N17	◎	○	○	○	○	○	○
N18	-	-	-	◎	○	○	○
N19	-	-	◎●	○	○●	○	○
N20	◎	○	○	-	-	-	-
N21	-	-	-	◎	○	○	○
N22	-	-	◎	○	○	-	-
N23	-	◎	○	○	○	○	-
N24	◎	○	○	○	○	○	○
N25	-	-	-	-	-	◎	○
N26	-	-	-	-	-	◎	○
N27	-	-	-	-	◎	-	-
N28	-	-	-	-	-	◎	○
N29	-	-	-	-	-	◎	○
N30	-	-	-	-	-	◎	○
N31	-	-	-	-	◎●	○●	○
N32	-	-	-	-	-	-	◎
N33	-	-	-	-	-	-	◎
N34	-	-	-	-	-	-	-
N35	-	-	-	-	-	◎	○
N36	-	-	-	-	-	-	-

◎ : Crater formed, ○ : Crater existing, — : Crater buried, destroyed or not yet formed, ● : Discharging hot lahar

［図6］空中写真判読によって把握された地殻変動の推移（左:4月3日、右:5月1日）
地殻変動は、この間に最も拡大し、比高70mほどの潜在ドームが形成されて、断層は成長した

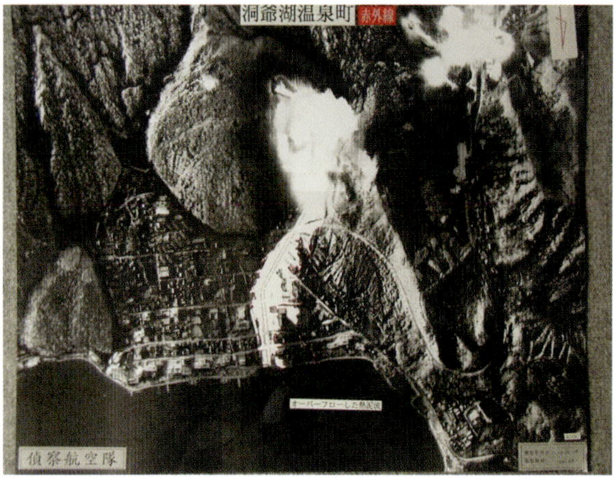

［図7］偵察航空隊による赤外線写真
（4月10日06時29分撮影）
高温の噴火口のほか、地表の温度が低い暁には、洞爺湖温泉街に氾濫する泥流が明瞭に捉えられている

(4) Radarsat-1による有珠山隆起の時間的変化

2000年3月31日に噴火を始めた有珠山を監視するために、Radarsat-1の緊急観測が始まったのは噴火の翌々日からであった。Radarsat-1の日本における受信はRemote Sensing Technology Center of Japan（RESTEC）とCanadian Space Agency（CSA）が受信契約を結んで行われたもので、Japan Aerospace Exploration Agency（JAXA）がEarth Observation Center（EOC）の受信設備を貸与した。有珠山の観測には、国内関連機関が参加して様々な情報が共有された。Radarsat-1はアンテナビームを入射角方向に振ることができる衛星であり、有珠山に関しても様々な入射角から（そして異なる日々に）観測することができた。

有珠山は、噴火から約15日をかけて山頂の高さを変えていった火山である。［図8］に火口付近を切り出し拡大したものと隆起パターンを示した画像を示すが、火口付近に大きな変化が確認できる。合成開口レーダーは斜め観測する映像レーダーであり、異なる入射角での画像の組み合わせと面積相関法の併用により、数値標高データ（DEM）の計算、あるいは、特徴的なところ（最も高いところ）に焦点を当てて、その時間的な変化を見ることができる。本事例は、短い時間差でとられた2つの画像を用いて最も隆起した箇所の時間変化を示したものである。対応点の自動抽出と、2期間での高さ変化の抽出を行った。次に、それを噴火開始からの累積したものが［図9］である。噴火開

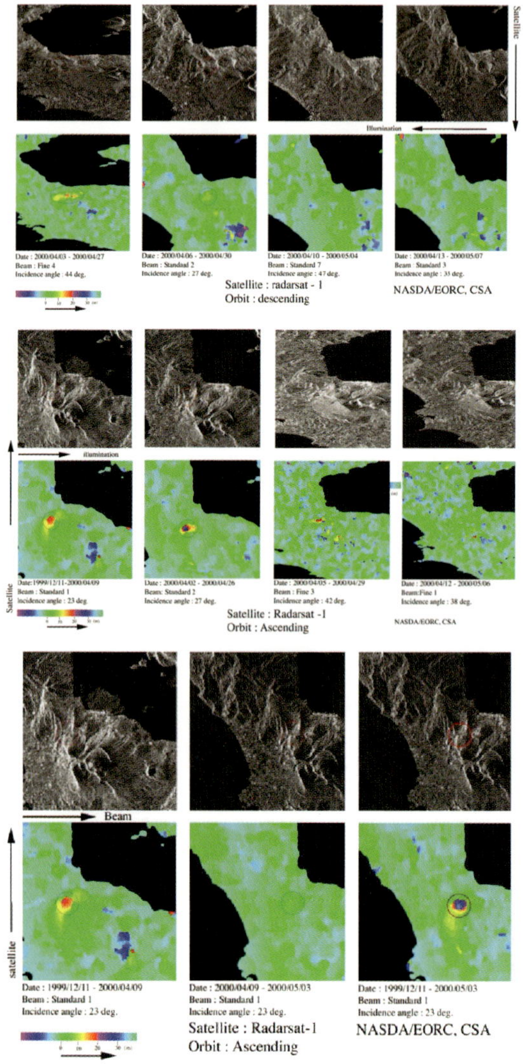

［図8］有珠山火山山頂の時間変化

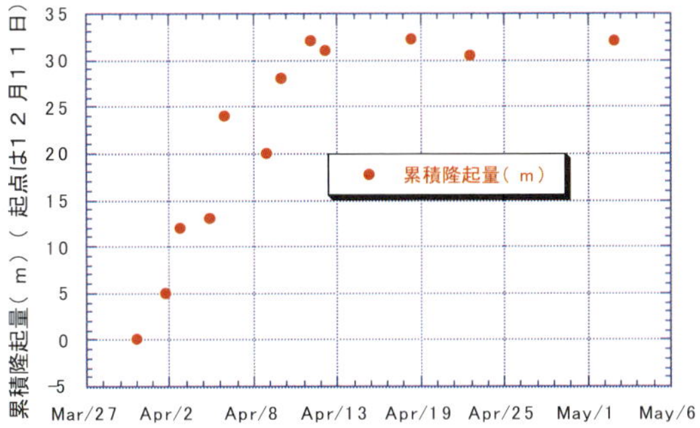

[図9]有珠山山頂の時間変化

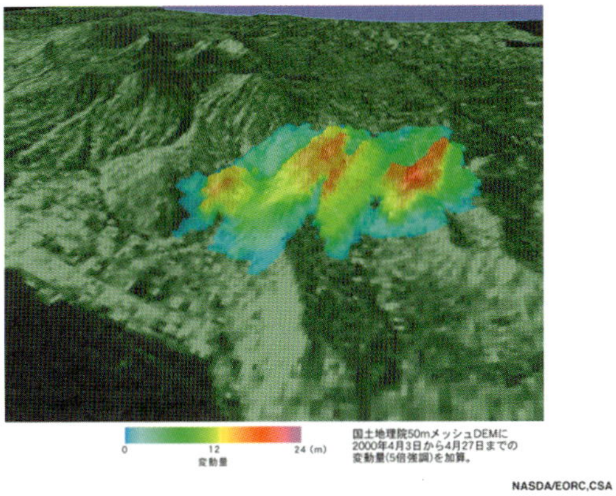

[図10]2000年4月3日から同年4月27日までの間の隆起分布を3次元表示したもの

始から、約2週間後に隆起は収束したこと、最大高度は32mであることがわかる。その後行われた航空レーザ計測を用いた計測結果によると最高点の高さは50mを超えることがわかった（(2)参照）。約20mの違いは、SARでは面積相関法とステレオ視を用いて高さを抽出するが、面積相関法のための面積として1辺256サンプル以上の領域を用いることから、高さのある領域が全体になだらかになった可能性がある。誤差を小さくする手法としては、目視で対応点を定め、三角法で高さを計測することも可能である。こちらの方が精度的には高いものと思われる。参考までに、隆起の状況を3次元的に表示したものを［図10］に示す。なお、干渉処理についても試験的に行われた[図11]。周波数はCバンドであり、植生や火山灰を透過しにくい特性の為に干渉度が落ちる可能性があったが、果たして山頂の変化を見ることはできなかったが、平野部の変動を捉えることはできた。

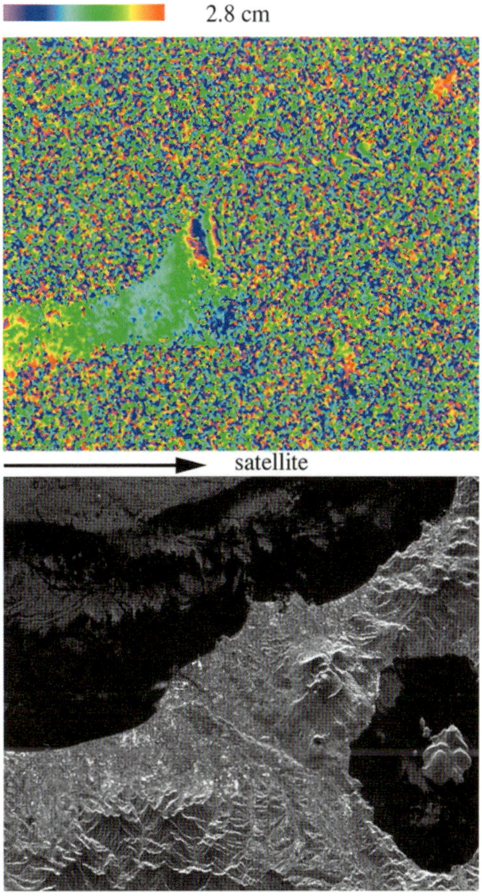

Radarsat DinSAR 4/9/2000-12/11/1999　　NASDA
[図11]Radarsat-1の干渉処理結果

（5）IKONOS衛星が捉えた火山灰飛散状況

日本スペースイメージング（以下JSI）は、世界初の商用高分解能衛星IKONOSによる撮影・画像販売を2000年1月より開始した。そして同年3月下旬になり、有珠山噴火の可能性が高くなり周辺住民の避難も開始された。当時日本国内の直接受信用アンテナはまだ建設が始まっていなかったため、JSIはIKONOSによる撮影を米国Space Imaging社（現：GeoEye社）に依頼した。JSI、Space Imagingそして商用高分解能衛星にとって、災害発生直後に迅速に撮影を行うというニーズに対応できるか、その能力が試される初めての場となった。

撮影状況

IKONOSによる撮影は、3月30日から撮影可能な軌道すべてを使って開始された。有珠山は3月31日に西山西側山麓で水蒸気爆発が始まり、翌4

［図12］噴火中の有珠山全景（2000年4月4日撮影、©JSI）

［図13］噴火中の洞爺湖温泉街（2000年4月4日撮影、©JSI）

月1日には金比羅山西側山腹からも噴火を開始した。IKONOSは、3月30日、4月1日、2日に雲が多いながら地上の状況が把握可能な画像を撮影し、さらに、4日には噴火口及び被害を受けている周辺地域を含む広範囲をステレオで撮影することに成功した［図12］。当時データ伝送は普及しておらず、撮影された画像データはCD15枚に分割されSpace Imaging社からJSIに空輸された。

火山灰の飛散状況

4月4日に撮影された画像を俯瞰すると、噴火口付近は一面灰色の火山灰に覆われているが、少し離れると火山灰は複数の帯状に分布していることがわかる。このことから、激しい噴火をした時点の風向を推測できる。また、帯がさほど広がっていないことからその時々で風向の変化が小さかったことがわかる。

気象庁の公開している過去の気象データ[6]を参考に、天候とIKONOS画像から見て取れる火山灰の飛散状況とを比較してみる。有珠山周辺には「大岸」と「伊達」の観測データがあった。いくつかのIKONOS画像に写っている噴煙の方向と観測データを比較してみると、伊達の風向が比較的近似していた。4月4日の画像［図12］は午前10時15分に撮影されたが、伊達の観測データによれば風向は南西であるので符合していることがわかる。なお、降雪・積雪は「大岸」のみデータがある。

今回の噴火では大きく分けて2つの噴火口が出現している。西山西側山麓と金比羅山西側山腹である。これらの噴火口の西から南側にかけては、降灰範囲が噴火口の近辺に限られているのに対し、東方向は大有珠、小有珠を越えて長く伸びている。噴火開始から画像の撮影された4月4日までの間に起きた、大きめの噴火時の風向を観測データからピックアップしてみたところ、北西から南南西の風が多くみられることからもこれが裏付けられる。

噴火口西から南側の降灰が少ないといっても、被害がなかったわけではなく、画像上では判読できなかったが、断層による地割れや地殻変動による交通施設の破壊などの被害があったことが当時報道されている。

洞爺湖温泉街は、当時の報道でも被害が報じられているが、一面灰色の火山灰で覆われていることが見てとれる［図13］。これは既に述べたとおり風向が温泉街に向くことが多く、また、金比羅山西側山腹の噴火口は温泉街の目と鼻の先にあったことによる。

画像が撮影された時点で、金比羅山西側山腹の火口は噴煙を上げており地表を観察することはで

[図14] 西山西側山麓噴火口群（2000年4月4日撮影、©JSI）

[図15] 最近の洞爺湖温泉街（2010年6月28日撮影、©GeoEye）

きないが、西山西側山麓の火口は噴火を休止しており、多数の火口を見ることができる［図14］。そのうちの一つは国道230号を分断するように道路上に開いており、自然の力は人間の都合などお構いなしであると痛感する。また、その周辺には地殻変動で発生した断層の黒い筋が多数走っている。

噴火と降雪の時系列データから、降灰と積雪の順序を画像から分析できそうであるが、今回の有珠山のケースでは気象観測点が少々離れているためか、確実な規則性を見出すことができなかった。

その後

噴火が落ち着いた後もIKONOSにより2003年、2007年、2008年、GeoEye-1により2009年、2010年に周辺地域が撮影されており、これらの画像からは色とりどりの家屋そして、緑色を取り戻した山林が見てとれる［図15］。

衛星画像の特徴として、災害発生時はもちろんのこと、復興段階、平時をそれぞれのステージの記録として残しており、次に災害が起きた際にあるいは、過去の災害を総括しようとした際に、アーカイブ画像が入手できる利便性を備えている。

一見平穏を取り戻したかに見える被災地であるが、束の間の休息にすぎないことは、過去の歴史から明らかである。次に起こるであろう噴火が、どれほどの規模になるかは全く予測できないが、周辺住民の生命そして、財産への被害が最小に抑えられることを願う。

参考文献

1) 勝井義雄・岡田弘・中川光弘：北海道の活火山, 北海道新聞社, 2007.

2) 宇井忠英・中川光弘・稲葉千秋・吉本充宏：有珠火山2000年噴火の推移, 火山, Vol.47, No.3, pp.105-117, 2002.

3) Shimada, M., Kobayashi, S., Murakami, M., Minamisawa, M., and Isoguchi, O.,: "Observation of the Mt. Usu surface deformation using the spaceborne SAR data," Proc. AGU Workshop, 2000.

4) Shimada, M.,: "Monitoring the Mt. Usu surface uplift using synthetic aperture radar data," News Letter to CNES Report, 2000.

5) 島田政信：衛星搭載合成開口レーダ（SAR）による有珠山地形の時間変化について, 有珠山噴火——宇宙からの観測と解析結果報告書, 衛星リモートセンシング推進委員会, 宇宙開発事業団, リモート・センシング技術センター編, pp.36-42, 2000.

6) 気象庁：気象統計情報, 過去の気象データ検索 http://www.data.jma.go.jp/obd/stats/etrn/index.php (accessed 7 Oct. 2011)

3.8 2000年三宅島噴火

2000

(1) 災害の概要

三宅島は東京の南約180kmにある直径約8km、周囲約38kmのほぼ円形に近い島である。噴火活動は活発で、山腹割れ目噴火を約20年おきに繰り返してきた。

2000年の噴火は、6月26日の群発地震から始まった。それまでの噴火の傾向から、山腹割れ目噴火を警戒したが、陸上噴火は起こらず、翌朝、三宅島西方約1kmで小規模な海底噴火が発生した。その後、マグマは島外に移動し、神津島での群発地震を発生させた。三宅島での噴火は終息したかに思えた。

ところが、7月8日18時43分、三宅島雄山で水蒸気爆発、少量の火山灰を噴出した。翌朝、山頂部に直径1km弱の陥没が生じ、雄山が沈降しているのが確認された［図1］。地下のマグマだまりからマグマが流出、地下の空洞が陥没したためであった。

［図1］雄山の陥没の開始
（2000年7月9日、アジア航測撮影）

さらに、7月14～15日にもマグマ水蒸気爆発が発生、大量の細粒火山灰が島内の北東側に堆積した。この火山灰で、森林が大きな被害を受けた。山頂部のカルデラはさらに拡大し、深さは400mを超え、雄山は地下に飲み込まれた［図2］。

その後の雨で泥流や土石流が多数発生した。その後、8月18日には最大の噴火が発生、噴煙は高度14,000mに達し、島内の各所に火山灰が降り積もった。8月29日には火砕流（低温）が発生して海岸部に到達した。この予想外の噴火の推移と土石流発生の危惧から、2000年9月1日に全島民避難が決定された。東京都内への避難は2005年まで5年に及んだ、これは、頻繁に発生した土石流によるインフラの破壊と火山ガスの影響であった。2000年の8月中旬頃から始まった、火山ガスの大量放出は（主に二酸化硫黄）、最大で1日20万tを超えるなど、世界でも例を見ないものであった。避難解除後も島内では火山ガス高濃度地区への居住制限や火山ガス警報器などの安全確保対策が進められている。

［図2］雄山の陥没の進行
（2000年7月22日、アジア航測撮影）

(2) 航空機SARによる火口内の観測

2000年三宅島噴火では、これまでの噴火とは違って火口にカルデラが形成された。今後の噴火の推移を予測する上では、火口内の状況を知る必要があったが、常に火口部周辺は噴煙や雲に覆われており、観察が困難であった。マイクロ波は噴煙や雲を透過するため、地表の状況が光学センサで取得できない時にも情報を収集することができ、大変有効な手段である。そのため、国土地理院が所有するXバンド航空機SARを用いて三宅島雄山の火口内の計測を行い、SAR再生画像の判読による火口内の状況把握と、シングルパス干渉処理による数値標高モデル（DEM）作成を行った[4,5]。

しかしながら火口部のような急傾斜地においては［図3］に示すように、レイオーバ（マイクロ波が底部よりも頂部に先に到達し、その結果頂部が底部よりセンサ方向近くに画像再生される現象）やレーダーシャドウ（マイクロ波が照射されず再生画像が得られない影の部分）などのレーダーに特有な幾何学的性質のため、１回のフライトで火口部全域の情報を得るのは困難である。

このため今回は火口部から4km及び8kmの地点をそれぞれ東西南北4方向にフライトし、計8画像を得ることにより、火口部全域の情報を得た。

観測諸元は以下のとおりである。

・プラットフォーム：航空機（セスナ208）
・周波数:9.555GHz（X-band）、水平偏波送信／水平偏波受信
・地上分解能：1.5m（アジマス方向・レンジ方向とも）
・アンテナ基線長：約80cm
・観測日時：2000年9月28日午前
・観測高度：4,250m
・オフナディア角：55度（画像中央部の数値）
・観測コース：火口中心より4km地点の東西南北4方向
　火口中心より8km地点の東西南北4方向

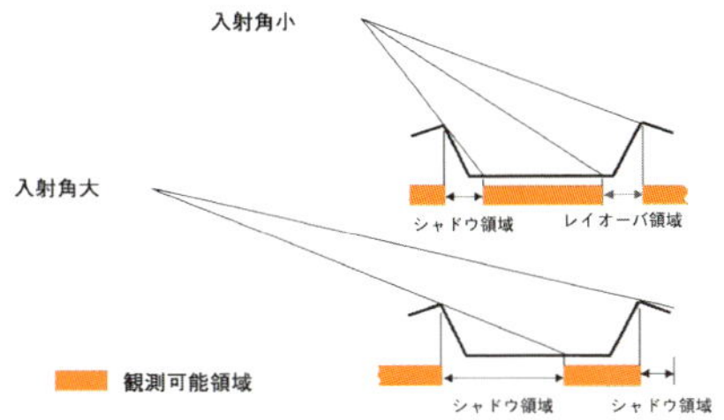

［図3］火口部と観測可能領域の関係（飯田ほか、2002[6]）

観測日の三宅島上空は噴煙と雲に覆われて、肉眼では火口内の様子を窺うことは困難であった［図4］。

火口から4km地点で観測した東側照射と西側照射のSAR再生画像を［図5］に示す。航空機SARは斜めから電磁波を照射するため、照射側の火口壁の部分は影となり観測できない。画像でもその部分は黒くなっている。また、SAR画像には標高の高い部分が照射側に倒れ込むフォア・ショートニングという現象があり、画像を判読するにはそのようなSAR画像の特質に注意する必要がある。

4方向からの観測を行っているので、火口底のほぼ全域を観測することができる。北側照射の火口部周辺の画像を［図6］に示す。火口の南東部には急傾斜の崖錐堆積物が確認できる。その表面にはガリー状の溝が多数認められる。火口の北西部には、顕著な崖錐堆積物は認められず、火口壁のすぐ近くから平坦な火口底が続いている。また、後方散乱輝度値が低い場所のうち、レーダーシャドウによるものとは異なる領域が認められ、水が溜まっている可能性が把握された。

各方向からのSAR観測結果からシングルパス干渉処理により数値標高モデル（DEM）を作成し、8つのDEMを火口部について合成したものを［図7］に示す。ここで火口部に存在するデータ欠損領域は火口底に溜まった水の影響によるものと思われる。この領域は反射されるマイクロ波強度が

［図4］SAR計測当日の三宅島の上空
（2008年9月28日 本田航空撮影）

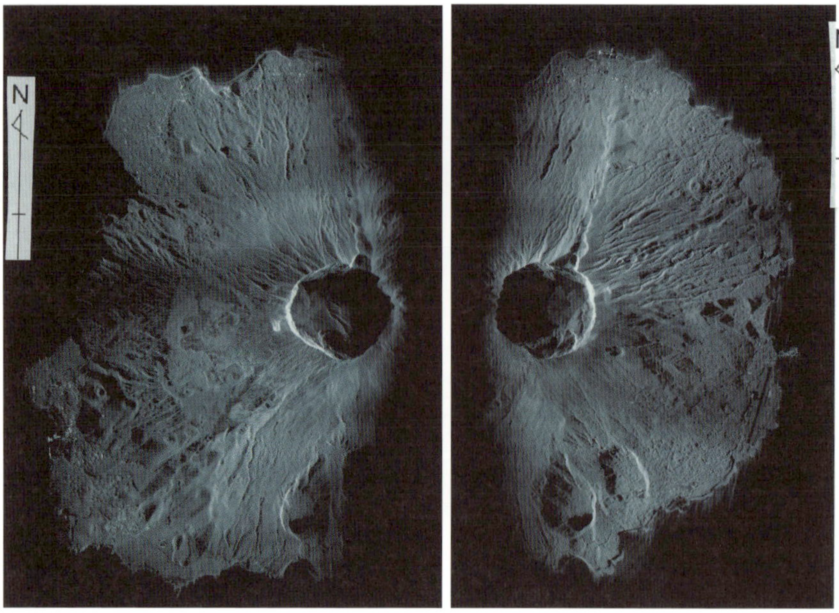

［図5］火口中心からの水平距離4kmで観測した2方向からのSAR画像（左：東側照射、右：西側照射）
（2000年9月28日 ©国土地理院、NEC、本田航空）

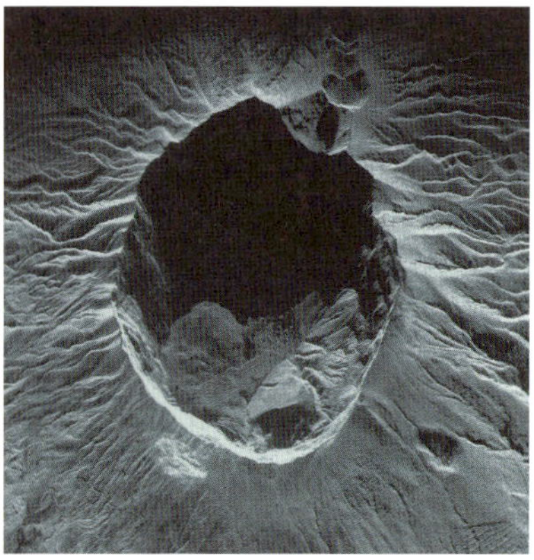

［図6］火口部周辺のSAR再生画像（北側照射）
（2000年9月28日、小荒井ほか、2000 [4)]）

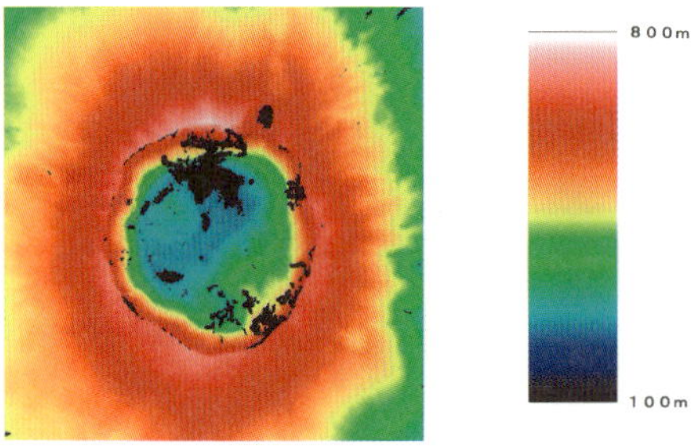

［図7］三宅島雄山火口部のDEM

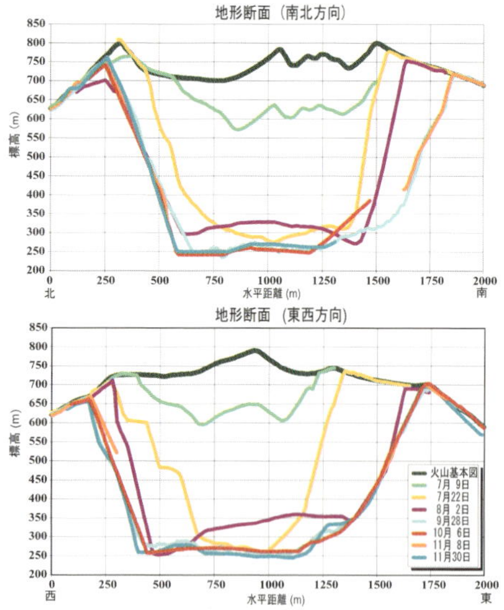

［図8］三宅島雄山の時系列地形断面図
（長谷川ほか、2001 [7)]）

小さいためDEMの作成ができない。

火山基本図から作成したDEMや噴火後に繰り返し撮影された空中写真のステレオマッチングにより作成したDEMを用いて把握した、三宅島雄山火口部の時系列地形断面を［図8］に示す。航空機SARから作成したDEMを10月6日に撮影された空中写真から作成したDEMと比較すると、火口の地形断面にはほとんど違いが認められず、陥没の進行は遅くとも9月28日にはほぼ停止していたと考えられる。

SARにより噴火時においても火口部の状況の把握及びDEMの作成が可能であることが示された。陥没量の計算や、陥没の継続性等、火山噴火状況を迅速に把握する手段として特に航空機搭載型のSARが有効であることが示された。

(3) Pi-SAR-Lによる三宅島噴火検出

Pi-SAR-Lは1994年から約2年間かけて開発され、1996年11月の初飛行後、運用に使用されている。Pi-SAR-Lとは航空機搭載のPolarimetric Interferometric Synthetic Aperture Radar in L-bandの略であり、宇宙航空研究開発機構（JAXA）の有する高分解能航空機搭載SARである。1997年1月2日に発生したナホトカ油観測（5.3節（3）参照）をはじめとして、様々な災害や研究開発を目的にした観測飛行に用いられてきた。SARは振幅と位相を取得することができ、後者は干渉に用いることができる。本センサは分解能が高いために画像比較だけでも災害に伴う地面の変化を捉えることができる。ここに紹介するのは、災害事例の一部であり、2000年7～8月に発生した三宅島噴火に関する振幅を用いた画像例である。2000年7月6日の時点では、三宅島は山頂が独立峰を示していたが、1カ月後の2000年8月2日の画像では、雄山山頂が大きく崩れ、影が映るくらいに陥没していることがわかった。[図9]にこれら2時期のPi-SAR-Lの観測画像を示す。Pi-SAR-Lは分解能3m、多重偏波機能を持ったもので、将来のSAR利用研究を目的として開発された。飛行高度は約1万mで、観測幅は15kmを持つ。当時ポラリメトリは珍しく、解析手法は研究開発途上にあった。本事例は、得られた3偏波情報のHH、HV、VVにそれぞれ赤、緑、青をあてがった。ここに、HHは水平偏波送信、水平偏波受信の信号を、HVは水平偏波送信、垂直偏波受信を示す。赤は地形の水平構造を、緑は森林等のランダム成分を、青は垂直構造を表現する。緑っぽい画像は森林か植生に覆われた対象物を、紫は、赤と青の混合で、人口構造物か自然対象物で航空機に平行と垂直な成分を持つ構造物と思われる。本画像はスラントレンジ画像であり、航空機は紙面左右方向に飛行している。この画像から以下のことがわかる。カルデラ内には、3つの特徴が見られる。①暗いところは電波が当たらないこと、つまり、シャドウイングによるものと思われる。②反対側は明るい稜線が見える。これは斜め観測するSARに特有のレイオーバである。急峻地形を観測したときに多く見られ、高い位置にある山頂が低い山裾や谷よりもレーダー側に映るものであると同時にここに信号が強く集約される。③最後に、カルデラ底部がはっきりと写っているが、山体の緑よりは明るく、紫色をしている。カルデラ内はもちろん植生がないために、散乱がHHとVVがほぼ同じ強さで発生することによると思われる。

画像解釈を容易にするために、国土数値情報を用いてオルソ・ジオコード補正をした画像が［図10］である。ともに上が北になるように補正した。これらの画像は2.5mのピクセルスペーシングで

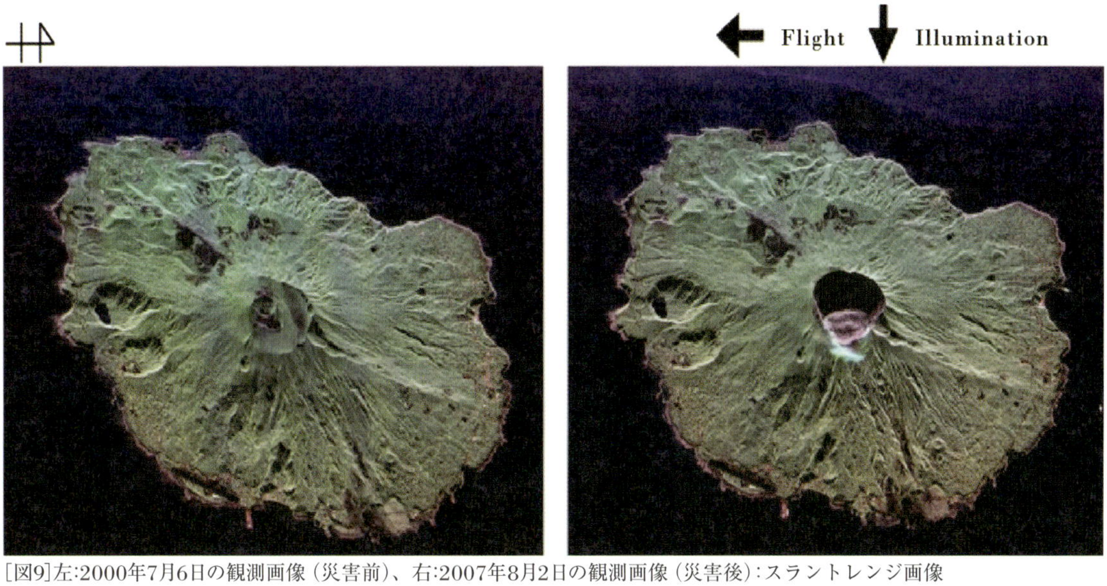

［図9］左:2000年7月6日の観測画像（災害前）、右:2007年8月2日の観測画像（災害後）:スラントレンジ画像

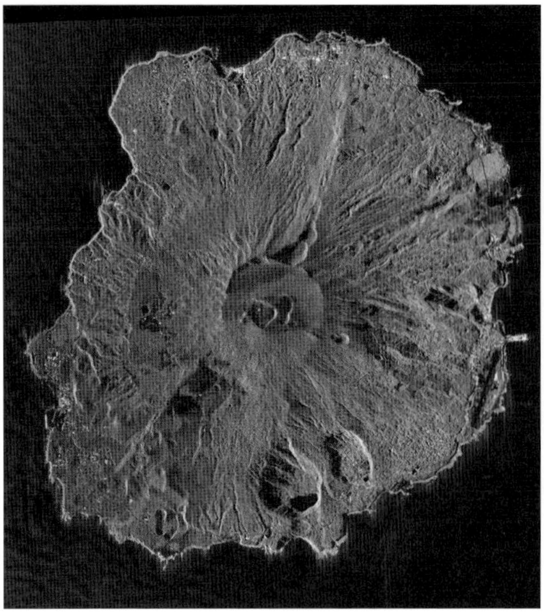

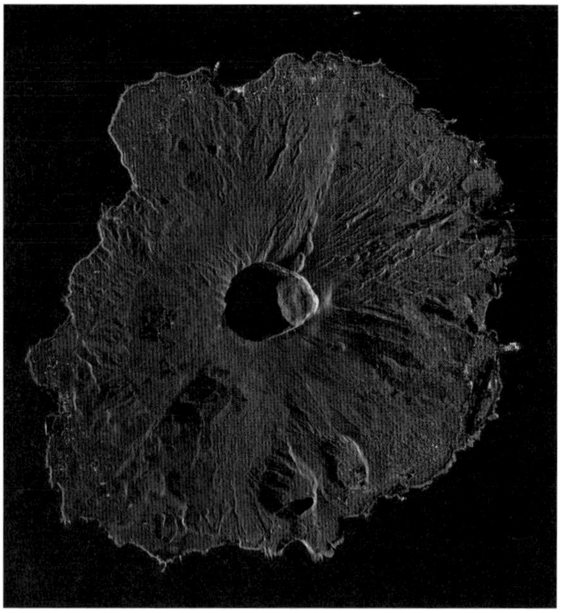

[図10]オルソ補正・ジオコード画像。(左)陥没前、(右)陥没後画像（いずれもHH偏波像）

[図11]Pi-SAR-Lを搭載したG-IIとアンテナレドーム

[表1]Pi-SAR-Lの仕様

項目	内容
Frequency	1.27GHz
Band width	50MHz
Sampling freq.	61.275MHz
Height	6～12km
Image swath	≦15km
AD（I/Q）	8 bits
ρ（R）slant	3m
ρ（A）4look	3.2m
σ^0	1.1dB
NE σ^0	-45dB
Inci. Angle	10～60
Polarimetry	Full
パルス幅	10μs
ピーク送信電力	3.5kW
アンテナ半値幅（アジマス）	8.4 degrees

作成されており、三宅島は東西方向に8,400m、南北方向に8,700mの大きさを持つこと、陥没したカルデラは東西方向に1,792m、南北方向に1,392mの大きさを持つことがわかる。Pi-SAR-Lは、アンテナを含む送信機、受信機をGulfstream II下部のレドーム内に、信号処理器を機体内に設置し運用に供される。[図11]にPi-SAR-Lの飛行の画像を、また[表1]にPi-SAR-Lの仕様を示す。

(4) 三宅島の火山ガス

活動中の火山からは、火山弾や火山灰のような固体成分や溶岩や温泉水のような液体成分のほか、気体成分も放出される。火山から放出される気体成分は火山ガスと言われ、その大部分は水蒸気であるが、二酸化炭素や二酸化硫黄（SO_2）なども含まれている。2000年三宅島噴火では、三宅島を除くすべての地球上の火山から放出されるSO_2より多い、多量のSO_2が放出された[11]。年々、SO_2の放出は減少していったが、SO_2は有毒であることから、避難解除が遅れる要因の一つとなった。一方、三宅島ではSO_2のほとんどが、地下にあるマグマから直接放出されたと考えられることから、SO_2の放出量から地下のマグマ量を推定することもできる。このため、SO_2の観測は住民の健康や火山噴火の研究のために重要である。

ASTERによるSO_2観測[12)]

SO_2は8.6μm付近に赤外線を吸収する性質がある［図12］。ASTER[13)]は8.6μm付近にバンドを持つことから、SO_2の2次元的分布を推定することができる［図13］。また、ASTERは直下の画像と、55秒遅れで、斜め後方からの画像を取得できる。直下の画像と斜め後方からの画像から噴煙の流速、すなわち、風速を推定することができる。SO_2の2次元的分布と風速からSO_2の放出量を推定できる。2000年11月8日にASTERで観測されたSO_2の放出量は約5万t/日であった。これは、航空機で観測された値とほぼ一致した。

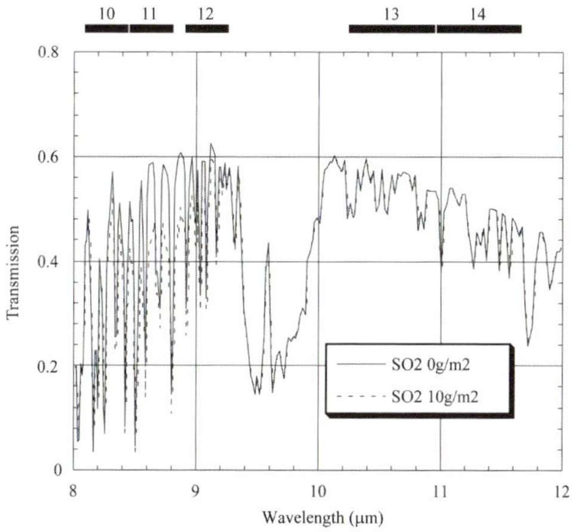

［図12］SO_2を含む大気（点線）と含まない大気（実線）の透過率[12)]。上部の太線はASTERの観測バンドを示す

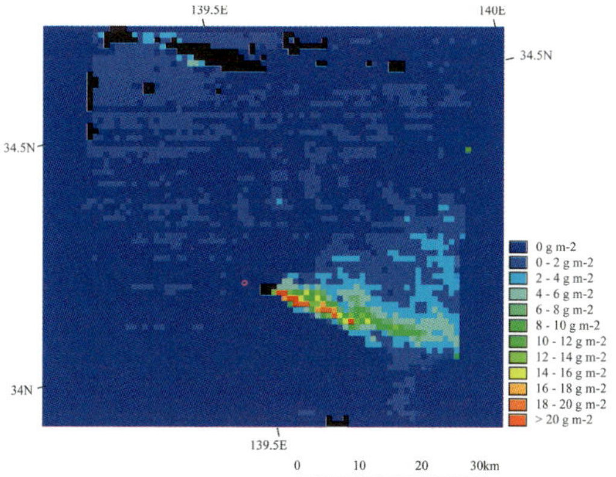

［図13］2000年11月8日にASTERで観測されたSO_2の2次元的分布[12)]

（5）航空レーザ計測による地形の解析

三宅島2000年噴火では、中央の雄山が噴火し、直径1.5kmのカルデラが形成された。カルデラ内部の様子は、噴煙や火山ガスで覆われてはっきり写真で捉えることが困難であった［図14］。

国土地理院は、2003年に複数回のレーザスキャナ計測を行った［表2］。

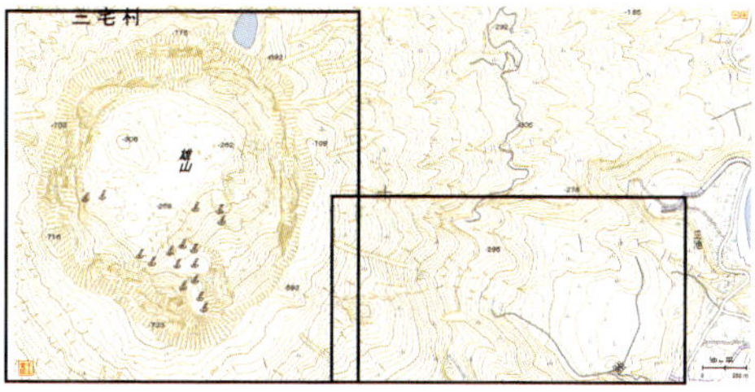

［図14］位置図

［表2］解析に使用したDEM[14)]

データ取得時期	基のデータ	解像度	備考
1983年	空中写真	10m	火山基本図DEM
2000年9月28日	航空機SAR	5m	山頂部のみ
2000年11月25日～30日	航空レーザ	1m	雲煙による欠測あり
2001年1月16日	航空機SAR	5m	全島
2001年2月9日～12日	航空レーザ	1m	山頂部のみ
2003年8月22日～9月30日	航空レーザ	1m	全島

カルデラ内の地形解析

陥没カルデラ内の2003年9月のDEM陰影図及び同時に撮影された空中写真の判読から、地形分類図を作成した[14)]［図15］。同じデータから作成した赤色立体地図を示す［図16、図17］。

また、長谷川ほかは、三宅島の2001年2月～2003年9月までの陥没カルデラ内の地形変化を解析した。地形変化量分布を［図18］に示す[14)]。

2001年2月時点では、カルデラ壁の脚部は明瞭で、崖錐や沖積錐がほとんどなかった。2003年にはカルデラ壁からの崩落堆積物斜面が複数の箇所で発達し、カルデラ壁の後退、拡大が進んだ。また、南側基部には明瞭な火口地形が形成された。陥没カルデラ内では、計測期間内に容積が1,000万m^3増加した。うち860万m^3は南側主火口（長径は232m、短径は87m）形成による標高の低下、残りはカルデラ壁の崩壊によることがわかった。し

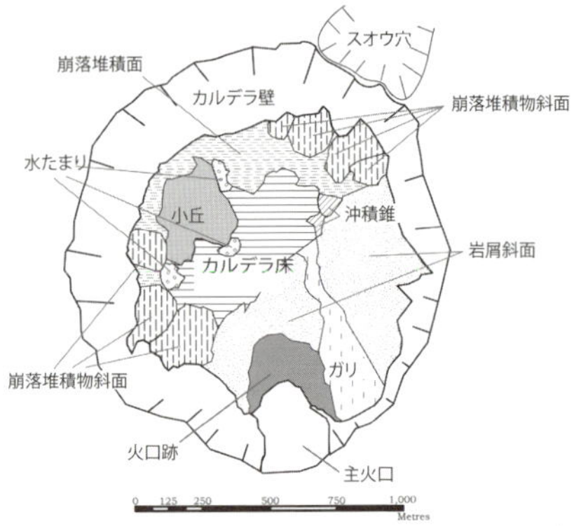

［図15］2003年9月のカルデラ内の地形分類[15)]

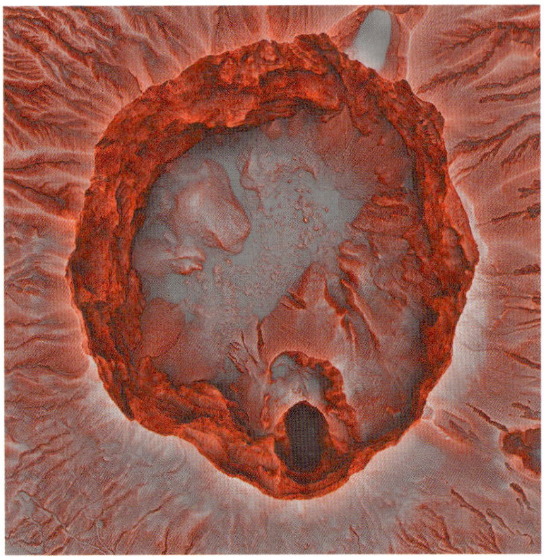

［図16］カルデラの赤色立体地図（2003年当時）[16)]

［図17］カルデラ鳥瞰図（2003年当時）

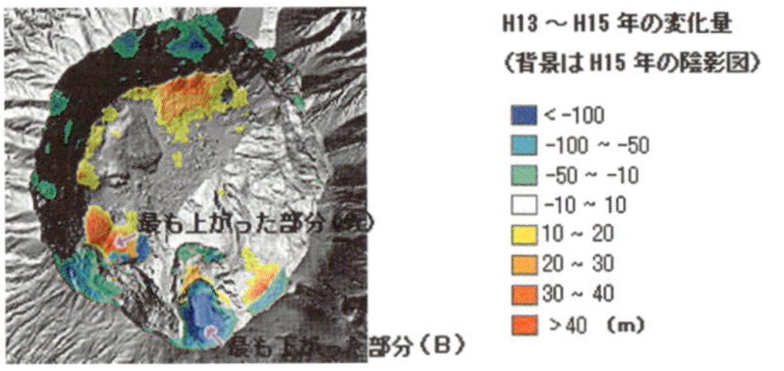

［図18］2001～2003年のカルデラ内地形変化量[14)]

かし、この変化量はカルデラの容積、5×10^8m^{3}よりもはるかに少ない。

ガリーの発達と土石流による地形変化

三宅島の斜面では、2000年噴火後、火山ガスの影響による植生の破壊で、雨のたびに土石流が発生した。特に、三宅島東側斜面の金曽沢では火口の風下側にあたることが多く、ガリー侵食、土石流の発生と、土石流の氾濫堆積が同時に進行していた［図19］。

このような状況把握のためには2時期レーザ計測差分による地形変化詳細把握は最も有効であると期待された。しかし、三宅島は立ち入りが困難で、噴火に伴う地殻変動もあり、単純な2時期の標高値の差分では誤差が大きく、人工物もない地域で、深さ数m程度の崩壊・侵食・堆積を把握することは困難であった。平川は、2時期の全体的な地形を重ね合わせ、崩壊・侵食・堆積等の地形変化量を把握できるように、最適な変位量でDEMの座標を移動して標高差分を行うプログラムを開発し、三宅島に適用した[17)]。

金曽沢付近の2003年計測の航空レーザ計測結果をGISで表示した状況を［図20］に、［図20］の白枠部分の拡大を［図21］に示す。2000年から2003年にかけ、林道が大きく崩壊し、ガリーが発達している様子を定量的に把握することができた。航空レーザ計測結果が、直接砂防計画立案

［図19］金曽沢の俯瞰写真

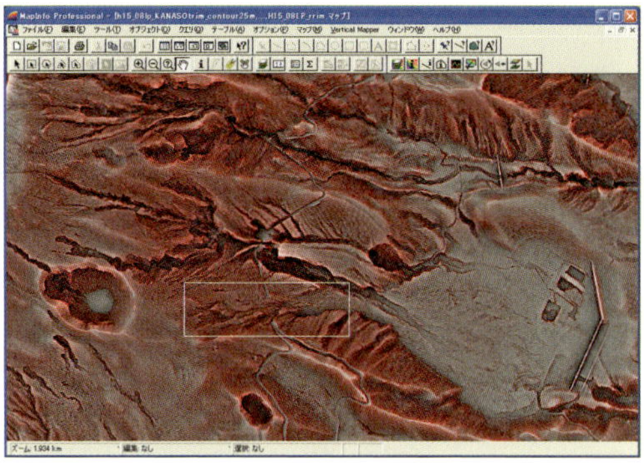

[図20]三宅島東部金曽地区の微地形
2003年の航空レーザ計測[14]による赤色立体地図

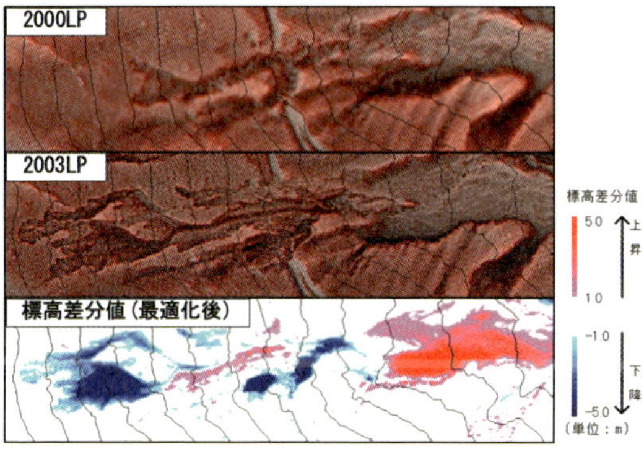

[図21]DEMの差分による土砂移動解析[15]

に利用された事例である。

参考文献

1) 津久井雅志・新堀賢志・川辺禎久・鈴木裕一:三宅島火山の形成史, 地学雑誌, Vol.110, pp.156-167, 2001.

2) 中田節也・長井雅史・安田敦・嶋野岳人・下司信夫・大野希一・秋政貴子・金子隆之・藤井敏嗣:三宅島2000年噴火の経緯——山頂陥没口と噴出物の特徴, 地学雑誌, Vol.110, pp.168-180, 2001.

3) 近藤剛・藤田浩司・千葉達朗:三宅島2000年噴火の陥没火口, 写真測量とリモートセンシング, Vol.39, No.5, pp.2-3, 2000.

4) 小荒井衛・水野時夫・渡辺信之・村田稔・宮脇正典・矢野正昭:航空機SARにより観測した三宅島雄山火口の状況, 日本リモートセンシング学会第29回学術講演会論文集, pp.265-266, 2000.

5) 佐藤潤・飯田洋・宮脇正典:地形計測における航空機搭載SARの活用, 写真測量とリモートセンシング, Vol.41, No.4, pp.61-65, 2002.

6) 飯田洋・渡辺信之・佐藤潤・小荒井衛:高分解能SARを利用した災害状況把握, 国土地理院時報, No.99, pp.49-56, 2002.

7) 長谷川裕之・村上亮・政春尋志・松尾馨・小荒井衛:三宅島山頂の陥没地形の計測, 国土地理院時報, No.95, pp.121-128, 2001.

8) 通信情報研究機構，宇宙航空研究開発機構編:地表の目撃者, 初版2006年1月31日, 4990288408, 9784990288402

9) Shimada, M., Tadono, T., Isoguchi, O., and Minamisawa, M.,: On the operation of the Pi-SAR data processing and distribution at NASDA (in Japanese), Proc. SAR Workshop, EORC, NASDA, 2003.

10) Shimada, M., Tadono, T., and Umehara, T.,: Five years history of calibration of Pi-SAR (in Japanese), Proc. of SAR Workshop by NASDA, pp.27-32, Jan 2003.

11) Kazahaya, K. et al.: Gigantic SO2 emission from Miyakejima volcano, Japan, caused by caldera collapse. Geology, Vol.32, No.5, pp.425-428, 2004.

12) Urai, M.: Sulfur dioxide flux estimation from volcanoes using Advanced Spaceborne Thermal Emission and Reflection Radiometer - A case study of Miyakejima volcano, Japan, Journal of Volcanology and Geothermal Research, Vol.134, No.1-2, pp.1-13, 2004.

13) Yamaguchi, Y., Kahle, A.B., Tsu, H., Kawakami, T., and Pniel, M.: Overview of Advanced Spaceborne Thermal Emission and Reflection Radiometer (ASTER). IEEE Transactions on Geoscience and Remote Sensing, Vol.36, No.4, pp.1062-1071, 1998.

14) 長谷川裕之・佐藤浩・岩橋純子・吉田幸子:三宅島・陥没カルデラと雲仙普賢岳・水無川流域における地形変化について, 国土地理院時報105, pp.83-95, 2004.

15) 国土地理院:GSIテクノニュース第149号, 2007.

16) 千葉達朗:赤色立体地図で見る日本の凸凹,技術評論社, 2006.

17) 平川泰之:航空レーザ測量による地形変化把握のための標高差分値の最適化, 新砂防, Vol.58, pp.18-22, 2006.

3.9
浅間山噴火

2004

(1) 災害の概要

浅間山は本州では唯一、気象庁が定める最も活動度の高いAランクに指定されている活火山である。ここ約100年間の浅間山の活動では、明治以降から1970年代始めまで活発な噴火活動が繰り返されてきた。しかし、1983年以降は爆発的な噴火は発生せず、比較的静穏な状態が続いていた。2004年9月1日、21年ぶりのブルカノ式噴火が発生し、2004年一連の噴火活動が開始した。気象庁(2004)によると、9月1日噴火時に観測された空振は205 Paと、2004年一連の活動の中で最も大きい。噴火発生時、火口上空には南西方向からの風が吹いており、噴煙は上空の風によって北東方向へ流され、約250km離れた福島県相馬市においても降灰が確認された[1)]。また、火口から約2kmの範囲に高温の噴出物が飛散し、一部で山火事が発生した。北側山麓では、噴火に伴う空振により、窓ガラスが破損する被害や降灰による農作物への被害も報告された。9月1日噴火から2週間後に火山活動は再び活発化し、9月14日から18日にかけて小規模な噴火を繰り返し、一連の小噴火による火山灰は北西の風により、東京を含む関東地方南部の広い範囲で降灰が確認された。その後、9月23日、29日、10月10日、11月14日、12月9日にブルカノ式噴火を繰り返し、終息に至った。

(2) IKONOS衛星画像が捉えた火山噴火

噴火中の火山の調査は危険を伴うため、地表踏査のみならず航空機の撮影も困難なことがある。ここでは、高分解能衛星画像データを用いて、噴石等が着弾した痕跡および火災発生跡を判読し、噴火直後の噴石着弾痕分布図を作成した事例[2)]を紹介する。

噴石着弾痕の抽出事例として、2004年一連の噴火活動で最も大きな噴火であった9月1日噴火に着目し、火口から北西1.4km離れた斜面の噴火前後のIKONOS衛星画像の比較を示す。[図1]は浅間山山頂付近のトゥルーカラー画像である。2002年のIKONOS衛星画像[図1(b)]では通常の植生であるが、噴火後のIKONOS衛星画像[図1(c)]では、山体斜面に褐色を呈する斑状模様が多く見られ、これらは噴石の着弾により形成されたものと考えられた。斑状模様の典型的な場所を[図1(c)]内に赤円で示した。

[図1]浅間山周辺のIKONOS衛星画像
(a) 2004年9月1日噴火後のトゥルーカラー画像。赤枠は(b)及び(c)の範囲を示す。(b) 2004年9月1日噴火前のトゥルーカラー画像(データ取得は2002年9月24日)。(c) 2004年9月1日噴火後のトゥルーカラー画像(データ取得は2004年9月15日)

噴火が終息した後、衛星画像で判読された結果を基に現地調査を実施した[3]。［図1（c）］の青円内の現地写真を［図2］に示す。衛星画像で明瞭に見える着弾跡であっても、現地では明瞭な凹地を形成するわけではないことがわかる。噴火前・後の衛星画像比較がなければ、現地調査のみで分布を把握するのは困難である。

［図2］着弾跡の現地写真（阪上雅之撮影）

噴火前後のIKONOS衛星画像から作成した、火口から約2km範囲の噴石着弾痕分布図からは、噴石着弾痕は、火口の西側、特に北西方向に多く分布していることがわかる[2]［図3］。

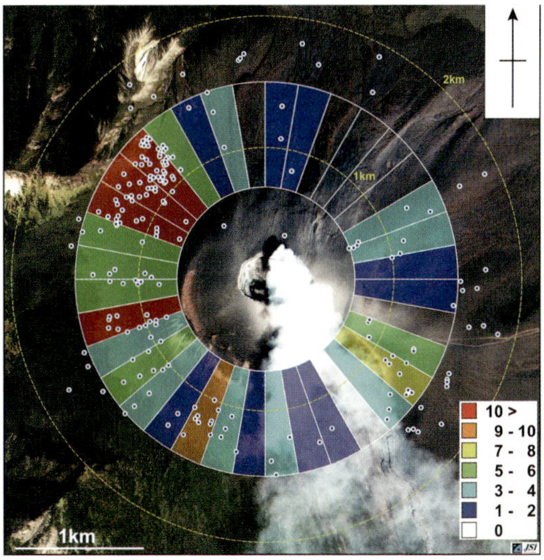

［図3］噴石着弾痕分布図[2]

9月1日の噴火では、山火事も発生した。植生が火災による影響を受けているか判断するため、フォールスカラー画像を作成した［図4］。［図4(b)］

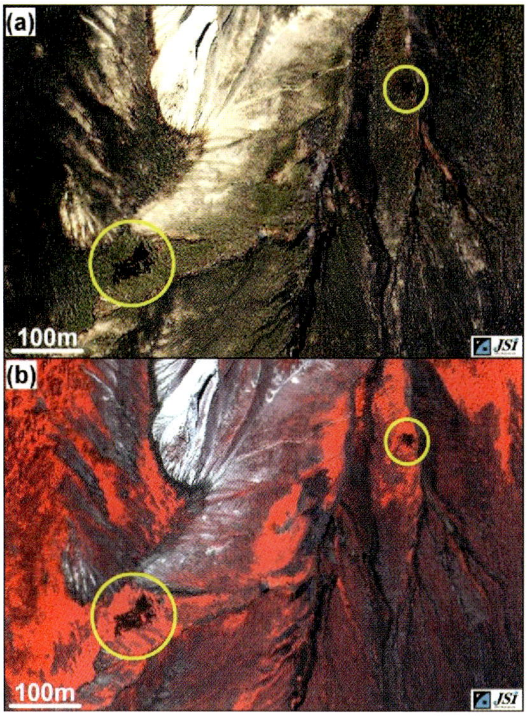

［図4］浅間山北西斜面で生じた山火事発生箇所のIKONOS衛星画像。(a)トゥルーカラー画像、(b)フォールスカラー画像

の黄円内を見ると、［図4（a）］で濃い黒褐色を呈した部分は、周囲より植生が乏しいことを示しており、火災が生じた箇所であると推定される。

高分解能衛星画像を用いた時系列的な判読や画像解析は、人が立ち入ることができない噴火活動中の火山の調査において大変有効である。特に、形成後の特定が難しい噴石のような噴出物の分布や、森林火災の痕跡が詳細に把握できることは、噴火現象を理解するための基礎情報の収集に大いに貢献すると思われる。

参 考 文 献

1）気象庁：特集1　浅間山2004年噴火の概要, 気象庁 地震・火山月報（平成16年9月）, 2004.

2）佐々木寿・向山栄：高分解能衛星画像を用いた浅間山2004年9月1日噴火の噴石着弾痕分布図, 火山, Vol.51, No.1, pp.63-73, 2006.

3）阪上雅之・佐々木寿・三宅康幸・向山栄：IKONOS高分解能衛星画像と現地踏査を併用したブルカノ式噴火噴出物の解析——浅間火山2004年9月1日噴火を例に, 地質学雑誌, Vol.117, No.12, pp.671-685, 2011.

3.10
福徳岡ノ場噴火
2005

(1) 災害の概要

日本には108の活火山が存在するが、そのうち10余りは海底火山である。海底火山の活動は陸上火山に比較して多いと推定されるが、その記録は少ない。これは、海底火山の活動が人目に触れないことが主な原因と考えられる。海底火山の火山活動は新島の出現、噴煙、海水の温度上昇、火砕物質の噴出、変色海水の出現などである。変色海水は火山活動に伴う熱水や噴出物と海水が混合して海水が変色する現象であり、比較的穏やかな火山活動でも観測される。海底火山が噴火すれば、付近を航行する船舶や航空機に被害を及ぼす可能性がある。噴火によって津波が発生する可能性もある。クラカタウはスマトラ島とジャワ島の間にある火山島であったが、1883年の噴火でカルデラが形成されたため火山体が崩壊し、大部分が海に没した。この地殻変動に伴って、最大高35mの津波が発生し、36,000人以上の犠牲者を出した[1]。東京の南約420kmに位置する明神礁では、1952～1953年の火山活動調査中に31人の犠牲者を出した[2]。また、1934～1935年には鹿児島の約80km、薩摩硫黄島の東約2kmの地点で海底噴火があり、新島が形成された。海底火山の活動によって形成された新島は海水の浸食によって消滅することが多いが、この新島（昭和硫黄島）は現在も存在する。新島の出現は領土の拡大を意味することから、新島をいち早く発見することは国益につながる。海底火山の観測は防災や火山活動の解明、国益などの観点から重要である。海底火山は遠隔地にある場合が多く、現地における観測は容易でない。一方、衛星リモートセンシングは火山活動に伴う変色海水や噴煙の観測を迅速かつ安全に実施できる。

(2) ASTERによる福徳岡ノ場の観測

福徳岡ノ場（北緯24度17分、東経141度29分）は、東京から約1,300km南に位置する、日本で最も活動的な海底火山の一つである。海底噴火によって1904～1905年には周囲4.5km、1914年には周囲11.8kmの新島が出現したが、いずれも、浸食によって消滅した[2]。その後も比較的穏やかな火山活動によって変色海水が観測されていたが、1986年1月には海底噴火が発生し、300～500mの水柱と噴石を噴き上げ噴煙は2,000～3,000mに達した。また、長径600mの半月形の新島の生成が確認された[2]。新島・噴煙・海水の温度上昇・変色海水・火砕物質の噴出などはランドサット画像からも確認された[3]。

この噴火以降も頻繁に変色海水が観測されていたが、2005年7月2日、硫黄島に駐留する海上自衛隊硫黄島航空基地隊の隊員が福徳岡ノ場付近で水蒸気が約1,000mの高さまで上がっていることを発見した。7月3日に実施された海上保安庁の航空機観測では、浮遊軽石から上がる水蒸気、白色噴煙、変色海水などが観測された。

資源・環境観測解析センター（ERSDAC）は2005年7月2日の海底噴火に対応して緊急観測を実施し、7月5日にASTERによる福徳岡ノ場の画像を取得した［図2］。この画像から、変色海水及び噴出した軽石と思われる漂流物は、南硫黄島を

［図1］福徳岡ノ場の火山活動[4]（1986年1月20日撮影）

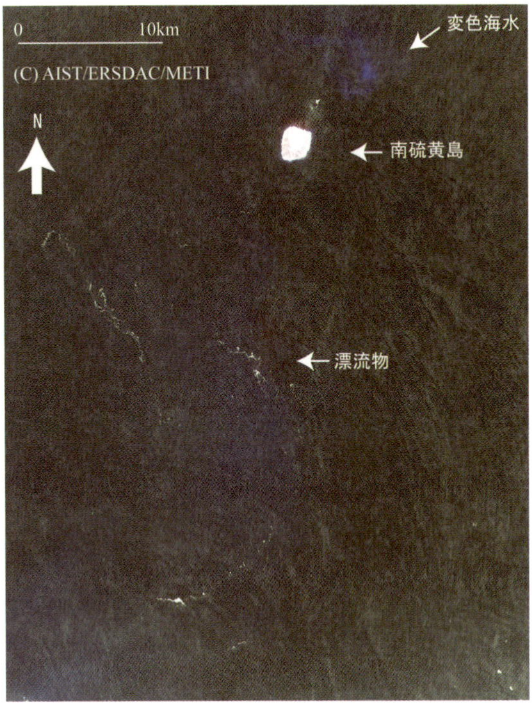

［図2］2005年7月5日に観測された福徳岡ノ場海底火山を含むASTER VNIR画像

迂回するようにS字を描きながら、福徳岡ノ場から南硫黄島の南南西約40kmの海域に分布することが確認された。

ASTERで観測された変色海水の反射スペクトルはバンド1で付近の正常な海水より約3％高かった。漂流物の反射スペクトルはバンド1～3で高く、雲の反射スペクトルと区別するのが難しい。しかし、ASTERが持つ後方視画像と直下視画像を利用することによって、対象物の高度と移動速度を推定できることから、両者の区別がしやすくなる。［図3］は［図2］の明るい部分について、後方視の画像を赤に、直下視の画像を青と緑に割り当て、拡大した画像である。海面にあり、直下視と後方視が撮影される時間差55秒の間に移動しない対象は白く見えるが、数百mの高さにあったり移動速度が速い場合は後方視と直下視の画像にずれが生じて赤またはシアン色に見える。白く見える対象［図3右上］は海面にあり、移動速度が遅いと考えられることから、漂流物と考えられる。一方、赤およびシアン色に見える対象［図3左上］は雲と考えられる。わずかに色ずれが見られる対象［図3右下、左下］は赤の方向に移動する漂流物と考えられる。

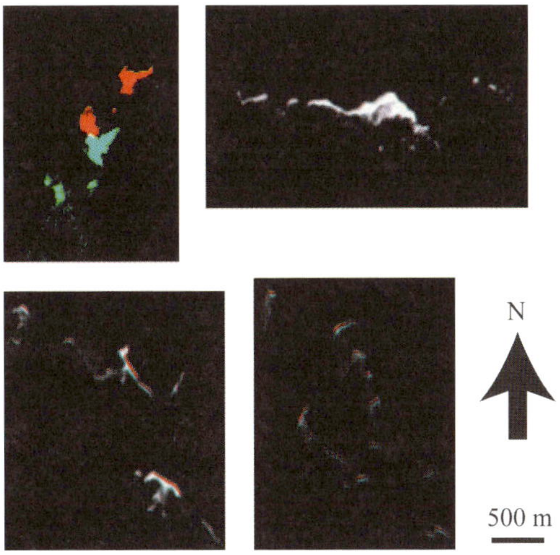

［図3］［図2］の明るい部分の拡大
後方視の画像を赤に、直下視の画像を青と緑に割り当てて表示した

参考文献

1) 荒牧重雄・白尾元理・長岡正利編:理科年表読本 空からみる世界の火山, 丸善, 1995.
2) 小坂丈予:日本近海における海底火山の噴火, 東海大学出版会, 1991.
3) 大倉博・幾志新吉・熊谷貞司・阿久津亮夫・綾部広一:ランドサットTMデータから見た南硫黄島付近海底火山の噴火状況, 日本リモートセンシング学会誌, Vol.6, No.1, pp.65-71, 1986.
4) 海上保安庁海洋情報部:福徳岡ノ場, 2011. http://www1.kaiho.mlit.go.jp/GIJUTSUKOKUSAI/kaiikiDB/kaiyo24-2.htm#syashin (accessed 21 Sep. 2011)
5) Yamaguchi, Y., Kahle, A.B., Tsu, H., Kawakami T., and Pniel, M.: Overview of Advanced Spaceborne Thermal Emission and Reflection Radiometer (ASTER), IEEE Transactions on Geoscience and Remote Sensing, Vol.36, No.4, pp.1062-1071, 1998.

3.11
鹿児島桜島噴火

2008

(1) 災害の概要[1)2)]

2008年2月3日10時18分に、昭和火口は2006年6月の噴火開始以降、初めての爆発的噴火を観測した。爆発的噴火により噴石が4合目（火口から1km程度）まで飛散し、火砕流も発生した。同日15時54分の爆発的噴火でも火砕流が発生し、昭和火口の東約1kmまで流下した。同月6日11時25分の爆発的噴火では、火砕流が東側へ約1.5km流下し、噴石を5合目（火口から500m程度）まで飛散させた。その後、しばらくの間は噴火が発生しなかったが、4月8日0時29分に、再び爆発的噴火が発生した。噴石は5合目まで飛散し、火砕流が昭和火口の東約1kmまで流下した。火砕流は9日以降に発生していないが、爆発的噴火は、同14日まで断続的に続いた。

[図1]桜島の位置図

(2) XバンドSAR衛星による火山活動の解析

2008年2月8日午前6時10分に、パスコでは、XバンドSAR衛星のTerraSAR-Xから、[図2] に示すように、桜島を中心としたエリアの緊急撮像を実施した。撮像諸元は、下記のとおりである。

・撮像モード：SpotLightモード
・分解能：約1.5m
・入射角：52.9度
・軌道：ディセンディング（南行軌道）
・偏波：水平偏波・単偏波（HH）

撮像は、噴火活動に伴う地形変化を捉えるため、2008年2月8日に加え、同年4月25日にも同一条件での撮影を実施した［図3］。

火砕流発生から2日後の2月8日の画像を基に、昭和火口付近とその東側斜面を拡大した画像が［図4］である。緑の矢印の付近の黒い部分が火砕流の流下範囲と推測される。また、2月の噴火前の光学画像との比較により、火口の一部（赤丸部分）が拡大していることが確認された。

また、4月25日撮像の画像を基に、昭和火口付近とその東側斜面を拡大した画像が［図5］である。この画像では、昭和火口の西の縁（赤矢印付近）が黒く変化していることから、2月8日時点よりもさらに火口が拡大していることが確認された。

［図6］は、2月8日の画像を赤色に、4月25日の画像を緑色と青色に割り当て、カラー合成した2時期の重ね合わせ画像である。この重ね合わせにより、昭和火口の拡大（濃い赤色の箇所）、昭和火口の東の火砕流の流下範囲（濃い青色の箇所）及び南岳の東南方向に分布する降灰範囲（濃い青色の箇所）等を明確に抽出することができた。

噴火活動中の火山では、ヘリコプターや航空機等のプラットフォームによる観測は困難な場合が多い。また、衛星の場合でも光学センサによる観測は、天候や噴煙等の影響を受ける場合がある。高分解能XバンドSAR衛星では、噴煙や雲を透過し、桜島の状態を明瞭に撮像できることが明らかとなった。また、時系列の観測は、火口の拡大及び火砕流の流下といった動的な変化も捉えることが可能であることを確認した。

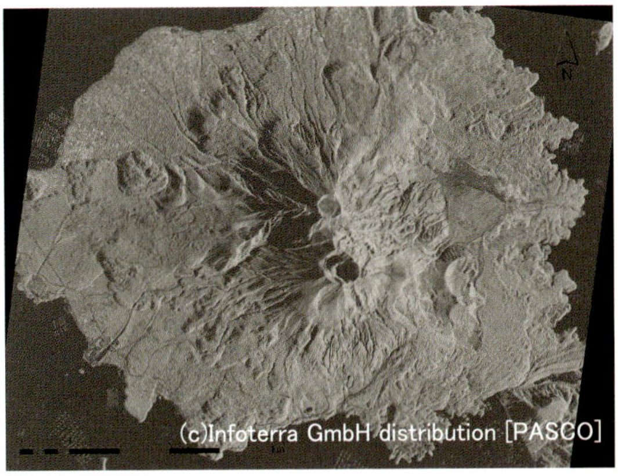

［図2］桜島（2月8日撮影）

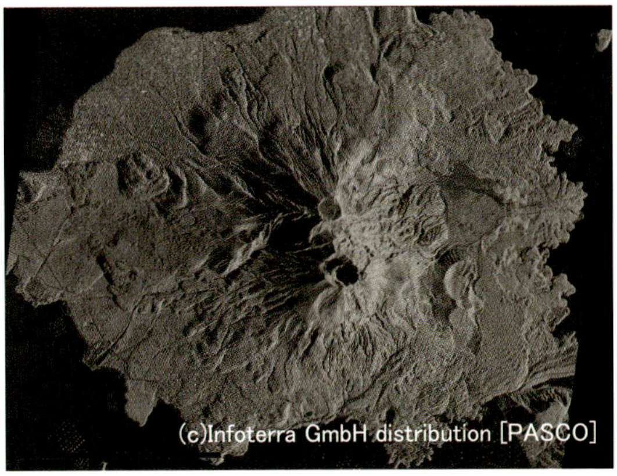

［図3］桜島（4月25日撮影）

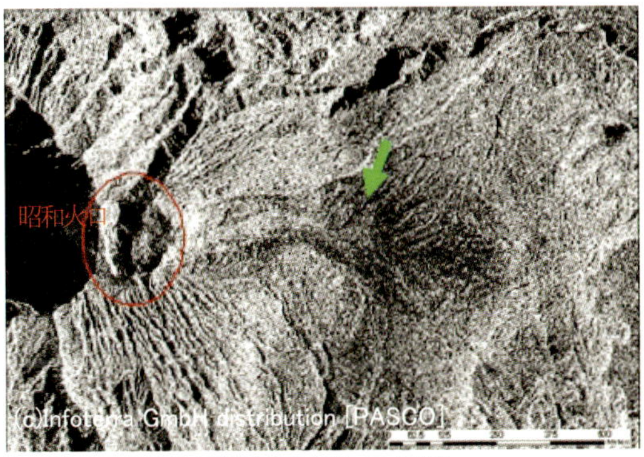

［図4］昭和火口付近拡大図（2月8日撮影）

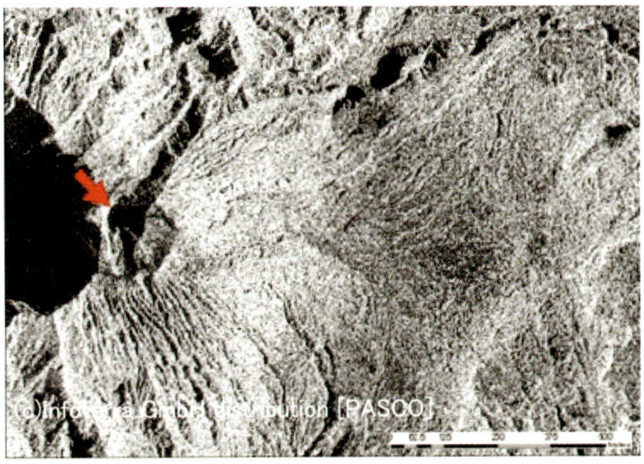

［図5］昭和火口付近拡大図（4月25日撮影）

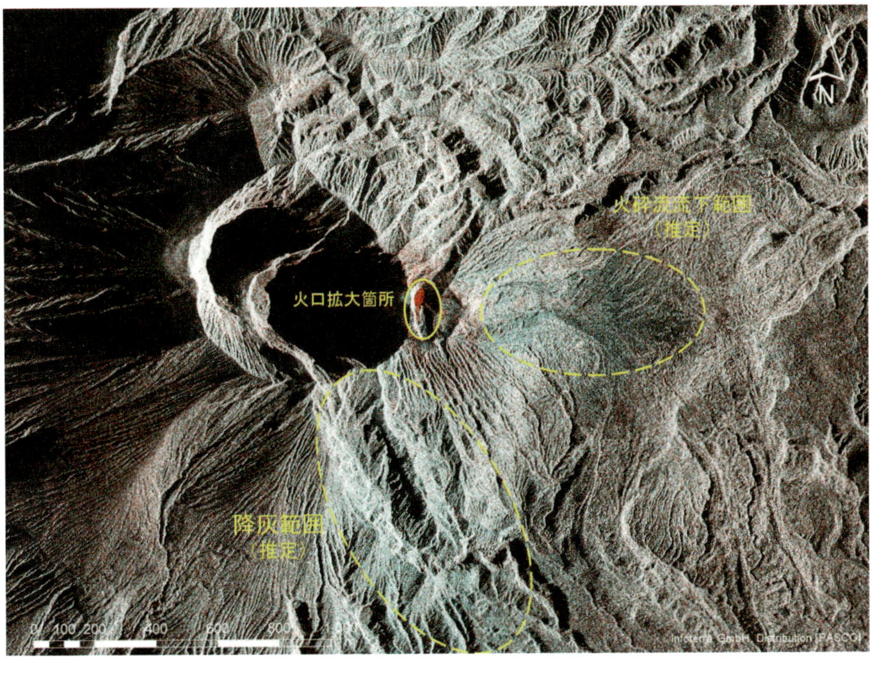

［図6］2時期の重ね合わせ画像（パスコ作成）

参 考 文 献

1）福岡管区気象台 火山監視・情報センター 鹿児島地方気象台:桜島の火山活動解説資料（平成20年2月）, 2008.

2）福岡管区気象台 火山監視・情報センター 鹿児島地方気象台:桜島の火山活動解説資料（平成20年4月）, 2008.

3.12

霧島山（新燃岳）噴火

2011

(1) 災害の概要

霧島山（新燃岳）は、2008年8月、2010年3～7月に小規模噴火の発生といった火山活動が続いていたが、2011年1月19日から噴火を伴う活発な火山活動が始まった。1月26日からは溶岩噴出を伴う本格的な噴火となり、1月27日以降2月上旬にかけては爆発的噴火を繰り返して多量の火山灰を周囲に堆積させ、火口を埋めるほどの溶岩の蓄積がみられた。

周囲に堆積した火山灰は、降雨によって土石流となるおそれもあり、周辺自治体では降雨時に避難勧告が出されるなど、警戒が続いている。

2011年3月以降は、火山活動がやや沈静化したが、間欠的に噴火が発生する状況が継続した。

(2) 航空機SARによる火口内地形観測

霧島山（新燃岳）の爆発的噴火が始まった2011年1月27日以降、［図1］のように火口から噴煙や水蒸気が立ち上り、特に写真右側にあたる火口南側は常に水蒸気によって火口内部の観察が困難な状況が続いていた。

そのような状況にあって、噴煙があっても火口内地形を観測可能な合成開口レーダー（SAR）を航空機に搭載して火口内を観測し、火口内に堆積している溶岩体積を算出して、火山噴火予知連絡会における火山活動の分析資料とすることを目的として、国土地理院が航空機SARによる火口内地形観測を行った。

［図1］噴煙が立ち上る新燃岳火口
（2011年2月3日撮影、国土地理院）

使用した航空機SARは、Xバンドの電波を使用し、最大地上分解能約2m（水平方向）の能力を有するもので、国土地理院の測量・防災用航空機「くにかぜⅢ」（セスナ208B）に搭載して観測を実施した。2枚の受信アンテナの設置間隔と電波の位相差を利用した干渉処理を行い、複数のコースによる干渉結果を重畳させることで精度の高い地形モデルを作成する手法により、高さ精度約2～4mのDEMの作成が可能[1]である。

航空機SARによる火口観測は、2011年2月1日及び2月7日の2回実施した。［図2］及び［図3］に標高1,400mの基準平面に一律に投影した再生画像を示す。

画像下側が火口南部にあたり、［図1］で水蒸気が多量に噴出している箇所でも、航空機SARでは溶岩の形状を明瞭に捉えることができている。火口内に堆積した溶岩の状態は、2月1日時点で約560m×約590mのぼた餅状であったものが、2月7日時点ではやや大きくなっているものの、全体的にひしゃげて火口内を水平に覆っている様子が観察できる。

両日とも、航空機SARの観測は火口部を囲むように8方向から観測しており、各コースのSAR干渉画像［図4］を基に2.5mメッシュDEMを作成した。

このDEMと、2009年3月に国土交通省大隅河川国道事務所が航空レーザ観測によって作成した5mメッシュDEM［図5］との比較［図6］から、火口内に堆積している溶岩の体積は、2011年2月1日、2月7日時点のいずれも約1,800万m^{3}と算出され、2月1日と2月7日の間で溶岩量に大きな差はないと判明した。DEMの高さ精度を加味すると、誤差はプラスマイナス100万m^3程度と考えられる。また、火口周辺に火山灰の堆積によって標高が高くなったと見られる部分が確認できるが、航空機SARによるDEMの誤差量以下であり、有意な火山灰堆積厚の推定を行うことはできなかった。

参考文献

1）浦部ぼくろう・渡辺信之・村上亮：航空機搭載型合成開口レーダー（航空機SAR）による浅間山火口内の観測，国土地理院時報，No.107, pp.15-20, 2005.

［図2］航空機SAR再生画像。1km四方の範囲、電波を北（画面上方）から照射（2011年2月1日、国土地理院）

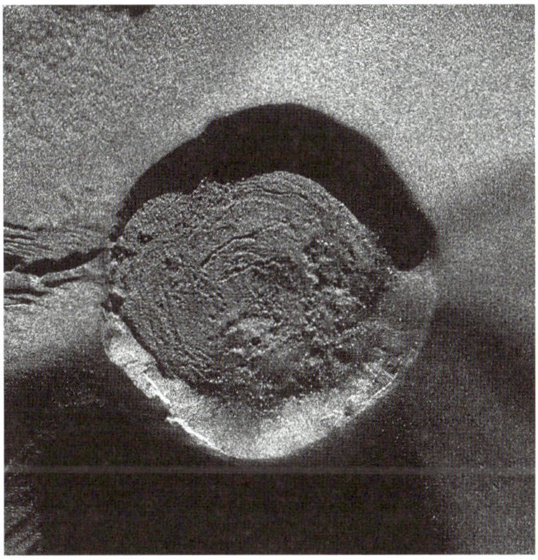

［図3］航空機SAR再生画像。［図2］と同じ範囲、電波を北（画面上方）から照射（2011年2月7日、国土地理院）

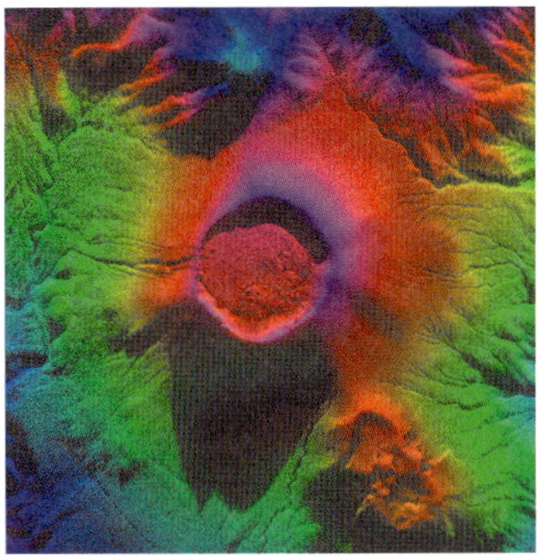

［図4］航空機SAR干渉画像。3km四方の範囲、電波を北（画面上方）から照射（2011年2月7日、国土地理院）

［図5］レーザDEM段彩図。火口を中心とする約1km四方の範囲（噴火前2009年3月、大隅河川国道事務所）

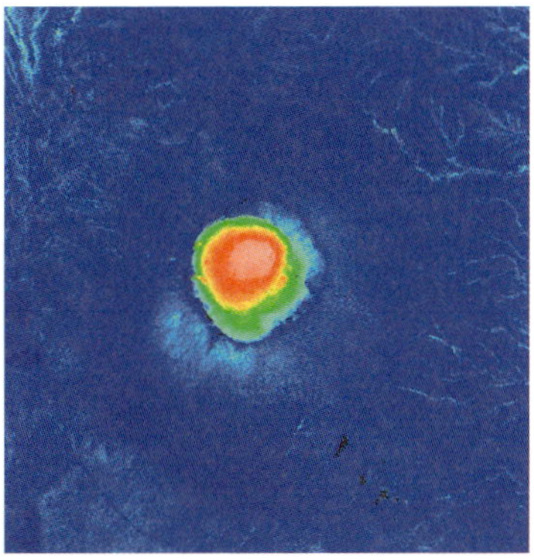

［図6］2009年3月、レーザDEMに対する地形変化量（2011年2月7日時点、国土地理院解析）

国内編　火山噴火災害

4.1
越前海岸崩落事故
1989

(1) 災害の概要

福井県越前町玉川の国道305号では、1989(平成元)年7月16日の午後3時25分頃に大規模な落石が発生し、たまたま通りかかったマイクロバスが直撃を受け、乗っていた15人全員死亡という惨事となった。わずか2秒違えば遭遇しなかっただろうともいわれている。崩落過程については目撃者が複数いて詳細がわかるし、その発生の背景としての海岸道路の建設あるいは拡幅過程が関与している。さらに前後の空中写真、とりわけ発生直後の大縮尺カラー空中写真があったことは、その後の調査に役立った。崩落した個々のブロックの調査においては大縮尺垂直写真の威力は絶大で、それをもとにした詳しい報告がある[1)2)]。その意味でも、一連の大縮尺空中写真によって明確に捉えることのできた災害の事例といえる。

(2) 時系列の空中写真で見る災害発生前の状況

敦賀から北の日本海に面したこの海岸は、いわゆるグリーンタフの作る険しい海食崖で、一般層向は北東－南西で北西に傾斜しているが、崩落部分だけは海岸に平行した断層の影響で受け盤となっていた。この部分にかつて道路はなかったが、1951(昭和26)年に県道敦賀三国線として建設され、それが1970(昭和45)年に国道305号に昇格した。この段階では該当部分はトンネルとなっていた[図1]。その後、海岸沿いの景勝ルートとして好評となり、大型観光バスが通過できるように1977(昭和52)年に拡幅されたが、その工事の際に発破を用い、特に海側の岩盤を切削した段階で、トンネル上方の部分が崩落した。そこで崩落物質の上に新たな迂回路が作られたが、路面が海面上6mしかなく、暴浪時の通行を確保するため、1985(昭和60)年からそれを海面上10mに嵩上げし、かつ直線化するとともにロックシェッドを設けた[図2]。この時点で上方の岩盤にはモルタルを吹き付け、さらにワイヤを張るなどの落石防止工事が施されていた。

今回の岩盤の落下過程については、目撃者の話を総合すると、まず上端部がトップリングを起こ

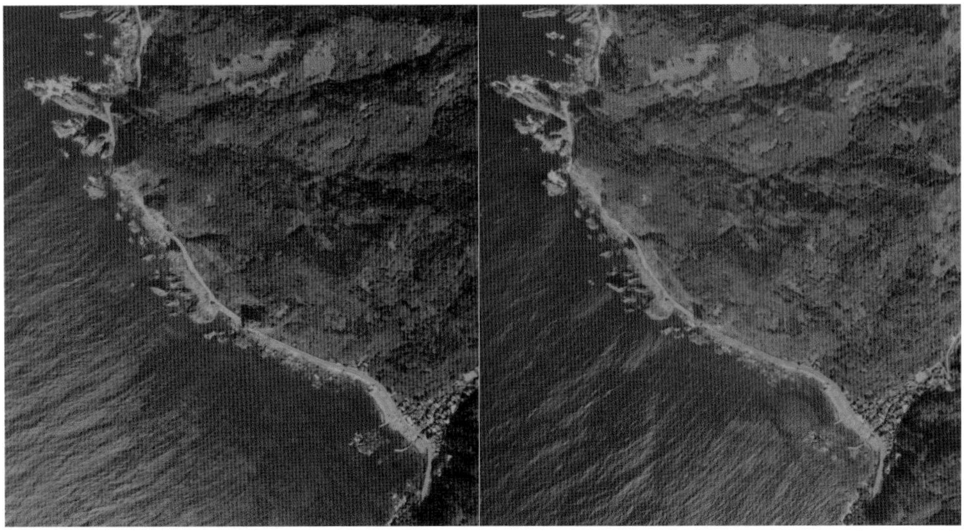

[図1]道路拡幅前の空中写真(立体視)。写真中央の該当箇所は当時トンネルになっており、道路が途切れたように見える(国土地理院、C CB-75-23 7 C9A-1·2、1975年10月22日撮影(原縮尺は約1:12,000))

［図2］崩落前の空中写真。かさ上げして直線化された状態だが、改良部分はまだ供用には至っていない（1986年9月26日、国際航業撮影）

［図3］崩落直後の空中写真（立体視）（1989年7月18日、国際航業撮影）

し、それがやや方向を変えつつ道路方向に大きく動いて落下したという。そのため落石の一部はロックシェッドを直撃し、それの脚部は海側にはじかれて桁がはずれ、天井部分も破壊して落下し、通行中のマイクロバスを直撃した。崩落したブロックの分布は発生後の大縮尺空中写真によって確認されるが［図3］、各ブロックの層準と層理面の方位関係からもトップリングを起こしたことが確認されている[2)]。落下時にロックシェッドに加わった衝撃力についても、崖の上方から落下した最大級のブロックで1,000tf程度と推定されている。

このあと1996（平成8）年2月に北海道豊浜トンネルの落石事故があって、大規模な岩盤崩壊（岩盤崩落）がさらに注目されるようになり、国内の類似事例について、画像解析を含む調査[3)]などが行われた。海岸道路ではよく似た岩盤崩落の発生事例があることから、全国の海岸道路について大規模な岩盤崩壊を含む落石事故防止の観点より、点検・評価が行われるようになるが、越前海岸の事故は、そのひとつのきっかけとなった重要な事例である。この落石事故のあと、崩落部分を含む越前海岸のこの区間は、ほぼ連続したトンネルとなっている。

参考文献

1）三浦静：越前海岸山崩れとその災害に関する調査研究，平成元年度文部省科学研究費補助金（総合研究A）研究成果報告書，p.128，1990.
2）平野昌繁・諏訪浩・藤田崇・奥西一夫・石井孝行：1989年越前海岸落石災害における岩盤崩壊過程の考察，京大防災研年報，第33号B-1，pp.219-236，1990.
3）山岸宏光・山崎文明・畑本雅彦：岩盤崩落と画像解析――北海道の例，地すべり，Vol.35，No.4，北海道支部設立20周年記念号，pp.16-25，1999.

4.2
秋田県鹿角市八幡平澄川地すべり災害

1997

(1) 災害の概要

1997年5月11日、秋田県鹿角市澄川温泉で降雨と融雪を主原因とした大規模な地すべりが発生した［図1］。地すべり地形は、上・中段の2段構造で、上端の標高は約800m、上端から下端までの標高差は約175m、水平長約800m、最大幅約380mであった。

最初の地すべりによって、澄川温泉が立地していた地盤は岩屑なだれを伴い澄川から赤川を経て流出した。流出土砂及び樹木は1km下流の赤川温泉の建物を破壊し、国道341号線の赤川橋を埋めた。その後、土石流が赤川と熊沢川との合流点まで達した。この災害で、澄川温泉と赤川温泉の建物計16棟が全壊したが、幸い、前兆現象に対応した素早い避難により人的被害はなかった。

災害前後の数値地形モデルによる地形計測の結果、地すべり土塊の体積は約510万m^3、流出土砂量（地形差分量）は約40万m^3、地すべり地内の面積は約21万m^2であった（星野ほか、1998[1)]）。

［図1］澄川地すべり全景空中写真（北東方向から撮影）
（1997年5月12日、朝日航洋撮影、東北地方建設局提供）

(2) デジタル写真測量システムによる地すべり土塊の変位量計測

八幡平澄川地すべり（地）の変位量計測では、道路交点や構造物の角などを活用した従来法（羽田野ほか（1974）[2)] など）では変位追跡点を特定できない自然斜面で滑動した地すべり土塊［図1］の変位を解明するため、災害前後の各ステレオペアの空中写真を用いて、この地すべり斜面において林冠ギャップ（林冠の疎開した部分）の形状が長期間存続するという特性に着目した樹木のみによる判読を行い、その分布図［図2］を作成して高木を同定した。これを変位追跡点として、デジタル写真測量システム（DPW）を用いて新・旧座標を計測し、地すべり地内55地点の3次元地表変位ベクトルを得た（小野塚、1998[3)]）。変位ベクトルの特性により、4ブロックに区分した［図3］。

各ブロック（M-nw、M-se、H-n、H-s）の変位ベクトルの移動方向・俯角・距離に基づいて、そ

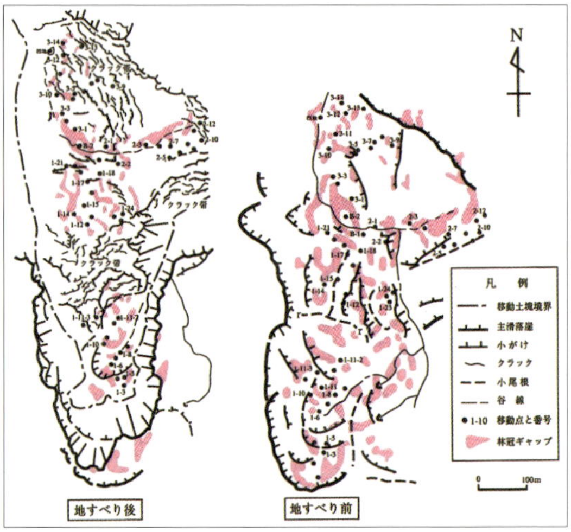

［図2］地すべり前後の地形と林冠ギャップ分布図

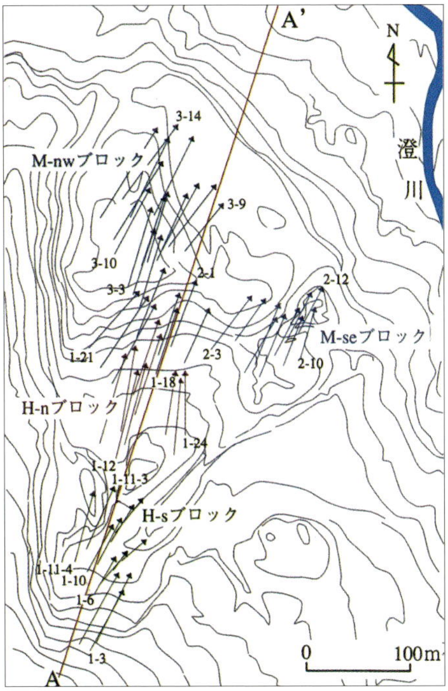

[図3]変位ベクトル分布図(等高線は移動後)

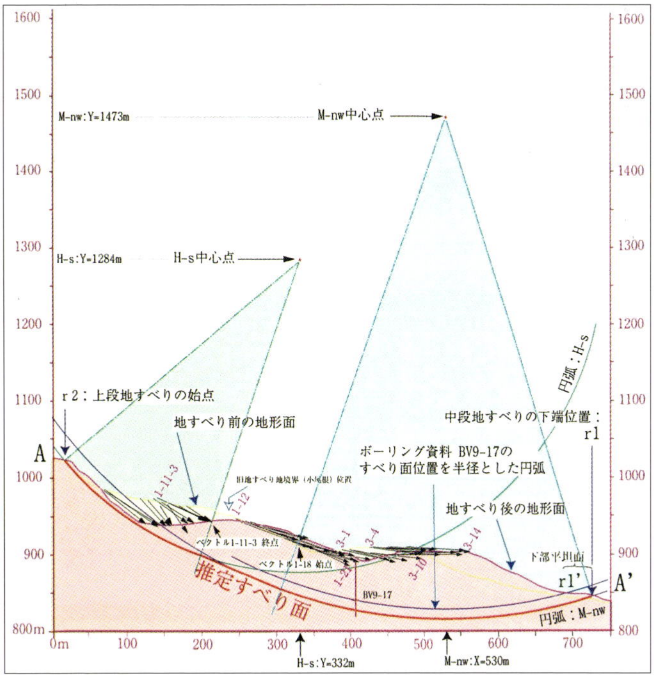

[図4]澄川地すべり推定地形断面図([図3]のAからA'の地形断面)

れぞれの移動状況［図3］を明らかにし、この結果を地形縦断面図上に投影した変位ベクトルからすべり面の推定を行った［図4]。

この結果、得られた土塊の移動状況と推定すべり面は以下のとおりである。

ブロックごとの移動状況

①M-nw、M-seブロック：

・主水平移動方向は約N27度E方向。

・変位量は50〜90m程度であり、変位ベクトルの全移動量は、東南部から北西部に向かって大きくなる。

・旧滑落崖下部を含む円弧状の地すべりと言える。

・土塊の移動に伴って、東南端付近を中心に時計方向の回転を起こした。

②H-nブロック：M-nwブロックの移動によって、斜め下向きに直線的な移動が起きた。

③H-sブロック：H-nブロックの移動で、より東向き成分の大きい移動が起きた。

推定地すべり面の検討

各ブロックの移動状況から中段の地すべりと上段のH-sブロックのすべり面はほぼ円弧状と仮定した。また、この2つの地すべり面は直線的なすべり面（H-nブロック）によって連結される。

参　考　文　献

1)星野実・小野塚良三・浅井健一・稲沢保行・久松文夫:1997年5月八幡平澄川地すべり災害（第2報）, 国土地理院時報, No.90, pp.50-71, 1998.

2)羽田野誠一・関根清・鈴木隆介・高橋健一・石野公一・柳林実・見理文之:中央高速道路岩殿山地すべりについて, 日本地理学会予稿集, Vol.6, pp.134-135, 1974.

3)小野塚良三:林冠ギャップに着目した写真判読とデジタル写真測量システムによる八幡平澄川地すべり土塊の変位量計測, 地すべり, Vol.35, No.2, pp.69-76, 1998.

4.3 奥入瀬渓流の土砂崩落

1999

(1) 災害の概要

1999（平成11）年3月10日未明、青森県十和田湖町の一般国道102号で、高さ80m、幅200m、推定崩壊土砂量20万m³の大規模な土砂崩落が発生した。現場は景勝地として名高い奥入瀬渓流沿いであったが、幸いにも発生が深夜であったため、死傷者は出なかった。崩壊発生の翌日には、迂回路の懸命の除雪作業により代替路が確保されたものの、通行止めは3カ月半に及び観光産業・生活への影響は大きかった［図1、図2］。

この災害は、規模としては小さく、エポックメーキングな話題にも乏しいが、土砂崩落による河道閉塞の姿を、空中写真が鮮明に捉えたことが注目される。ここに再録する一連の画像は、写真測量学会誌の記事「カメラアイ」[1)]に掲載されたものである。

土砂による河道閉塞は、湛水域が決壊することにより下流側に大きな災害をもたらす可能性があるため、防災対策上の大きな課題となる。この現象は、歴史時代以前から、地震や風水害によってたびたび発生していて、多数の報告記事がある。1984年の長野県西部地震（2.4参照）の御岳崩れによる河道閉塞が生じた頃以降、学術的にはその湛水の状況を含めて「天然ダム」と呼ばれてきた[2)]。カメラアイの記事が掲載された5年後、2004（平成16）年新潟県中越地震の際に、地すべりなどによる河道閉塞が多発し、その様子と対策の過程が逐次報道されたことなどで注目度が高まり、それ以降、「地すべりダム」「土砂ダム」等の用語も使われるようになっている。

(2) 空中写真によって捉えた河道閉塞災害

空中写真の撮影（垂直及び斜め写真）は災害発生の翌朝直ちに実施された。崩積土は国道を越えて渓流に達し河道を閉塞している［図3、図4］。これにより上流部の水位は上昇し、道路の一部は冠水した。上流の集水域が比較的小さく、河川流量も大きくなかったため、大規模な湛水とその決壊による被害は免れた。

土砂崩落の形態について、現地を調査した学識

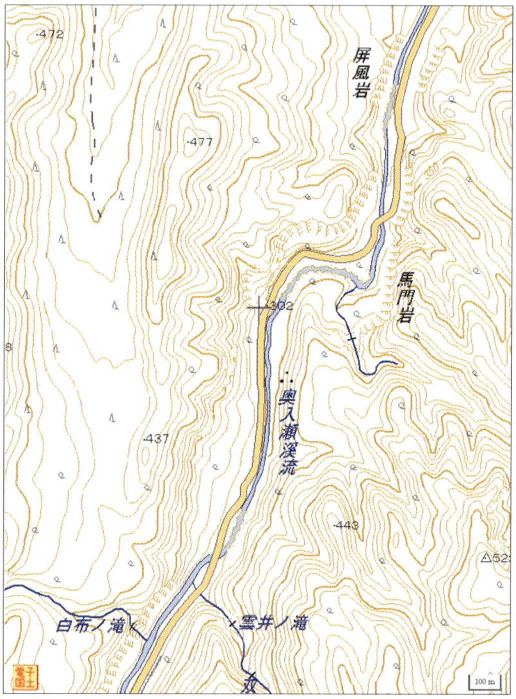

［図1］崩落発生位置図。渓流添いの急崖が途切れる箇所で崩落が発生した

［図2］一般国道102号の被災状況を示す地上写真。厚い崩積土に覆われている

[図3]上流側からの斜め写真。渓流が崩積土で完全に閉塞し、水流が途絶えている

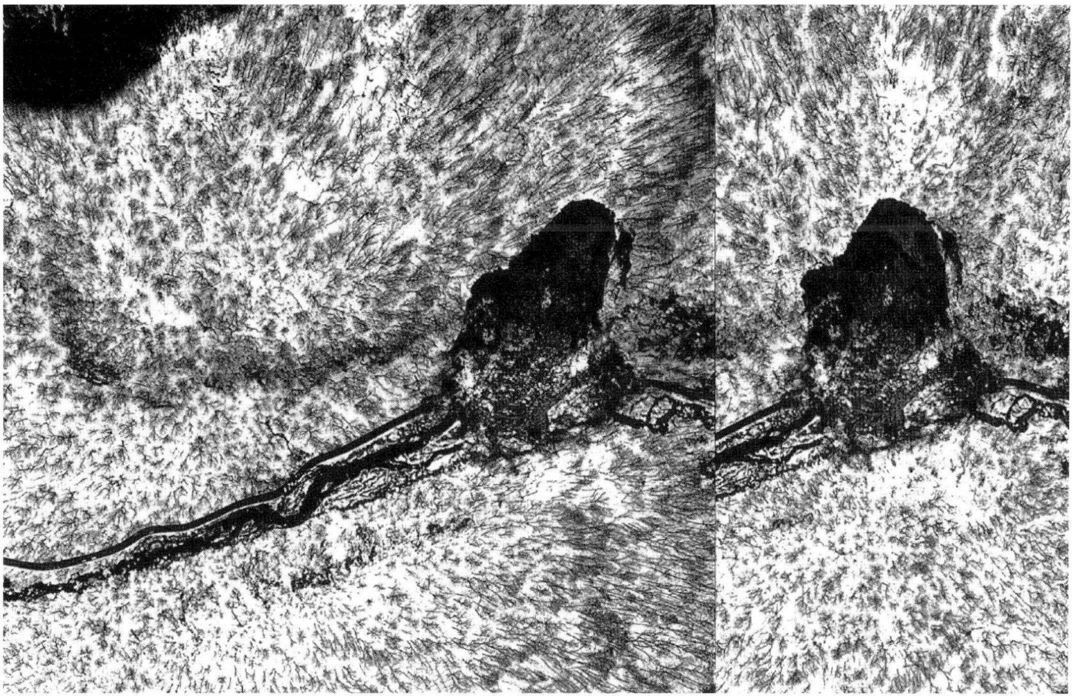

[図4]崩壊箇所の垂直写真(立体視)。雪に覆われた斜面の中に黒々とした崩壊地があり、崩積土は河道を対岸まで埋めて堆積している。上流側(写真左)は道路面付近まで河床が上昇し、路面の一部が冠水している

経験者による奥入瀬渓流調査委員会は「崩落は大規模な地すべり」としている。空中写真からは、馬蹄形の明瞭な滑落崖と舌状に延びた崩積土堆、崩積土と滑落崖の間の溝状の凹地など、地すべりの地形的特徴を見て取ることができる。このような土砂堆積の形状や堆積量を、後には航空レーザ計測により、迅速に計測することができるようになった。

参考文献

1) 中村芳貴:平成11年3月青森県奥入瀬渓流の土砂崩落災害, 写真測量とリモートセンシング, Vol.38, No.3, pp.2-3, 1999.

2) 王功輝・井上公夫・中川一・吉松弘行・丸井英明・山邉康晴・水山高久・池谷浩:天然ダム研究の最前線, 自然災害科学, Vol.30, No.3, pp.303-347, 2011.

国内編　崩落・地すべり災害

4.4
富士山大沢崩れ

2000

(1) 災害の概要

約1万年前から始まった新富士火山の活動は、約2,000年前まで山頂噴火を主体とし、山頂部を高く成長させるとともに大きな火山体を形成してきた。さらに2,000年前以降は、青木ヶ原溶岩流（864～866年の貞観噴火）に代表されるように山腹からの溶岩流の流出が30回以上も行われたが、1707年の宝永噴火を最後に、火山活動は停止している。過去2,000年間も山頂噴火がなかったために、谷頭部が埋積されずに崩壊が拡大しつづけたものの中で、最大規模となったのが大沢崩れである[1)]。

大沢崩れは富士山西側斜面に位置し、富士山頂剣が峯付近から標高2,200m付近までの延長約2,100m、最大幅約500m、最大深さ約150mに及ぶ巨大な崩壊地である。

大沢崩れに源を発する大沢川は、縦断的にみると山頂～御中道（三の滝付近、標高約2,300m）が「源頭部」と呼ばれる45度以上の急勾配区間である［図1、図2］。さらに標高1,530mまでが「峡谷部」、標高1,260mまでが「中流部」、標高900mまでが「岩樋部」と呼ばれている。さらに岩樋下流端から標高500mまでが「大沢扇状地」であり、扇状地末端では約2度の河床勾配で富士山の西麓を流れる潤井川に合流している。

大沢崩れでは、約1,000年にわたり著しい崩壊の拡大が行われ、今日までに膨大な量の土砂を生産・流出した結果、下流部では広大な扇状地が形成されるとともに、幾多の土砂氾濫災害が引き起こされてきた。また「雪代（ゆきしろ）」と呼ばれる大規模なスラッシュ雪崩が発生し、古くから恐れられてきた。特に1834（天保5）年5月の雪代災害は、南西麓の富士・富士宮及び北麓の富士吉田の山麓一帯が泥の海となった大災害で、現在の新幹線の新富士駅あたりまで達した。

［図1］富士山大沢崩れ「源頭部」の斜め写真

近年でも富士山大沢川では土石流災害が頻発しているが、初冬（11月末～12月初旬）や晩春（3月末～5月）に100～200mmの降雨で大規模な土石流が発生する特徴がある。

(2) 富士山大沢崩れの計測
――空中写真から航空レーザ計測へ

国土交通省富士砂防事務所は、1968年以降継続的に大沢崩れの崩壊地調査を行ってきた。大沢崩れは地形や気象条件が厳しく、かつ常時落石の危険が伴う［図3］ため、崩壊地内の現地調査はきわめて危険であることから、初期の段階から空中写真を用いた計測調査が積極的に行われ、成果を上げた[2)]。

［図2］富士山の頂には、直径約800m、深さ約200m、1周約2.5kmの「お鉢」と呼ばれる、すり鉢状の噴火口がある。画面左側の崩壊地が大沢崩れの源頭部である。
（2005年10月、国際航業撮影）

［図3］常時落石が発生している大沢崩れ
（2006年9月、［図1］の見晴台付近より、中筋章人撮影）

大沢崩れでの計測は、2006年度までは空中写真から、図化機によってほぼ10m×5mの格子状の座標点（北緯・東経）の高さ（約2万点）を読み取り、前年の値との差分から地表面の変動量（堆積や侵食の量）を算出していた［図4］。

しかし2007年度からは、航空レーザ計測による地形データを用いている。航空レーザ計測は、レーザ光1発ごとの地上測点の位置情報（緯度・経度・標高）を高密度に取得できる。1m×1mのメッシュの数値標高データ（約100万点）を用いて、前年計測分との差分値を求めて、変動量を高精度に算出することができるようになった。

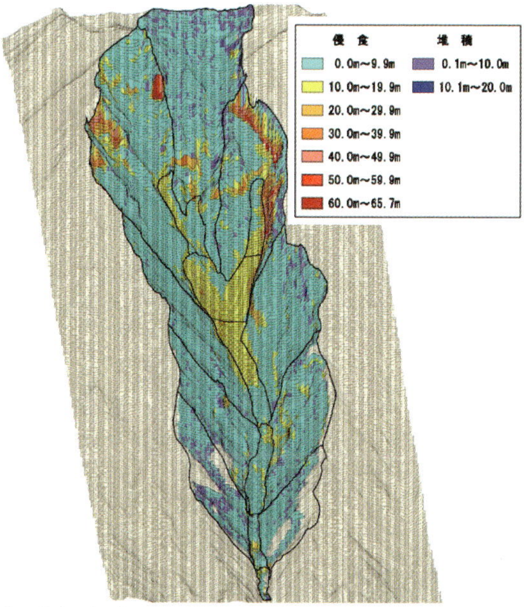

［図4］空中写真計測による1971～2006年間の土砂変動量図（メッシュ表示）

参考文献

1）津屋弘逵：大沢沿岸地域の地質と大沢崩れの発達，静岡県，1959.
2）中山政一・今村遼平・真砂祥之助・武田裕幸：富士山大沢扇状地の形成過程と土砂移動，写真測量，Vol.8，No.2，pp.64-72，1969.

4.5
山形県七五三掛地すべり
2009

(1) 災害の概要

山形県の七五三掛（しめかけ）地区は鶴岡市の南東部に位置し、1991年10月から農林水産省所管の地すべり防止区域に指定され、山形県により地すべり対策工事が行われてきた。ところが、2009年2月25日に住民が亀裂を発見、融雪とともに地すべりが拡大し、4月から7月上旬にかけ、幅450m、長さ700mに及ぶ地すべりブロックが最大15cm/日、累積で5～6m移動する事態となるなど、道路、家屋、水田に甚大な被害が発生し、5戸6世帯の住民が避難せざるを得ない状況に至ったものである[1]。

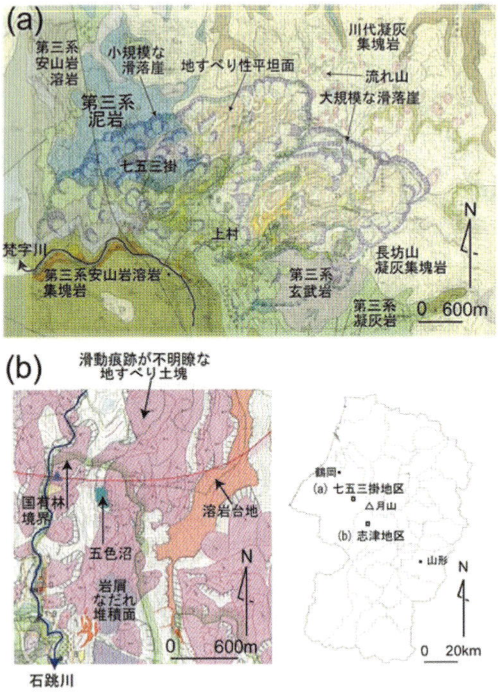

[図1] 対象地区の地形、(a) 七五三掛地区、(b) 志津地区、右下:対象地区の位置図[2) 3) 4)]

七五三掛地区は地形的には山形県月山（標高1,984m）の西麓に位置する（[図1] 右下の挿図参照）。[図1 (a)] のとおり、七五三掛地区は梵字川北岸の大規模地すべり地帯の中央付近に位置し，斜面は主に南西を向いている。また，本地区周辺には小規模な地すべりが多数分布している。なお，七五三掛地区近傍の上村地区では，1906～1910年と1935年に大規模な地すべりが生じていた[5]。2009年2月下旬以降発生した地すべりは、これが再活動したものであり、[図2] に示すような被害[2]が生じたものである。

[図2] 地すべりによる路面の被害[2]

(2) SAR干渉画像で捉えた地すべりの変動

国土地理院では，宇宙航空研究開発機構（Japan Aerospace Exploration Agency：JAXA）によって2006年1月に打ち上げられた陸域観測技術衛星「だいち」(Advanced Land Observing Satellite：ALOS）に搭載されたLバンド合成開口レーダー（Phased Array type L-band Synthetic Aperture Radar：PALSAR）を用いた高精度地盤変動測量を実施している。この高精度地盤変動測量では，地盤沈下・火山・地すべりによる地殻・地盤変動の監視を目的とした定常的な監視や地震等の災害発生時には緊急的な解析を行っている[2]。

地表に面的な変位を与える活動は大地震のように広域に地殻変動をもたらすものだけではなく、地すべりのように比較的狭い範囲で発生するものについても抽出できる可能性が指摘されてきてい

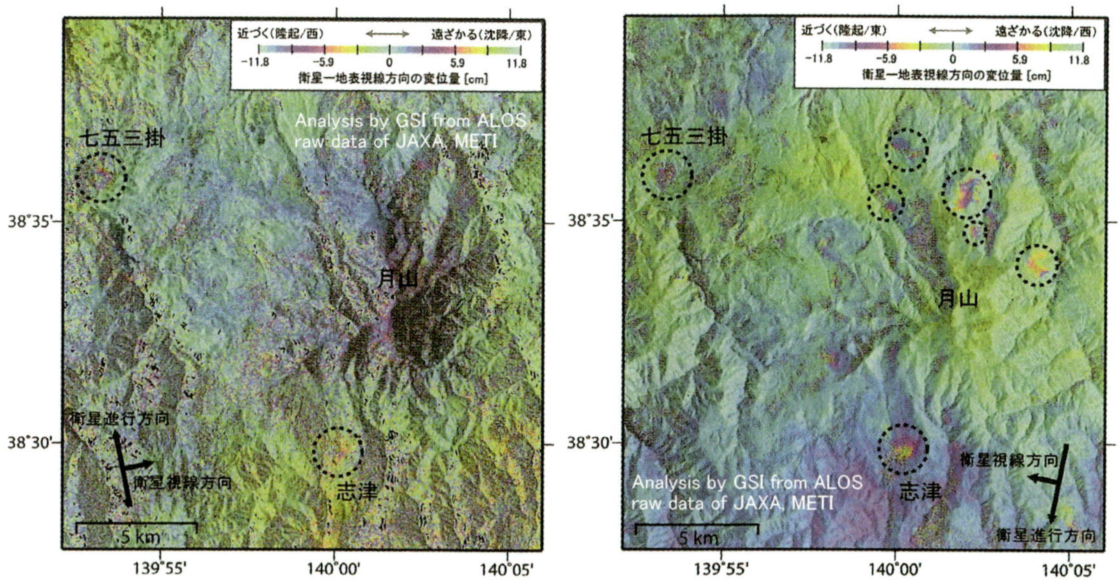

［図3］月山周辺のSAR干渉画像[2)]

［図4］七五三掛周辺のSAR干渉画像（地すべり前）

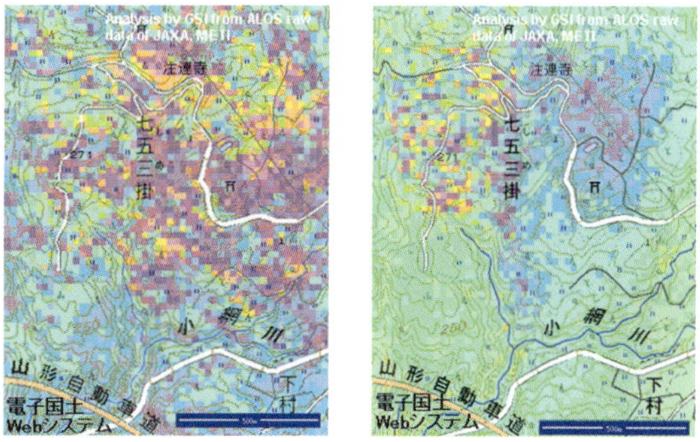

［図5］七五三掛周辺のSAR干渉画像（地すべり後）

る。近年では、2008年3月に発生した能登半島地震に伴う能登半島各所での地すべり性の変動が、ALOS/PALSARデータのSAR干渉解析によって未知の地すべりも含め把握できることが示される[6)]など、活動の継続的、一時的を問わず地すべり性変動の存在が干渉SARにより把握できることがわかってきた。

以下では、七五三掛地区を対象として取得されたSAR干渉画像を用いて説明を行う。

［図3］は大規模な地すべりが発生する前のSAR干渉画像である。左側が北行観測（2006年6月6日〜2008年10月27日）によるもので右側が南行観測（2006年9月12日〜2008年9月17日）によるものである。いずれも七五三掛地区は画像の左上に位置し、周囲とは異なる色調が確認される。画像中央下部に同様に色調が異なる場所があるが、こちらも志津地すべりとして知られる活動的な地すべり地である。

［図4］は［図3］について七五三掛地区を拡大したものである。右側の画像はやや色調が乱れているが、いずれも七五三掛の周辺に赤や黄などの発色が見られ、大規模な地すべりが発生する以前から地表変状が発生していたと考えられる。

一方、［図5］は2009年の大規模地すべり発生以降のSAR干渉画像である。左側が（2009年3月20日〜5月5日）、右側が（2009年5月5日〜8月5日）のものであり、いずれも南行観測である。［図5］の左側の画像は大規模地すべり発生直後に見られた1mを超える変動に対応して、全体に色調が乱れた画像となっているが、右側の画像では変動量は小さくなっており、色調変化も収まりつ

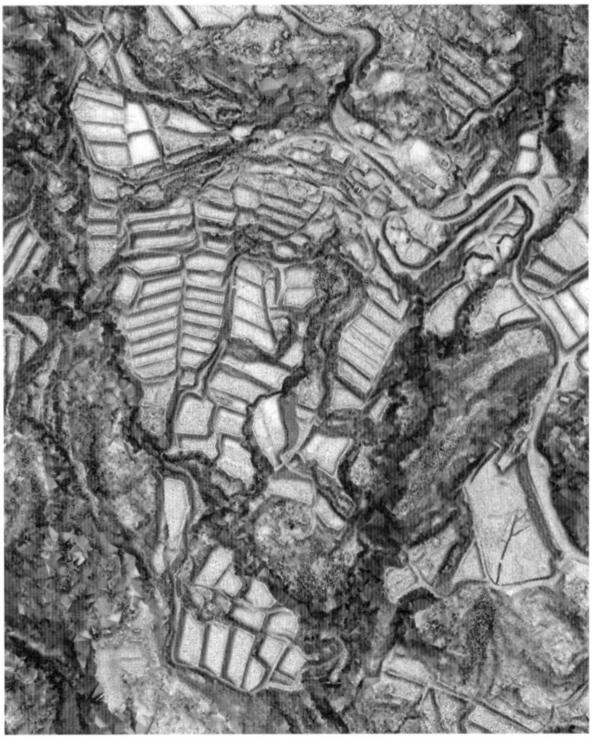

［図6］解析対象領域の地形解析図

つある印象を与える。

いずれのケースでも、地すべりに伴う地表変状に対応したSAR干渉画像上の色調の変化が確認され、干渉SARにより地すべりが捉えられることを示している。ALOSは2011年5月に運用を停止したが後継のALOS-2の早期の打ち上げが望まれるところである。

(3) 2時期の航空レーザによる地すべりの変位

七五三掛地区では、航空レーザ計測による地形データの整備も行われてきた。そこで、2009年6月12日に航空レーザで取得した地形データと、地すべり前の2004年11月16日に取得された地形データを比較することにより、地すべり地域全体の地盤の動きについて解析を行った[7]。

［図6］は、パスコが取得した航空レーザデータを処理して得られた解析対象領域の地形解析図を示す。この画像は、ある地点が周囲に比べて地上に突き出ている程度及び地下に沈み込んでいる程度を数量化して表す開度[8]を計算し、地表面の微細な地形特徴を抽出して画像化したものである。地表面の起伏の変化が画像のテクスチャとして表され、急勾配の地形変化点であるほど強調されるため、微地形の状況を良く反映し、非常に判読しやすい画像となっている。そのため、地表面の変状を確実に捉えることができ、地すべり地形の判読にも有用である。また、地形や地すべりの目視判読といった用途のみならず、画像のテクスチャを用いた画像解析処理にも適したものとなっている。

［図7］は、七五三掛地区における地すべり前後の地形解析図を用いて、田畑の角等の明瞭な地形変化点を目視で判読し、地形変位を移動ベクトルとして、オルソ画像上に重ねて表示したものである。移動方向および移動量は、それぞれ矢印の方向と長さで表している。

［図8］は、2時期の地形解析図を使用して地すべり土塊の移動ベクトルを自動抽出した結果である。抽出には、速度ベクトル検出の代表的な手法の一つであるPIV手法を用いており、一定時間内での画像における輝度の分布パターンの移動状況を同時に多点の速度ベクトルとして面的に計測するものである。地形変位の移動ベクトルは、矢印の方向が移動方向に相当し、移動量の大きい方か

［図7］2時期の地形変位の目視判読結果

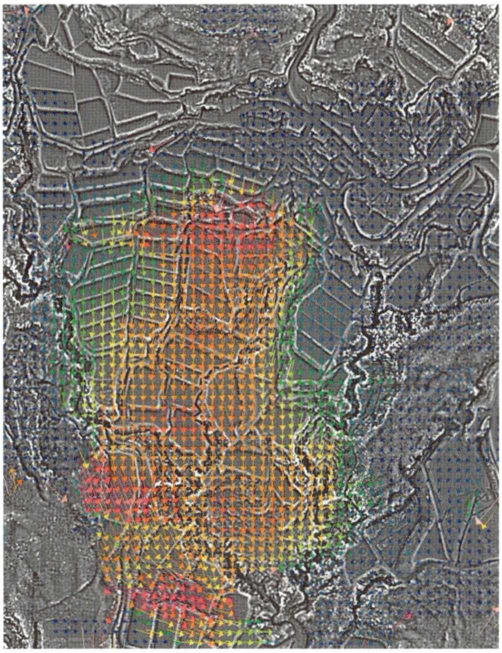

［図8］2時期の地形変位の自動解析結果

ら小さい方向に暖色系から寒色系へと変化させて着色している。

［図8］に示す画像解析結果は、［図7］の目視判読による結果とよく一致していることが確認できる。解析結果より、七五三掛地区の地すべりの範囲は、長さが約700m、幅が約400mの馬蹄形の形状を有する大規模な地すべりであったことが明らかとなった。目視判読による結果では、地すべり全体の概況についてある程度把握することができるものの、細かな部分については詳細な変位情報を得ることができない。一方、自動解析の結果では、より広い範囲にわたって、詳細な地すべりの変位量と移動方向に関する情報が提供されており、地すべり全体の動きをより効果的に捉えることが可能である。さらに、自動処理は、目視判読による地形変位解析と比較しても非常に短時間に実行することができる。

航空レーザ計測による地形変位の自動解析は、従来の伸縮計やGPS等を用いた現地での変位観測手法と比べ、地すべり地域全体の地盤の動きを短時間で、面的かつ高密度に抽出することが可能であり、災害時における迅速な情報の提供手段としての有効活用が期待される。

参考文献

1）寺田剛・鎌田知也・森一司・中原正幸：2009年山形県鶴岡市七五三掛（しめかけ）地すべり災害における緊急対策及び恒久対策, 地盤工学会誌, Vol.58, No.11, pp.36-37, 2010.

2）鈴木啓・雨貝知美・森下遊・佐藤浩・小荒井衛・関口辰夫：山形県月山周辺におけるSAR 干渉画像を用いた地すべりの検出, 国土地理院時報, No.120, pp.1-7, 2010.

3）山形県商工労働部商工課：5万分の1 地質図幅説明書, 湯殿山, 1979.

4）国土交通省新庄工事事務所：寒河江川流域微地形分類図, 2002.

5）経済企画庁：5万分の1土地分類基本調査（地形・表層地質・土じょう調査）, 湯殿山, 1964.

6）宇根寛・佐藤浩・矢来博司・飛田幹男：SAR 干渉画像を用いた能登半島地震及び中越沖地震に伴う地表変動の解析, 日本地すべり学会誌, Vol.45, pp.125-131, 2008.

7）齋藤克浩・菅原誠人・伊藤俊介・柴田俊彦・鵜殿俊昭・武田大典：航空レーザ計測データを用いた七五三掛地すべりの移動状況解析, 2010（平成22）年度砂防学会研究発表会概要集, pp.430-431, 2010.

8）横山隆三・白沢道生・菊池祐：開度による地形特徴の表示, 写真測量とリモートセンシング, Vol.38, No.4, pp.26-34, 1999.

5.1
昭和38年1月豪雪（三八豪雪）

1963

(1) 災害の概要

1963（昭和38）年1月に北陸地方を中心に日本海側を豪雪が襲った。「三八豪雪」として知られるこの豪雪は、平野部に降りやすい里雪型であり、比較的里側、特に海岸線に多く[1)2)3)]、各地で過去の最高積雪深が更新された。新潟県中越地方では、1月22～27日まで連続降雪があり、長岡市では平年最高積雪深より約200cm多い318cmを記録した。金沢市では最高積雪深181cmを記録した[3)]。

警察庁によると、1～5月までの間死傷者が約600人、家屋の被害が（非住家も含めて）1万1千棟以上、罹災者は約1万人に達した[2)]。中央防災会議の集計によると、農林水畜産物は約390億円、公共土木関係などの施設被害が92億円、富山県における除雪費用（各戸における除雪費用の集計）が6億円とされている[2)]。

この豪雪で強靱な積雪層が形成され、その荷重により果樹園等の雪害を甚大なものとなった[3)]。汽車が数日間立往生するなど各種産業に広範囲な雪害をもたらしたほか、電力施設への被害も相次いだ[4)]。

(2) 空中写真による積雪調査

科学技術庁が中心になり空中写真撮影と積雪分布図の作成が行われた。国土地理院と防衛庁が実作業を分担し、民間会社が協力する形で作業が進められた。また気象庁においても、豪雪メカニズム解明のための空中写真撮影と測定作業が行われた。この成果を踏まえて「写真測量」雪害調査特集号[5)]には、空中写真の撮影、空中写真を用いた積雪深計測と積雪深区分図の作成、雪崩地区の図化、線路の点検、風の判読などが報告されている。

空中写真は約25,000km^{2}の地域を約1：20,000の縮尺でカバーするように、2月14日から3月19日にわたって撮影された。広大な範囲を迅速に撮影するため、科学技術庁は防衛庁に撮影を依頼した。撮影写真総数は12,383枚、そのうち北陸が8,572枚、山陰が3,811枚であった[6)]。

これらの写真を利用して建設省国土地理院は積雪深の測定と積雪深区分図の作成を行っている。空中写真による積雪深の測定は一般に2時期の空中写真から得られる地表面の標高の比較から算出されるが、緊急に計測を行う必要があったため、撮影された空中写真から積雪深が直接読み取れる地点を計測することによって行われた[6)7)]。具体的には、河川や池沼の岸高のほとんどないところの積雪表面と水面との比高や、割れ目や雪崩の崩壊壁で地面の表れている場所の積雪表面と地面との比高が利用された。実際の計測にはステレオ・トープが使用された。密着印画をステレオ・トープ上で略式標定した後、画像の積雪深が視差差により測定された。また現地計測データとして気象庁の管括下にある地方気象台、測候所、区内観測所、国鉄、電力会社などの観測施設の積雪深が写真撮影日に合わせて緊急に収集された。建設省はこの方法によって大地域の積雪深区分図を短期間に完成した。

［図1、図2］は上越線小出駅南西3kmの魚沼丘陵の積雪状態を示している。稜線直下に割れ目が並列して生じ、特徴的な菊の葉模様となっているのが判読できる[6)]。

参考文献

1）石原健二:昭和38年1月豪雪について, 雪氷, Vol.25, No.5, pp.131-137, 1963.
2）福井篤:38.1豪雪によせて, 地學雜誌, Vol.73, No.1, pp.1-10, 1964.
3）小林一雄・大沼匡之:38.1 豪雪による農業雪害について, 雪氷, Vol.25, No.6, pp.182-188, 1963.
4）長坂外次:今冬の豪雪による電力設備の被害状況, 雪氷, Vol.25, No.5, pp.169-176, 1963.

国内編 雪害・その他

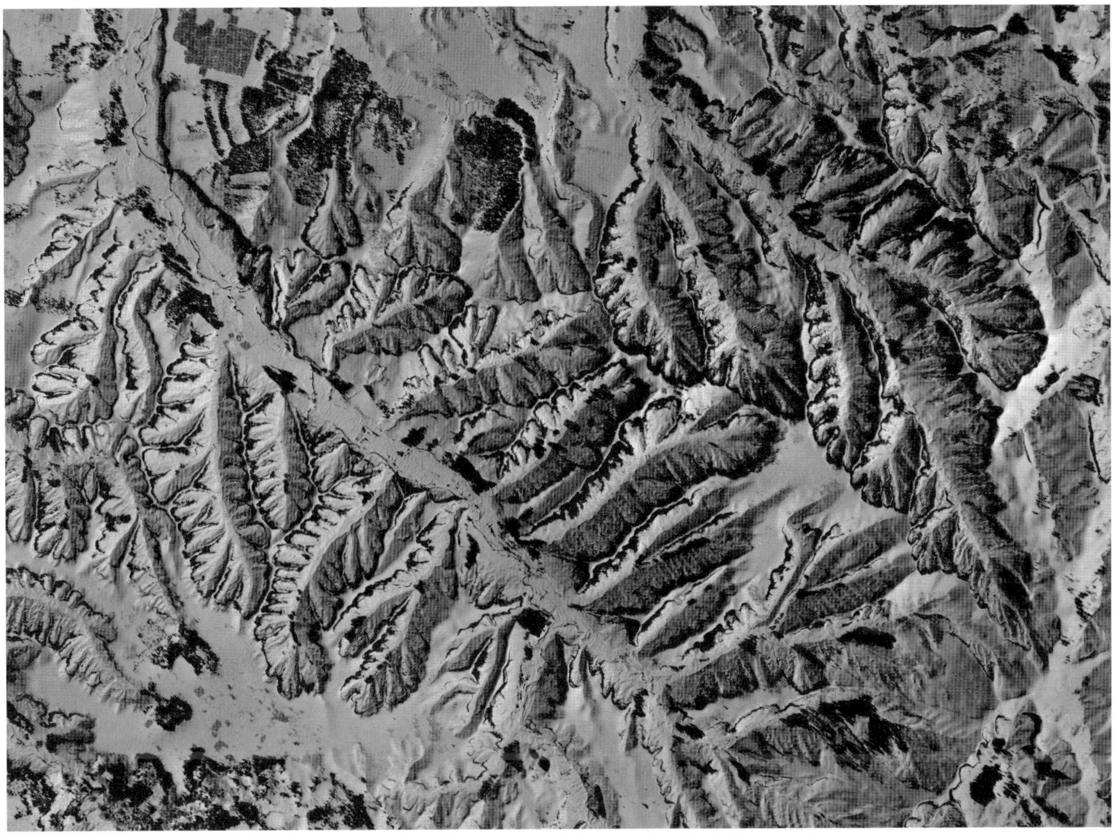

［図1］菊の葉模様に見える雪崩跡、上越線小出駅南西（1963年3月19日防衛庁撮影：国土地理院）

［図2］雪崩の状況、上越線小出駅南西（上の写真の一部を拡大）

5）日本写真測量学会：雪害調査特集, 写真測量, Vol.2, No.3, pp.97-143, 1963.
6）川井玲子：積雪深区分図の作成について, 写真測量, Vol.2, No.3, pp.127-133, 1963.
7）五百沢智也：積雪深区分図の作成手順と作業要領, 写真測量, Vol.2, No.3, pp.134-138, 1963.

5.2
新潟県能生町柵口雪崩災害

1986

(1) 災害の概要

「時間は、わからないが窓の破れる音がして、雪をかぶった。瞬間的にどうなったのかと思った。何故二階に雪が入るのか……。雪で身体は動かせないのでどうしようもなかった」。被害者が柵口雪崩災害を振り返って町報に寄せた記事[1]の一部である。

1986(昭和61)年1月26日、集落背後にそびえる権現岳の急峻な斜面の中腹から雪崩が発生した。発生した雪崩は沢に沿って約2km流下し、柵口集落を襲った。死者13人、負傷者9人、民家10棟全半壊の被害をもたらす戦後最大の雪崩災害となった。

雪崩発生斜面は傾斜45度の急斜面であるが、斜面裾から被害を受けた集落までは傾斜10度程度の緩斜面が1～1.5km続いている。「雪崩がおきるとは、想像もしなかった」「まさか部落内に雪崩が出てくるとは夢にも思わなかった」[2]………。柵口雪崩では、例年では考え得ない距離まで雪崩が到達した[図1、図2]。

雪崩には全層雪崩・表層雪崩の2種類がある。全層雪崩は春先の融雪期に多く、表層雪崩は短期間の多量の降雪より引き起こされることが多い。表層雪崩は全層雪崩と比較すると雪崩速度も大きく、到達距離も長くなる。表層雪崩の中でも柵口で発生した乾雪表層雪崩は最も雪崩の速度が大きくなる。雪崩の到達状況等から、雪崩速度は、最大で45～60m/s、集落付近では26～32m/s程度であったと推察されている[3]。

(2) 戦後最大の被害をもたらした雪氷災害を写真で見る

1986(昭和61)年1月30日に撮影した垂直写真でみてみよう。[図4]は発生から4日後の写真であるが、一見しただけでは雪崩の痕跡を見るこ

[図1]柵口雪崩斜面の状況
(左:状況写真[4] 右:平面図)

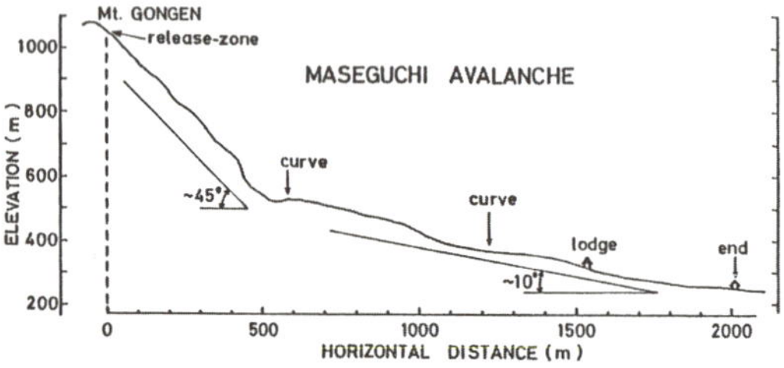

[図2]柵口雪崩断面図[5]

[図3]雪崩による被害状況[6,7]

[表1]柵口雪崩概要[6]

項目	内容
発生日時	1986年1月26日午後11時頃
発生場所	西頚城郡能生町大字柵口地内
発生位置	権現岳(標高1,108m)の中腹850～900m
雪崩の種類	面発生乾雪表層雪崩
雪崩走路	長さ1,800m (発生点から被害末端部までの水平距離)
雪崩の速度	最大50～60m/s
雪崩の量	発生区:60,000m^3 走行区:360,000m^3 堆積区:30,000m^3
堆積区末端から発生点までの仰角	18度
死亡者	13人
負傷者	9人(重傷者5人、軽傷者4人)
被災建物	住宅:全壊8棟、半壊2棟、一部壊れたもの1棟 非住宅:全壊8棟
その他被災	電柱、配電線、有線放送ケーブル及び支柱、樹木

とは非常に困難である。柵口雪崩では、雪崩発生前4日間に多量の降雪により積雪深が約2m増加しており[8)]、デブリが新雪の白色と同化してしまうためである。

雪崩の判読では、写真の印画の際の陰影が重要である。積雪内の陰影が十分に表現できるように、濃淡や明暗を調整して複数プリントを行い、判読に適した写真を用いて判読する。

調整した写真では、雪崩の発生区の斜面表面に、ほうきで掃いたような擦痕［図5］、面発生雪崩発生時に見られる破断面、被害にあった家屋が雪崩に埋没している状況［図6］が確認できる。破断面を縦断する擦痕は、破断面形成後に雪崩が流走したことを示しており、複数の雪崩が起こったことが想起される。

斜面裾には「大雪積」と呼ばれる窪地がある[9)]が、写真を立体視しても窪地は確認できない。複数回にわたる雪崩により窪地が埋積されたものであろう。窪地が埋積されることにより斜面が平滑化され、雪崩の到達距離が大きくなったと思われる。

雪崩の判読には困難が伴うことが多いが、写真から判断できる痕跡や堆雪・被災状況と、現地での被災状況を総合的に判断することで、雪崩の状況把握が可能となった事例である。

参考文献

1) 新潟県能生町:能生町柵口雪崩災害記録「いわぼが走った」, 能生町役場, p.85, 1989.
2) 文献 1), p.86
3) 小林俊一（研究代表者）:新潟県能生町表層雪崩災害に関する総合的研究, 文部省科学研究費No. 60020051, 自然災害特別研究突発災害研究成果, No.b-60-8, p.69, 1986.
4) 文献 1), p.14
5) 文献 3), p.20
6) 文献 1), p.15
7) 文献 1), p.27
8) 文献 3), p.13
9) 文献 1), p.24

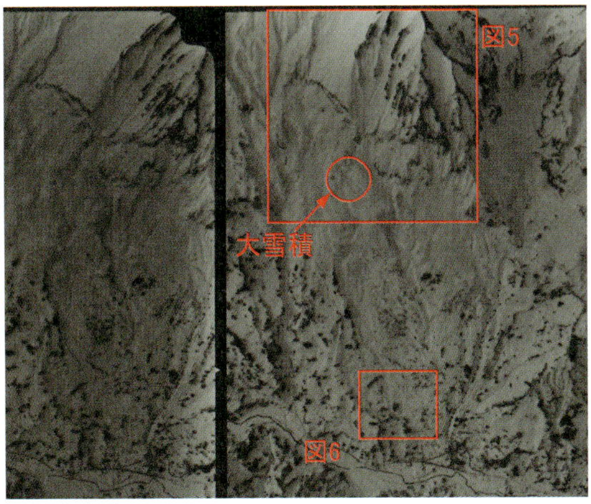

［図4］柵口雪崩の立体視モデル
1986年1月30日（災害から4日後）撮影

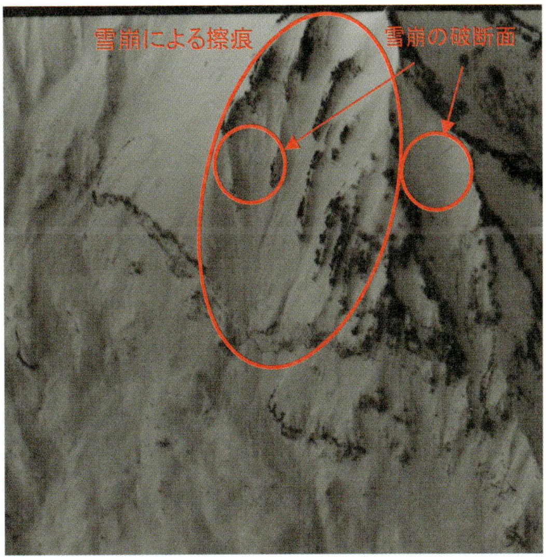

［図5］発生区に見られる擦痕と破断面

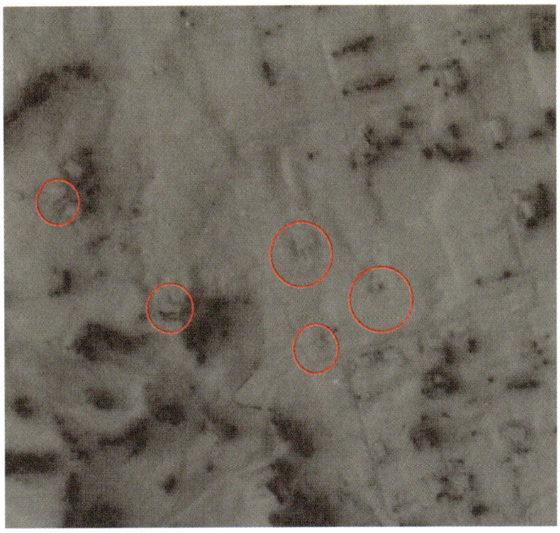
［図6］雪崩による被災家屋の状況

5.3
ナホトカ号及びダイアモンド・グレース号油流出事故 1997

(1) 災害の概要

わが国は、主要資源の多くを輸入に頼る資源小国であることなどから、原油や液化ガス等が専用船により大量に海上輸送され、さらには、その海域が、貨物船、漁船等船舶が輻輳している状況にある。このため、船舶の衝突等の海難による大量の油排出や海上火災等の海上災害が発生する蓋然性が高く、また、このような海域で、ひとたび海上災害が発生すれば、重大な被害の発生が懸念される[1)]。1997（平成9）年は、1月に島根県隠岐島沖でナホトカ号（重油約6,240KL流出（推定））、4月に対馬西沖でオーソン3号（重油約1,700KL搭載 一部流出）、7月には東京湾でダイアモンド・グレース号（原油約1,550KL流出）の事故が立て続けに起こり、1995年に閣議決定された「油汚染事件への準備及び対応のための国家的な緊急時計画」を改めて見直すきっかけになる年となった。

ナホトカ号の事故

1月2日未明、C重油約19,000KLを積載し、中国上海から舟山を経てロシア・ペテロパブロフスクへ航行中のロシア船籍のタンカー「ナホトカ号」（総トン数13,157t）が、島根県隠岐島の北北東約106kmの公海域で、船首右舷側に強い波を受け折損した。船尾部は事故地点から東へ約40kmのところで、推定9,900KLの重油を積載したまま同日のうちに約2,500mの海底に沈没した。推定約2,800KLの重油を積載した船首部、及び海上に流出した推定約6,240KLの重油は、おりからの北西季節風の影響を強く受け、1月7日に福井県三国町（現:坂井市三国町）安島岬付近に漂着した。その後、流出した油は拡散し、島根県から秋田県までの日本海側1府8県（富山県を除く）に漂着し、広範囲にわたって沿岸海域を汚染した。

油回収作業は、関係行政機関、地方公共団体、漁業関係者及び地元住民のほか、ボランティアの方々の協力のもとに行われた。当初回収はポンプによる汲み取りが試みられたが、ムース化した高粘度の重油には、ほとんど効き目がなかった。結局は、コップや柄杓で回収した重油を、バケツリレーでドラム缶まで運んだり、手で掘り起こした砂をふるいにかけて重油の塊を取りだしたりなど[1)]、人海戦術が主だった漂着油の回収方法となった。同年3月末までに、活動したボランティアの数は延べ約27万人に上り、回収した油は約59,000KL（暫定値：海水、砂等を含む）に達した。なお、漂着した船首部は、2月25日までに残存油が抜き取られ、4月20日に撤去された。

ダイアモンド・グレース号の事故

7月2日午前、原油約257,042tを積載し、ペルシャ湾から川崎港向け航行中のパナマ船籍タンカー「ダイアモンド・グレース」（総トン数147,012t）が、横浜市本牧沖約6kmにて、浅瀬に底触して貨物タンクに破口を生じ、約1,550KLの原油が流出した。

海上に流出した油は、3日には最大南北約15km、東西約18kmまで拡散し、その一部が川崎市浮島、東扇島及び横浜市本牧埠頭に漂着した。しかし、流出油が揮発性の高い原油だったこと、非常に早い段階での分散処理材による回収やオイルフェンスを展張したこと、また、天候に恵まれたこと等があり、4日には流出油の防除及び回収作業は終了し、6日には浮流油は確認されなくなった。2日に設置された非常災害対策本部（本部長:運輸大臣）は、11日には所期の目的が達成されたことから解散した[2)]。

(2) 空中写真で見るナホトカ号重油流出被害

油流出事故という広域災害では、人、物、金や時間など、物理的に限られた状況の中で、いかに初期段階で迅速に有効な対策を講じ、被害を最小限に抑えるかが問われている。そのためには、油の性状や地形・海象等との関係から導き出す油回収装置の選定と配備状況、海陸境界域の自然環境等の脆弱性評価、水産業を中心とした生産活動の情報整備など、日頃からの備えが大切である。例えば、これらの情報と、行政間の役割分担や連携が整えば、事故が発生した際の油回収装置やボランティアの有効的な配置に寄与すると思われる。

そこで、1997年1月に起きたナホトカ号の油流出事故で特に被害の大きかった福井県、石川県をモデル地区に、インターネット／モバイルGISシステムを構築した。システムは、予想される被災地域の基本情報を現場で入出力あるいは検索・表示ができるように設計した。油回収資機材情報システム、流出油漂流・漂着予測システム、ボランティア活動支援システム、自然及び社会・生産活動等の情報表示システムであり、その中から以下に2つのシステムを紹介する。

油回収資機材情報システムは、流出した油の粘度や厚み、海岸の条件（高さや距離）、海象（波の状態）、現場の状況（ゴミの量）などから、利用可能な回収装置・一時貯蔵・移送・運搬方法の情報を提供するものである。［図1］は、ナホトカ号が三国町安島沖に漂着した10日後に、パスコが撮影した空中写真である。ナホトカ号の周りを取り囲む形で固形式大型オイルフェンス（全長8.6km）がうっすらと見える。船首部の推定約2,800KLの漏油を防除するのに利用されたが、残念ながら荒天下の高波に破られ、油の流出を食い止めることができなかった。本システムは、このような失敗した原因を情報として蓄積し、次の機会に状況に応じた解を迅速に現場に提供することを目的とした。

流出油漂流・漂着予測システムでは、以下の流れを実現した。

・ステップ1：衛星画像や空中写真の幾何補正
・ステップ2：画像から油域をポリゴン抽出
・ステップ3：1時間ごとの油域の移動の計算
・ステップ4：陸域と重なったところでの計算の停止

［図2］では、1月11日（事故後10日目）18時に取得されたカナダが打ち上げたRADARSATのSAR画像である。これをもとに、油域の抽出を行った。能登半島沖西側の海上に見える黒い筋状の部分が油域である。SAR画像はマイクロ波を斜め上方から照射するため、季節風の強い荒れた海面に比べ、反射波が少ない穏やかな海面（高粘度の浮遊油がある部分）では黒く映る。

また、［図3］はSAR画像から抽出した油域を1時間ごとに移動させた結果である。油域の移動計算には、海水中の各要素よりも風による吹走流の影響が著しく大きいとみなし[3]、潮（流向、流速）と風（風向、風速）の2ベクトルを用いた。それぞれの異なる単位を合わせるため、2時期の油域の位置を比較、逆計算して求めた調整係数を与えた。油域（紫色）の移動は、陸域（緑色）へ到達したところで計算をストップさせている。シミュレーションでは、画像撮影から約26時間後に輪島市猿山岬付近への到達を予測している。実際にも、当時予想されていた猿山岬より約20km南の海士崎ではなく、猿山岬付近にこの油域が漂着した。今回は、北西の季節風が吹きつける冬場の日本海という特定の気象条件の元での予測であった。

今後は、潮流の影響も多く受ける瀬戸内海などの閉鎖性海域での予測精度を高め、ボランティアや油回収資機材の再配置に有効に機能することを目指す。

なお、本システムの開発は、国立環境研究所及び港湾技術研究所（現：港湾空港技術研究所）と共同で「流出油の回収対策等に備えた海及び海陸境界域のGIS」（1997～1998年度 国土庁災害対策総合調整費の一部）で実施した。

(3) 衛星画像で見るナホトカ号重油流出とその検出

ナホトカ号の沈没に伴う海上の重油漂流域の抽出に関して、多くの機器が投入された。宇宙航空研究開発機構（JAXA）はJERS-1 SAR/OPSとADEOS OCTS/AVNIRを、欧州宇宙機関（ESA）はERS-1/2、CNESはSPOT、カナダ宇宙機関（CSA）はRadarsat-1を運用しており、解析にはこれらが使用された。ここでは、なかからいくつ

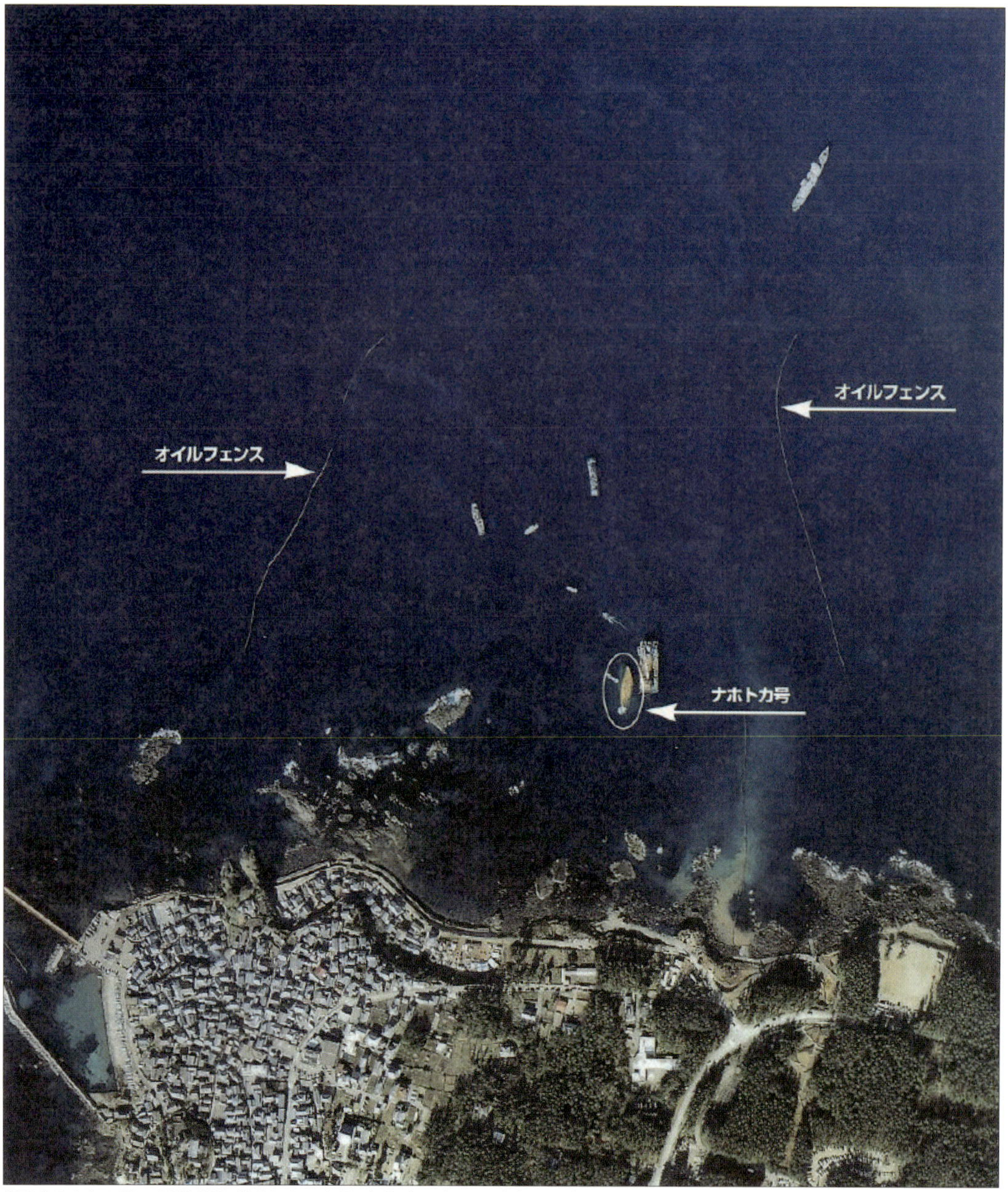

[図1]ナホトカ号の船首部が着底した三国町安島沖の空中写真(1997年1月17日、パスコ撮影)

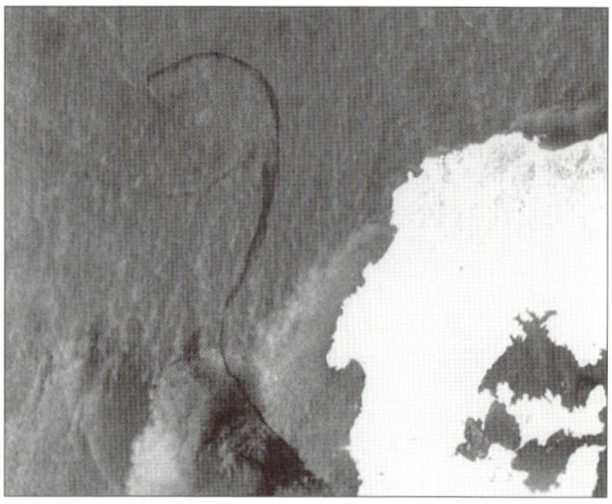

[図2]RADARSATのSAR画像(1997年1月11日、©CSA)

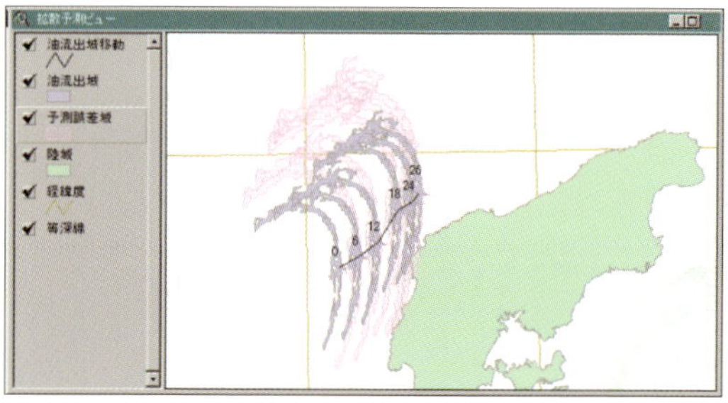

[図3]流出油の漂流・漂着予測

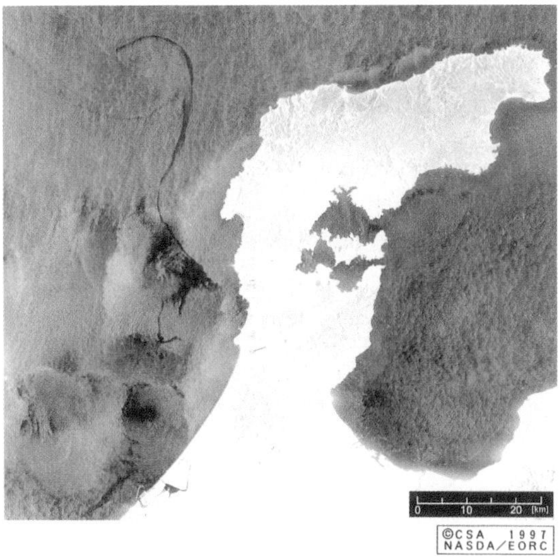

［図4］Radarsat-1によるオイルスリック検出例
（1997年1月18日観測）

かの事例を示す。

SARを用いた解析では、油汚染されたところ（オイルスリック領域）は表面を構成する波（さざ波等）の発生が油の粘性によって抑制されることから、斜め入射のレーダー波を後方散乱させず、周りよりも暗く見えるという特性を用いる。この点については、ギリシャ時代から海洋の船舶火事や海難事故を抑え人命救助のために、海に油を撒き、波を押さえたとの記録があることから、原理的には正しい。ただし、2,500mの深さの日本海に沈んだナホトカ号からゆっくりと浮かび上がる原油は粘性が高く、周りの温度の影響を受けて粘性特性が変わることもあり、果たしてSARでどこまで見出すことができるかも一つの焦点であった。Radarsat-1の有名な事例［図4］は、沈没からさほど時間を経ていない状況のもので、一部、海面の凪による暗い海面（ウィンドスリック）を含んでいるかもしれないが、概ねオイルスリックを見出せたのではないかと考えられる。その他に、ERS-1/2, JERS-1のSARを用いたが、前者で20シーン中1シーンのみ、後者では残念ながら、重油とおぼしきものは観察されなかった。原因としては、感度不十分だったかもしれない。

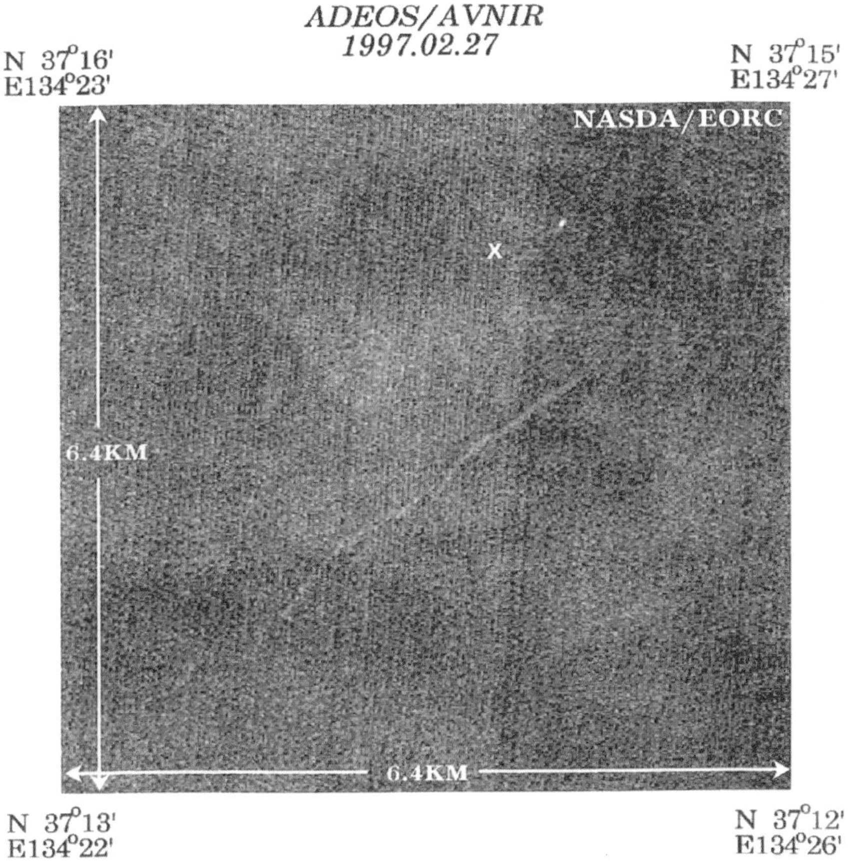

［図5］AVNIRを用いた紐状オイル領域の抽出
（1997年2月27日観測）[4)]

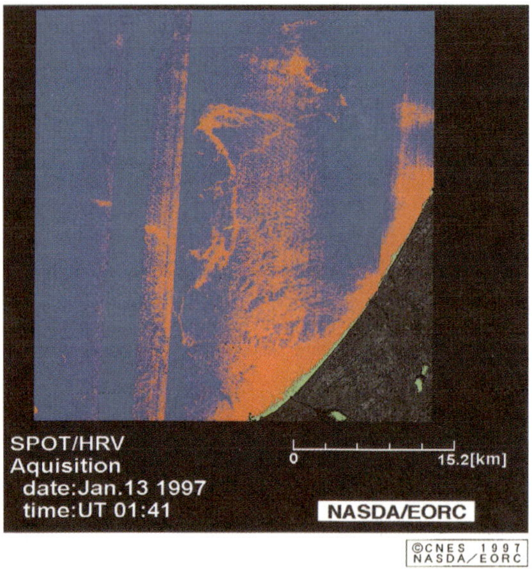

［図6］SPOTを用いた紐状オイル領域の抽出（1997年1月13日）[4]

次に、光学センサでは、波長ごとに油と海面が異なる反射係数を示すことが知られている。ナホトカ号が沈没した後、NOAAから研究者がJAXAに派遣され、どの波長帯を使用するのが良いのかの議論をした。この背景として、1980年当時アラスカ沖でタンカーが座礁した時、NOAAのデータを用いて解析にあたったという実績に基づいている。このとき、ハイパースペクトラルセンサのデータもあわせて議論したが、原油の反射係数は太陽に照射された時間や環境温度によって変化するとのことであり、非常に難しいとの印象を持った。最後の手段は、目視判読である。［図5］はAVNIRを用いた解析画像であり、雲に覆われる中から原油とおぼしきものの抽出は困難であるが、そのなかでも以下の手順は今後の参考になるものと思われる。

・ステップ1：雲影から原油を汲み出していると思われる船舶を見出す。分解能10mの画像であっても、船舶は海よりも明るいことから容易である。
・ステップ2：その近くの海に浮かぶ紐状の領域を目視で見出す。特に、周りの海面とこの対象物の明るさの違いはDN値にして1カウント程度であり、自動抽出方法は困難である。
・ステップ3：8ビット画像上でこの領域だけを色付けする（手法は、マニュアルで対象領域を矩形、あるいは任意形状領域として選択し、インデックスカラー化してから任意の色を付与する）。
・ステップ4：最後に、RGB画像として作成することで得られる。［図5］はAVNIRを用いたもの、［図6］はSPOTを用いたものである。なお、これ以外にOCTSを用いた解析も行ったが、バンド数は10と多いものの、分解能が1,000mであったことからオイル領域の抽出にはつながらなかった。

このように、SARと光学による油汚染領域の抽出は、各々独立に実施したが、一般に油流出域や油流出事故の後期で見られた紐状の油の検出は困難である。しかし、そのなかでも、目視判読が比較的行いやすいとの印象を持った。

今後の課題として、SARはより低い雑音等価後方散乱係数と分解能の向上が、光学センサはより高い分解能が望まれる。

（4）空中写真で追うダイアモンド・グレース号原油流出事故

最初の空中写真撮影は、事故発生から6時間後の15時44分から16時45分にかけて実施された。港湾の近い内湾での事故であったため、既に油膜の先端部付近では拡散防止策が実施されている［図7］。油膜面の反射度が大きいため、低高度撮影のモザイク写真を作成すると色調の不連続が目立って見えるが、流出した油は潮流によって北東方向に移動しつつある［図8］。

翌3日に高々度から行われた撮影では、流出油は大きく2つに分離し、北東方の東京湾奥に移動した部分と、北に移動して既に沿岸に漂着・集積した部分が確認できる［図9］。

事故当日は東京湾全域で10m/s前後の強い南西風が吹いていたが、翌3日は風速が5～7mと低下し、羽田沖付近では南風であった。また、当日2日の干潮は午前9時頃、満潮が午後4時頃であった。

流出油は強い南西風と上げ潮による湾奥への潮流により、拡散しながら北東方向に移動し、局所

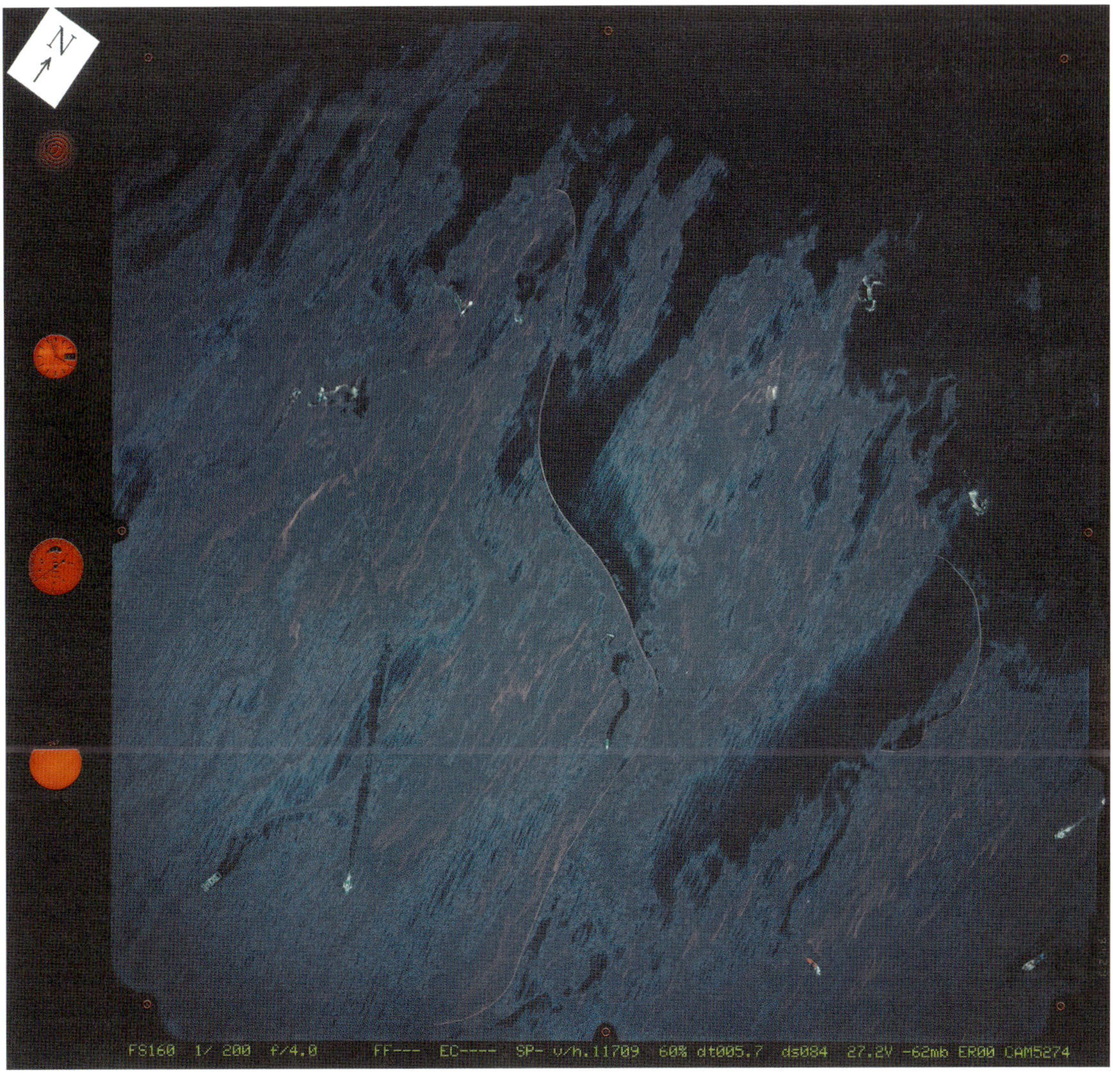

［図7］流出油分布域の先端の状況（［図8］の北東端部）
分布域の一部は、油膜の厚い部分と考えられる赤色を呈する。オイルフェンスの設置など、流出油の拡大を防御する対策が進行中である（1997年7月2日15時57分、国際航業撮影）

的な風向の違いや潮の干満の影響を受けて分離・集積したと考えられるが、空中写真を時系列的に撮影することにより、その状況をよく把握することができた[5)]［図10］。

参考文献

1）NPO法人 三国湊魅力づくりPJ：三国湊型環境教育モデルの構築・普及活動 調査報告書, pp.10-11, 2007.
2）海上保安庁：平成9年版 海上保安白書, 第1章 大規模油流出災害
3）宇都宮陽二郎ら：流出油の回収対策等に備えた海及び海陸境界域のGIS構築（その4）, 合同学術講演会, pp.647-648, 1999.
4）宇宙開発事業団：人工衛星・航空機による漂流重油の観測, ナホトカ号重油流出事故衛星観測調査報告書, 地球観測データ解析研究センター, ナホトカ号流出油観測緊急対策チーム, 1977.
5）市橋理・赤松幸生：ダイアモンド・グレース号の流出油の漂流状況, 写真測量とリモートセンシング, Vol.36, No.4, pp.2-4, 1997.

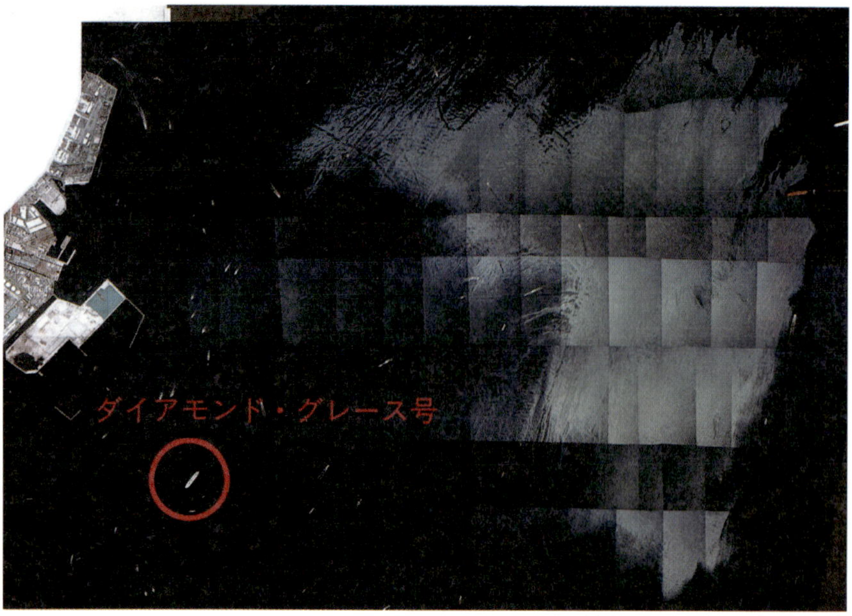

［図8］事故発生から6時間後の流出油分布状況
1:8,000アナログカラー空中写真から作成したモザイク写真図（1997年7月2日15時44分〜16時45分、国際航業撮影）[5]。写真下方に流出事故を起こしたダイアモンド・グレース号が確認できる

［図9］事故発生から28時間後の流出油分布状況
アナログカラー空中写真から作成したモザイク写真図（1997年7月3日14時45分〜15時33分、アジア航測撮影）[5]。ダイアモンド・グレース号は既に川崎市シーバースに移動している。流出油は北東に移動した分布域と川崎市の東扇島から浮島にかけて漂着・集積した部分に分離している

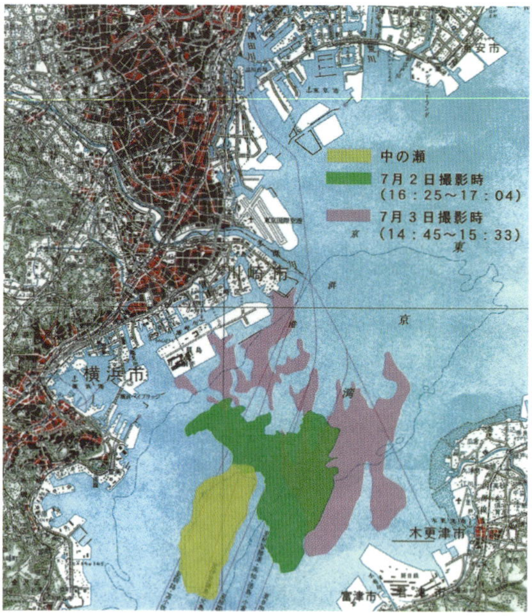

［図10］事故発生から約6時間後〜28時間後までの流出域の分布の変化。空中写真による目視判読結果により作成したもの（アジア航測調整）[5]

5.4

岐阜県左俣穴毛谷雪崩災害

2000

(1) 災害の概要[1)]

2000年3月27日11時50分頃、岐阜県吉城郡上宝村神通川水系蒲田川支流左俣谷穴毛谷の上流で、大規模な表層雪崩が発生した。この雪崩は面発生乾雪表層雪崩で、雪崩の始動積雪深は3.4m、発生量約166万m³、堆積区での雪崩堆積量約107万m³、流下距離約4.6km、堆積区末端（標高1,125m）から発生区上端（標高2,720m）の見通し角21度、推定流下速度約50m/sであった。高度差、最大到達距離、雪崩発生量は、国内で記録された雪崩では最大規模である。

[図1]調査位置図

左俣谷穴毛谷では、1998年9月22日に台風8号による豪雨により大規模な土石流が発生したため、土石流災害再発防止のための砂防工事を実施していた際の雪崩災害であった。この雪崩により除雪作業実施のため休憩小屋にいた作業員2人が小屋ごと流され、3日後に左俣谷第1号砂防ダムの下流直下でデブリの深さ5mを超える下から発見された。小屋の近くにあった作業車両やバックホウは約300m流されて右岸側で発見された。雪崩堆積区の上流部にある治山施設の被害は大きく、5号コンクリート堰堤工、5号・2号コンクリート床固工が破壊され、最大で長さ6m、重さ35tのコンクリート塊が約300m流された。治山施設の下流にある砂防施設では、災害関連緊急砂防ダムのリングネットや流木防止用施設、水通しの一部が破損した。

本雪崩災害に対してアジア航測では3月31日に緊急撮影を実施した［図2、図3］。

(2) わが国最大の表層雪崩とその判読

撮影した空中写真をもとに雪崩判読を行った［図4］。これは撮影した翌々日（4月2日）に緊急的に行ったもので、判読した写真の縮尺は約1:8,000

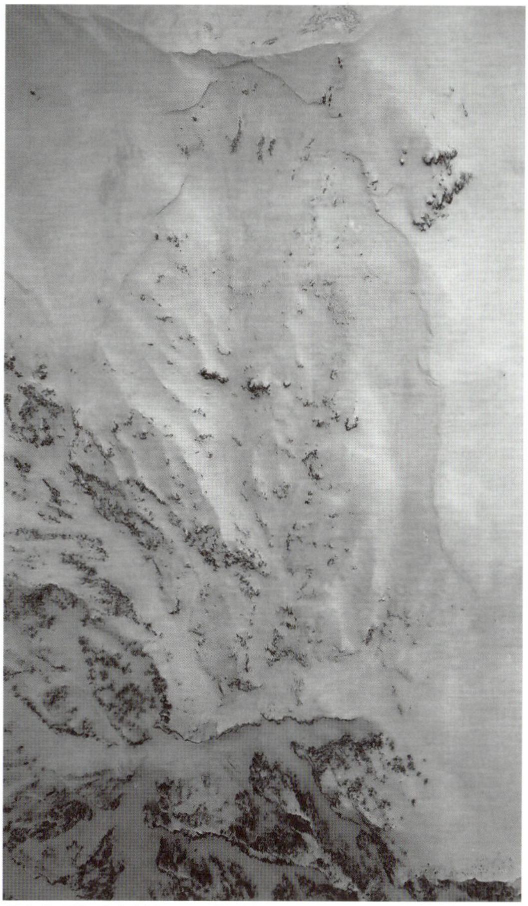

[図2]雪崩発生区(2000年3月31日、アジア航測撮影)

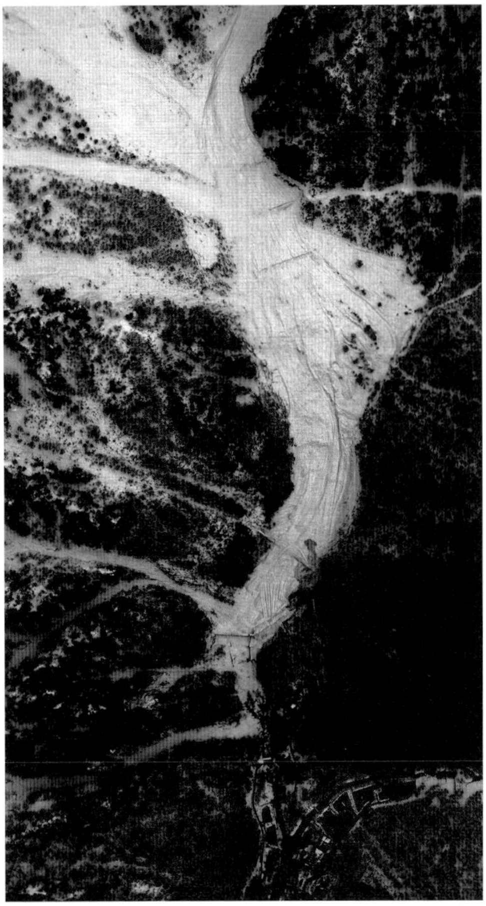

[図3]雪崩堆積区(2000年3月31日、アジア航測撮影)

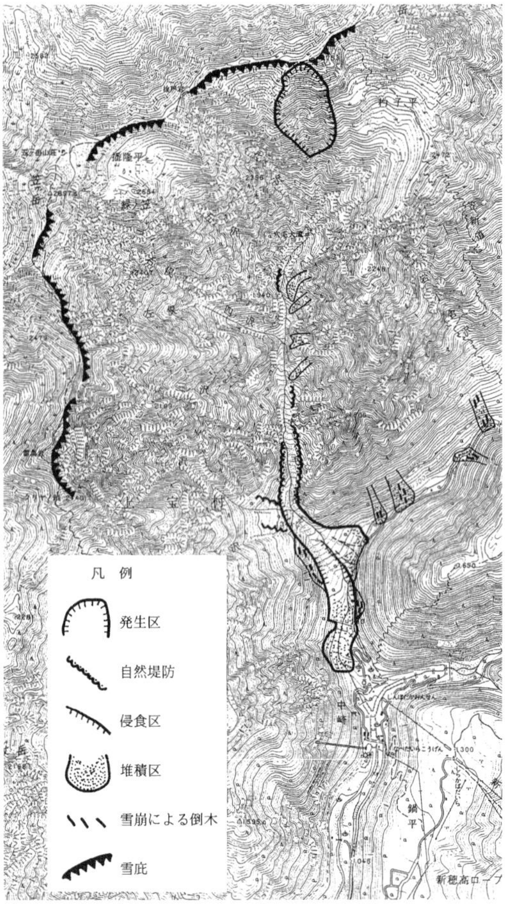

[図4]雪崩緊急判読図(2000年4月2日作成)

である。これによれば、発生区面積に比較して堆積区面積が1.2倍となっていること、流域内には他に多数の雪崩が発生しており、穴毛谷渓床部全体がすべり台のようになっていたと同時に、左俣谷にも広く雪崩が氾濫堆積していたものと推定される。その後の詳細調査結果[1]と比較すると右岸支流から発生した部分が判読漏れしているが、発生後1週間以内に悪天候の中での緊急作業の限界を考慮すれば十分な成果だったと評価できる。

上宝村内では、記録に残されているだけでも穴毛谷周辺も含めて過去100年間に35件の雪崩災害が発生している。穴毛谷では笠ヶ岳鉱山、北陸電力の送水管工事、笠ヶ岳登山等において雪崩事故が発生しており、1994年2月18日や1998年2月下旬に撮影された写真では、今回の雪崩の発生源にあたる位置に同様な表層雪崩の破断面が確認された。なお、聞き取り調査によれば、過去数十年前には穴毛谷本流から発生した大規模雪崩が温泉手前まで到達していたと言われている[1]。

今回の砂防工事では、画像検知システムによる雪崩監視を行っていた。このシステムは、画像解析により雪崩が流下したことを検知するもので、左俣谷第1号砂防ダム付近左岸側の休憩小屋に設置されていた。しかし、今回のような谷最上部から発生するような大規模高速雪崩は想定してなかったため、人身事故を免れることはできなかった。雪崩発生後、このシステムのコンピュータが発見され、雪崩発生状況の画像がメモリーに2枚残されていた。この画像から、雪崩先端の雪煙部分の高さは高いところで100m以上、雪崩流下速度は約50m/sと読み取れた[1]。

参 考 文 献

1) 日本雪氷学会:日本最大の雪崩はいかにして起こったか, 3.27左俣谷雪崩災害調査報告書(概要版), 2001.

5.5
延岡市及び佐呂間町竜巻災害
2006

(1) 災害の概要

日本における強風災害の発生事例は少なくない。しかしこれまでのところ、その災害撮影の事例は多くない。その理由は、取得したい被害種類の特性と、空からの撮影のタイミングの難しさにある。

まず、主たる調査対象となる建築物の損傷は、地上観察の方が細部をよく捉えられる。特に建物側面の破損の詳細については、上空からの垂直撮影による空中写真ではわかりにくい。また強風災害の主役と言える竜巻の場合、被害範囲は比較的狭い帯状に限定される。そのため、激甚な被災地への地上からの接近が容易で、被災した構造物などは急速に復旧・撤去されてしまう。空中写真が撮影できる時点では応急対策に必要な情報収集の意義が既に低下していることが多い。このようなわけで、強風災害の情報取得の目的で空中写真撮影を実施することはこれまでは少なかった（例外的に、台風などの広域的な水害や土砂災害を対象とした撮影の中に強風被害の範囲を含む場合がある）。

上に挙げた理由は、いずれも被害の規模に依存する。したがって、たとえば、米国のハリケーン災害で見られたような広域的な強風災害や、山林地での大規模な被害状況の把握には、やはり空中写真による情報収集は有効である。また、強風の痕跡は人目に付かない場所にも残されていることがあり、それらを、時間同一性を持った面的情報としてくまなく記録することは、災害の全体像を捉え、原因となった強風現象を理解するのに貢献する。

わが国において、大きな市街地が大規模な竜巻災害に遭遇する例は、これまで幸いにも少なかった。2006年9月17日宮崎県延岡市と同年11月7日北海道佐呂間町の市街地に発生した竜巻災害と空中写真の撮影は、今後起こりうる市街地での強風災害時における情報収集手段を検討するための貴重な事例である。

2006年9月10日にフィリピン東海沖で発生した台風13号は、9月17日18時過ぎに長崎県佐世保市付近に上陸したが、その少し前の17日14時頃、宮崎県延岡市周辺で突風被害が発生した。当時台風中心は延岡市の西南西約280kmに位置しており、延岡市は台風中心から伸びるレインバンド（積乱雲の筋）の直下にあった。被害は、死者3名、住家、非住家合わせて全壊94棟に及び、JR日豊本線では特急「にちりん」が横転した。竜巻の強度（藤田スケール）は、延岡市がF2、日向市の2カ所がいずれもF1であった。

また、2006年11月7日、北海道を寒冷前線が通過するのに伴い、常呂郡佐呂間町付近において国内最大級の竜巻が発生した。この竜巻は死者9人、重傷者6人、軽傷者20人という大きな被害をもたらした。竜巻の強度は、F2～F3と考えられている。

[図1] 延岡市街地の被災状況。竜巻は矢印の方向に移動した。瓦が飛散した屋根にはブルーシートが張られているため、かえって被害分布がわかりやすい。赤丸地点はJR車両の横転箇所(既に撤去されている)

[図2]延岡市竜巻災害の状況。北部の農地では、稲穂が螺旋状に倒れ込み、強風の渦の痕跡を残している。写真左側の民家の屋根は瓦が飛散しブルーシートで覆われている

(2) 空中写真で見る竜巻災害

空中写真で見る2006年延岡市竜巻災害

空中写真の撮影は翌日に実施された［図1、図2］。延岡市の被害は，市街地南方の海岸から北北西に直線距離約7.5km、幅100～200mの狭い範囲に分布し、建物・塀の倒壊、屋根瓦・外壁の飛散、飛散物の衝突、電柱・樹木の倒壊・損傷などが見られた。

空中写真で見る2006年北海道佐呂間町竜巻災害

竜巻は午後1時25分頃、市街地の南西側で発生して北東方向に進んだ。被害の範囲は、南西から北東方向に長さが約1,500m、最大幅が約250mの帯状を呈しているが、全壊・半壊家屋など特に激しい被害は、わずか数10mの幅で直線状に分布している。建物被害の中でも、新佐呂間トンネル作業事務所・宿舎として供されていた3棟の仮設建築物（いずれも2階建軽量鉄骨造）のうち2棟は飛散・倒壊し、9人の死者を出した。強風の破壊力は津波にも似たものがある。空中写真の撮影は翌日に実施されたが、被害の状況はまだ生々しく捉えられている［図3］。

[図3]左:佐呂間町を襲った竜巻。左端部の佐呂間トンネル作業事務所・宿舎は、1棟だけが全壊を免れた
右:竜巻は写真の奥から手前方向に移動し、畑地の上に飛散物の痕跡を残した

第　Ⅲ　部

海外編

1.1 タイ王国北部の洪水

2006

(1) 災害の概要

タイ国は北部に山岳地帯が、中部から南部にかけては広大な低地が広がる。場所によってはマイナス海抜地帯もあり、中央を流れるチャオプラヤ川の河川水量搬送能力にも関係して、雨期の終わりに増加した降水量を処理しきれず、大規模な洪水が発生する。過去何回か大規模な洪水が発生してきたが、2011年の10～11月の洪水はその規模からいって異常なものであった。特に日本企業はタイに1,300社進出しており、工業団地の浸水によって450社が被害を受けたと報じた。

2006年も大規模な洪水に見舞われた年であり、2006年5月から降り続いた降雨の影響を受けて、北部ウタラディットを中心として大規模洪水が発生した［図1､図2］。2006年5月26日付のニュースによると「5月22日のタイ北部の広範な洪水では51人が死亡、87人が行方不明、10万人が被災した。また､1,200人が強制避難の対象となった」との報告がタイ国政府よりなされたように、水による被害が毎年出ている模様である[1)]。

［図1］2006年の洪水はタイ北部ウタラディットを中心として発生した

［図2］洪水箇所を見回るタクシン元首相

(2) JERS-1 SAR/PALSARによるタイ洪水の検出

宇宙航空研究開発機構（JAXA）では、2006年1月24日に打ち上げ、初期校正を実施中の陸域観測技術衛星「ALOS」を用いた緊急観測を実施した。一般に、災害の観測には、災害前の画像と、ほぼ同じ幾何学条件で災害後に取得した画像を、正確に位置合わせを行い、その後に色合わせを行うことで変化抽出が可能になる。特に洪水域の抽出は、乾燥地域が洪水したときには比較的容易に行える。一方、稲作地や水分を含んだところの抽出は困難なことが多い。降雨時の光学センサでの観測は困難であり､全天候性が売り物のPALSARが性能を発揮する[2) 3)]。

ALOSの運用初期に発生した本事例では、過去のPALSARデータがなかったために、約9年前に取得したJERS-1 SARを用いた。JERS-1 SARとPALSARでは､①シーンサイズが異なる（JERS-1は75km四方に対して、PALSARは70kmの四方の画像サイズ）､②入射角が異なる（ビーム中心におけるオフナディア角はJERS-1 SARで35.1度、PALSARで34.3度を持つ）、③感度が異なる（PALSARの雑音等価後方散乱係数は－34dB、JERS-1 SARは－18dB）といった違いはあるが、中心周波数（1,270MHzのL-band）、偏波情報は同じため、目視での変化抽出は可能である。［図3］が災害前の情報としてのJERS-1 SARデータと災害後のPALSARデータを併せて表示したものである。濃淡画像であるが、冠水したところは後方散乱が小さいために暗く見える。［図4］はこ

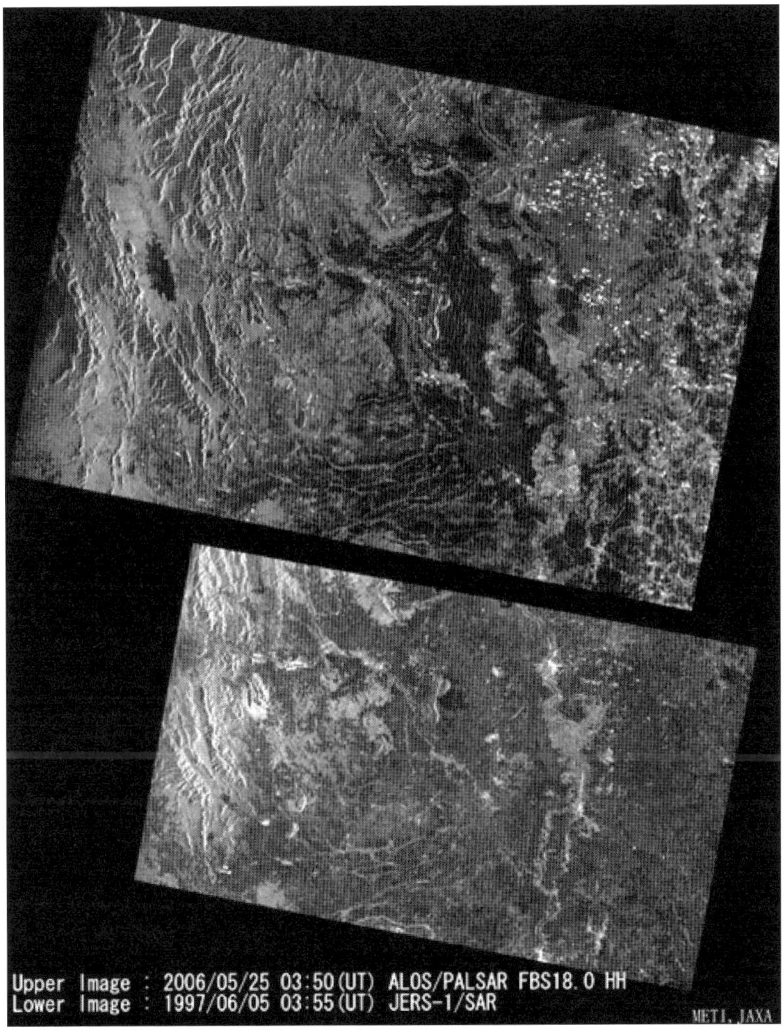

［図3］下:災害前のJERS-1 SAR画像（1997年6月5日）、上:災害後のALOS PALSAR画像（2006年5月25日）

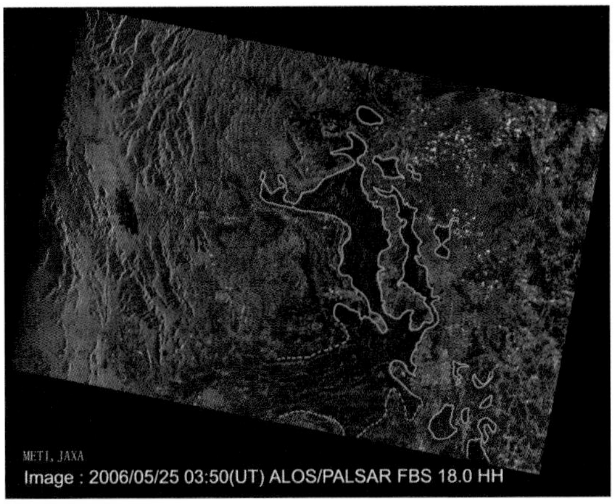

［図4］PALSAR画像に目視判読で洪水域の境界線を入れた画像

の画像を用いて、目視で水害とおぼしきところを抽出し、水域と陸域の境を青線で表示したものである。本例が、水害監視に対する初の例と言えるもので、検証までには至ってないが、得られた画像は即時に被害国のタイ宇宙機関（GISTDA）に送付し評価してもらった。良好な一致を示したと聞いている。

参 考 文 献

1) USAID DISASTER ASSISTANCE: “Thailand–Floods”, May 25, 2006.
http://www.usaid.gov/our_work/humanitarian_assistance/disaster_assistance/countries/thailand/fl_index.html (accessed 26 Mar. 2012)

2) Shimada, M., Isoguchi, O., Tadono, T., and Isono, K.,: PALSAR Radiometric and Geometric Calibration, IEEE Trans. GRS, Vol.47, No.12, pp.3915-3932, Dec 2009.

3) Shimada, M.,: Radiometric and Geometric Calibration of JERS-1 SAR, Adv. Space Res., Vol.17, No.1, pp.79-88, 1996.

1.2
ガンジス川流域災害

2008

(1) 災害の概要

ヒマラヤ山脈の南麓ガンゴートリー氷河を水源とするガンジス川は、ネパール、インド及びバングラデシュの3カ国を流下し、ベンガル湾に注いでいる。その全長は約2,500km、流域面積は約173万km²に及んでいる。

ガンジス川上流のネパールには、氷河湖の一つであるイムジャ湖（[図1] の赤丸地点）が存在する。氷河湖は、地球温暖化の影響等により、夏の降雪に代わって降雨が増大し、その結果、氷河が縮小して氷河湖の水が年々増える傾向にある。そのため、このイムジャ湖の決壊洪水が懸念されている。

また、ガンジス川の中流域に位置し、主要な支川の一つであるコシ川では、2008年8月18日モンスーン季の激しい降雨により、ネパールのクサハ地域で堤防が決壊し、大規模な災害が発生した [図1の青色の地域]。この洪水で、ネパール及びインド・ビハール州の住民約2,700万人が影響を受け、150人もの人々が流されたと報告されている[1) 2)]。

[図1]対象地域

さらに、2009年5月25日に、ガンジス川下流では、ベンガル湾上に発生したサイクロン「AILA（アイラ）」が、バングラデシュの南部沿岸地域およびインド東北部を直撃した。多数の家屋が損壊し、ダムの決壊による洪水 [図1の緑色の地域] で、少なくとも43万人が孤立したと報じられた[3)]。2009年6月11日のバングラデシュ政府の発表では、被害状況は死者190人、負傷者7,103人、被災者3,928,238人、被災世帯948,621世帯、家屋被害613,778棟である[4)]。

(2) XバンドSAR衛星による流域モニタリング

パスコでは、[図1] の3つの地域を対象に撮像を行い、衛星によるモニタリングを実施した。

イムジャ氷河湖の決壊の監視

イムジャ氷河湖の決壊による被害を未然に防ぐため、TerraSAR-Xによる継続的な撮像を実施した。

・観測日：2008年5月1日、2009年5月10日、2010年5月8日
・撮像モード：高分解能SpotLightモード
・分解能：約1m
・入射角：39度
・軌道：ディセンディング（南行軌道）
・偏波：垂直偏波・単偏波（VV）

[図2～図4] は、イムジャ氷河湖を撮像した画像で、黄色い破線は各画像間の同一地点を示している。これらの3時期の画像を基に、湖面の広がりを解析した結果を [図5] に示す。[図5] では、2008年5月（黄色の領域）から2009年5月（赤色の領域）の1年間に60m、2010年5月（青色の領域）までの1年間にさらに80m、湖面が拡大していることが判明した。

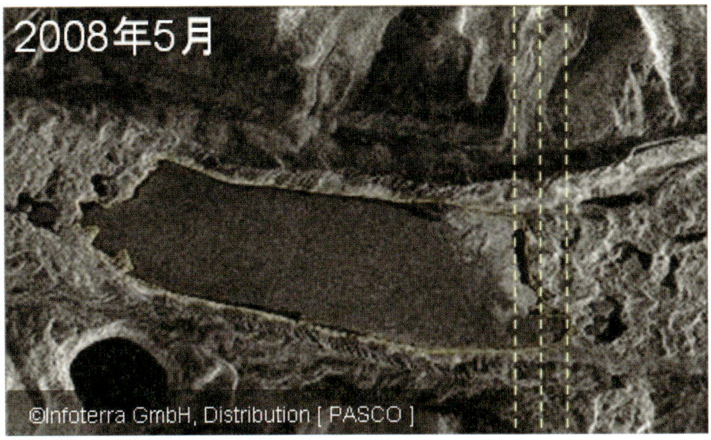

[図2] イムジャ氷河湖（2008年5月1日）

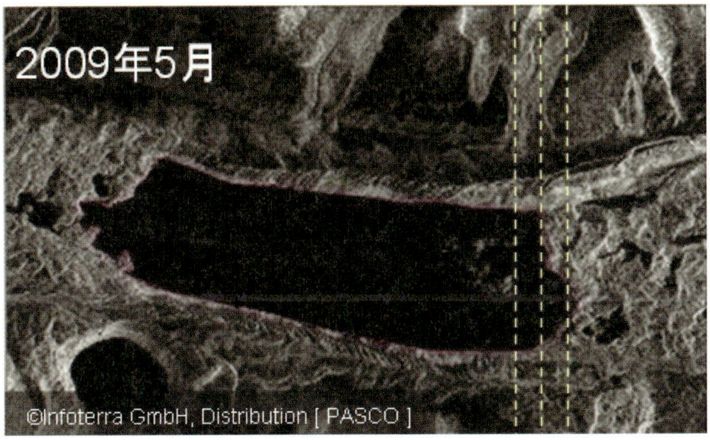

[図3] イムジャ氷河湖（2009年5月10日）

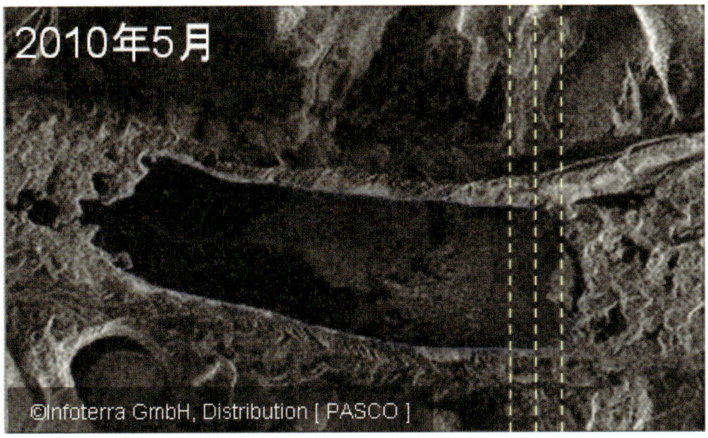

[図4] イムジャ氷河湖（2010年5月8日）

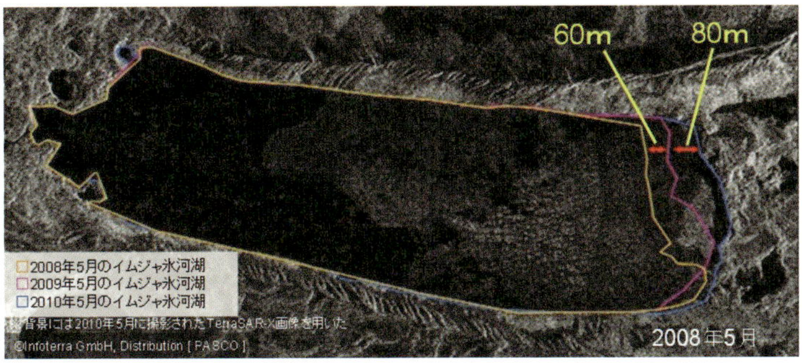

[図5] イムジャ氷河湖の湖面の拡大状況

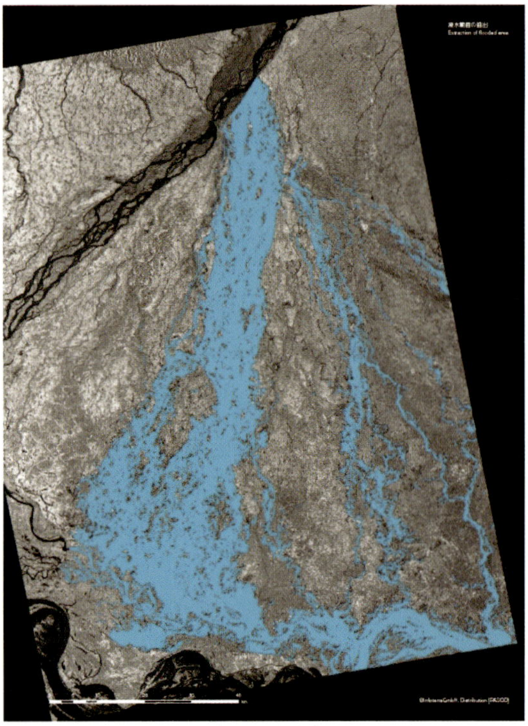

［図6］コシ川の氾濫被害（パスコ作成）

［図7］バングラデシュ浸水被害（パスコ作成）

コシ川の氾濫被害

コシ川の堤防決壊による氾濫の被害状況を把握するために、TerraSAR-Xによる下記のような撮像を実施した。

・観測日：2008年9月5日
・撮像モード：ScanSARモード
・分解能：約18m
・入射角：27度
・軌道：アセンディング（北行軌道）
・偏波：水平偏波・単偏波（HH）

堤防決壊前のコシ川は、C字形に湾曲して、北から南西方向に流れていた。［図6］の河川氾濫の解析結果では、堤防決壊に伴い、コシ川から大量の水が南に流下して、扇状地に広く氾濫している状況（水色の領域）が鮮明に示されている。

バングラデシュ浸水被害

バングラデシュのサイクロンによる浸水被害を把握するために、下記のような緊急撮像を実施した。

・観測日：2009年6月2日
・撮像モード：ScanSARモード
・分解能：約18m
・入射角：25度
・軌道：アセンディング（北行軌道）
・偏波：水平偏波・単偏波（HH）

［図7］は、浸水域を解析した結果である。赤枠の画像の撮像範囲は100km×150kmであり、水色で示す浸水域が、かなり広域に及んでいることがわかる。なお、［図7］の下の範囲は、海岸沿いのマングローブ林であるため、解析対象外としている。

参考文献

1）CNN-IBN(Cable News Network-India Broadcasting Network):2008年8月26日発表
2）Press Trust of India:NDTV、2008年8月26日発表
3）AFP(フランス通信社):2009年5月26日発表
4）バングラデシュ政府:2009年6月11日発表

1.3
パキスタン　フンザ土砂崩れ・洪水
2010

(1) 災害の概要

2010年1月4日に、パキスタン北部のフンザ地方［図1］で発生した土砂崩れで、インダス川の支流であるフンザ川が堰き止められ、巨大な堰止湖が形成された。堰止湖は、フンザ川沿いの村及びパキスタン北部と、中国西部を結ぶ幹線道路（カラコルム・ハイウェー）を水没させた。また、堰止部の決壊に伴う洪水の危険性から、周辺住民13,000人が避難したとの報告がある。

この堰止湖（Ataabad lake）の水位は、6月上旬まで上昇し続け、その後安定したが、さらなる流入量増加などによる堰止部の決壊が危惧された。

(2) 衛星画像による堰止湖の湛水量算出

パスコでは、XバンドSAR衛星のTerraSAR-Xを用いて、2010年3月23日と2010年6月8日の2回にわたり、被災地の撮像を行い、2時期の画像から湛水量の算出を試みた。撮像諸元は、下記のとおりである。

［図1］パキスタンとフンザ地方

［図2］2時期のカラー合成画像

・撮像モード：StripMapモード
・分解能：約3m
・入射角：39度
・軌道：アセンディング（北行軌道）
・偏波：水平偏波・単偏波（HH）

2時期のカラー合成画像を［図2］に示す。2010年3月23日の画像を赤色に、2010年6月8日の画像を緑色と青色に割り当て、合成したカラー画像である。中央下側の黒く表示されている箇所は、2010年3月23日時点の湛水範囲を示している。そ

［図3］ALOS/PRISMによるDSM

の周辺の濃い赤色の箇所は、2010年3月23日から2010年6月8日の間に新たに拡大した水面を表しており、2カ月半の間に、10km以上の上流まで湛水範囲が拡大していることが確認された。

湛水量算出の算出は、カラー合成画像で把握した湛水範囲およびALOS衛星で2009年7月9日に撮影されたPRISM画像（ステレオ撮影）を基に作成したDSM（Digital Surface Map）を用いた。［図3］は作成したDSMに対して標高ごとに色づけをしたものである。［図4］は、パスコ・サテライト・オルソ（ALOS/PRISMとAVNIR-2画像にパンシャープン処理を行ったオルソ画像）を背景に、地形と湛水範囲により試算した湛水量をマッピングしたものである。この試算では、湛水量は2010年3月23日で1.01億m^{3}に、2010年6月8日には4.15億m^{3}まで達したと推定された。現地の観測データによると、6月4日をピークに安定したとされている。しかし、堰止湖は、予期せぬ堤体の侵食速度の増加、流入量増加に伴う侵食、さらなる地すべり斜面崩壊による衝撃波及び地震等に

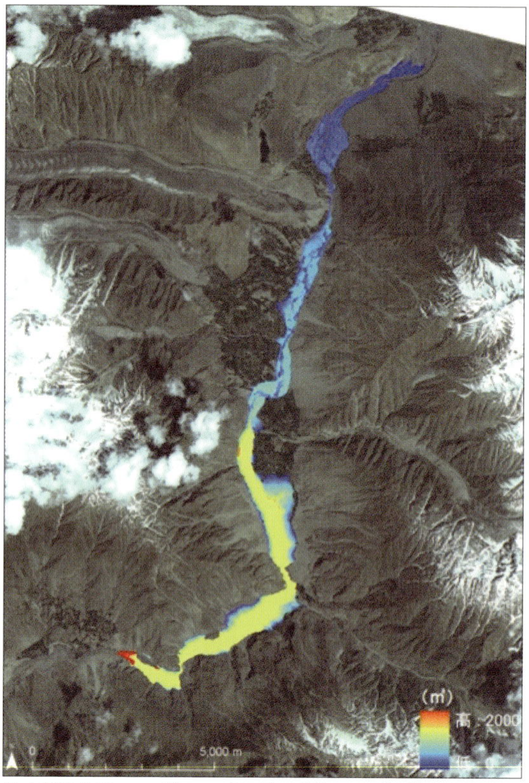

［図4］湛水量マップ（2010年6月8日）（パスコ作成）

よる決壊の可能性があり、危惧されている。

本事例は、災害前のALOS衛星で捉えたPRISM画像で元地形を把握し、災害後のSAR画像により湛水範囲を把握し、これらを組み合わせることで湛水量を把握したものである。このような方法で継続的に堰止湖を監視することは、減災につながるであろうと考えられる。

(3) 光学衛星画像による広域かつ詳細な現地状況の把握と堰止湖水量の算定

2010年1月4日に発生した土砂崩れは、フンザ川を堰き止めた。形成された自然のダム湖の拡大が懸念されることから、宇宙航空研究開発機構（JAXA）では、2010年5月30日、6月13日に陸域観測技術衛星「だいち」（ALOS）搭載の高性能可視近赤外放射計2型（AVNIR-2）及びパンクロマチック立体視センサ（PRISM）による緊急観測を実施した。［図5、図6］はそれぞれ両日に観測されたAVNIR-2全体画像である。

［図7］は発災前の2009年7月9日に観測したPRISMデータから作成した数値地形データ

［図5］2010年5月30日観測のAVNIR-2画像

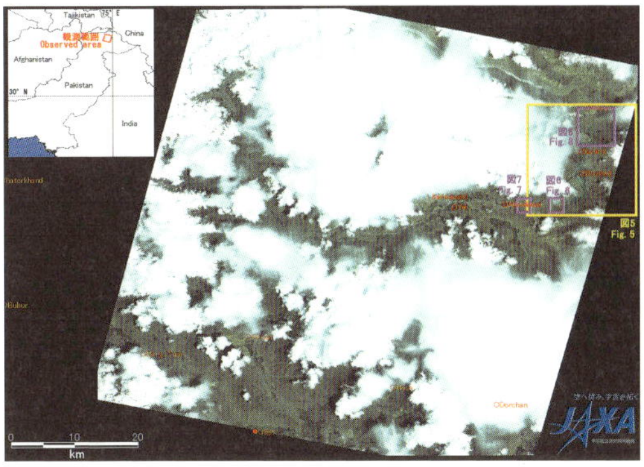

［図6］2010年6月13日観測のAVNIR-2画像

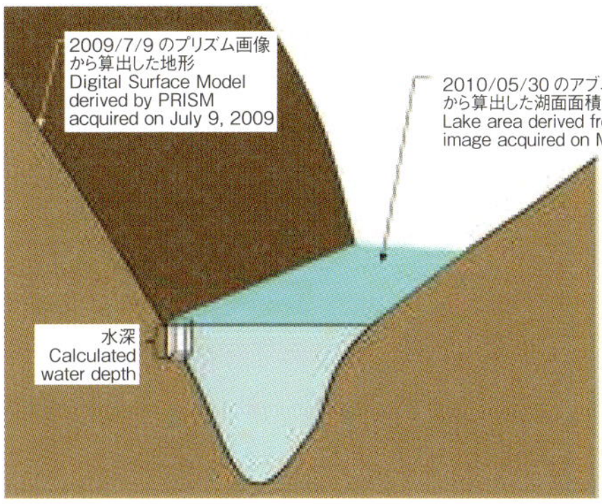

［図8］AVNIR-2による湖面面積とPRISM/DSMを組み合せた水量推定の模式図

［図7］2010年5月30日のダム湖の様子

（DSM）に、5月30日のAVNIR-2画像を重ね合わせた鳥瞰図である。土砂崩れにより川が堰き止められ、その上流にダム湖が形成されている様子がよくわかる。このAVNIR-2画像からダム湖の面積は約1,060haと算定され、また、［図8］に示すように、発災前のPRISM/DSMからその水量はおよそ3.8億m³（東京ドーム約300個分）であることがわかった（最大水深約120m、平均35m）。

今後、水量の増加に伴い浸水域の拡大やダム湖の決壊などの警戒を要す状況であったことがわかった。

［図9～図12］はダム湖周辺の拡大画像を示したもので、それぞれ左から発災後の2010年6月13日、同5月30日、右が発災前の2009年9月10日観測である。

［図9］はダム湖によって浸水した地域の拡大で、土砂崩れ発生前（右）と発災後を比較すると、画像真ん中付近に位置するカラコルム・ハイウェーの橋や、画像中赤色で見える農地が水没していることが確認できる。

［図10］は土砂崩れが発生した考えられる湖下流部を拡大したものである。土砂崩れ発生前（右）の画像と比較すると、発災後の5月30日の画像ではフンザ川の北側斜面の起伏がなくなっており、また、この下からダム湖が形成されていることから、この斜面で土砂崩れが発生したことが窺われる。また、6月13日の画像を見ると、図中に黄色丸で示した付近において、堰き止めた土砂の合間から水が流出している様子が確認できる。

［図11］は、［図10］よりさらに下流側のフンザ川を拡大した画像である。6月13日の画像を5月30日の画像と比較すると、川幅が広がっていることから、ダム湖からの流出量はそれなりにあると考えられた。発災前の2009年9月10日の川幅と比較すると、多少狭く見えることから、6月13日時点の流出量がダム湖の下流地域に影響を与えることは少ないと考えられた。

［図12］はダム湖上流部の拡大である。元々、川幅の狭いフンザ川が5月30日には格段に広がっているとともに、約2週間後の6月13日には図中に黄色丸で示した付近で浸水面積が拡大している様子がわかった。したがって、ダム湖から出水があるにもかかわらず湖の面積が拡大していることから、出水量よりも入水量が多いことが推測され、引き続きダム湖の決壊、洪水等の二次災害への警戒が指摘された。

なお、取得した画像はアジア防災センターを通じて現地関係機関（パキスタン国家災害管理委員会）へ提供された。

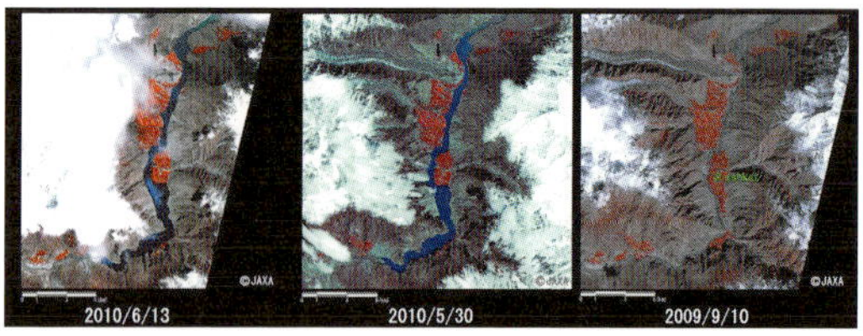

［図9］土砂崩れによりできた湖（それぞれ18km四方）
左:2010年6月13日、中:2010年5月30日、右:2009年9月10日（発災前）観測

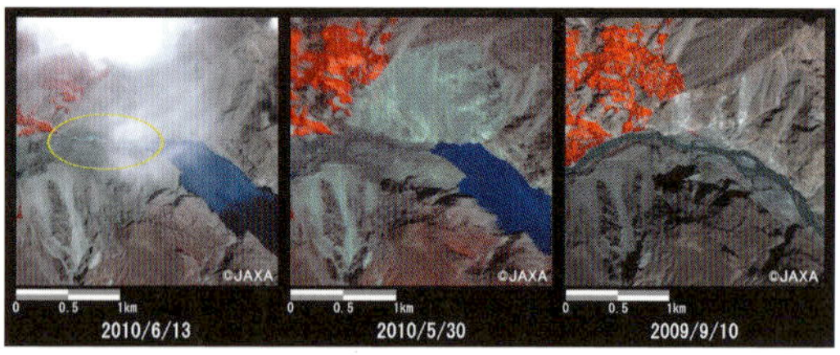

［図10］湖の下流部拡大画像（それぞれ2.5km四方）
左:2010年6月13日、中:2010年5月30日、右:2009年9月10日（発災前）観測

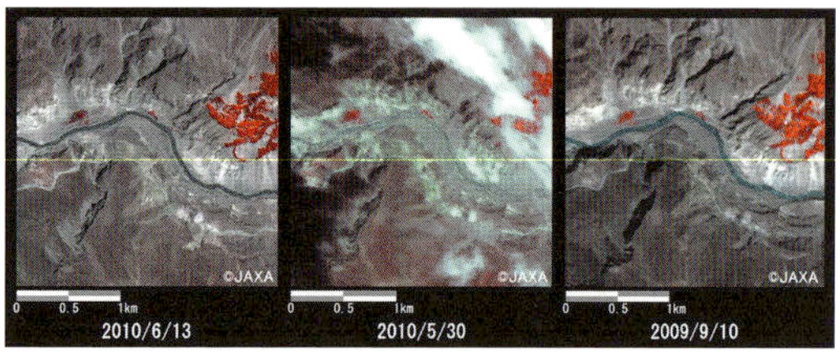

［図11］湖より下流のフンザ川拡大（2.5km四方）
左:2010年6月13日、中:2010年5月30日、右:2009年9月10日（発災前）観測

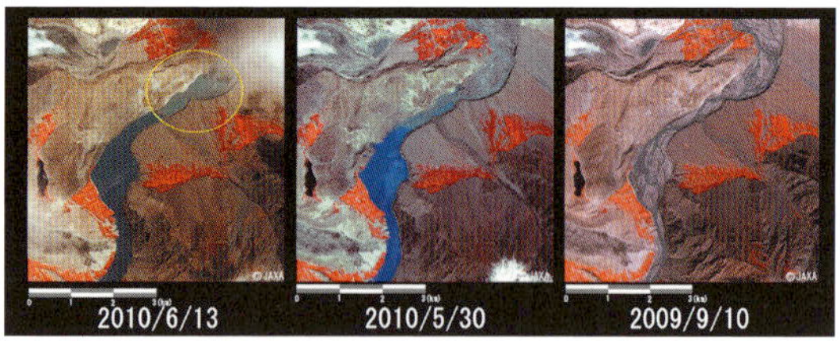

［図12］湖の上流部拡大画像（それぞれ6km四方）
左:2010年6月13日、中:2010年5月30日、右:2009年9月10日（発災前）観測

参考文献

1) JAXA EORC: 陸域観測技術衛星「だいち」（ALOS）によるパキスタン・フンザ川の土砂崩れにともなう堰止湖の緊急観測結果, 2010.
http://www.eorc.jaxa.jp/ALOS/img_up/jdis_av2_pakflood_100530.htm（accessed 21 Oct. 2011）
2) 同,（2）, 2010.
http://www.eorc.jaxa.jp/ALOS/img_up/jdis_av2_pakflood_100613.htm（accessed 21 Oct. 2011）

2.1
スマトラ島沖地震・インド洋津波
2004

(1) 災害の概要

2004年12月26日インドネシア西部時間午前7時58分（日本時間午前9時58分）、インドネシア共和国スマトラ島北西部の沖合い約160km、深さ約10～30kmを震源とする超巨大地震が発生した。この地震のMw（モーメントマグニチュード）は、解析者により9.0～9.3の幅がある[1]が、20世紀に発生した地震の中で、2～4番目の規模である。スマトラ－アンダマン地震、スマトラ沖地震等とも呼ばれる。震源域はアンダマン諸島北端付近からシムルエ島北部に至るスンダ海溝沿いの約1,300kmで、インド・オーストラリアプレートとユーラシアプレートの境界面が、20m以上の最大すべり量を持つ逆断層すべりを生じた。

この地震に伴い、平均高さ10mの大津波がインド洋沿岸に押し寄せた。インド洋大津波とも呼ばれる。津波は、インドネシア、スリランカ、インド、バングラデシュ、ミャンマー、タイのほか、アフリカ東部（波源から約6,000km）や南極にも到達した。

これら地震と津波による2つの災害を合わせて、「スマトラ島沖地震・インド洋津波」等と呼ばれる。被災者は、インドネシア、スリランカ、インド、タイを中心に数百万人に及び、死者・行方不明者は30万人超と推定されている[2]。震源に近いアチェ州、シムルエ島、ニアス島では地震動による被害も大きかったが、被害の多くは津波によるものであり、津波による死者は23万人を超えると言われ[3]、津波による被害としては、観測史上最悪[4]の惨事となった。スマトラ島北端に位置する人口約25万人のバンダアチェ市では約7万人の津波による死者を出した[5]。

インド洋大津波においては、地元住民に津波防災に関する知識が乏しかったとの指摘がある一方、シムルエ島では、過去の津波の伝承により被害を最小限にととめることができた事例も見られた。

今回、アンダマン諸島やスマトラ島等では、①断層破壊域が広範囲にわたること、②軍事基地が存在すること、③原住民保護のための進入制限があること、④武装勢力が存在すること、⑤津波で橋が破壊されたこと等の理由により、被害や地殻変動の全体像は、速報されなかった[6]（飛田、2006）。人工衛星画像は、こうした困難に影響されず広範囲にわたる震災や地形変化・地殻変動の情報を把握するためにきわめて有効であった。

(2) SARによる地殻変動の把握

光の加色混合法を利用して、人工衛星搭載合成開口レーダー（SAR）の強度画像から地表面粗度の変化抽出を行う新しい分析法を開発し、2004年スマトラ島沖地震を発生させた震源域の地殻変動の全体的な概観を把握した[7][8]。この分析法は、変動量の計測はできないものの、隆起・沈降域の分布把握に有効であり、また、津波遡上域の把握も可能である。

分析には、カナダのRADARSAT-1衛星に搭載されたSARセンサが取得したデータ、及び欧州宇宙機関（ESA）のENVISAT衛星に搭載されたSARセンサ“ASAR”及びERS-1衛星、ERS-2衛星に搭載されたSARセンサが取得したデータを用いた。これらのSARセンサが送受信するマイクロ波は、それぞれ、5.30GHz、5.33GHz、5.30GHz、5.30GHzのCバンド（波長約5.6cm）の周波数帯に属する。本研究では、合計約60シーン分のRAWデータを用い、精密な画像の比較を行うために、同一センサが同一の場所から地震の前後に取得したデータのみを比較した。

SARの観測では、［図1］に示したように人工衛星から斜め下に向かってマイクロ波を照射し、地表からの反射波を受信する。反射波の強度は、地

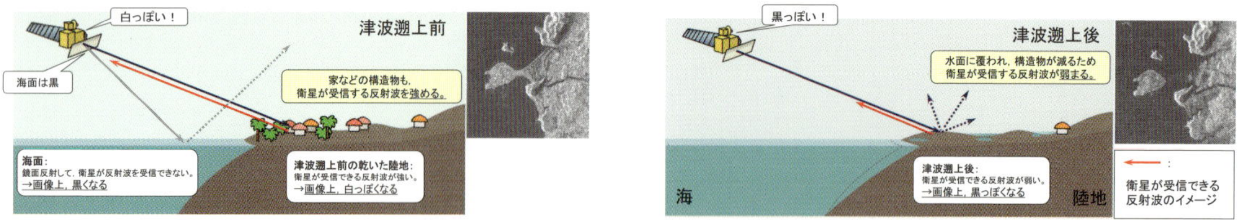

[図1] レーダー画像による津波遡上域・海岸線変化抽出の原理

[図2] 光の加色混合の原理

表面の粗度（粗さ）に依存する。波のない滑らかな海面では、マイクロ波が鏡面反射し衛星方向への反射がほとんどないため、SAR画像中、黒く表される。一方、陸地の粗度は高く、マイクロ波が反射されるため、SAR画像中、白く表される。このようなSAR画像の性質を利用して、地表面の粗度の変化を抽出する。

さて、地震前後の2つのSAR画像を比較することは容易ではあるが、この比較を効率的かつ正確に行うために次のような分析法を考案した。この分析法では、光の加色混合の原理を用いる。光の緑(Green)と青(Blue)を混合すると水色(Cyan)となるが、さらに、この水色と赤（Red）を混合すると白になる［図2］。

SAR画像は、反射波の強度に応じて、グレースケールで表現される（例：［図1］、各右側の画像）。本分析法では、地震前のSAR画像をグレースケールから赤の濃淡であるレッドスケールに変換する。同様に、地震後のSAR画像をグレースケールから水色の濃淡であるシアンスケールに変換する。これらの、レッドスケールとシアンスケールを加色混合するとグレースケールが得られる［図2］。

［図3］に地震に伴う海岸線変化分析結果の一部を示す。アンダマン諸島の西側に位置するインタビュー島（a）では明らかに隆起が見られる。海岸線から垂直に測った離水距離は数百m～数kmに及ぶ。アンダマン諸島では、南アンダマン島の一部を除いてほぼ全域にわたって隆起が見られた。特に、西側で離水量が大きく、島全体が東向きに傾

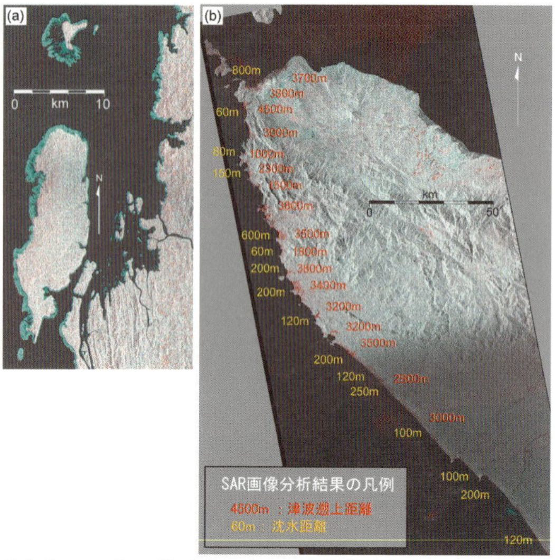

[図3] 2004年の地震時に生じた海岸線変化をSAR画像分析により捉えた例
(a) インタビュー島、(b) スマトラ北西部

斜するような変動が見られた。スマトラ島北部西岸（b）は、沈降が見られる。最大沈水距離は600m、津波の最大遡上距離は4,500mと計測された。

［図4］にSAR画像分析によって抽出した2004年の地震に伴う海岸線変化の分布をまとめた。バニャ諸島とニアス島を含む緑色の楕円内に、2005年の地震による海岸線変化を加えた。分析結果は、水色、暗い水色、赤色、暗い赤色、オレンジ色の5色の丸（●）を海岸部に配置することで示した。これまでの例と同様、水色は海岸線が海側に移動した離水を示し、赤色は海岸線が陸側に移動した沈水及び侵食を示している。変動がない場所はオレンジ色、隆起・沈降の可能性がある場所は暗い水色・暗い赤色で示した。2004年の地震の震源域はシムルエ島北部からアンダマン諸島北端とミャンマー領ココ諸島の間に至る1,320kmと推定された。

スンダ海溝から東に145km[9]のラインをオレンジ色で描画した。このラインは都合良く隆起域と沈降域を分割する。隆起沈降の境界は海溝から

145km東のラインにほぼ一致しており、今回の破壊域でのプレート間カップリングの深さが一様であると推定された。

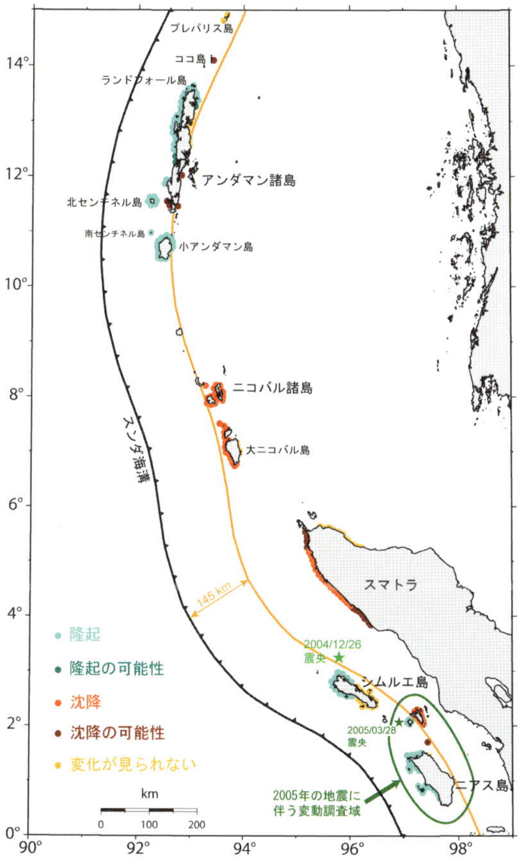

[図4]SAR画像分析によって抽出した2004年·2005年の地震に伴う海岸線変化の総括図
2005年分は図右下の緑色線楕円内。それ以外は、2004年分。スンダ海溝から東に145kmの位置にオレンジ色の線を描画した。スンダ海溝の位置はBird (2003)による

(3) 地震による沿岸域津波浸水域の衛星画像解析図（NDXI図）

2004年12月26日に発生したスマトラ沖地震による大規模な津波災害地域の把握を目指して、経済産業省開発のTerra/ASTERによる緊急観測を発生後から約1カ月間（12月28日～1月21日）にわたり実施した。観測対象地域は、新聞報道等の情報を収集し、特に大規模な津波被害があった以下の地域を選定した。

・震源地付近：インドネシア・スマトラ島北西端部のバンダアチェ·シムルエ島及びインド·アンダマン・ニコバル諸島
・震源地以遠の地域：タイ・カオラック、スリランカ北東部沿岸域、インド・南東部沿岸

緊急観測状況は、12月28日のスリランカ地域から始まり、1月21日のインドネシア・バンダアチェ地域まで、観測機能をフル活用し、観測間隔が1～7日間隔の緊急観測を実施した。

[表1]Terra/ASTER観測状況

Acquired	Area acquired	Status
2004/12/28	Tricomalee, Sri Lanka	Acquired
2004/12/31	Phucket Island, Thailand	Acquired
2005/1/2	South-Eastern Coastal zone, India	Acquired
2005/1/3	Andaman Islands, India	Acquired
2005/1/4	Tricomalee, Sri Lanka	Acquired
2005/1/5	Nikobal Islands, India	Acquired
2005/1/7	Simeulue Islands, Indonesia	Acquired
2005/1/11	Nagapatchnum, India	Acquired
2005/1/12	Banda Aceh, North Sumatra, Indonesia (V-Only)	Acquired
2005/1/13	Eastern coastal zone, Sri Lanka	Acquired
2005/1/14	Meulaboh, Indonesia	Acquired
2005/1/21	Banda Aceh, North Sumatra, Indonesia	Acquired

10回の観測機会（24シーン）があり、そのうち、良好なシーンが観測されたのは、3回のみ（7シーン）と全体の約30%にとどまった。

観測された地域について、津波による冠水域をより視覚的に判読しやすくする方法として、緑色、赤色及び青色を、各々植生指数（NDVI）、土壌指数（NDSI）及び水指数（NDWI）に割り当てる表示方法（NDXI法と呼ぶ）を試行した。このうち最も被害甚大なインドネシア・バンダアチェ地域について、紹介する。

本地域で観測されたASTERフォールスカラー画像と地震·津波前のLandsat ETM+画像（2001年8月15日観測）を比較画像用として利用した。

特に、津波冠水域を覆う泥を強調するために、

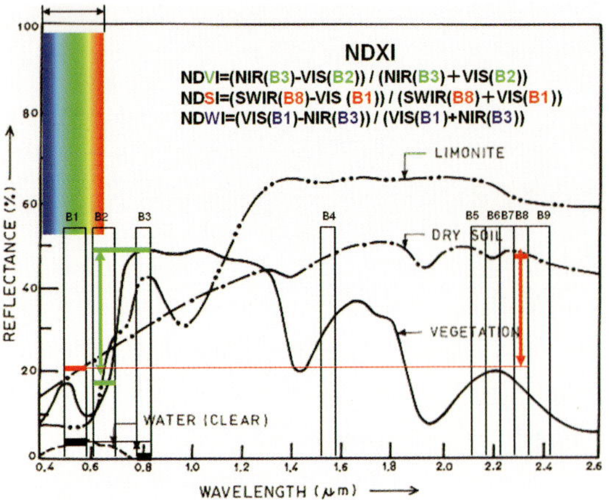

[図5]NDXI指標図の使用バンド

ASTERの短波長赤外域の各々のバンドデータにより試行し、バンド8を選定した。その結果、目的とする津波による冠水域は、水分の多い土壌域でマジェンタに表現され、視覚的に判読しやすくなっている。

新聞等によると、津波の高さが最大30mに達した箇所や、津波が海岸から5kmまで到達したとの報道があったが、ASTER画像から津波が内陸深く（5～6km程度）達していると判読された。

これらの結果は、ASTER緊急観測データの災害復興支援等への利用を目指し、関連機関等への観測状況報告や、資源・環境観測解析センターのウェブサイトへの掲載による画像の提供を行ってきた。さらに、JICA、LEMIGAS（Research and Development Center for Oil and Gas Technology, Indonesia）を訪問し、津波浸水地域推測図について説明し、LEMIGASでは、復興支援対策資料として、本NDXI図が有効に利用された。

(4) IKONOS衛星画像が捉えた津波被害

2004年12月26日に発生したスマトラ沖地震は、インドネシアを始めとする周辺国に津波の被害をもたらした。中でもインドネシアのスマトラ島北端に位置するアチェ特別州の沿岸域では、甚大な被害を受けている。

当該地域において、地震の直後である2004年12月29日にIKONOS衛星による撮影が実施された［図8、図10、及び図12］。被災前については、

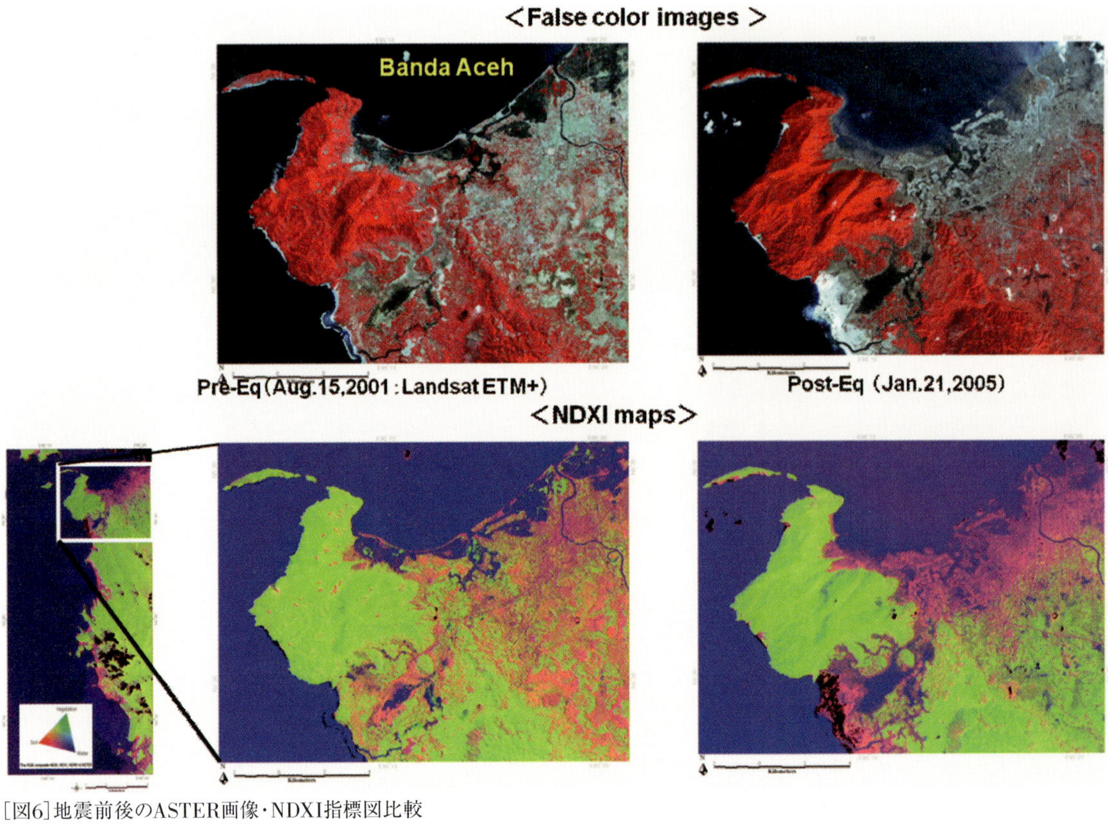

［図6］地震前後のASTER画像・NDXI指標図比較

2003年1月10日に撮影されたIKONOSアーカイブ画像がある［図7、図9、及び図11］。以下に、これら画像を用いた目視判読により、把握することの可能な状況について紹介する。

・沿岸部の冠水［図7、図8］：
沿岸部の被害状況を示す画像。沿岸の比較的標高の低い領域を中心に、大規模な冠水被害が生じている。特に画像の西側には、低地が多かったと考えられ、そうした領域のほとんどは冠水している。また、画像東側の陸地の残る地域でも、道路や橋梁が各所で寸断されている様子が判読できる。

・沿岸部の植生喪失［図9、図10］：
津波の猛威により、かなり広域にわたって沿岸部の植生や居住区が喪失している。津波後の画像では、まれに残った樹木が点在しているものの、大部分は津波による被害を受けている。海岸から1km程度の位置にあっても集落の大部分は被災しており、さらにその背後（内陸側）の農地も冠水していることが把握できる。

・内陸部低地の冠水［図11、図12］：
海岸から5km程度とやや内陸側に位置する地域でも、冠水の被害を判読することができる。中央に位置する丘陵地の周囲には農地が広がっているが、被災後にはこれら農地の大半は冠水しており、相当量の海水が押し寄せたことが推察される。また、水面上に瓦礫が集積・漂流している様子も捉えられている。

高分解能衛星画像の目視判読により、被災状況の詳細な把握が可能であることから、適時・迅速な画像データの取得を通じて、状況把握や復興支援等での活用が期待される。

［図7］2003年1月10日撮影IKONOS画像
(Images acquired and processed by CRISP, National University of Singapore, IKONOS image ©CRISP 2003)

［図8］2004年12月29日撮影IKONOS画像
(Images acquired and processed by CRISP, National University of Singapore, IKONOS image ©CRISP 2004)

参考文献

1) 佐竹健治：沈み込み帯における超巨大地震, 月刊 地球 号外, No.56,「スマトラ島沖地震とインド洋津波/2004」, pp.7-11, 2006.
2) 金沢敏彦：総論 スマトラ島沖地震, 月刊 地球 号外, No.56「スマトラ島沖地震とインド洋津波/2004」, pp.5-6, 2006.
3) 今村文彦：総論 インド洋大津波, 月刊 地球 号外, No.56「スマトラ島沖地震とインド洋津波/2004」, pp.117-120, 2006.
4) 越村俊一：スマトラ島沖地震津波, 津波の事典（首藤伸夫・今村文彦・越村俊一・佐竹健治・松冨英夫編著）, pp.3-4, 朝倉書店, 2007.
5) 都司嘉宣・谷岡勇市郎・松冨英夫・西村祐一・鎌滝孝信・村上嘉謙・榊山勉・A. Moore・G. Gelfenbaum・S. Nugroho・B.

［図9］2003年1月10日撮影IKONOS画像
（Images acquired and processed by CRISP, National University of Singapore, IKONOS image ©CRISP 2003）

［図11］2003年1月10日撮影IKONOS画像
（Images acquired and processed by CRISP, National University of Singapore, IKONOS image ©CRISP 2003）

［図10］2004年12月29日撮影IKONOS画像
（Images acquired and processed by CRISP, National University of Singapore, IKONOS image ©CRISP 2004）

［図12］2004年12月29日撮影IKONOS画像
（Images acquired and processed by CRISP, National University of Singapore, IKONOS image ©CRISP 2004）

Waluyo・I. Sukanta・R. Triyono・行谷佑一：2004年スマトラ島沖地震による最大被災地Banda Aceh市とその周辺海岸の津波の浸水高さ, 月刊 地球 号外, No.56「スマトラ島沖地震とインド洋津波/2004」, pp.154-166, 2006.

6）飛田幹男・今給黎哲郎・水藤尚・加藤敏・林文・村上亮：衛星SAR画像分析による2004・2005年スマトラ沖地震に伴う隆起沈降域の把握, 国土地理院時報, No.109, pp.21-32, 2006.

7）飛田幹男・今給黎哲郎・水藤尚・加藤敏・林文・村上亮：衛星SAR画像分析による2004・2005年スマトラ沖地震に伴う隆起沈降域の把握, 国土地理院時報, No.109, pp.21-32, 2006.

8）飛田幹男・林文：衛星レーダー画像分析による隆起・沈降, 月刊 地球 号外, No.56「スマトラ島沖地震とインド洋津波/2004」, pp.25-31, 2006.

9）Tobita, M., Suito, H., Imakiire, T., Kato, M., Fujiwara, S., and Murakami, M.,: Outline of vertical displacement of the 2004 and 2005 Sumatra earthquakes revealed by satellite radar imagery, Earth Planets Space, Vol.58, No.1, pp.e1-e4, 2006.

2.2
ソロモン諸島地震
2007

(1) 災害の概要

日本時間2007年4月2日5時40分頃（現地時間午前7時40分頃）、ソロモン諸島沖（南緯8.6度、東経157.2度、気象庁4月2日発表）でM8.1の地震が発生し、この地震に伴う津波によって大きな被害を受けた。ソロモン諸島は、南太平洋のメラネシアにある島々で構成される島嶼国で、首都はホニアラである。国全体では約55万人が暮らしており、今回被害の大きかったギゾ島では約7,000人が住んでいた。緊急現地調査の報告によれば、ギゾ島の南東海岸には平均4m程度、局所的には6mの津波が押し寄せたということである[1]。

宇宙航空研究開発機構（JAXA）は、陸域観測技術衛星「だいち」（ALOS）搭載の高性能可視近赤外放射計2型（AVNIR-2）とフェーズドアレイ方式Lバンド合成開口レーダー（PALSAR）による緊急観測を実施し、被災地の様子を捉えることができた。

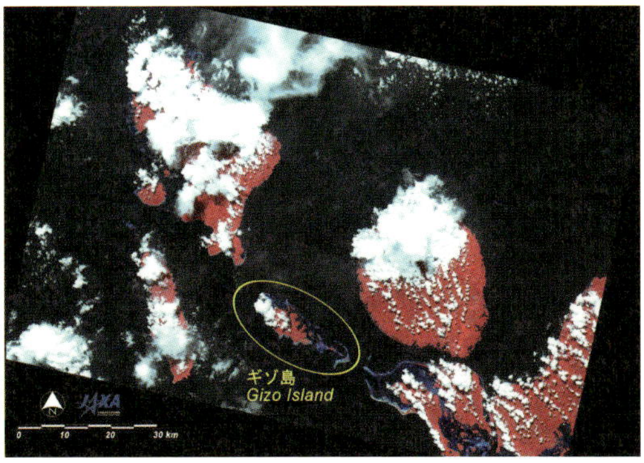

［図1］2007年4月8日観測のAVNIR-2フォールスカラー画像（R, G, B＝バンド4, 3, 2）

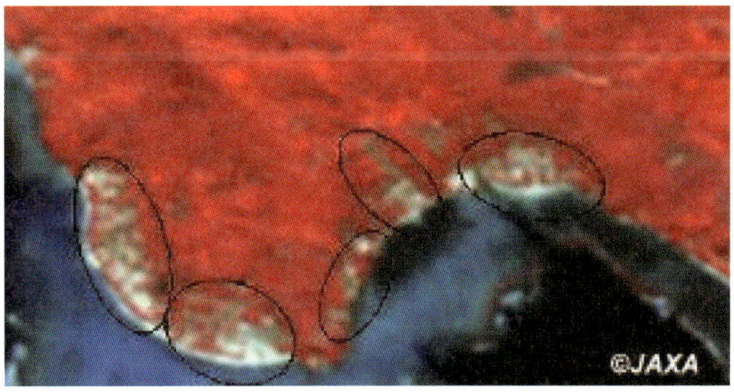

［図2］2007年4月8日観測のAVNIR-2のギゾ島南岸の拡大画像

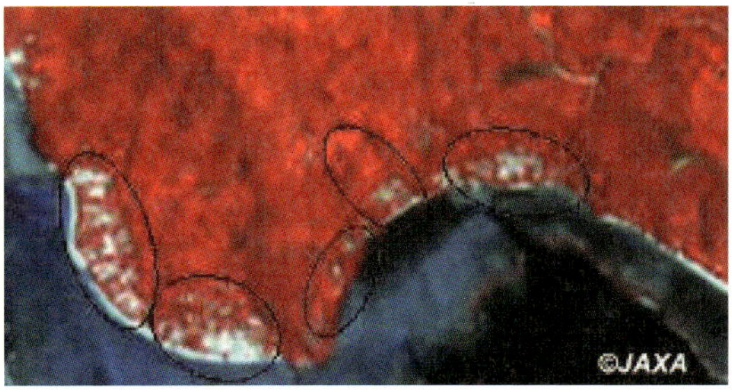

［図3］2007年3月8日（発災前）観測のAVNIR-2のギゾ島南岸の拡大画像

(2) ALOSによる地震被災地の観測

AVNIR-2による海岸線の変化抽出

［図1］は2007年4月8日AVNIR-2による緊急観測画像である。AVNIR-2のバンド4、3、2を赤色、緑色、青色に割り当てたフォールスカラー画像で表示しており、樹木は赤色、水域は暗く見えるため特に災害による植生域の変化を明確に捉えることができる[2]。［図2］は震源近くのギゾ島南部を拡大した画像で、［図3］はこの比較用として発災前の同年3月8日に撮影された同地域の画像である。1カ月前のアーカイブデータが存在したことは、グローバル観測を実施してきたALOSの成果の一つであり、特に前後の変化抽出が解析の基本となる災害状況の把握にはこの価値が発揮された。［図2］と［図3］を比較すると、観測時のポインティング角の違い（4月8日は－37度、3月8日は0度）により精細度が異なるが、図中黒丸で示した海岸線沿いの箇所で発災後、茶色に見える面積が拡大していることが分かる。これは、津波によって森林がなぎ倒されたためと考えられる。

PALSARによる海岸線の変化抽出と地面の隆起

［図4］は2007年4月8日PALSARによる緊急

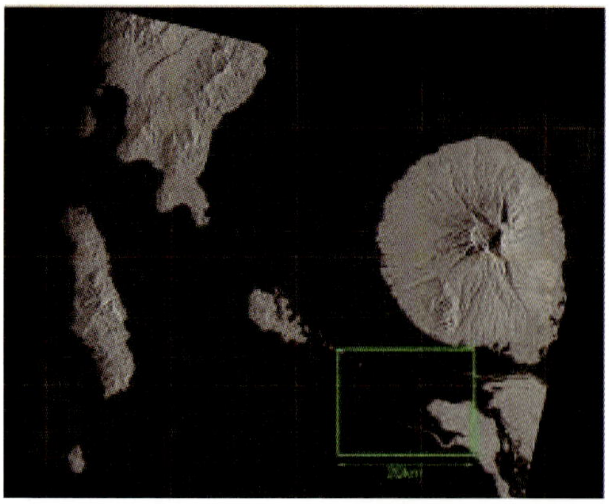

［図4］2007年4月8日観測のPALSAR画像

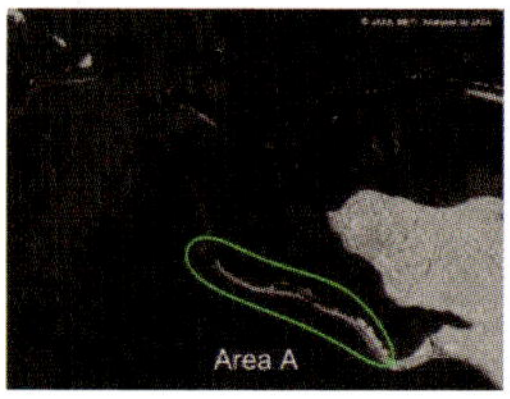

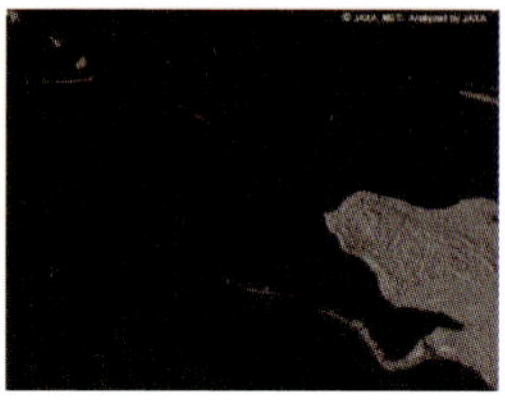

左：［図5］2007年4月8日のPALSAR拡大画像（［図4］中、緑枠20km四方のエリア）
右：［図6］2007年1月31日（発災前）のPALSAR拡大画像

観測画像である。降交軌道から36.9度のオフナディア角で被災領域を観測したもので、発災前後の画像を比較したところ図中緑枠の範囲において、プレートの衝突による地形変化と思われる陸域部分の広がりの様子が確認できた。［図5］は［図4］緑枠の拡大画像で、［図6］は同年1月31日（発災前）観測のPALSAR画像であり、最も潮位が低い状態で観測された。両図を比較すると、［図5］中に緑で示したArea Aで陸地部分が広がっている様子が確認できた。

この地盤の隆起の様子は、SAR干渉観測からも確かめることができた[3]。［図7］は2007年4月16日（発災後）と同年3月1日（発災前）観測のPALSARを用いた差分干渉SAR解析結果である。［図7］中の矢印の方向に地面が隆起しており、最大2.2mの衛星方向への地面の隆起が確認できた。

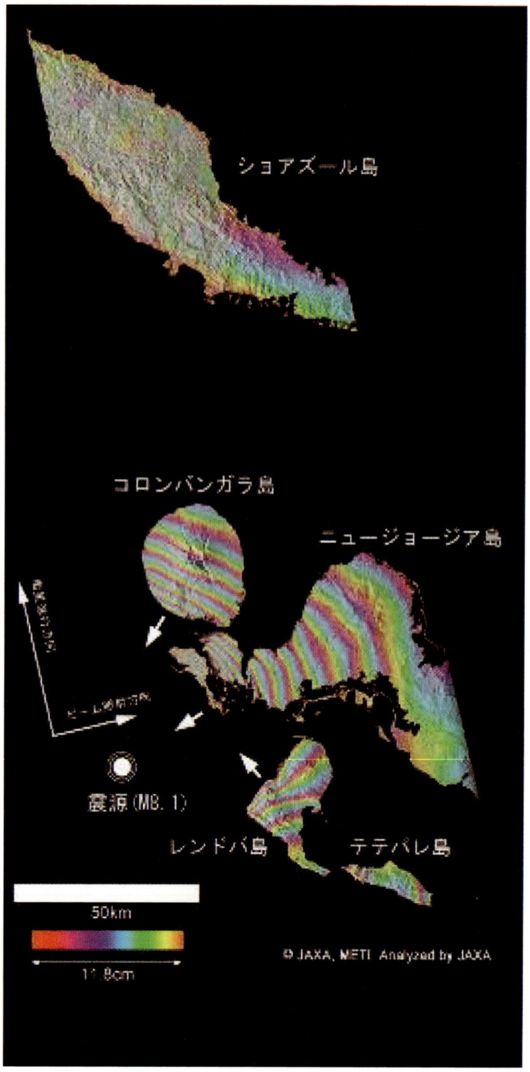

［図7］2007年4月16日と3月1日観測のPALSARによる差分干渉SAR解析結果

参考文献

1）国土交通省：ソロモン諸島地震津波に関する緊急現地調査報告（速報），2007.
http://www.mlit.go.jp/kisha/kisha07/11/110418_2_.html（accessed 23 Oct. 2011）
2）JAXA EORC：ソロモン諸島地震に関する「だいち」による緊急観測の結果について，2007.
http://www.eroc.jaxa.jp/ALOS/img_up/jdis_solomon_070408.htm（accessed 23 Oct. 2011）
3）同：「だいち」がとらえたソロモン地震によるニュージョージア島の隆起，2007.
http://www/eorc.jaxa.jp/ALOS/img_up/jdos_solomon_insar.htm（accessed 23 Oct. 2011）

2.3
中国・四川大地震
2008

(1) 災害の概要

2008年5月12日中国時間午後2時28分（日本時間午後3時28分）、中国四川省汶川県の深さ約19km[1]を震源とするMw（モーメントマグニチュード）7.9の大地震が発生した。これは内陸地震としては最大規模である。日本では「四川大地震」等と呼ばれているが、中国では汶川地震と命名された。震源域は、チベット高原と四川盆地の境界部にあたる龍門山断層帯で、総延長200km以上、最大6.5mの地表地震断層が出現した[2]。変位は横ずれ成分を伴う逆断層変位である。龍門山断層帯は、汶川－茂文断層、映秀－北川断層、灌県－安県断層、青川断層から構成される。

この地震では死者約7万人、行方不明者約2万人、負傷者約37万4千人に及び、被害者の総数は4,624万人にも上る大きな被害が発生した[3]。

林ほかの現地調査[2]によると、地表地震断層の周辺域において、木造や耐震構造を持たない鉄筋コンクリート構造の建造物が倒壊または大きい被害を受けたこと、一方、地表地震断層帯の真上の建造物は耐震構造の有無と関係なくほとんどが破壊されたことが明らかになった。また、龍門山断層帯では、地すべりや液状化現象でも多大な被害が生じた。地すべりは住宅を直撃したほか、川を堰き止めて天然ダム（堰止湖）を形成した[2]。

(2) SAR干渉画像集約図

［図1］は、2008年5月12日に中国・四川省で発生した地震（Mw7.9）に関する「だいち」PALSARデータの干渉解析結果集約図である[4]。使用したデータはすべて北行軌道のものであり、衛星は観測域の西側に位置する。四川盆地と山岳地帯との境界領域を北東－南西に走る龍門山断層帯の周辺で干渉縞の間隔が狭くなり、断層帯近傍では帯状に干渉が失われた領域が見られる。この領域で大きな地殻変動が生じたと見られるため、地殻変動集中帯とも呼ばれる[5]。このSAR干渉画像から震源断層両端の位置がほぼ特定され、震源断層の長さは約285kmと考えられる。得られた地殻変動は、大局的には地殻変動集中帯を挟んで南東側（四川盆地側）では衛星に近づく向き、北西側（山地側）では衛星から遠ざかる向きであり、右横ずれ成分を含む逆断層型というメカニズム解の結果と調和的である。なお、北西側でローブ状（半円状）の干渉縞が数カ所見られ、断層面上のすべりが不均質であったことを示唆している。

パス471から475にかけては地殻変動集中帯の南側の非干渉領域と干渉領域の境界は明瞭で連続性がよく、この境界付近で地表に断層が現れている可能性がある。一方、本震震源付近のパス476では明瞭な境界線は見られず、地表に断層は現れていないと考えられる。なお、北川の南西約30kmで境界線が南側へ乗り移っているように見える。これは別の断層セグメントで破壊が起きたことを示唆していると思われる。

地殻変動集中帯は、USGSによる余震分布と一致している。また、地殻変動は、地殻変動集中帯を挟んで、南北に100kmを超える範囲に及んでいる。

［図2］は、非干渉領域の南縁を上端とし北西側に傾き下がる断層面を仮定して、非干渉領域の両側の視線方向変動量のインバージョンにより推定されたすべり分布である。地震波形の解析から推定される震源過程や干渉縞の予察により、余震域北東部の断層面を傾斜角55度、余震域南西部の断層面を傾斜角40度として、5km四方の小領域ごとにすべり角とすべり量を推定した。すべり分布を滑らかにする拘束と断層面の下端でのすべりを0とするような拘束をかけており、ABIC最小化基準で拘束の強さを決めている。

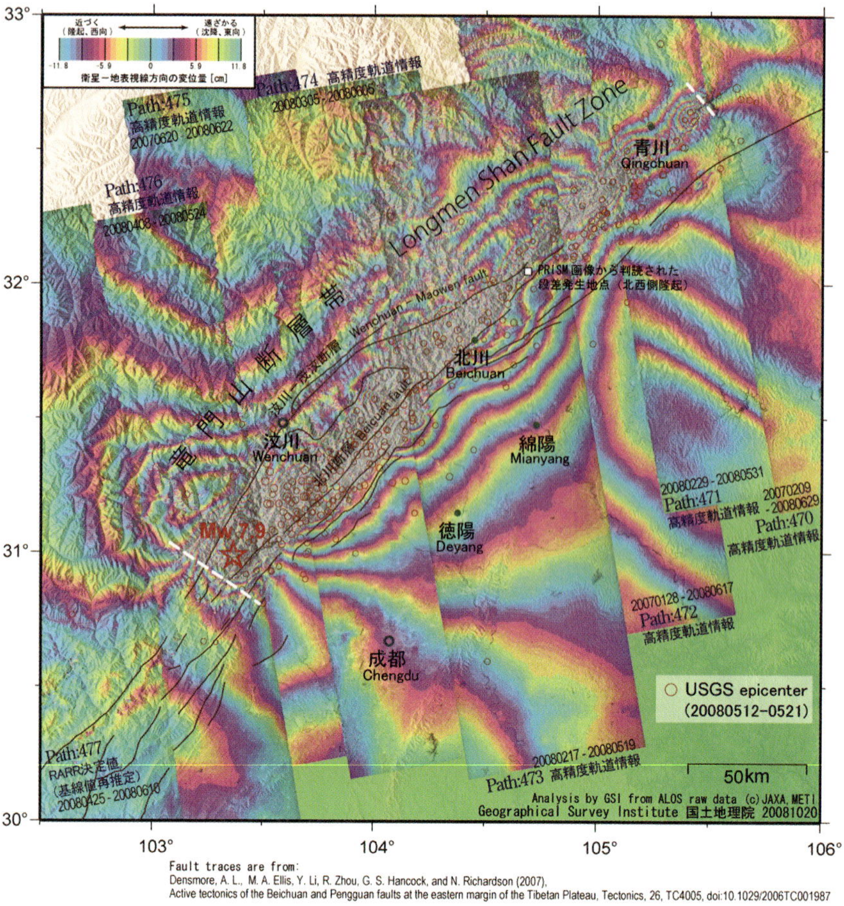

［図1］四川省の地震に伴う地殻変動を示すSAR干渉画像集約図（Tobita et al. (2008)[4]を基に加筆・修正）

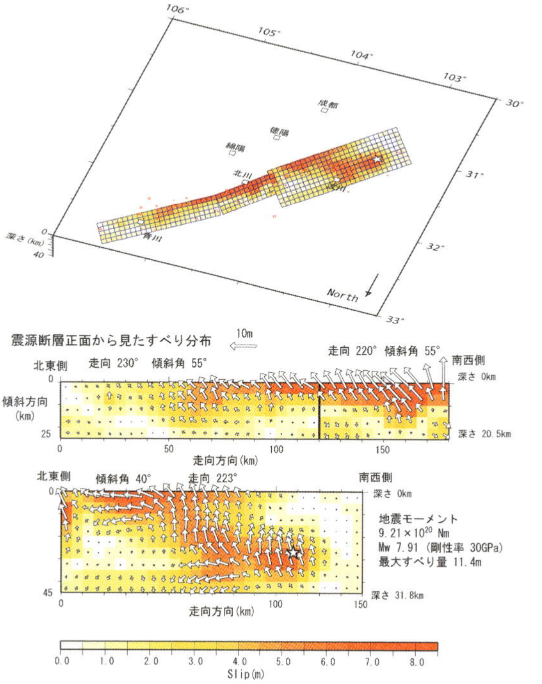

［図2］四川省の地震の震源断層すべり分布モデル[6]
赤－黄－白は断層面上のすべりの大きさを示し、矢印は北西側の上盤の相対的な動きの向きを示している

推定されたすべりは、震源付近ではほぼ純粋な逆断層すべりであるのに対し、余震域北東側では右横ずれ成分と逆断層成分のすべりがほぼ同程度の大きさとなっている。本震震源付近ですべりがやや深い領域まで推定されているが、それ以外の領域では滑りの大きな領域が浅部に集中する傾向がある。最大すべり量は北川付近で11.4mである。全体のMwは7.9と推定される[6]。

Kobayashi et al. (2009)[7]は、SAR干渉解析では得られなかった震源断層近傍の地殻変動を、「だいち」PALSAR強度画像のピクセルオフセット解析により把握することに成功しており、断層を挟んだ変位の不連続を見出している。

(3) XバンドSAR衛星による被災判読図作成

2008年5月16日と2008年6月18日の2回にわたり、パスコでは、XバンドSAR衛星であるTerraSAR-Xにより四川大震災の被災地周辺の撮

［図3(a)］震災直後の唐家山土砂ダム河道閉塞状況

［図3(b)］排水対策後の画像

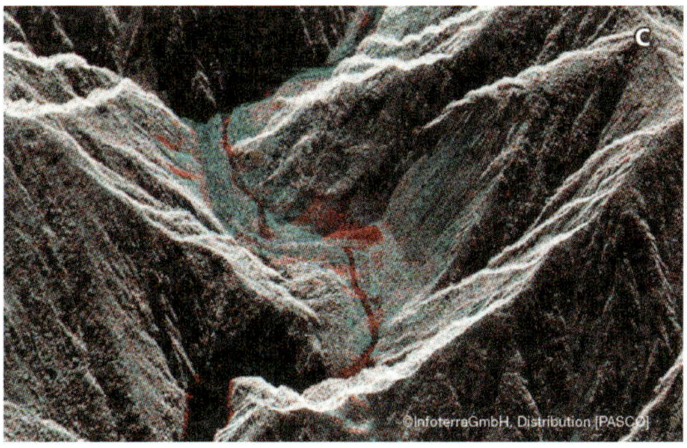

［図3(c)］排水対策前後の重ね合わせ画像

像を行った。撮像諸元は以下のとおりである。

・撮像モード：StripMapモード
・分解能：約3m
・入射角：41.5度
・軌道：ディセンディング（南行軌道）
・偏波：単偏波（HH）

被災地の河道閉塞箇所の把握及び湛水状況を把握するために、2時期の画像を用いた差分解析を行った。

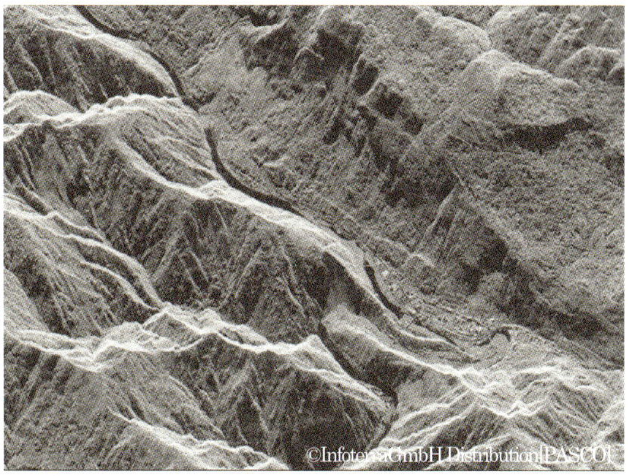

［図4(a)］唐家山土砂ダム下流域の画像

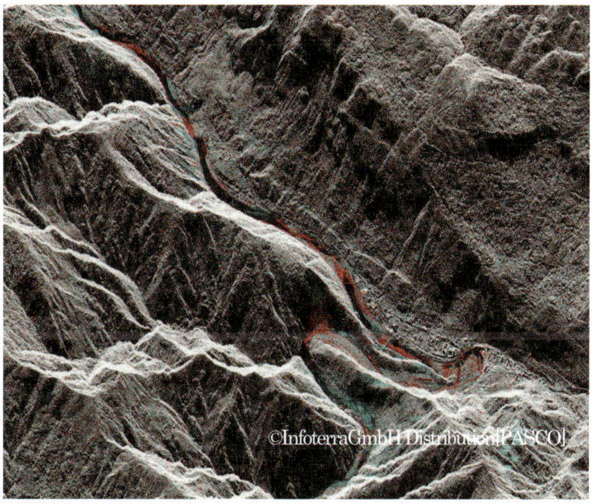

［図4(b)］唐家山土砂ダム下流域の差分解析図①

唐家山付近にできた土砂ダムでは、震災直後（5月16日）の［図3（a)］から、斜面崩壊による河道の閉塞及び湛水状況が見られる。一方、一カ月後（6月18日）の［図3（b)］には、排水対策による河道地形が変化しているように見られる。これらの画像の差分解析結果を［図3（c)］に示す。土砂ダムの排水対策前後の状況が明確にわかる。

また、唐家山土砂ダムの下流部地域では、震災直後の［図4（a)］から、斜面崩壊及び上流側の土砂ダム形成による河川水が枯渇しているように見られる。［図4（b)］の二時期の画像の差分解析結果では、上流側の湛水池からの排水に伴う洪水痕跡が、色の違いとして確認できる。さらに下流部では、［図5］に示すように、洪水による氾濫範囲が推定できる。

震災直後の［図6（a)］から、斜面崩壊による河道閉塞が見られる。また、1カ月後の［図6(b)］には、河道閉塞箇所で湛水域が拡大しているよう

［図5］唐家山土砂ダム下流域の差分解析図②

［図6(a)］斜面崩壊による河道閉塞
（赤点線は斜面崩壊箇所）

［図6(b)］河道閉塞箇所で湛水域拡大
（赤点線は湛水域）

［図6(c)］河道閉塞による湛水域拡大の差分解析

に見られる。［図6（c）］の2時期の差分解析の結果から、斜面崩壊による河道閉塞で、洪水域の範囲が拡大している状況が明らかになった。

以上のように、2時期の差分解析を行うことで、唐家山以外の被災地域で、50カ所以上の河道閉塞箇所および湛水状況を抽出した。本災害では、高分解能XバンドSAR衛星による河道閉塞箇所の把握および湛水状況モニタリングの結果を、中国政府に提供することができ、また、その有効性を検証することができた。

(4) PRISM・AVNIR-2による広域かつ詳細な被災状況の把握

特に大規模災害の発生直後は被害の発生状況や全体像がつかめないことから、現地の状況把握を第一優先に進める必要がある。これには広域観測可能な光学センサが重要な手段であり、特に陸域観測技術衛星（ALOS）搭載高性能可視近赤外放射計2型（AVNIR-2）は左右44度のポインティング角変更機能によって災害状況把握に努めた。2008年5月12日中国四川省での地震発生時も同様と言える。

［図7］は2008年5月15日に取得されたAVNIR-2緊急観測画像である。残念ながら多くの雲に覆われていたが、雲の間から地表面の様子を捉えることができた[8)]。その後も緊急観測は継続して実施された。

［図8］は翌5月16日のAVNIR-2緊急観測画像である[9)]。［図7］と比較すると北側で晴れ、大規模な土砂災害を初めて捉えることができた。［図9］は［図8］中黄色枠を拡大した画像で、Beichuan（北川県）の北西約6kmに位置する。植生域における変化を見やすくするためにフォールスカラー表示したものである。［図10］はこの比較用として2007年3月31日に取得されたAVNIR-2画像であるが、両図を比較すると黄色枠で示したおよそ2km×3km四方において大規模な土砂崩れが発生し、川を堰き止めている様子を確認することができた。

［図11］は2008年5月18日観測のAVNIR-2とパンクロマチック立体視センサ（PRISM）画像を

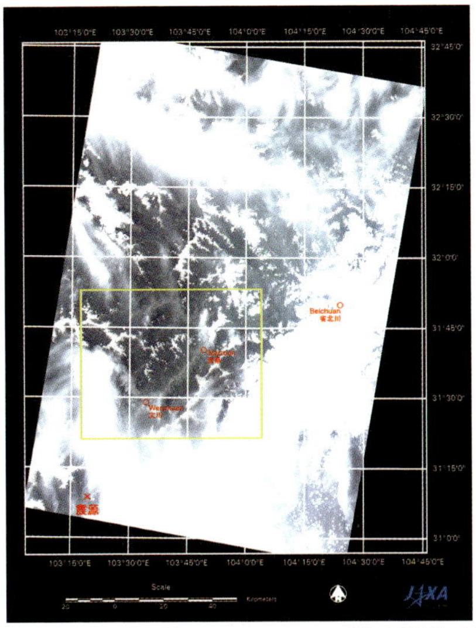
[図7]2008年5月15日、AVNIR-2緊急観測画像

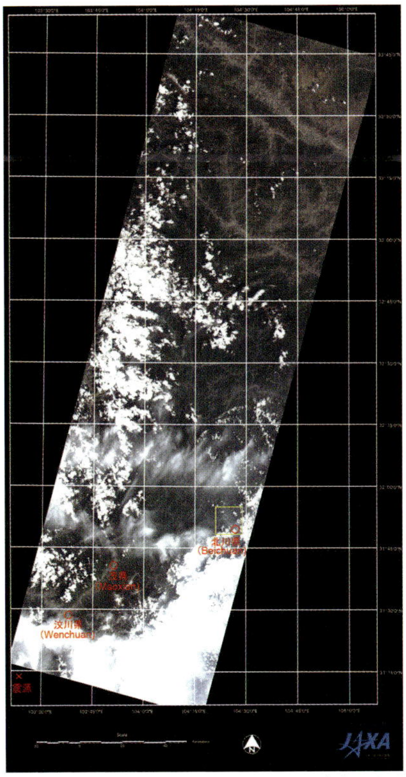
[図8]2008年5月16日、AVNIR-2緊急観測画像

用いて作成したパンシャープン画像と、本PRISMデータから算出した数値地表モデル（DSM）による四川省北川県付近の鳥瞰図である[10]。[図11]では斜面に多数の土砂崩れが発生している様子を視覚的に捉えることができた。

[図12]はこれまでに最も雲の少ない状況で観測された6月4日のAVNIR-2画像である[11]。[図

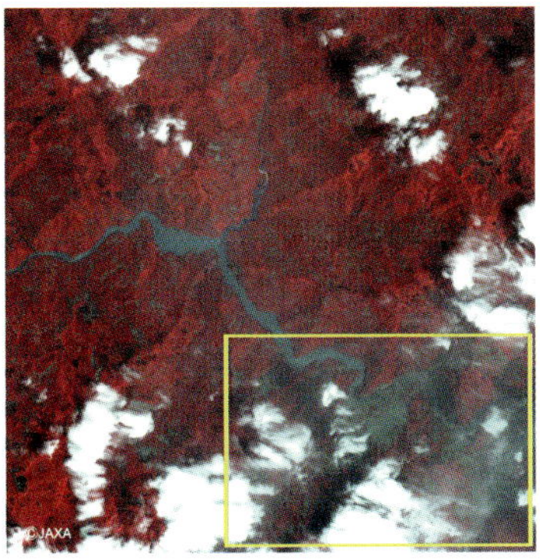
[図9]2008年5月16日、AVNIR-2拡大画像

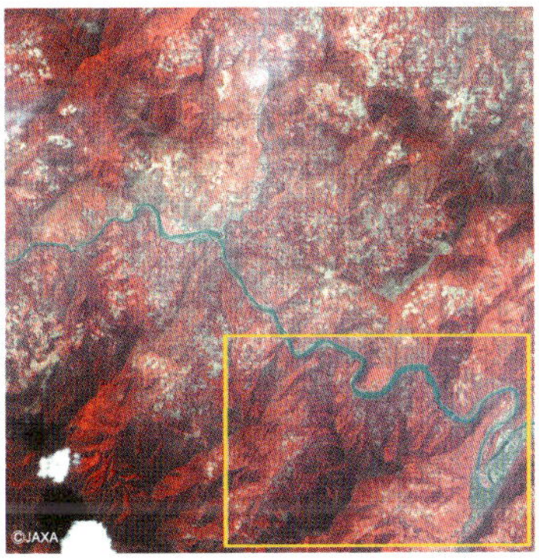
[図10]2007年3月31日、AVNIR-2拡大画像

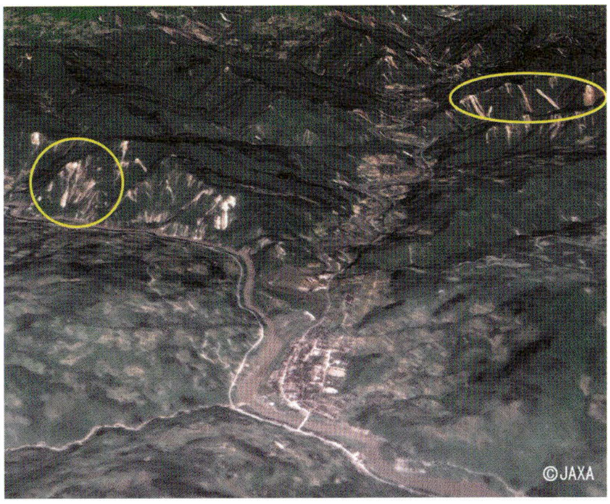

[図11]2008年5月18日、パンシャープン画像鳥瞰図

13]は綿竹市から北西約37kmの場所で、斜面で多数発生した土砂崩れの様子を立体的に見ることができた。水色の部分は土砂によって川が堰き止められていることがわかる。[図14]は地震前後を比較したもので、多数の土砂崩れを確認することができた。最も北側の黄丸で囲んだ土砂崩れは面積約10km²であった。これら取得された画像は国際災害チャータへ提供し、救援活動に活用された。

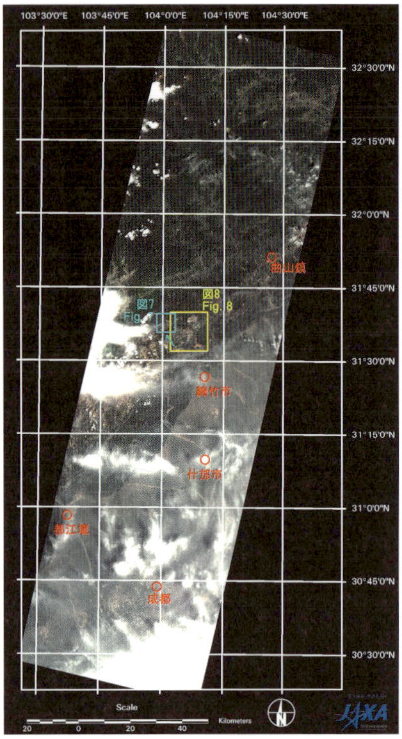

［図12］2008年6月4日、AVNIR-2画像

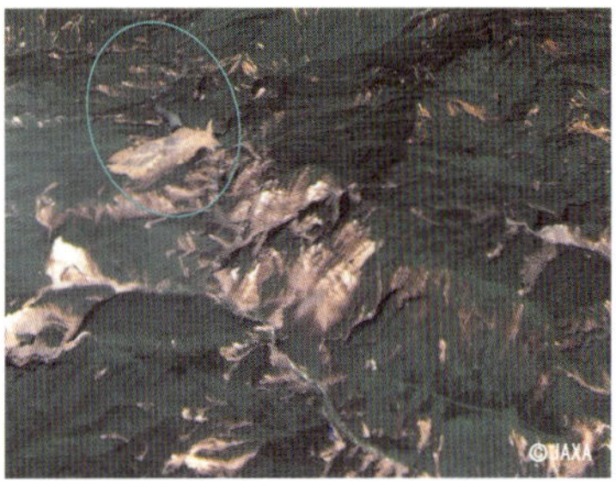

［図13］2008年6月4日、パンシャープン画像鳥瞰図

［図14］図12の拡大画像（左:2008年6月4日、右:2007年3月31日観測、それぞれおよそ15km四方）

参 考 文 献

1）USGS: Magnitude 7.9 – Eastern Sichuan, China, http://earthquake.usgs.gov/earthquakes/eqinthenews/2008/us2008ryan/ (accessed 30 Oct. 2011)

2）林愛明・任治坤:四川大地震, 近未来社, 2008.

3）林愛明:四川大地震の地震像と被害の概要, 地震ジャーナル, Vol.48, pp.32-40, 2009.

4）Tobita, M., Yarai, H., Nishimura, T., SAR team in GSI: SAR-derived deformation fields and a fault model of the 2008 Wenchuan earthquake, Abstract for 7th UJNR Earthquake Research Panel Meeting, Seattle, USA, 2008.
http://pubs.usgs.gov/of/2008/1335/of2008-1335.pdf (accessed 30 Oct. 2011)

5）国土地理院:2008年5月12日中国・四川省の地震に伴う地殻変動と震源断層,
http://www.gsi.go.jp/cais/topics-topic080604-index.html (accessed 30 Oct. 2011)

6）国土地理院:中国四川省の地震, 地震予知連絡会会報, 第81巻, pp.579-586, 2009.

7）Kobayashi, T., Takada, Y., Furuya, M., and Murakami, M.,: Locations and types of ruptures involved in the 2008 Sichuan Earthquake inferred from SAR image matching, Geophys. Res. Lett., Vol.36, L07302, doi:10.1029/2008GL036907, 2009.

8）JAXA EORC: AVNIR-2による中国四川省で発生した地震に関する観測結果, 2008.
http://www.eorc.jaxa.jp/ALOS/img_up/jdis_av2_eq_080515.htm (accessed 21 Oct. 2011)

9）同,（2）, 2008.
http://www.eorc.jaxa.jp/ALOS/img_up/jdis_av2_eq_080516.htm (accessed 21 Oct. 2011)

10）同,（3）, 2008.
http://www.eorc.jaxa.jp/ALOS/img_up/jdis_opt_eq_080518.htm (accessed 21 Oct. 2011)

11）同,（6）, 2008.
http://www.eorc.jaxa.jp/ALOS/img_up/jdis_china_eq_080604.htm (accessed 21 Oct. 2011)

2.4
ハイチ地震
2010

(1) 災害の概要

ハイチ共和国（以下ハイチ）時間の2010年1月12日16時53分（日本時間13日6時53分）に、ハイチの首都ポルトープランス［図1］の西南西25kmでM7.0（アメリカ合衆国地質調査所発表、以下USGSと略す）の地震が発生した。ハイチでのこのような大きな地震発生は、1860年以来のことである。USGSによる震源速報では、震央は北緯18.457度、西経72.533度、震源の深さは13kmで、今回の地震はエンリキロ－プランテインガーデン断層帯の左横ずれの断層活動によって発生したとされている。地震規模が大きく、震源が浅い地殻内の地震のため、大きな被害が出ており、国連人道問題調整事務所（OCHA）によると、1月22日時点で111,481人の死亡がハイチ政府により確認されるなど、単一の地震災害としては近年空前の大規模なものとなった。

(2) SAR衛星による建物倒壊の把握

震災後の2010年1月20日に、パスコでは、XバンドのSAR衛星のTerraSAR-Xから、震源に近いポルトープランスを含む範囲を撮像した。撮像諸元は、下記のとおりである。

・撮像モード：StripMapモード
・分解能：約3m
・入射角：38度
・軌道：ディセンディング（南行軌道）
・偏波：水平偏波・単偏波（HH）

［図2］は、地震後に撮像されたTerraSAR-X画像、震源及び断層の位置関係を表したものである。［図3］は、地震前の2009年10月13日に撮像した画像と地震後の2010年1月20日に撮像した画像をもとに、建物等の変化に起因する後方散乱強度の違いに着目して、地震被害の画像解析を試みたものである。後方散乱強度が変化した箇所を赤く表示している。これらの変化箇所は、地震による倒壊建物及び道路等に散乱した瓦礫などを捉え

［図1］ハイチ共和国と首都ポルトープランス

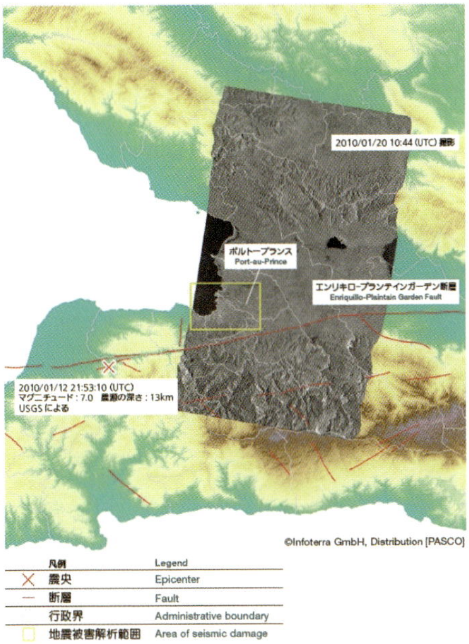

［図2］撮像画像と震源、断層の位置関係

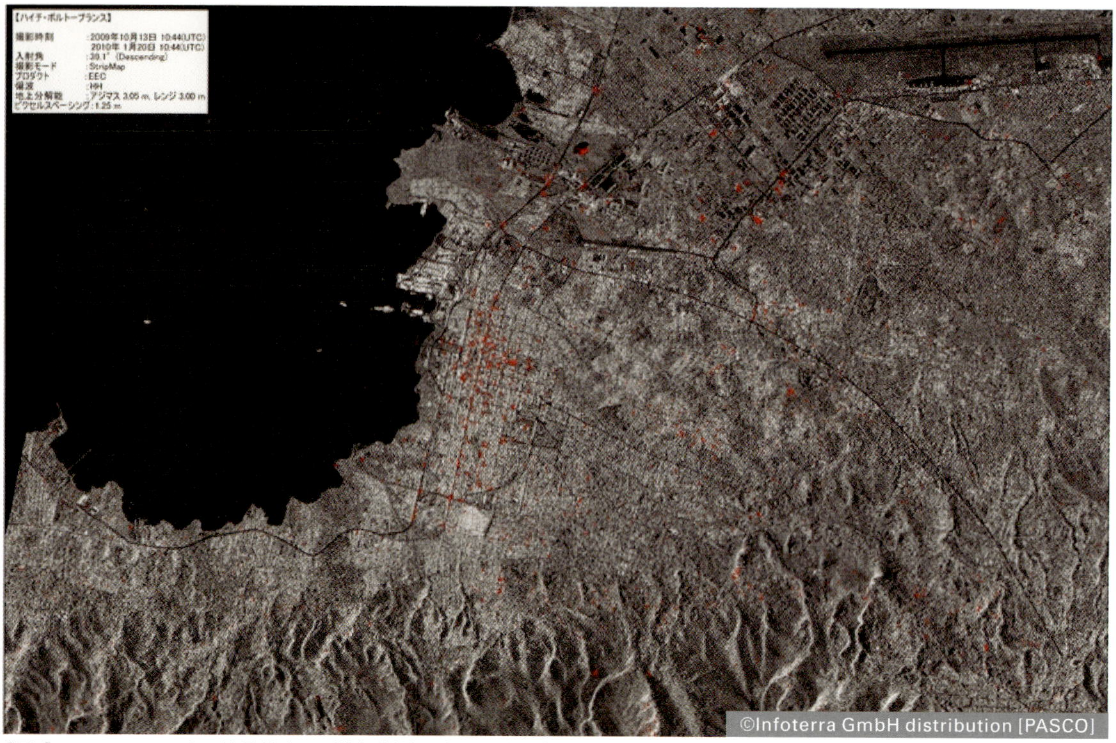

［図3］TerraSAR-Xによる地震被害の画像解析結果（パスコ作成）

ている可能性が高いと考えられる。

［図4］及び［図5］は、震災前後に同一条件で撮像した同一の建造物を示している。［図4］の震災前に撮像した画像では、建造物の輪郭が明確に捉えられているが、［図5］の震災後では建造物が崩壊したため、輪郭が不明瞭に変化していることがわかる。

［図6］は、画像解析から得られた結果を用いて、250mメッシュの中の被災程度を推定したものである。色が濃くなるほど被災した建物等の面積が大きいことを示している。

本解析では、SAR画像に表れる建造物特有の二面反射が、倒壊により消失することを活用した。その結果、大きな建造物1棟ごとの被災について抽出することができた。よって、本解析手法は、今後の震災対応に大いに役立つと思われる。

(3) 光学衛星による被害状況判読

2010年1月12日に発生したハイチ地震の翌日以降、米国GeoEye社では、GeoEye-1とIKONOSの2つの高分解能光学衛星を用い、首都ポルトープランスを中心とした緊急撮影を実施した。2010

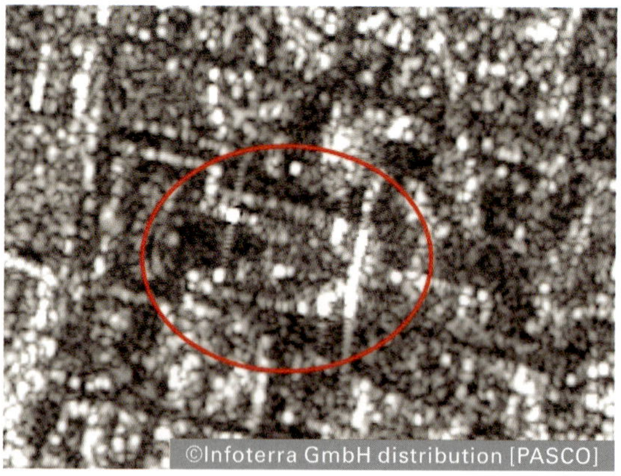

［図4］地震前の建造物（2009年10月13日）

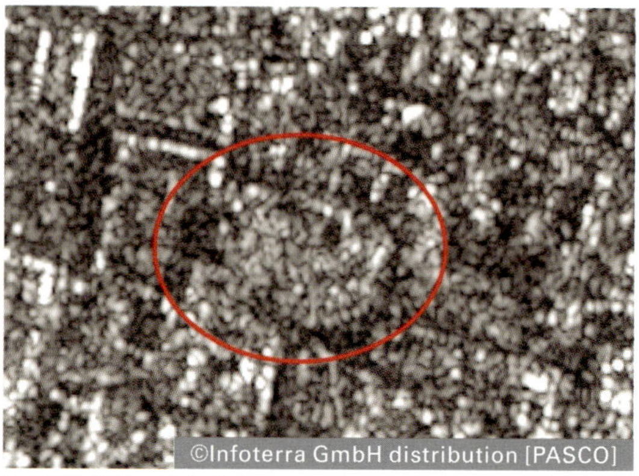

［図5］地震後の建造物（2010年1月20日）

海外編 地震・津波災害

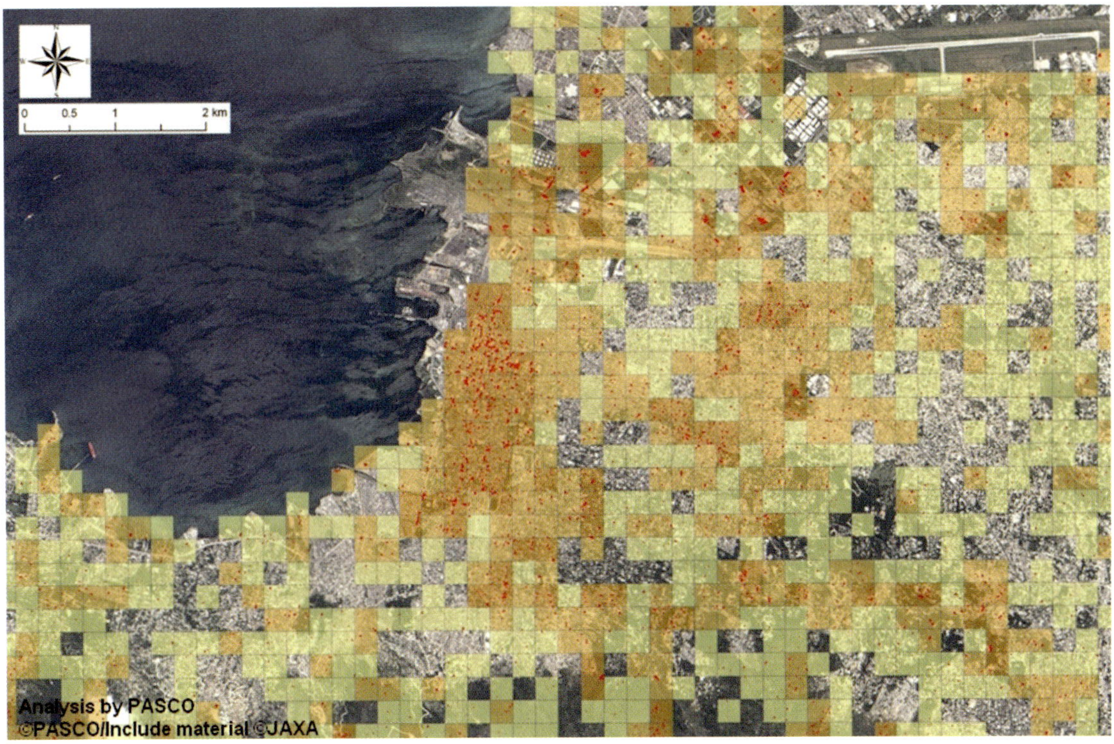

［図6］TerraSAR-Xによる地震被害評価図（パスコ撮影）

年1月13日から20日までに延べ約25,000km²が撮影され［表1、図7］、同年3月末までにはハイチ全土の震災後画像が撮影された。

単画像による判読

［図8］は、2010年1月16日にGeoEye-1により撮影された首都ポルトープランスにある大統領府近くの画像で、大きな倒壊箇所を単画像より目視判読した結果である。赤丸が顕著に倒壊している状況が判読できた箇所であり、ハイチ大統領府を含め多くの建物が倒壊している。また、広場には多くの人が集まっている状況も判読できる。このことから首都機能が喪失されてしまっていることが想像され、報道などでは、実にポルトープランスの4分の3が被害を受け再建の必要があると言われている。

ステレオ画像による判読

［図9］～［図11］は、2010年1月16日にGeoEye-1により撮影された首都ポルトープランス周辺のステレオ画像の一部拡大である。なお、GeoEye-1は同一軌道によるステレオ撮影が可能であり、RPC（Rational Polynomial Coefficient）ファイルが提供されているので、ステレオ立体視が可能なソフトで簡単に立体視判読を行うことが可能である。［図9］～［図11］は、平行法を用いることにより立体視が可能である。

［表1］GeoEye-1とIKONOSによる撮影状況

撮影日	衛星	撮影シーン数
2010年1月13日	GeoEye-1	12
2010年1月14日	IKONOS	18
2010年1月15日	IKONOS	20
2010年1月16日	GeoEye-1	3
2010年1月17日	IKONOS	13
2010年1月18日	GeoEye-1	4
2010年1月19日	GeoEye-1	5
2010年1月20日	IKONOS	9

［図9］は、ハイチ大統領府で画像右側が正面となる。中央部分の屋根とエントランスの上部が倒壊し、正面玄関前には倒壊した瓦礫が散乱している様子が判読できる。また、正面向かって左側回廊が建物の内側に倒壊している。

［図10］は、大統領府近くにある大聖堂である

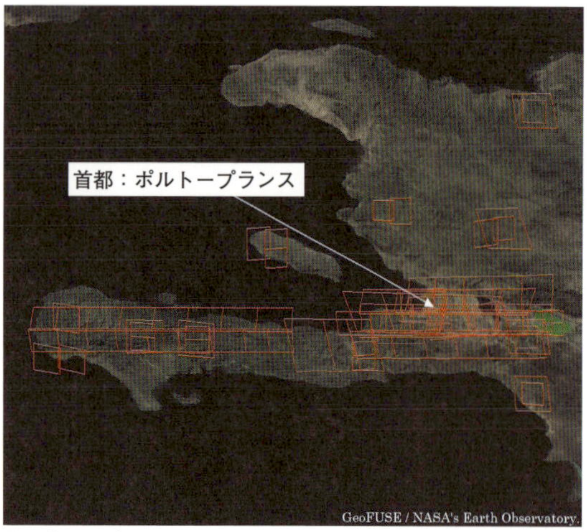

［図7］2010年1月13日から20日までの撮影エリア

が、屋根がすべて崩落し外壁だけの状態となり内部が露わになっているのが判読できる。また、大聖堂の右側の建物も倒壊しており瓦礫となって積み上がっている。

［図11］も、大統領府の近くの建物であるが、建物の左側中央部分が大きく倒壊し、瓦礫が雪崩のように道路にまで散乱している様子がはっきりとわかる。

以上より、高分解能光学衛星の単画像によって、都市災害の全体状況が判読でき、さらに、ステレオ画像を判読することで、より詳細な倒壊状況などを把握することが可能である。また、高分解能光学衛星画像は、復興支援を行う国々の関係機関への迅速な提供が可能であり、詳細な被害状況判読が可能であることから、震災直後の人的・物的支援の意思決定に利用されることが期待される。

参 考 文 献

1）GeoEye社HP:GeoFUSE（アーカイブ検索）
http://geofuse.geoeye.com/maps/Map.aspx

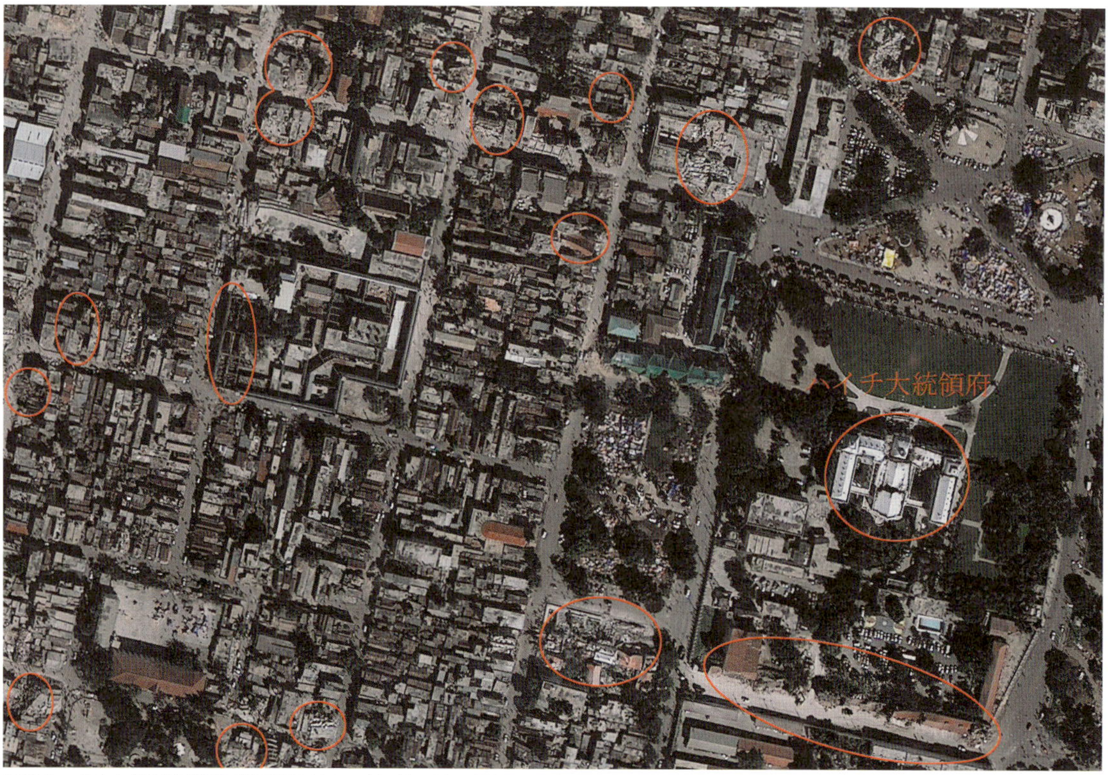

［図8］ハイチ大統領府周辺（単画像）（2010年1月16日、©GeoEye）

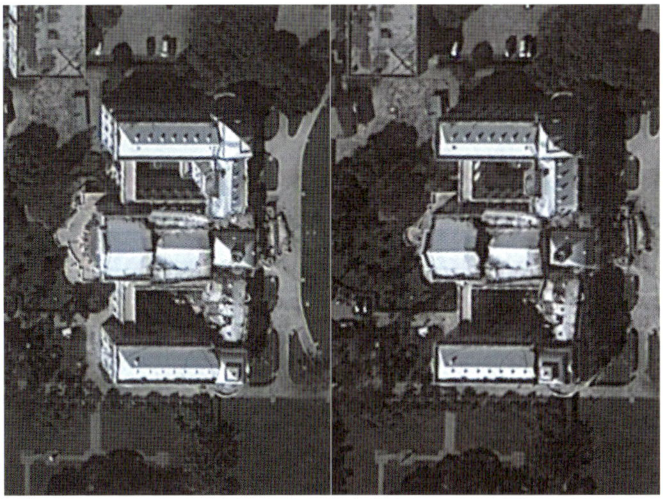

[図9]ハイチ大統領府(ステレオ画像)(2010年1月16日、©GeoEye)

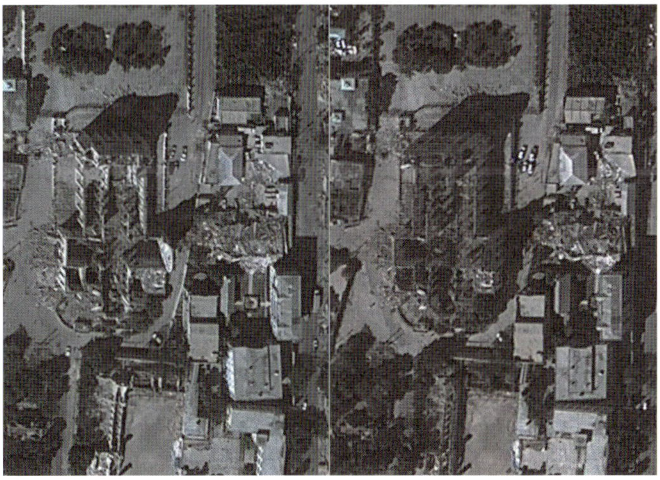

[図10]ハイチ大統領府近くの大聖堂(ステレオ画像)
(2010年1月16日、©GeoEye)

[図11]ハイチ大統領府近くの建物(ステレオ画像)
(2010年1月16日、©GeoEye)

3.1
ピナツボ山大噴火

1991

(1) 災害の概要

マニラから約95km離れたところにあるピナツボ山（Mt. Pinatubo）は、フィリピンのルソン島にある火山であり、1991年に20世紀における最大規模の大噴火を引き起こした。この噴火のために、1,745mだった標高は、噴火後に1,486mまで低くなっている。1991年6月の噴火はおよそ500年ぶりに起きたもので、その規模と激しさは20世紀最大級だったが、噴火のピークを事前に予測することに成功し、周辺地域から数万人を避難させ多くの人命が救われた。しかし、周辺地域では火砕流と火山灰に加え、火山堆積物に雨水がしみ込んで流動化する火山泥流が発生して数千棟の家屋が倒壊するなど、周辺環境には多大な被害を出した。火山泥流は噴火後も毎年のように発生し続けている。さらには、噴火の影響は世界中に及び、1883年のクラカタウ噴火以来の大量のエアロゾルが成層圏に放出され、全球規模の硫酸エアロゾル層を形成し何カ月も残留した。このため、地球の気温やオゾン層にも影響を与えたとされている。

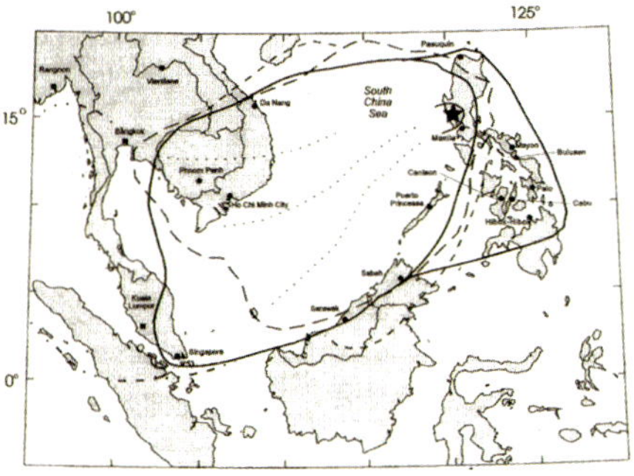

［図1］ピナツボ山の位置と1991年の噴火で降灰した地域（USGS提供）

(2) MOS-1が噴火広域観測第一報

海洋観測衛星「もも1号」（MOS-1）は、人工衛星による地球観測システム開発の一環として、地球観測衛星の共通的技術の確立及び海洋現象の観測を主目的としたわが国初の地球観測衛星であった。このもも1号には可視近赤外放射計（MESSR）、可視熱赤外放射計（VTIR）、マイクロ波放射計（MSR）の3種類のセンサが搭載され、1987年2月19日に打ち上げられ、1995年11月29日に停波し運用を終了した。MESSRは、電子走査式放射計であり、可視域2バンド（0.51μm～0.69μm）、近赤外域2バンド（0.72μm～1.10μm）を搭載し、地球上空約909kmから、空間分解能約50m、観測幅約100kmで地球を観測した。［図2］は、JAXA地球観測センターにおける地球観測衛星の直接観測可能領域を示す。

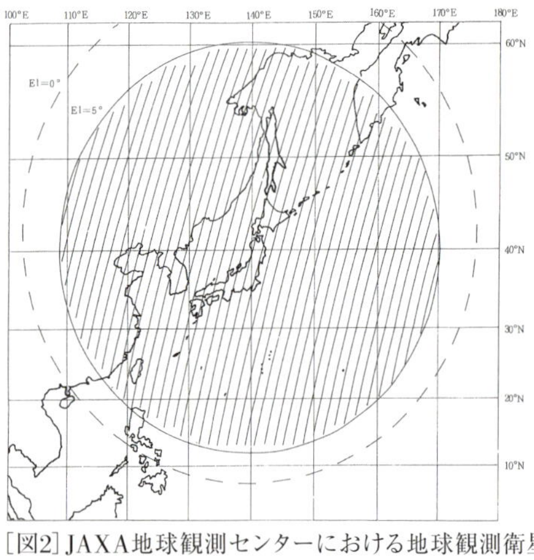

［図2］JAXA地球観測センターにおける地球観測衛星の直接観測可能領域

一般的には、ピナツボ山のあるフィリピンは当該の領域よりも南であり、直接観測は困難でデータレコーダあるいはデータ中継衛星を用いる必要がある。しかしながら、MOS-1/MESSRは50mとLANDSAT TMに比べて分解能が低く、かつ観測領域も狭かったが、幸運にしてMOS-1の衛星高度が約909kmと高く、ピナツボ山付近までを日本から直接観測することができた。

筆者自身は1989年にJAXA（当時の宇宙開発事

業団）に入社し、4月から埼玉県鳩山町にある地球観測センター（EOC）に勤務しており、かつ1990年2月7日のMOS-1bの種子島でのH-Iロケットで打ち上げ業務に従事する機会を得ていた。その翌年に、このピナツボ山の大噴火が発生した。このため、日本の衛星であり、かつ自分にも馴染の深い衛星が、大きな被害をもたらす火山噴火という自然災害の把握を行うということで、1991年6月の噴火以来、EOCでのMOS-1の受信とクイックルックでの監視に注目していた。しかし、ALOSのように光学・SARの両センサを有し、2日以内に世界中のどこでも特定の場所が緊急観測できる場合と異なり、MESSRという首振りができない光学カメラでは、雲に覆われることが多く、かつ噴煙が上がっているピナツボ山を観測できる機会は大変限られていた。このため、噴火後は、雲の合間からかろうじて状況が見られた画像が1991年6月26日に観測できた後、被雲量率50％以下となると、翌年の1992年1月26日まで適当な画像が取得できていない状況であった。

［図3、図4］は、それぞれ噴火前後のピナツボ山付近のMOS-1画像である。残念ながら6月の画像では、火山噴火が雲に邪魔されはっきりと見ることは難しい状況である。しかしながら、同年7月5日に、幸運にして、その周辺の観測データは品質が悪く欠損があり、シーンとして処理ができないにもかかわらず、ピナツボ山付近のみがはっきり撮影できる機会が得られた。

この日は、当該の領域のみ晴天であり、火山灰および火山の噴煙が非常にはっきり捉えられており、JAXAや関係する機関で多く使われるMOS-1のベストショットの一つといえる。なお、この後も当該の領域の観測はMOS-1でも継続され、1992年3月24日には大規模な噴煙は止まり、火山灰に覆われた様子と噴火前との植生の変化を比べることのできる画像がMOS-1により再び観測された。このように、MOS-1が噴火の広域観測第一報を提供でき、日本における地球観測衛星の災害観測の有用性を示す一里塚となったと考えている。

［図3］噴火前のピナツボ山付近のMOS-1画像（1991年3月16日）

［図4］噴火後のピナツボ山付近のMOS-1画像（1991年6月26日）

［図5］同（1991年7月5日）

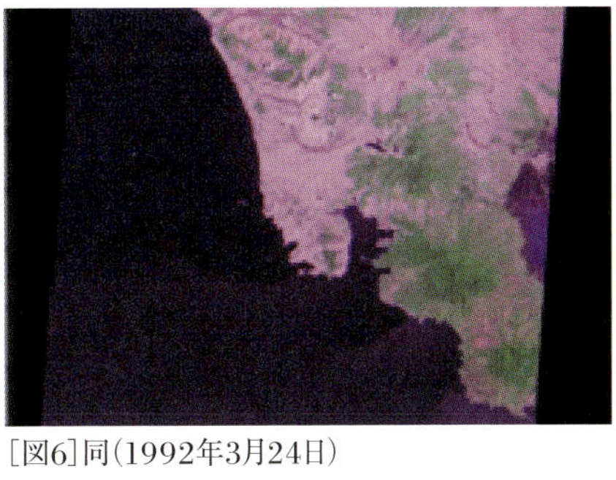

［図6］同（1992年3月24日）

参考文献

1）Tephra fall from 1991 eruption of Mt. Pinatubo http://pubs.usgs.gov/pinatubo/paladio/fig9.gif（accessed 4 Oct. 2011）

3.2 バイカル湖周辺森林火災

2003

(1) 災害の概要

森林火災は世界中で驚くほど頻繁に発生する自然災害である。森林火災はバイオマスを消失させ、大量のエアロゾルが大気を汚染するなど、地球環境に対して多大な影響を及ぼす。加えて、近年では二酸化炭素の大気中への放出や煙(エアロゾル)による気候システムへの影響も懸念されている。本節では2003年春にロシア東部バイカル湖周辺で多発的に発生した森林火災を衛星が捉えた様子を報告し、さらに今後に向けた衛星観測の強化について紹介する。

(2) 衛星による森林火災の観測

観測原理

森林火災の衛星観測は簡単ではない。なぜならば、陸面における可視光の反射率がエアロゾルによる反射率と同程度であるため、陸面とエアロゾル層の見分けがつきにくいからである。これまでに①エアロゾルの影響を受けにくい短波長赤外を利用する方法、②偏光を利用する方法、③陸面反射率が比較的小さな波長を用いる方法が提案されてきた。このうち③については、0.412μmの波長を用いるディープブルー（Deep Blue）アルゴリズムがNASAなどで用いられている。日本では「みどりⅡ」搭載グローバル・イメージャ（GLI）と「いぶき」搭載雲エアロゾルイメージャ（CAI）が有する0.38μmバンドによるNUV（Near Ultra Violet）アルゴリズムが採用されている[1)]。最近では衛星搭載ライダを用いた鉛直構造の観測も可能になっている。

シベリアで発生した森林火災

［図1］は「みどりⅡ」搭載GLIが2003年5月8日に捉えたバイカル湖近辺の様子である。純白に見える領域は氷結したバイカル湖、雪原、雲、灰色に見える領域が森林火災から流れ出たエアロゾルである。図中で赤く示されている点はホットスポット（火元）である。各ホットスポットからエアロゾルが南東に向けて流れ出している様子が明瞭に捉えられている。

［図2］はGLIデータにNUVアルゴリズムを適用してエアロゾルの分布を抽出したものである(2003年5月19日)。図によると、大量のエアロゾルがシベリアやカムチャッカ半島の北西上空を通り抜け、数千km離れたアラスカまで到達している様子がわかる。

森林火災の影響

森林火災はバイオマスの消失や大規模な大気汚染をもたらし、地球環境、公衆衛生に大きな影響を与える。放射への影響も大きい。例えば厚いエアロゾルが地表に到達する太陽光を遮って地表付近を冷やす一方で、吸収性エアロゾルは太陽光を吸収し大気を温める。さらに、雲、エアロゾル、放射の複雑な相互作用を通じた気候システムへの影響も重要である。

森林火災観測に活躍する日本の衛星

森林火災の影響を正確に把握するためには、大規模に広がるエアロゾル分布を観察する必要がある。したがって、まずは一度に広い領域を捉えられるイメージングセンサが不可欠である。日本ではGCOM-C衛星搭載SGLI（Second-generation GLI)がその役を担う[2)]。ホットスポット周辺の詳細な観測には「だいち」シリーズのイメージングセンサが有効である[3)]。相互作用の研究や航空機運航への影響を把握するためには、エアロゾルの高度分布を知る必要があり、能動型センサが有効である。このため2010年代中盤に日欧共同によるEarthCARE衛星が投入される予定である。

以上に述べたように、森林火災観測は地理情報技術と地球科学の連携により精力的に実施されている。

［図1］バイカル湖周辺で発生した森林火災。「みどりⅡ」搭載グローバル・イメージャ（GLI）が2003年5月8日に撮影した画像。無数に存在する赤色域は3.7μmバンドを使用して推定したホットスポット領域（火元）

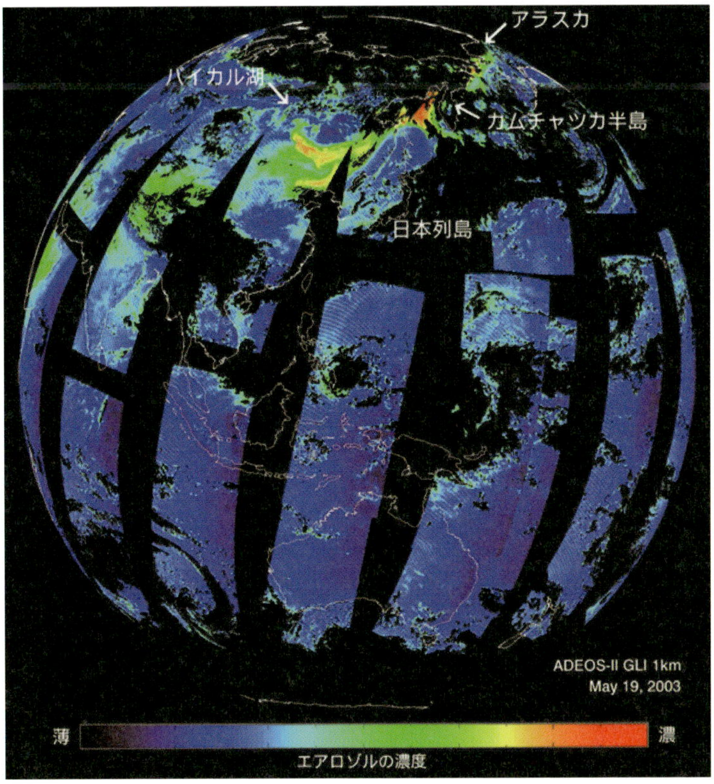

［図2］「みどりⅡ」搭載グローバル・イメージャ（GLI）0.38μmバンドを用いたNUVアルゴリズムで推定した準全球規模におけるエアロゾルの濃度。2003年5月19日の取得データを解析した

参考文献

1) Hoeller, R., Higurashi, A., Nakajima, T., and Nakajima, T. Y.,: A method for satellite remote sensing of aerosols over land surfaces using GLI's UV-channel, IUGG 2003 (Sapporo, Japan)
2) Shimoda, H.: GCOM missions, SPIE, GEOSS and Next-Generation Sensors and Missions, Mango, S. A., Navalgund, R. R. and Yasuoka, Y., Editors, Nov.2006, Vol.6407
3) Imai, T., Katayama, H., Imai, H., Hatooka, Y., Suzuki, S., and Osawa, Y.,: Current status of Advanced Land Observing Satellite-3 (ALOS-3), Proc. SPIE 7826, 78260C, doi:10.1117/12.866289, 2010.

3.3
メラピ火山噴火
2006

(1) 災害の概要

メラピ火山はインドネシアのジャワ島中部に位置する標高2,968mの安山岩質成層火山である[図1]。また、メラピ火山はインドネシアで最も活動的な火山の一つであり、1548年以降70回以上の噴火が記録されている。メラピ火山の南30kmには人口35万人のジョグジャカルタ市があり、メラピ火山の周辺にも多くの人々が定住しており、火山災害の危険が高い地域である。近年の噴火では地下からマグマが押し出され、これが溶岩ドームを形成し、溶岩ドームが崩壊して火砕流が頻発している。火砕流は谷沿いを流れて堆積し、さらに豪雨によって土石流となって人家や耕作地を襲う。1930年にはメラピ火山の噴火によって1,300人が死亡した。このような火砕流は「メラピ型火砕流」と呼ばれ、1991年には雲仙・普賢岳で発生した「メラピ型火砕流」によって43人が死亡した。

2002年以降比較的静穏であったメラピ火山は2006年3月の地震活動から火山活動を活発化した。山頂に溶岩ドームが成長し、4月には南西方向に、5月以降には南東方向に火砕流が発生した。6月14日には火砕流が山頂から約7km南のKaliademの集落を襲った。Kaliademの住民は避難していたが、住民の避難を手伝っていた2人が犠牲となった。ここ数十年、南側に火砕流が流下することがなかったため、メラピ火山南麓に多くの人々が定住していた。その当時Kaliademには避難命令が出されていたため、犠牲者は2人にとどまったが、多くの家屋と耕作地が被害を受けた。[図2]に筆者が9月7日に現地を訪れた際に撮影したKaliademの被害の様子を示す。このような地域は繰り返して被害を受ける可能性が高いことから、地元の火山防災担当者は住民をより安全な場所へ移住させたいと考えているが、経済的な問題で進んでいないと話していた[1]。

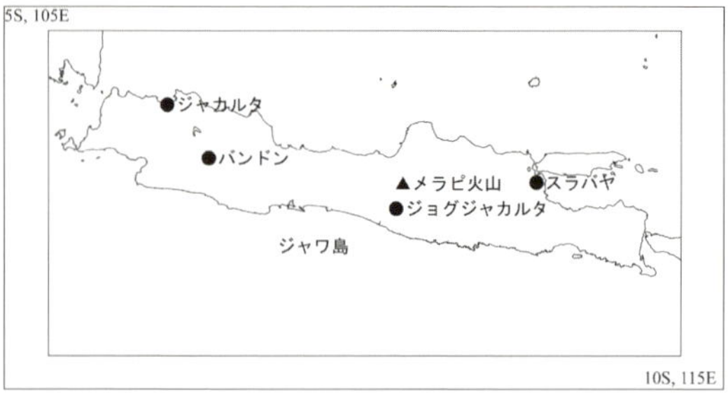

[図1] インドネシアジャワ島中央部の地図

[図2] 火砕流の被害を受けたKaliademの様子[1]
撮影地点は南緯7度34分58.6秒、東経110度26分56.4秒。破壊された建物の向こうに噴煙を上げるメラピ火山が見える(2006年9月7日撮影)

2010年9月から再び火山活動が活発化し、10月には大きな地殻変動が観測されたことから、1万9千人の住民に避難勧告が出された[2]。その後、多数の火砕流・土石流が発生し、11月には死者283人、避難所での生活者は17万人に上った。家屋は大量の降灰によって覆われ、畑の作物は収穫できなくなった。ジョグジャカルタ空港は火山噴火の影響で11月20日まで閉鎖されていた。

(2) 衛星によるメラピ火山2006年噴火の観測

[図3(a)] は2003年6月30日にASTER[3] が撮影したメラピ火山の画像である。これは2006年の噴火前の画像であるが、山頂部はたび重なる火山活動によって植物が生育していないため、青白に見える。南西側の斜面も青白に見えるが、これ

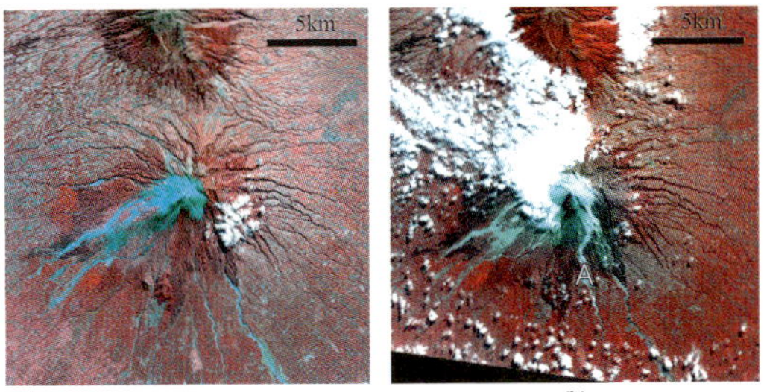

(a)　　　(b)

［図3］メラピ火山のASTER VNIR画像
(a)は2003年6月30日に、(b)は2006年7月8日に撮影した。赤く見えるのは植生、白く見えるのは雲、灰色は裸地。Aは火砕流の被害を受けたKaliadem(南緯7度34分58.6秒、東経110度26分56.4秒)

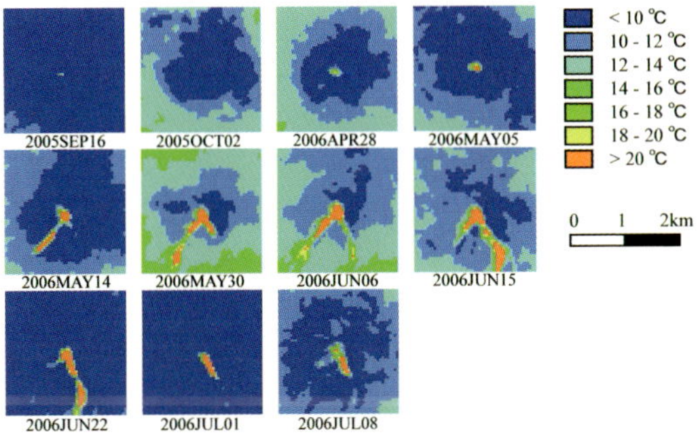

［図4］ASTER TIRで観測したメラピ火山山頂付近の表面温度分布の変化[1]

は火砕流と土石流の跡である。［図3(b)］は2006年7月に撮影された画像であるが、［図3(a)］と比較して南斜面にも火砕流または土石流が発生したことがわかる。ASTERは地表温度を観測する機能もある。［図4］にASTERで観測したメラピ火山の山頂付近の表面温度の変化を示す。山頂部分の温度が上昇し、5月14日の観測では高温部分が山頂から南西方向に拡大し、その後、南東または南方向に高温部分が拡大していった様子がわかる。これらの高温部分の拡大は火砕流の発生に対応すると考えられる。

［図5］はPRISM[4]によって2006年9月12日に撮影されたメラピ火山の山頂部の画像である。PRISMの解像度（2.5m）は詳細な情報を得ることができる。PRISMは直下視のほかに、前方視と後方視の画像も撮影できるので、これらを組み合わせて立体視することができる。メラピ火山は起伏が激しいので、前方視－後方視よりも前方視－直下視または直下視－後方視の方が立体視しやすかった。［図5(b)］に前方視画像を示すので［図5(a)］の直下視と組み合わせて立体視に挑戦していただきたい。立体視することによって崩壊した溶岩ドームが南東に傾斜していることや、溶岩ドームの北側にいくつもの崖が存在することが容易に認識できる。

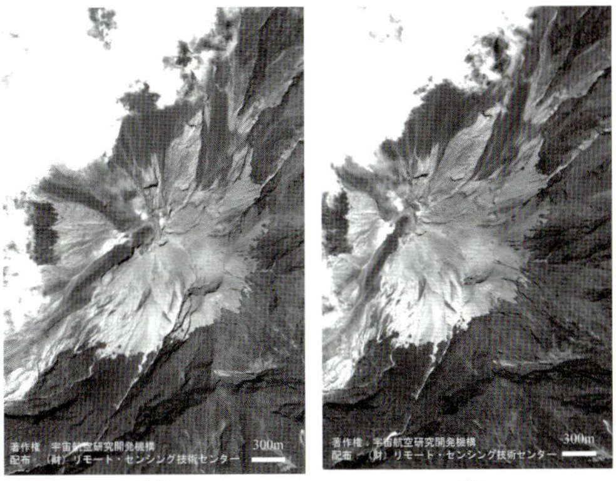

(a)　　　(b)

［図5］メラピ火山のPRISM画像[1]（2006年9月12日撮影）
(a)は直下視画像、(b)は前方視画像。立体視を可能にするため、画像の右方向を北方向とした

参考文献

1) 浦井稔：地球観測衛星から見たインドネシア, メラピ火山の2006年噴火, 地質ニュース, Vol.636, pp.35-41, 2007.
2) Smithsonian Institution: Global Volcanism Program, 2011. http://www.volcano.si.edu/world/(accessed 21 Sep. 2011)
3) Yamaguchi, Y., Kahle, A.B., Tsu, H., Kawakami, T. and Pniel, M.: Overview of Advanced Spaceborne Thermal Emission and Reflection Radiometer(ASTER), IEEE Transactions on Geoscience and Remote Sensing, Vol.36, No.4, pp.1062-1071, 1998.
4) EORC, JAXA: ALOSについて, http://www.eorc.jaxa.jp/ALOS/about/jprism.htm(accessed 21 Sep. 2011)

3.4
ピトン・デ・ラ・フルネーズ火山噴火
2007

(1) 災害の概要

火山噴火に伴う災害

マダガスカルの東およそ700kmの西インド洋にあるレユニオン島はフランス領の長径80km、短径60kmの火山島である［図1］。ピトン・デ・ラ・フルネーズ火山（Piton de la Fournaise、標高2,632m、南緯21度13分51秒、東経55度42分45秒）[1] は、レユニオン島の南東に位置する、ホットスポットに起因する活火山である。最も古い山体は火山の西側に露出し、巨大な楯状火山として成長した。29～22万年前に山体の東部が崩壊してカルデラが形成された。その後、山体が成長し再び山体崩壊が発生し、最初カルデラの西側に第二のカルデラが形成された。約5,000年前に山体の東部が大きく崩壊し、東に向かって開いた南北10kmの第三のカルデラが形成された[2]。この火山は16世紀から噴火の記録が残っており、1998年から2010年には毎年噴火した[1]。ほとんどの噴火はハワイ式で、溶岩噴泉と何kmにも及ぶ溶岩流を出す。噴火の最終ステージは、しばしばストロンボリ式の活動をする[3]。噴火は山頂火口だけでなく、カルデラ内の至るところから発生し、人家や畑・道路などに被害を及ぼし、溶岩流は海岸に達することもある。

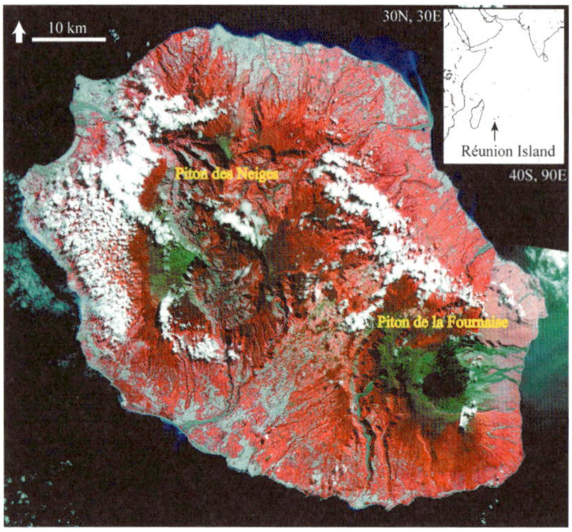

［図1］レユニオン島のASTER VNIR画像

2006～2007年の噴火[1]

2006年3月から地震活動が始まりそれが徐々に増加、7月には山頂から噴火が始まり、その後、山腹からも噴火した［図2］。この活動は2007年に入っても継続し、2007年4月6日に山腹で大規模な割れ目噴火が発生した。この噴火は溶岩が200mの高さにまで噴き上げられた大規模な噴火で、その溶岩流は海岸まで達した。噴出した溶岩の総量は$1.2 \times 10^8 m^3$と推定され、1900年以来、最大の溶岩噴出となった。この山腹噴火と同時または数日後に、山頂火口が東西1.1km、南北0.8km、最大深さ330mにわたって陥没した。山頂火口が噴火することなく陥没する事象は2000年三宅島噴火と共通するが、珍しい現象で注目された。

［図2］山腹を流れる溶岩流[3]

(2) ASTER[4] による火山噴火観測[5]

ASTERのステレオ画像から作成した数値地形モデル（DEM）を噴火前（2005年6月8日）と噴火後（2007年5月6日）で比較したところ、約東西800m、南北600m、深さ320mの地形変化を検出した［図3］。これは山頂陥没に伴う地形変化である。また、4月9日の夜間観測では、山頂に直径

500m程度の環状の熱異常が観測された[5)]。これは一定の高さにあった熱水ゾーンに関連する高温域が火口の陥没によって地表に現れたものかもしれない。5月4日の夜間観測では、溶岩堆積域が熱異常として捉えられ［図4］、その面積は3.85km²であった。さらに、噴火前後の画像の比較によって、溶岩によって埋め立てられた海域の面積が0.52km²と推定された。ASTER画像の解析結果と現地調査結果の比較［表1］によれば、両者は良い一致を示す。流出した溶岩の体積を推定するためには溶岩の厚さを推定する必要があるが、ASTERから得られるDEMの高さ精度が15mであるため、30～40mの溶岩の厚さを推定することは難しい。

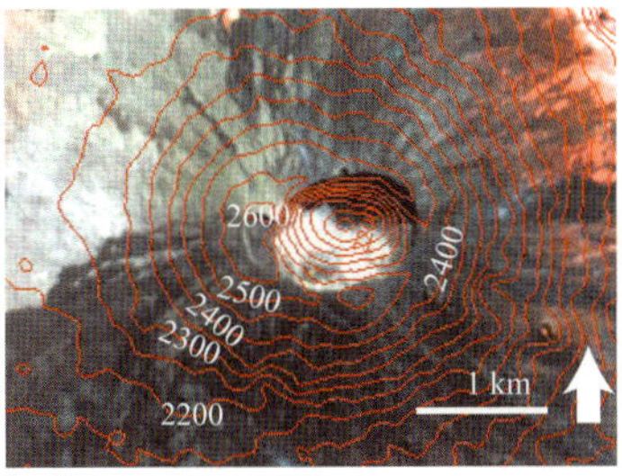

(a)

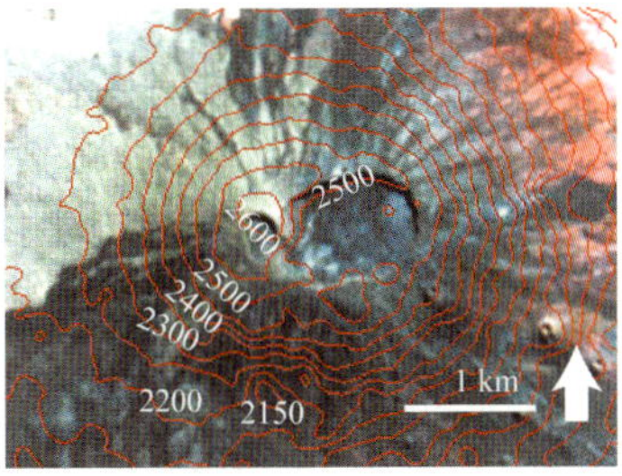

(b)

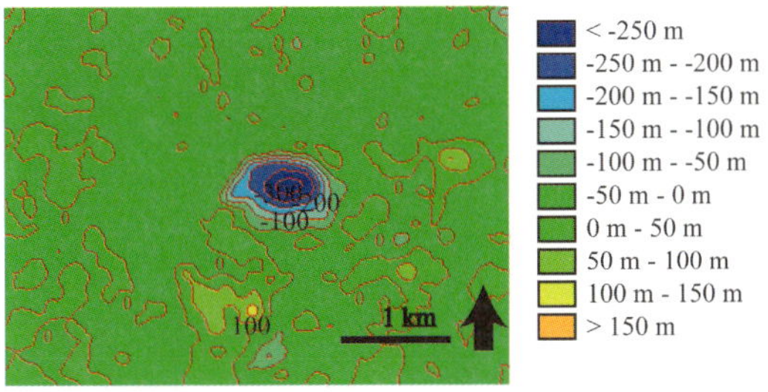

(c)

［図3］ピトン・デ・ラ・フルネーズ火山の噴火前後のDEM
(a)は2007年5月6日（噴火後）に観測されたASTER VNIR画像とDEM、(b)は2005年6月8日（噴火前）に観測されたASTER VNIR画像とDEM、(c)はDEMの差

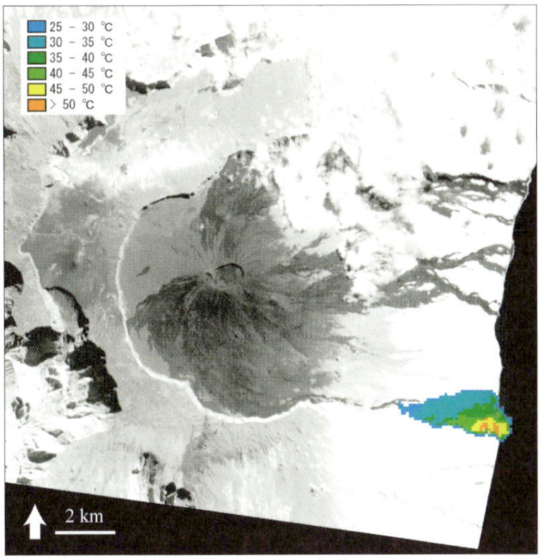

［図4］2007年5月4日夜間に観測されたASTER TIRから推定した温度異常域。背景はASTER VNIR画像

［表1］ASTER観測と現地調査の比較

	ASTER観測	現地調査
最大陥没深度	320m	330m
陥没体積	9.6×10^7m³	$1.0\text{-}1.2\times10^8$m³
溶岩堆積面積	3.85km²	3.6km²
溶岩体積	-	1.2×10^8m³
陸域拡大面積	0.52km²	0.45km²

参考文献

1) Smithsonian Institution: Global Volcanism Program, 2011. http://www.volcano.si.edu/world/(accessed 21 Sep. 2011)

2) 荒牧重雄・白尾元理・長岡正利編:理科年表読本 空からみる世界の火山, 丸善, 1995.

3) Souvet, L. and Dorr, P.: Fournaise.info, 2011 http://www.fournaise.info/(accessed 21 Sep. 2011)

4) Yamaguchi, Y., Kahle, A.B., Tsu, H., Kawakami, T. and Pniel, M.: Overview of Advanced Spaceborne Thermal Emission and Reflection Radiometer(ASTER), IEEE Transactions on Geoscience and Remote Sensing, Vol.36, No.4, pp.1062-1071, 1998.

5) Urai, M., Geshi, N., and Staudacher, T.: Size and volume evaluation of the caldera collapse on Piton de la Fournaise volcano during the April 2007 eruption using ASTER stereo imagery, Geophys. Res. Lett., Vol.34(L22318), pp.1-7, 2007.

3.5

アイスランド火山噴火

2010

（1）災害の概要

世界最北の島国、アイスランドのエイヤフィヤトラ氷河［図1］の火山は、2010年4月14及び17日に大規模な噴火を起こした。アイスランドは大西洋中央海嶺の真上にある火山島で130の火山を持ち、約5年周期で噴火が発生している。この噴火によって、周辺住民の約800人が避難し、降灰が欧州全土に広がって複数の空港が閉鎖される事態となった。

（2）SAR衛星による火山の降灰範囲の把握

パスコでは、TerraSAR-Xを用いて、火山の活動中である2010年3月20日、3月31日、及び4月22日に、同一エリアを同一の条件で撮像した。それぞれの画像は、［図2～図4］である。撮像諸元は、下記のとおりである。

・観測日：2010年3月20日、2010年3月31日、
　　　　　2010年4月22日
・撮像モード：StripMapモード
・分解能：約3m
・入射角：37度
・軌道：ディセンディング（南行軌道）
・偏波：水平偏波・単偏波（HH）

［図1］エイヤフィヤトラ氷河の位置

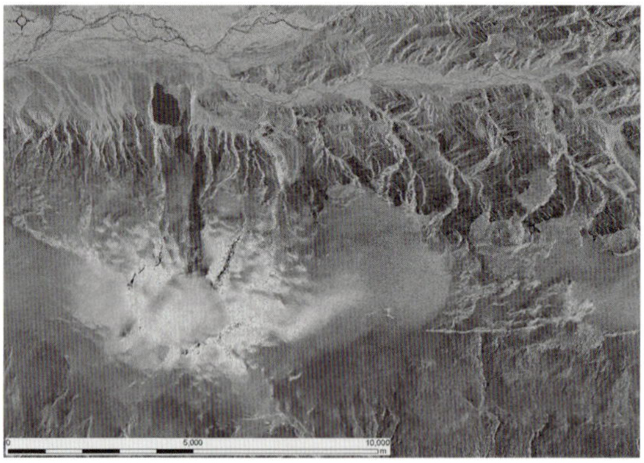

［図2］2010年3月20日の画像
（© Infoterra GmbH, Distribution［PASCO］）

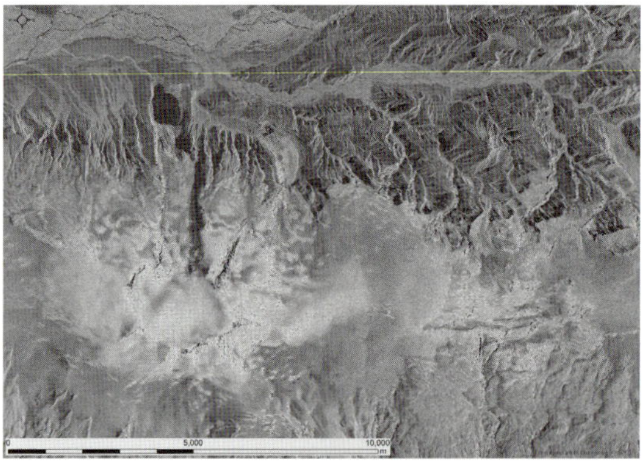

［図3］2010年3月31日の画像
（© Infoterra GmbH, Distribution［PASCO］）

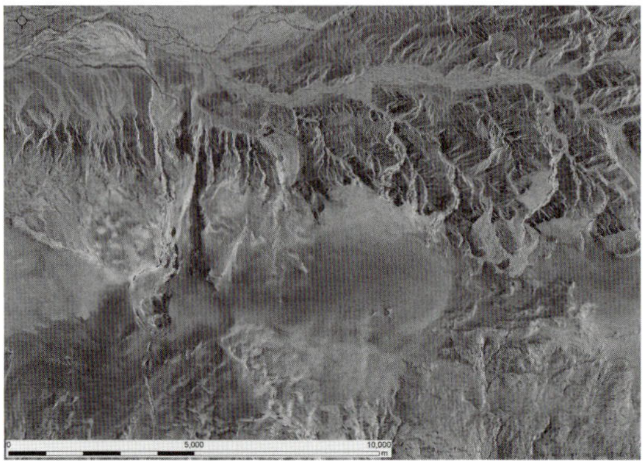

［図4］2010年4月22日の画像
（© Infoterra GmbH, Distribution［PASCO］）

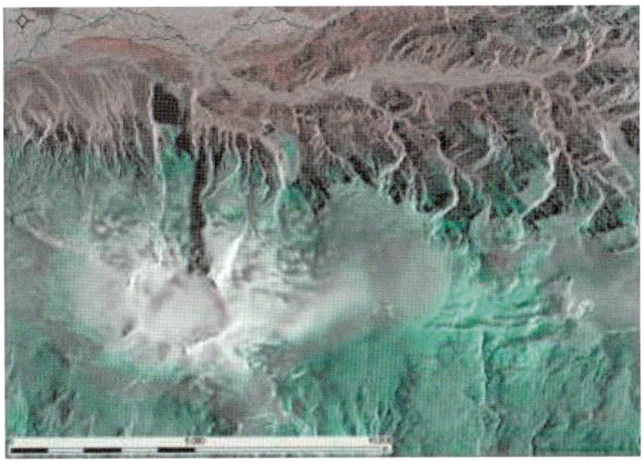

［図5］3月20日から3月31日の変化
（© Infoterra GmbH, Distribution［PASCO］）

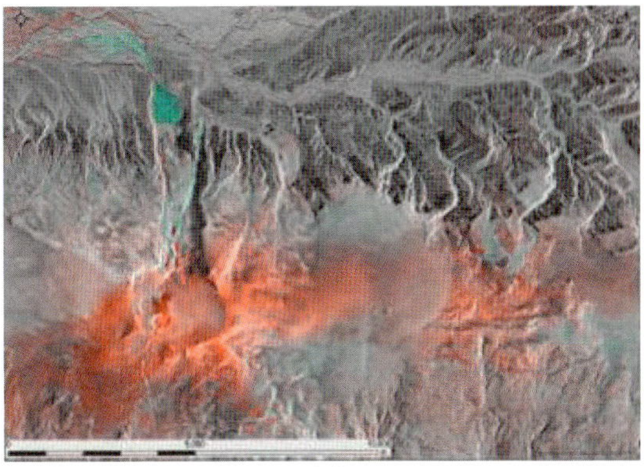

［図6］3月31日から4月22日の変化
（© Infoterra GmbH, Distribution［PASCO］）

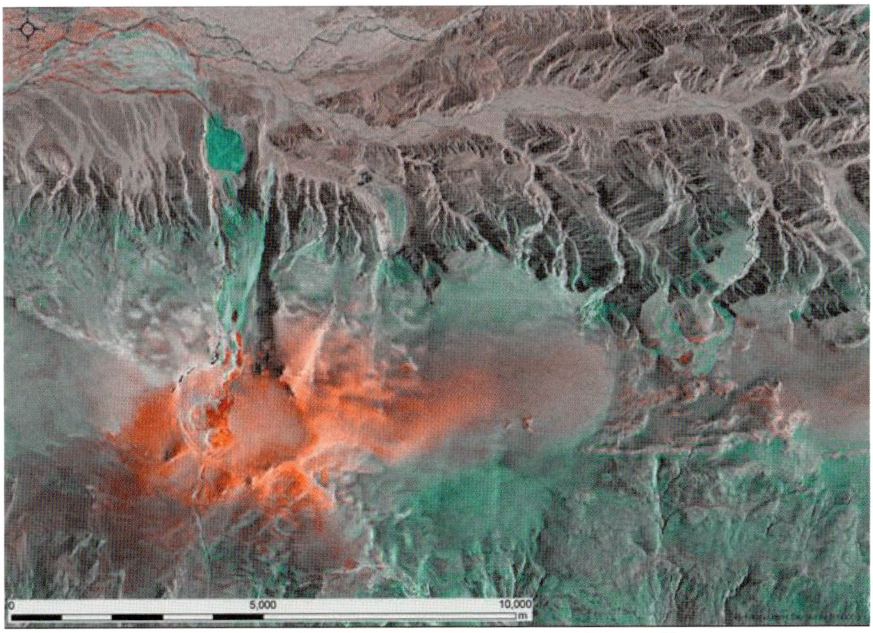

［図7］3月20日から4月22日の変化（© Infoterra GmbH, Distribution［PASCO］）

火山活動を調べるために、平滑な地表面はマイクロ波の反射強度が弱いというSAR画像の特性をもとに、2時期の画像の反射強度を比較して、地表面の変化を分析した。

［図5］は、3月20日と3月31日の2時期の画像を合成し比較したものである。青色の箇所は、3月31日の画像でマイクロ波の反射強度が増加したことを示している。

また、［図6］は、3月31日と4月22日の2時期の画像を合成し比較したものである。赤色の箇所は、4月22日の画像でマイクロ波の反射強度が減少したことを示している。これは地表面が滑らかになったことを示唆している。

さらに、［図7］は、3月20日と4月22日の2時期の画像を合成し比較したものである。赤色の箇所は、3月20日と4月22日の画像で、マイクロ波の反射強度が減少していることを示している。火山灰が降灰したことにより、地表面の凹凸が埋められ滑らかになったことが、マイクロ波の反射の減少につながったと考えられる。

以上の結果より、活動中の火山のモニタリングでは、噴煙などの影響で、ヘリコプター、航空機および光学衛星の観測が難しい場合でも、SAR衛星による観測が有用であることを確認することができた。

第 Ⅳ 部

トピックス

1.
昭和東南海地震
——尾鷲津波災害

1944

(1) 災害の概要

1944（昭和19）年12月7日午後1時に発生した東南海地震（以下､「昭和東南海地震」という）は､海洋プレートの沈み込みに伴い発生したM7.9の地震で、授業・勤務時間帯に重なったこともあり、学校や軍需工場等を中心に死者1,223人の被害が発生した[1)]。また、全半壊家屋は静岡、愛知両県を中心に5万棟以上に達した[2)]。昭和東南海地震は、歴史上繰り返し発生してきた駿河トラフと南海トラフ沿いを震源域とする地震であり、震度6弱相当以上となった範囲は、三重県から静岡県御前崎までの沿岸域の一部に及び、津波は伊豆半島から紀伊半島までを襲ったとされている[1)]。この地震による被害は軍需生産力にも大きく影響したため、地震に関する報道は、戦時報道管制により厳しく規制された。

(2) 米軍の偵察写真による津波被害状況の把握、地形との関連の分析

先に述べたように、この地震は戦時下の報道管制のため、詳しい被災記録がほとんど残っておらず、「隠された震災」とも言われている。しかし、数少ない史料やスナップ写真等から、三重県尾鷲市では市街地を中心に、地震に伴う津波により著しい被害が発生したことがわかっている。一方で、米国国立公文書館で昭和東南海地震の3日後（1944年12月10日）に三重県尾鷲市上空で撮影された米軍空中写真［図1］が発見され、この空中写真で津波により壊滅的な被害を受けた地域の範囲や打ち上げられた船などの被災状況を判読することができることが明らかになった[3)]。その後、この空中写真から空中三角測量により当時の地形データ（10mグリッドDEM: Digital Elevation Model）を取得、それを基にオルソ画像を作成し、この画像と尾鷲市作成の1:10,000都市計画図、当

［図1］尾鷲市上空から撮影された米軍空中写真

時の地形データ及び航空レーザ測量による現在の詳細な数値地形データ（2mグリッドDEM)､国土地理院の1:25,000土地条件図「尾鷲」等をGIS上で重ね合わせ、被災状況が当時または現在の地形とどのような関係にあるかを空間的に分析することにより、以下のような特徴が明らかとなっている[4)]。

①オルソ画像の判読から、家屋の流失などの著しい被害や打ち上げられた船などの被災状況が明瞭に確認でき、空中写真で判読した船などの位置は、地震翌日に撮影された地上写真から特定される位置とよく一致する［図2］。

②オルソ画像と1:10,000都市計画図とを重ね合わせたところ、当時から変化していないと思われる街路交差点等の位置がよく一致していることから、この米軍空中写真は写真測量に十分耐えうる画像特性を有し、オルソ化により位置参照画像として利用可能である。

③津波で壊滅的な被害を受けた地域（ほとんどの家屋が流出した地域）の範囲が現在の海抜3m以下の範囲と概ね一致している。

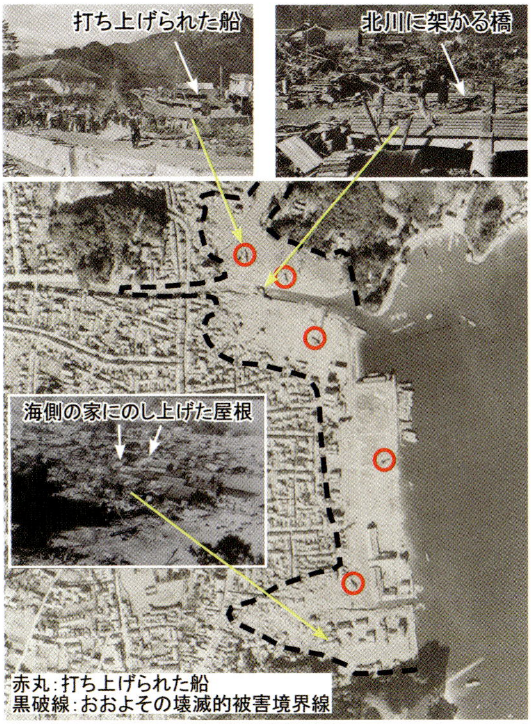

［図2］米軍空中写真オルソ画像による津波被害状況と地上写真（太田金典氏提供）との対応

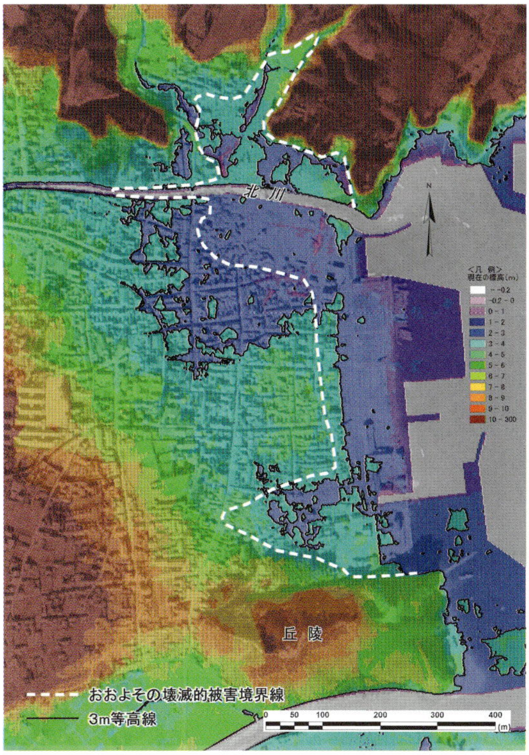

［図3］米軍空中写真と現在のDEMとの重ね合わせ

④特に市街地南部では、DEMにおいて浅い谷状の地形を呈する箇所が著しい被害を受けている［図3］。

⑤地震翌日の地上写真から、④の地域では津波によって流された家屋が海側の家屋にのし上げていることから、津波で浸入した海水が引く際に浅い谷状の地形に集中し、大きな被害をもたらしたと推定される。

⑥市街地北側を東西に流れる北川に沿った範囲にも被害が集中し、さらにその北側の谷地部では海抜3m以上の範囲にも津波の被害が見られる［図3］。

⑦一方、北川の南側の市街地は海抜3m以下であるが、壊滅的な被害を受けておらず、地形の効果による引き波の集中等がなく、比較的穏やかに海水が引いたと推定される。

⑧津波による壊滅的被害域の主な土地条件（地形分類）は海岸平野である。

このように、沿岸低地の微地形が津波被害の拡大に寄与したと考えられ、今後の津波災害に関する防災・減災計画立案には、詳細な微地形分類と航空レーザ測量による高精度なDEMが必要不可欠である。なお、本研究で使用した米軍空中写真は、日本地図センターで入手可能である。

参 考 文 献

1）中央防災会議災害教訓の継承に関する専門調査会:1944東南海・1945三河地震報告書, p.218, 2007.

2）水上武・内堀貞雄:東南海地震に就いて――特に震害と余震の分布, 地震研究所彙報, Vol.24, pp.19-30, 1946.

3）小白井亮一・小林政能・永井信夫・鈴木康弘:津波被害を捉えた航空写真－東南海地震の新たな資料を発見－, 写真測量とリモートセンシング, Vol.45, pp.69-72, 2006.

4）宇根寛・中埜貴元・小白井亮一・鈴木康弘:戦時中の米軍撮影空中写真が明らかにした東南海地震津波被害と微地形の関係, 日本地理学会平成21年度秋季学術講演会予稿集, No.76, pp.6, 2009.

2.
国土変遷アーカイブの米軍空中写真

(1) 国土変遷アーカイブ

国土地理院では、全国土を対象に戦後から繰り返し撮影された空中写真を保有している。これらの空中写真からは、その時々の地形、土地利用、都市化の状況などを知ることができ、過去から現在までの国土の変遷がわかる。国土地理院では、国土変遷アーカイブ事業として空中写真のデジタル化を進め、国土地理院のウェブサイトで公開している。2012年5月現在、1936年から2011年までに撮影された105万6,000枚を閲覧することができる。

第二次世界大戦以前は日本陸軍により撮影された写真が、戦争末期から戦後にかけては米軍により全土が撮影された写真が国土地理院に存在し、公開の対象となっている。1952年以降は、国土地理院による繰り返し撮影が行われた写真が存在する。

本章では、主として13万枚を超える米軍空中写真について解説する。

(2) 米軍空中写真

米軍空中写真は、戦中、戦略爆撃に際し事前の偵察撮影と爆撃後の結果確認のために撮影されたもの、戦後、占領政策の一環としての米軍5万分1地形図整備のため、1946年から1947年にかけてのわずか2年間に米軍が日本全土を撮影したものに大別される。主な米軍空中写真は、日本全土を縮尺1:40,000で撮影したものである。6大都市、大平野、都市及び主要路線、海岸線等については1:10,000で撮影されている。

1947年以前は、アメリカ空軍の前身であるアメリカ陸軍航空軍（U.S. Army Air Force）において撮影が実施された。航空軍は、航空団（Wing）、航空群（Group）、飛行隊（Squadron）、飛行中隊（Flight）という階層構造を有していた。例えば米軍空中写真の記号の31PRSや314CWは太平洋地域の主力であった第20航空軍に属する第314混成航空団（314 Composite Wing）の第31写真偵察飛行隊（31 Photographic Reconnaissance Squadron）を意味する。

撮影は、B-29を写真偵察用にボーイング社とフェアチャイルド社が改良したF-13写真偵察機等によって行われた。F-13に搭載された航空カメラは、3台の焦点距離6インチ（153mm）の広角軍事偵察用K -17B、2台の焦点距離40インチ（約1000mm）のK-22、1台の焦点距離24インチ（約600mm）のK-18及び夜間用K-19である。いずれもフェアチャイルド社製で、K-17Bの3台は、カールツァイスのトポゴンをライセンス生産したボシュ・ロム社製のダブルガウス型4群4枚対称型のメトロゴンレンズを使用し、高精度の専用マウントに垂直1台と左右30度外側を向けた2台がセットされ、トリメトロゴンと呼ばれた［図1］。一度に3コース分を撮影することで偵察撮影の危険リスクを低減することができた。トリメトロゴンにより撮影された米軍空中写真には、垂直写真はVT、右側方視はRT、左側方視はLT等の記号が写真に記されている。

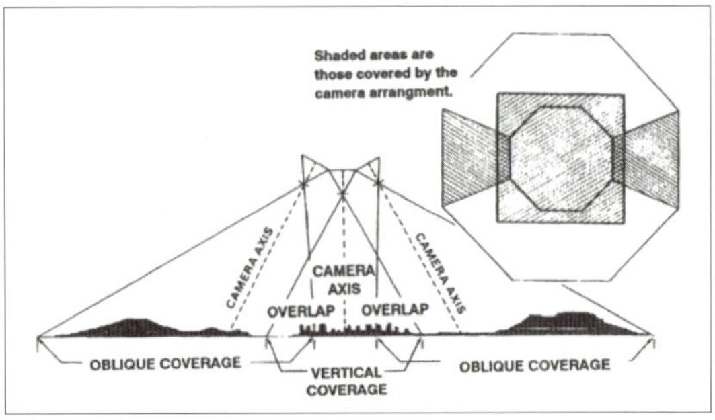

［図1］トリメトロゴン概念図（米陸軍マニュアルより）

(3) 米軍空中写真の来歴

戦災復興のため、1945年10月30日付で日本国政府に対し連合国総司令官指令が出され、戦災復興院を通じて米軍空中写真が貸与されることとなり、同年12月31日付の指令で地理調査所（国土地理院の前身）において写真の複製を行うこととされた。

また、地理調査所は、空中写真を用いる極東軍司令部工兵部の指令作業も実施することになった。米軍は、日本全土の4万分1空中写真を撮影するとともに、地理調査所に三角点の刺針及び道路網等の地図資料調査の実施を指示し、この資料に基づき、全国の5万分1地形図をムルチプレックスを用いた写真測量によって作成した。これが米軍の5万分1地形図である。

1948年、日本国政府と米軍との間に覚書が交換され、わが国の戦災復興ならびに経済復興のための調査・測量に使用する官公庁は、貸与の形で米軍空中写真の利用が許可されることになり、地理調査所は窓口機関として指定された。また、1:10,000空中写真も併せて貸与されることになった。同年からは貸与された原フィルムから保管用複製フィルム原版の作成も開始された。

1952年に締結されたサンフランシスコ講和条約に伴い、米軍が撮影した沖縄地域全域の1:10,000及び主要地域の大縮尺の空中写真が貸与された。これらの米軍空中写真貸与原フィルムから複製された複製フィルムは、講和条約成立後に地理調査所に移管された。

最終的な米軍空中写真は、1:10,000が71,546枚、1:40,000が65,600枚の合計13万7,146枚となっている。

(4) 米軍空中写真のデジタル化

米軍空中写真を複製したフィルムは可燃性のセルロイド製であり、時間とともに劣化し、カールし、もろく割れやすくなってきたため、保存性の向上の必要性が認識された。行政情報化推進計画の一環として1994年度から測量成果管理閲覧システムが導入されたことに伴い、密着印画のスキャナ読み込みによりデジタル化が開始され、1999年度までにすべての空中写真のデジタル化が終了した。その後、政府のGISアクションプログラムに空中写真のインターネットによる提供が明記され、2007年3月より国土変遷アーカイブとして空中写真のインターネット閲覧サービスが開始された。

(5) 社会的意義

わが国における近代的地図作成は明治初頭に開始されたが、地表すべてをそのまま記録するという意味においては、空中写真に勝るものはない。わが国の空中写真測量は大正末の調査から昭和初頭の陸地測量部写真測量研究会までさかのぼるが、大々的な適用は満州航空写真処による満州の地図作成であり、わが国全土の撮影は、米軍によるものが初めてである。その後、わが国が航空機を飛ばせるようになるのは1952年のサンフランシスコ講和条約の発効後である。

1950年代後半から始まる高度成長期において、都市への人口の急激な集中が起こり、都市は拡大し、丘陵地を含む周辺地域は住宅地等として造成が行われた。また、1962年の全国総合開発計画に基づく、新産業都市、工業整備特別地域や交通インフラ整備等、大規模な開発が行われ、1971年以降の金融の大幅緩和が列島改造ブームと重なり、農地、山林等の乱開発も行われた[1)]。全土を対象とした大縮尺のカラー撮影が実施されるのは、国土の利用の諸問題に対応するために設置された国土庁の国土情報整備事業により国土地理院が撮影を始める1974年以降である。

戦前においても一部地域で開発はあったものの、機械力を用いた全国にわたる大規模なものはほとんど無く、戦前は歴史時代を通して地形に大きな変化がないところが多い。ところによっては律令時代の官道や条里さえ痕跡が残る。米軍空中写真は日本の原景観が記録された貴重な資料である。原景観の認識を容易にするため、米軍空中写真のカラー化の試みも行われた[2)]。

なお、空爆にさらされた66都市では、複数の爆撃目標エリア半径1,200mが焦土と化し、直前の米軍偵察撮影や戦前の陸軍写真等にその広域都市景観を求めるほか無い。特に沖縄においては、鉄の暴風と呼ばれた艦砲射撃や機械力による基地建

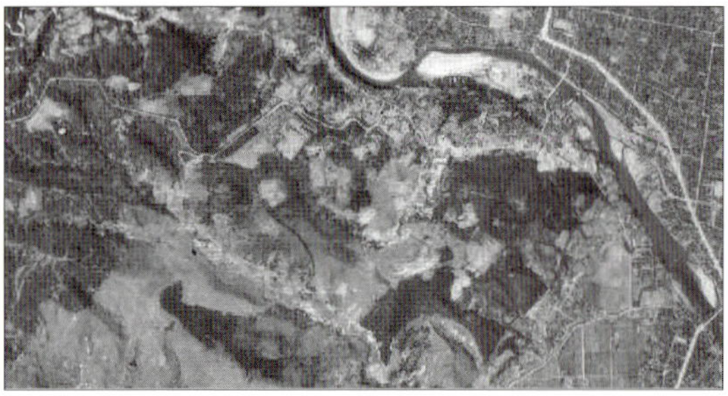

［図2］仙台市緑が丘（1947年4月12日米軍撮影、USA-M201-36、撮影縮尺1:43742）

［図3］仙台市緑が丘（2006年10月10日国土地理院撮影、TO2006 1X-C4-2、撮影縮尺1:30000）

設により広大な面積がその原地形を失っており、歴史的な価値が高い。

(6) 災害ポテンシャルと米軍空中写真

表層が人工物に覆われたり造成が行われたりしたところでは、活断層の痕跡を認めることが困難となっているところがあり、活断層調査には、開発以前の空中写真が判読資料として不可欠である。

また、人口圧力を吸収した丘陵地の新興住宅地は、造成に際して切土や盛土が行われたが、側方流動など盛土の危険度を捉える際には、米軍空中写真を始めとする造成前の写真が重要な資料となる。［図2、図3］は東日本大震災において地すべり性地表変動が発生した仙台市丘陵地の2時期の空中写真である[3]。被害は切土と盛土の境界に集中した。

［図4］千葉県我孫子市（1947年11月28日米軍撮影、USA-M675-1、撮影縮尺1:9993）

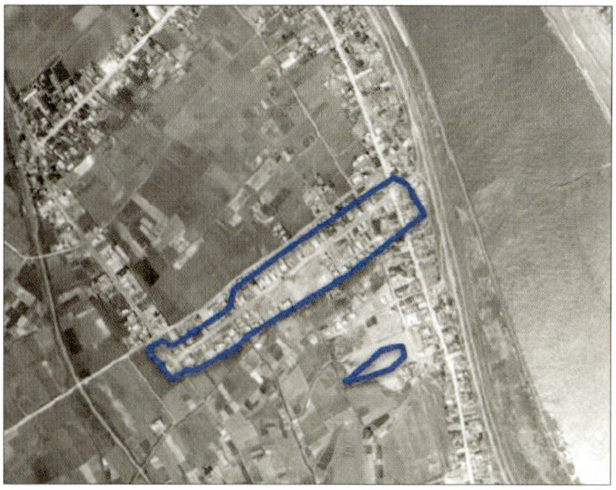

［図5］千葉県我孫子市（1962年5月31日国土地理院撮影、MKT-62-1C11-17、撮影縮尺1:10000）

また、旧河道の痕跡や湿地、氾濫原の分布など液状化や家屋の不同沈下、都市型水害等につながる土地の脆弱性に関する記録としての価値も高い。［図4、図5］は、東日本大震災において液状化が発生した千葉県我孫子市の2時期の写真である[4]。旧河道に被害が発生していることがわかる。

米軍、陸軍の空中写真の中には、1944年の昭和新山噴火、1947年カスリーン台風による洪水発生域、1948年に発生し死者3,796人を出した福井地震直後の写真等もあり、戦中戦後の混乱期に捉えられた貴重な災害の記録となっている。

災害対策の基礎資料として、米軍空中写真の活用が進むことを期待するものである。

参考文献

1）写真測量学会:空中写真に見る国土の変遷, 鹿島出版会, 1982.
2）長谷川裕之ほか:米軍撮影空中写真のカラー化とその評価, 写真測量とリモートセンシング, Vol.44, No.3, pp.23-36, 2005.
3）佐藤浩・中埜貴元:仙台市の丘陵地における地すべり性地表変動の状況, 国土地理院時報, No.122, pp.153-161, 2011.
4）小荒井衛ほか:東日本大震災における液状化被害と時系列地理空間情報の利活用, 国土地理院時報, No.122, pp.127-141, 2011.

3.
氷河湖の拡大

(1) 概要

近年問題化している地球温暖化の影響は氷河にも及び、多くの氷河が後退を続けている。氷河の融氷水は発電や生活用水等に利用される利点もあるが、一部氷河ではモレーンと呼ばれる堆積堤により堰き止められ氷河湖を形成している。これら天然のダム湖はたびたび決壊し、氷河湖決壊洪水（glacier lake outburst flood, GLOF）を起こし下流域に大きな被害をもたらしている。

ヒマラヤ山系でも多くの氷河が後退し氷河湖を形成している。その中でも東ネパール北東部のロールワリン谷にあるツォー・ロルパ氷河湖は最大で、約1億tもの水が堰き止められている。ここでは決壊を防ぐため湖水位を下げる目的で、モレーンの開水路工事がネパールにおいて初めて行われた。工事は1999年5月に始まり、2000年7月に成功裏に終了している。

(2) 衛星画像が捉えた氷河湖

氷河湖の成長は1950年代に始まった。1960年代には偵察衛星が、それ以降は地球観測衛星が、氷河湖の拡大する状況を捉えている。1969年12月観測のCORONA画像、1992年9月と2000年10月観測のLandsat画像及び2008年10月観測のALOS画像に見られる氷河湖は次のようである。

・1969年：CORONA画像では、すでに氷河湖は形成されていたものの、湖の長さは約1km、面積0.61km²ほどで、とりわけ大きな湖ではなかった。

・1992年：Landsat画像では、湖の長さは3.1km、面積1.53km²にも拡大しており、1970年以降に氷河の後退が進み、湖面が広がっていったことがわかる。

・2000年：Landsat画像では、湖の長さは3.3km、面積1.65km²に拡大しているが、モレーンの開水路工事が完成した直後にあたる。開水路により水位は3m低下し、当面の氷河湖決壊の危機は回避されたが、恒久的にこの問題から解放されるには水位をさらに17m（トータルで20m）下げる必要があると指摘されている。

・2008年：2008年観測のALOS画像では、2000年時点の氷河湖の大きさと比較すると大きな変化は認められない。これは氷河湖に流入する水量と開水路から流出する水量が同等であることを示している。

(3) 氷河の成長

1969年観測のCORONA画像は氷河先端部に湖が形成され始めた状況を、2000年観測のLandsat画像は最大規模に近い成長を遂げた状況をそれぞれ示している。氷河の成長過程は、氷河表層に出現した湖が底部及び上流側の氷を溶かし成長してゆくと考えると［図1］のように説明できる。

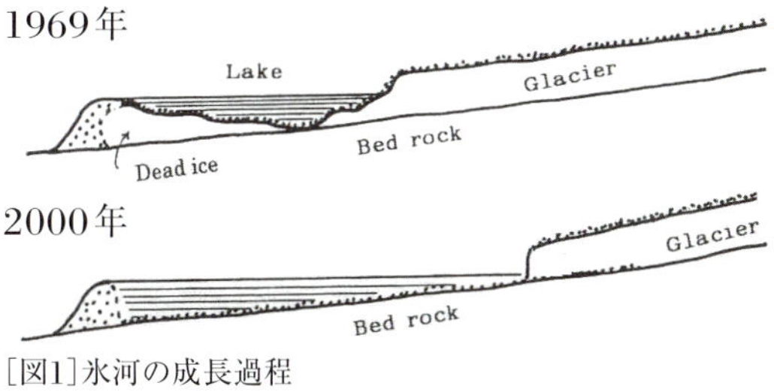

［図1］氷河の成長過程

地球温暖化の影響と思われる気温上昇によって氷を含むモレーンの弱体化、氷河の後退と流入水の増加などにより依然として危機的状況は続いている。氷河湖決壊洪水の対策とともに地球規模での気温上昇を抑えることが重要である。

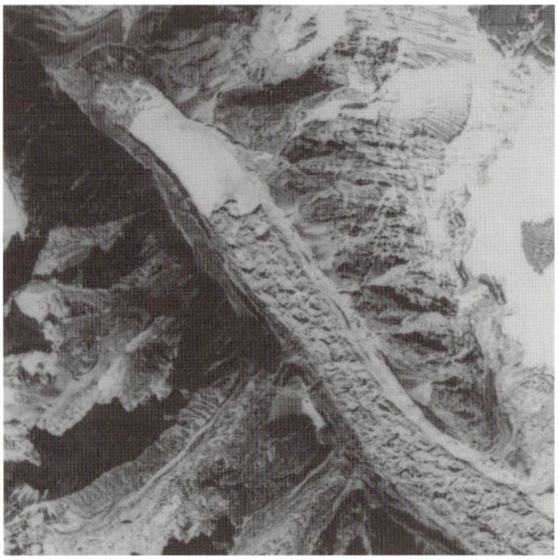

［図2］KH-4/CORONA（1969年12月18日）

［図3］Landsat-5/TM（1992年9月22日）

［図4］Landsat-7/ETM+（2000年10月30日）

［図5］ALOS/AVNIR-2（2008年10月24日）

参 考 文 献

1) Sugimura, T., Tanaka, S., Yamamoto, T., and Isobe, K.,: Observation of Tsho Rolpa Glacier Lake from CORONA Stereo Images, 24th International Symposium on Space Technology and Science, 2004.

4.

豪雪・雪害と雪崩の危険度

(1) 積雪・融雪の空間情報と時間変化

日本列島は2005（平成17）年12月から2006（平成18）年2月にかけて、1985年以来20年ぶりという記録的な豪雪（「平成18年豪雪」[1)]）に見舞われた。日本付近への非常に強い寒気の流入により、12月は全国的に低温（東・西日本では戦後の最低記録を更新）となるとともに、気象庁が積雪深を観測する339地点の中で、12月は10地点、1月は9地点、2月は4地点において観測史上最深の積雪が記録されている[1)]。

宇宙航空研究開発機構（以下、JAXA）では、米国航空宇宙局（NASA）の地球環境観測衛星TERRAおよびAQUAに搭載されている中分解能分光放射計（MODIS）の観測データを用いて、日本周辺域の海洋[2)]及び陸域関連[3)]の環境物理量の解析・データ公開を行っている。本節では、積雪分布の解析事例を通して、平成18年豪雪時の積雪分布の時空間変動の特徴を概説するとともに、積雪分布や雪質（湿雪・乾雪）の変動情報のさらなる応用可能性について考察する。

［図1］に日本周辺域の2005年12月後半の積雪分布（白色：乾雪、水色：湿雪）を示す。また、［図2］は積雪分布の偏差を示しており、2003～2008年の6年間の積雪頻度分布（0～100%）を赤褐色系統で塗り、その上に2005年の積雪域を、頻度が高いところほど明るい青～白系統色で重ねて塗ったものである。両図より、2005年は、九州から北海道にかけての広い範囲で積雪が分布している事が分かる。特に山陰以西や岐阜県南部、東北地方太平洋側など、12月後半としては普段積雪の頻度が高くない地域にまで積雪が広がっている様子が見てとれる。光学センサでは積雪深の情報までは得られないものの、［図1］に重ねて示したAMeDAS積雪深値が示すように、日本海側では中部・北陸地方で2m程度、山陰地方でも50cm以上の積雪深が計測されており、積雪量としても2005年は豪雪と呼ぶにふさわしい記録的な年であったことがわかる。

［図3］は、日本列島の全積雪面積の半月毎の推移を示している。平成18年豪雪にあたる2005～2006年期の積雪面積は、12月前半に急拡大し、12月後半に極大（2002年以降では最大）に達してい

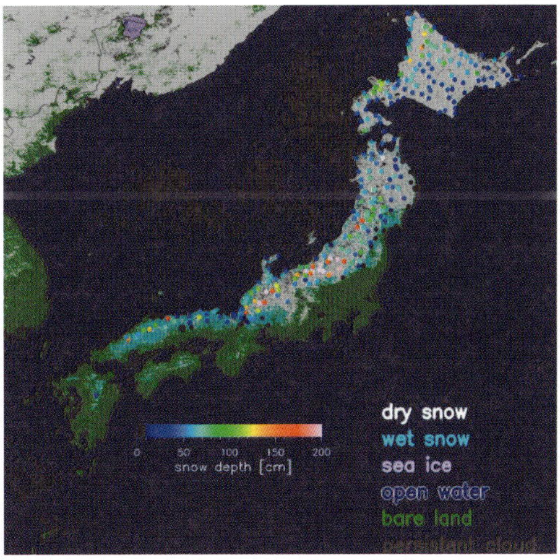

［図1］2005年12月後半の日本列島の積雪分布
図中の丸印は気象庁AMeDASサイトの積雪深を示す

［図2］2005年12月後半の日本列島の積雪分布（偏差）

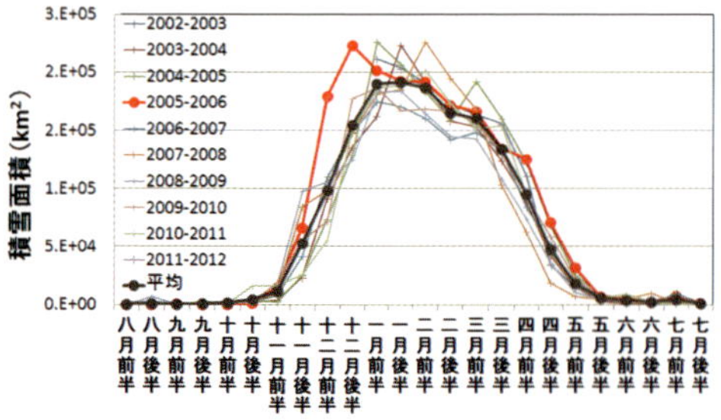

［図3］日本列島の全積雪面積の半月ごとの推移

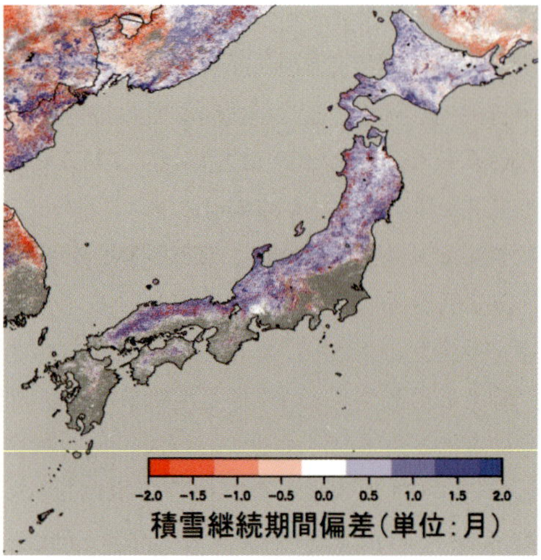

［図4］2005～2006年期の積雪継続期間（2003～2010年の8年平均からの偏差を月単位で表している）

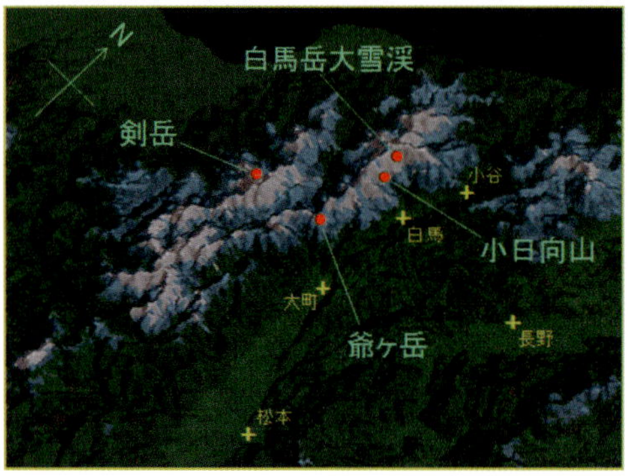

［図5］2008年4月6日の北アルプス周辺の積雪分布（白色：乾雪、水色：湿雪）及びAMeDAS積雪深計測サイト（+、北アルプス東側のみ表示）の位置

る。その後、1～3月は平均的な面積で推移していたが、4月以降は再び2002年以降で最大の面積を維持しつつ縮小する変化をたどっている。積雪開始から融けて消えるまでの積雪継続期間を抽出し他の年との偏差をとると［図4］、2005～2006年期は山陰から東北・北海道にかけての広い範囲において、例年に比べ半月～1カ月ほども積雪期間が長いことがわかる。このことからも、2005～2006年期は日本列島の広範囲に大量に雪が積もり、春先の融解にも時間を要していたことが示唆される。

以上のように、今回取り上げたNASAのMODISやJAXAが将来打上げを計画しているGCOM-C1衛星搭載のSGLIなど、中程度分解能の光学センサは、高頻度に得られる多波長域の反射率情報をもとに、豪雪に伴う積雪域の拡大や融解期の長期化などの変化を捉えることが可能である。これら光学センサ由来の積雪情報のさらなる応用可能性としては、時系列で蓄積した雪質情報を、雪崩の発生予測モデルやスキー場の雪質情報抽出等へ利用・応用していくことが考えられる。

［図5］は、2008年4月6日の北アルプス周辺の積雪分布の鳥瞰図である。図中の爺ヶ岳付近は湿雪に覆われているが、6日後の4月12日に雪崩が発生し人命が失われている[4)]。MODISの時系列画像を追いかけると、4月9日は湿雪で覆われていたが、雪崩当日には乾雪に変化しており、寒波の襲来で雪質が変化していることが見て取れた。光学センサでは、曇天により地表の雪質が確認できない日も多いが、AMeDASサイトが低標高の平坦地に偏在していることを考慮すれば、地上気象データのみから山岳域の積雪分布や雪質の変化を追いかけることには限界があり、衛星画像を同化した予報システムの構築が有用であると考えられる。

参 考 文 献

1）気象庁報道発表資料：平成18年の冬に発生した大雪の命名について，2006.
http://www.jma.go.jp/jma/press/0603/01a/18gousetu.pdf（accessed 24 Oct. 2011）
2）JAXA/EORC：MODIS準リアルタイムデータウェブサイト，2011.
http://kuroshio.eorc.jaxa.jp/ADEOS/mod_nrt/（accessed 24 Oct. 2011）
3）JAXA/EORC：地球環境監視webサイト（JASMES），2011.
http://kuroshio.eorc.jaxa.jp/JASMES/index.htmh（accessed 24 Oct. 2011）
4）日本雪崩ネットワーク：インシデントアーカイブ
http://nadare.jp/incident（accessed 24 Oct. 2011）

5.

メコン川における洪水監視システム

(1) 災害の概要

メコン川では毎年決まった時期に周期的に洪水が発生し、周辺地域に多大な人的・経済的被害が生じている。メコン川の水量が最大となるのは、5～11月のモンスーン季（雨季）であり、この期間に洪水が発生する危険性が最も高くなる。洪水の特徴としては、日本で発生するような短期間で終息する洪水ではなく、数日～数十日かけて状況が変化するような長期継続型の洪水である。特に、メコン川河口付近（メコンデルタ）では標高差が少ないために洪水が長期化する傾向が強く、メコンデルタに流入する水量や洪水時の浸水深の把握が重要視されている。

本節では、2006年のモンスーン季を対象にPALSAR/ScanSARモードを利用した洪水監視システムの実証実験について紹介する。なお、本実証実験は、日本貿易振興機構（JETRO）の支援により実施した。

(2) PALSAR/ScanSARモードによる大型河川洪水観測

メコンデルタは東西200km以上に及ぶ広大な地域で、かつ、本地域は被雲率が高いという特徴がある。そこで、高頻度に広域を確実に観測するため、ALOS搭載のLバンド合成開口レーダー（PALSAR）の広域観測（ScanSAR）モードを利用した。ScanSARモードの観測幅は350kmであり、1回の観測でメコンデルタ全域を観測できる利点がある。また、ALOSの観測回帰は46日周期であるが、ScanSARモードはおおよそ1週間に1回対象地域（対象地域の一部）を観測できる。[表1]は、本実証実験でのScanSARモードでの観測実績で、[図1]には[表1]に対応するシーンフレームを示す。これより、メコンデルタを広域、かつ、高頻度に観測できることがわかる。観測情報の配信にあたっては、現地インターネット回線の関係上、可視化画像を直接送信することは困難であったため、画像処理結果と必要なテキスト情報をWebGIS、FAX、SMS（携帯電話のショートメッセージサービス）で情報配信した。

[表1]本実証実験におけるPALSAR/ScanSARモードによる観測日一覧

	観測日	観測パス/フレーム
第1回観測	2006/9/27	113/3400
第2回観測	2006/10/2	116/3400
第3回観測	2006/10/14	114/3400

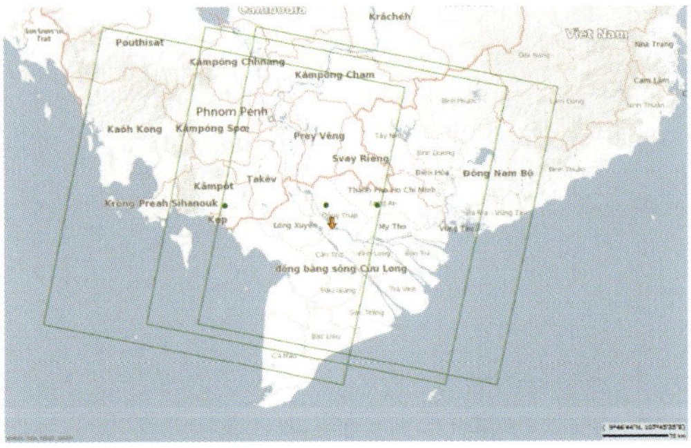

[図1]観測されたデータのシーンフレーム

PALSAR/ScanSARデータによる解析は、可視化とWebGISへの取り込み、差分による浸水域抽出、河川幅の抽出と河川断面に基づく河川水位の推定の3種を行った。当時メコンデルタには河川水位観測所が20点しかなく、十分な河川情報が得られていなかったが、PALSAR/ScanSARデータによる解析のうち特に河川幅の抽出において観測点を50点にまで増やし、空間的な情報量を増やすことができた。河川幅の抽出では、設定した50点の抽出点各点で河川幅の探索窓を設定し、河川に相当する後方散乱係数の連続ピクセル数が最小となる方向を探索することで河川幅を推定した。[図2]は、WebGIS上に表示された任意箇所のScanSAR画像と観測点の配置を示す。推定された河川幅のリストは、WebGIS画面上のDownloadボタンからCSV形式のファイルとして入手でき

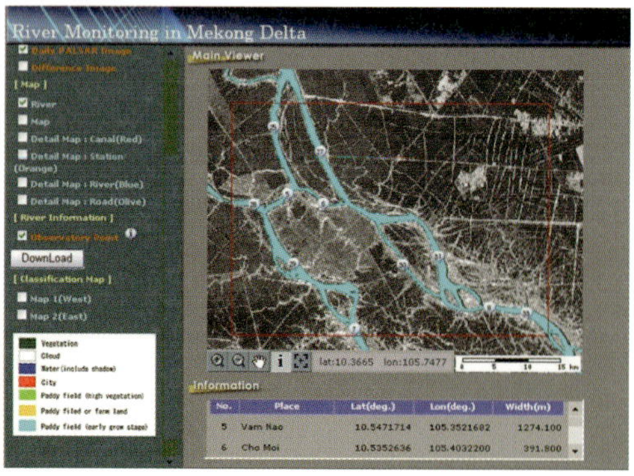

［図2］WebGIS上で配信されたScanSAR画像と設定された観測点の表示（任意箇所のみを表示）

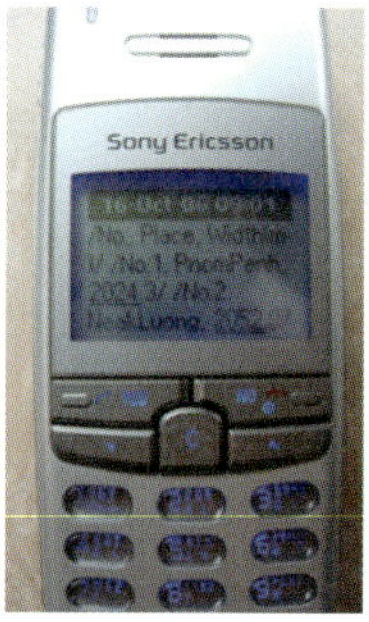

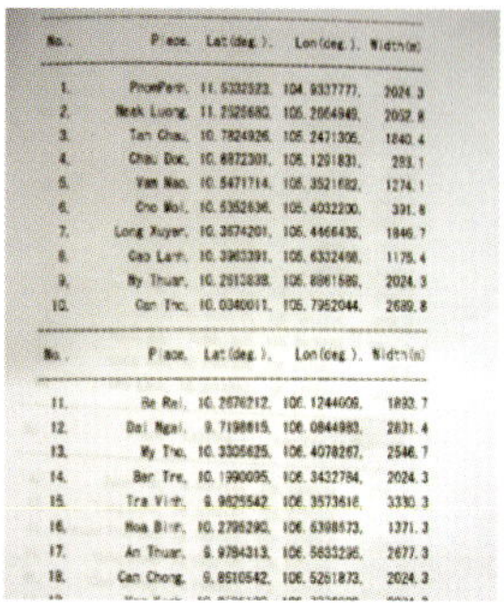

No.	Place.	Lat(deg.).	Lon(deg.).	Width(m)
1.	PnomPenh.	11.5332523.	104.9337777.	2024.3
2.	Neak Luong.	11.2525680.	105.2864949.	2032.8
3.	Tan Chau.	10.7824926.	105.2471305.	1840.4
4.	Chau Doc.	10.6872301.	105.1291831.	293.1
5.	Vam Nao.	10.5471714.	105.3521682.	1274.1
6.	Cho Moi.	10.5352636.	105.4032200.	391.8
7.	Long Xuyen.	10.3674201.	105.4466435.	1846.7
8.	Cao Lanh.	10.3963391.	105.6332468.	1175.4
9.	My Thuan.	10.2910838.	105.8861586.	2024.3
10.	Can Tho.	10.0340011.	105.7952044.	2689.8

No.	Place.	Lat(deg.).	Lon(deg.).	Width(m)
11.	Be Rai.	10.2676212.	106.1244609.	1893.7
12.	Dai Ngai.	9.7198815.	106.0844983.	2831.4
13.	My Tho.	10.3305625.	106.4078267.	2546.7
14.	Ben Tre.	10.1990095.	106.3432784.	2024.3
15.	Tra Vinh.	9.9625542.	106.3573616.	3330.3
16.	Hoa Binh.	10.2796290.	106.6398573.	1371.3
17.	An Thuan.	9.9794313.	106.5833295.	2677.3
18.	Can Chong.	9.8510542.	106.5261873.	2024.3

［図3］FAX及びSMSに配信された観測幅情報

るだけでなく、［図3］に示すように、FAX文書やSMSとして現地末端機関にまで送付した。

［図4］は、3回の観測画像をRGBカラー合成した結果で、灰色以外の箇所が3時期の変化箇所を示している。図より、図中央部に緑色に着色されたエリアが広がっており、2006年10月2日の時点でメコンデルタ中西部からベトナムとカンボジアの国境付近の広範囲に洪水が発生していることがわかる。また、画像中央部のメコン川に挟まれた地域に青紫の箇所が見られる。これは、2006年10月14日の時点での洪水範囲の拡大を示すものと考えられる。

［図5］は、2006年10月2日時点の洪水域を示したもので、［図4］中の緑色に着色された領域と一致している。この地域では、過去にも繰返し洪水が発生しており、JERS-1 SARで解析された過去の浸水領域[1)]や現地機関から提供された過去の浸水実績ポリゴンとも良く一致している。

ScanSAR画像の空間分解能は100mであるが、メコン川およびメコンデルタでの洪水観測には十分利用可能であることがわかった。また、大規模な道路盛土についても十分視認可能で、大規模な道路であれば、各道路の浸水状況も把握できることがわかった。

［図4］ScanSAR画像のRGBカラー合成画像（R:G:B=2006年9月27日:2006年10月2日:2006年10月14日）

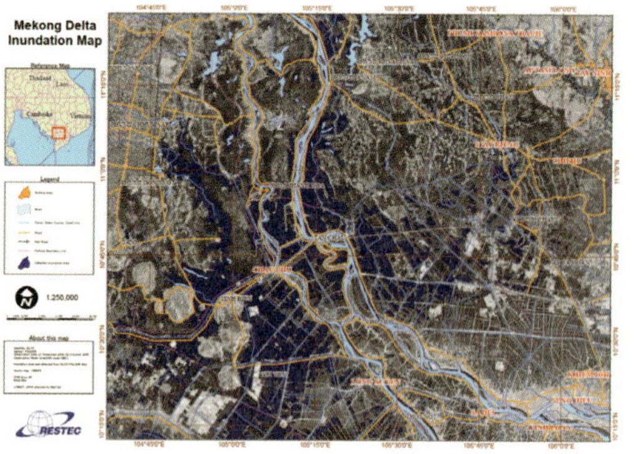

［図5］ScanSAR画像より抽出された洪水域（青色部）

参　考　文　献

1）春山成子・志田武:JERS-1 SAR画像解析によるメコンデルタの洪水リスク評価, 地学雑誌, Vol.115, No.1, pp.72-86, 2006.

トピックス

6.
富士山最大規模の溶岩流
――青木ヶ原溶岩流　864

(1) 解析の目的

富士山北西山麓に分布する青木ヶ原溶岩流は、864～866年の貞観噴火による溶岩で、富士山でも最大規模の溶岩流の一つである。溶岩の一部は、古代湖「せの湖（うみ）」へ流入し、精進湖・西湖の2つに分断した[1]。現在は「樹海」とよばれるほど森林が発達し、空中写真判読で分布を把握することは難しい。このため、正確な青木ヶ原溶岩流のボリュームを求めるべく、2002年に航空レーザ計測とボーリングを行い、青木ヶ原溶岩流の分布と「せの湖」の埋積深解析を行った。なお、本解析に使用した航空レーザ計測結果は国土交通省富士砂防事務所が、2002年5月に計測したもので、解像度は1mである。

(2) 赤色立体地図とボーリングにより判明した青木ヶ原溶岩流の新知見

航空レーザ計測で得られた計測結果を生かすため、地上開度と地下開度、斜度を組み合わせた「赤色立体地図」を作成した。画像には、強い立体感があり、微地形と大地形の同時把握が可能で方向依存性もない。青木ヶ原溶岩流の火口の一つである氷穴火口列は、空中写真判読では位置や分布の正確な把握が困難だったが、[図2（a）]のオルソフォト、[図2（b）]の従来の空中写真測量で作成された地形図と比較し、航空レーザ計測では火口地形がきちんと表現された[図2（c）]。さらに、赤色立体地図では等高線と平行な登山道や複雑な凹凸などもわかりやすく[図2（d）]、火口内部や溶岩表面の微地形等も立体的に把握できる。

青木ヶ原溶岩流の現地調査では、この画像を活用し、分布図を作成した[図3]。黄色の範囲が青木ヶ原溶岩流と認定した範囲である。矢印は主な溶岩流下方向（溶岩トンネルと溶岩じわに基づく。赤矢印は下り山－石塚火口列起源、緑矢印は長尾山火口起源、水色矢印は長尾山起源で大室山南東溶岩湖を形成した溶岩流である。

また、青木ヶ原溶岩流と北側の御坂山地との境界付近の地形と精進湖・西湖の湖盆図から、「せの湖」の位置を推定した。2002年8月に、深度160mのボーリングを実施し、溶岩流が厚さ135mであることを確認した[2]。

これらのデータから、「せの湖」の位置と平面、断面形状を復元して「せの湖」は西湖を西側に拡大した形状をしていたものと推定した。さらに地上で広がっている溶岩の分布・層厚を積分して溶岩流量を求め、貞観噴火の青木ヶ原溶岩流の量は1.45km³ DREと求めた[2]。貞観噴火の噴出量は1.3±0.2km³ DREと考えられる。この値は、富士山における最新の大噴火として知られている1707年の宝永噴火の噴出量（0.7km³DRE）の約2倍の量となり、富士山の過去3,200年間の噴火の中で最大規模であることが明らかとなった。

[図1] 青木ヶ原樹海の位置（電子国土より）

参　考　文　献

1) 津屋弘逵：富士火山の地質学的並びに岩石学的研究（II），青木ヶ原溶岩の分布と噴出中心，地震研彙報，Vol.16，pp.638-657，1938.
2) 荒井健一・鈴木雄介・松田昌之・千葉達朗・二木重博・小山真人・宮地直道・吉本充宏・冨田陽子・小泉市朗・中島幸信：古代湖「せのうみ」ボーリング調査による富士山貞観噴火の推移と噴出量の再検討，地球惑星科学関連学会2003合同大会予稿集，2003.

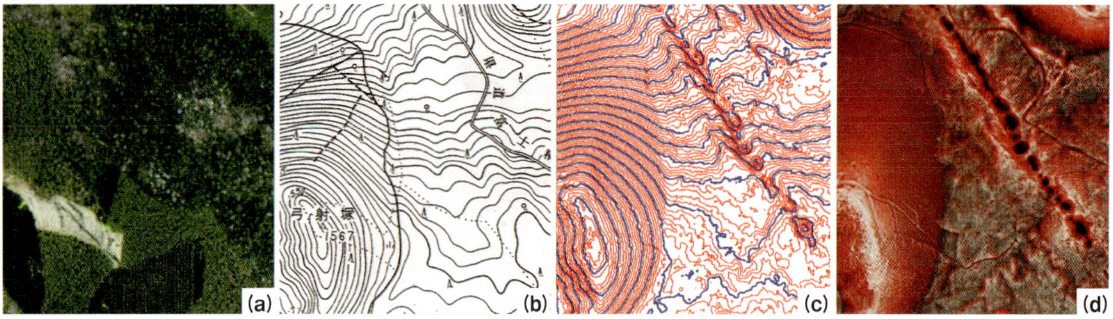

［図2］青木ヶ原溶岩流の噴火口の一つである氷穴火口列の、表現方法による見え方の違い
(a)デジタルカメラカラー画像、(b)空中写真測量による地形図、(c)航空レーザ計測による等高線図、(d)赤色立体地図で明瞭になった火口列

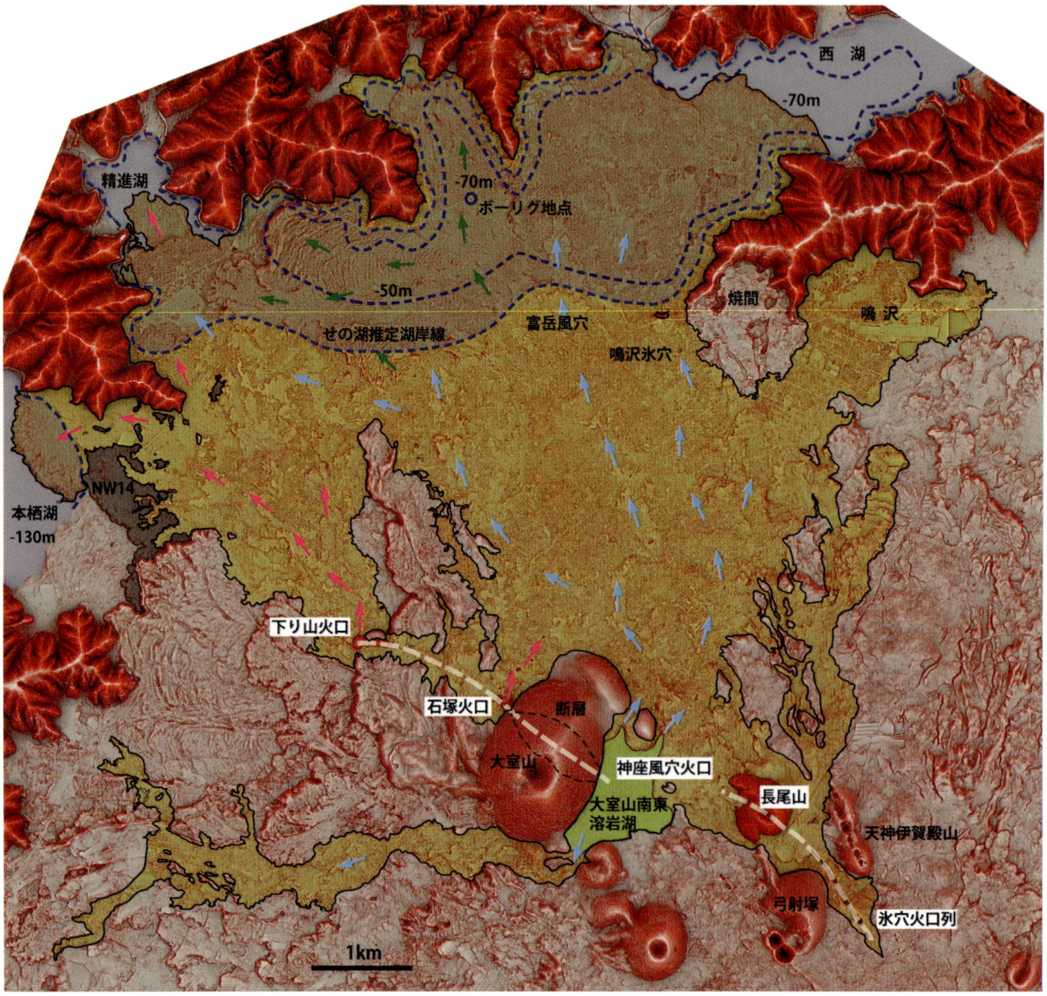

［図3］航空レーザ計測+赤色立体地図で明らかになった青木ヶ原溶岩流の分布（千葉ほか[3]に加筆）
（黄色：青木ヶ原溶岩流、黄緑色：大室山南東溶岩湖、白破線：火口列、黒破線：断層、青破線：せの湖推定等深線、青丸：ボーリング地点、矢印：地形から判読した溶岩流の流れた方向）

3）千葉達朗・鈴木雄介ほか：富士山青木ヶ原における貞観溶岩流の計測――航空レーザ計測と赤色立体地図による詳細地形調査とボーリング調査, 新砂防, Vol.63, No.1, pp.44-48, 2010.

7.

航空レーザ測量で捉えた都市の微地形
——水害への備え

(1) はじめに

近年国内外の各地で、地球温暖化による影響と考えられている想定外の降雨による風水害や土砂災害が多発している。またヒートアイランド現象がその一因ともいわれている都市域での局所的な豪雨などにより、都市内河川の氾濫や内水氾濫なども多発している。

特に都市域においては、人口が集中していること、河川のすぐ際まで市街地となっていること、地下鉄や地下街、ビル地下階など地下空間の利活用が進み、高度で多様な土地利用がされていることなどから、風水害や土砂災害の規模は小さくても、被災人口も多く建物施設の被害など経済的な損失が大きくなる可能性も高い。また都市域の低地部では、建物など人工構造物のために、浸水被害の程度と大きく関わる土地のわずかな起伏の状況がわかりにくくなっており、急激な出水への対応や地下空間の避難対策の遅れも懸念される。

このような土地がもともと持っている地形的な要素は、降雨の状況や防災対策の程度とともに、災害の発生や被害の程度に大きく関わってくる。

本節では特に都市域での微地形の把握に有効な航空レーザ測量により取得した「精密地形データ」の活用例を紹介する。

(2) 国土地理院における航空レーザ測量とその成果

精密地形データの整備と提供

航空レーザ測量では、土地の起伏（地盤面＝DEM）や建物等を含んだ表層面の形状（DSM）等を効率よく高精度（cm単位）、高密度で取得できる。国土地理院では2000年度に航空レーザ測量の導入に向けた研究作業を開始し、2001年度に「埼玉東南部」や「東京都区部」を、2002～2003

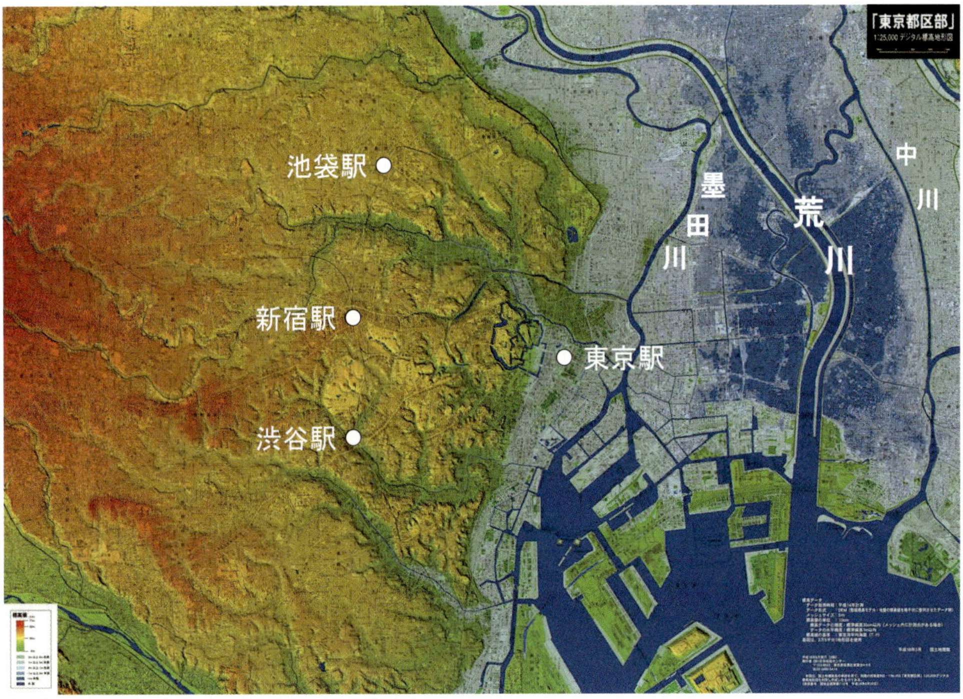

［図1］デジタル標高地形図「東京都区部」（縮小）

トピックス

年度には「名古屋」や「京都及び大阪」の計測を実施し、5mメッシュ標高データを整備した。以降、平常時においては平地部の都市域を主対象とし、また地震や洪水など大規模災害発生時には緊急的に被災地域を対象に、詳細な地形データを整備している。これに加え国土交通省水管理・国土保全局とも連携し、同局による全国の一級河川流域での計測データを活用して同様な精密地形データも整備している。これらの成果は一般に公開されており、2003年度に「数値地図5mメッシュ（標高）」として「埼玉東南部」と「東京都区部」が最初にCD－ROMで刊行された。なお精密な地形データは、2008年度からは国土地理院ホームページの「基盤地図情報（数値標高モデル）」としても無償ダウンロード可能となっている。

デジタル標高地形図の作成

5mメッシュ標高データと地形図画像データを重ね合わせて、地域全体の地形（土地の高低）を視覚的に見やすく表現した「1:25,000デジタル標高地形図」を作成している。この図は標高に応じて低い地域を寒色系で、高い地域を暖色系に段階的に彩色し、さらに陰影を付けているため、容易に地形と場所がわかる。

(3) デジタル標高地形図から地形を読む

東京都区部の地形概観

［図1］を概観すると、西半分の橙色～黄色で表現された台地とそれらを刻む中小河川及び谷底平野（緑色～黄緑色）、それから続く浅い谷（黄緑色～黄色）が見られ、台地とはいえ起伏も意外にあることがわかる。渋谷付近もその地名が表すように、台地を刻む「谷」地形に位置している。

また東半分は荒川や隅田川、中川に沿って青色で表現された低地が広がっている。特に荒川河口付近の両岸には、濃い青色の標高0m以下の地域が広く分布し、特に洪水や高潮など水害対策の重要性が認識できる。また沿岸部の埋立地は、高潮対策を反映して概ね4m以上の高い盛土がされている[1]。

神田駅～東京駅、銀座周辺の微地形

［図2］において神田駅から東京駅（八重洲口）、銀座にかけて、周囲よりやや高い緑色～黄緑色の地域が南北方向に延びている。江戸時代初期までは、新橋付近から日比谷付近までは海域であったといわれており、この海域の東側に面する半島状に延びた砂州・砂堆の微高地であることが国土地理院の土地条件図（黄色部分）でも確認できる。

［図2］東京駅付近のデジタル標高地形図と土地条件図

新潟平野の微地形

［図3］の西南端、新川～信濃川河口付近にかけての海岸沿いには、橙色～赤色で表現された標高10～20m前後の高まりが平野部を閉塞するように分布している。またこれと平行するように、北東から南西方向に細長く伸びた黄緑色～黄色で表現された複数列の微高地（A～B、C～Dなど）と、その間を埋めるように青色で表現された低地（E～Fなど）が同様な方向に分布していることがわかる。この高まりは過去の海岸線の変遷に合わせて形成された新旧の砂丘列で、低い部分は砂丘間の低地である。砂丘間低地や砂丘の背後など（H、Iなど）は広範囲で標高0m以下もしくは1m以下となっている。

また信濃川や阿賀野川の河道に沿っては、過去

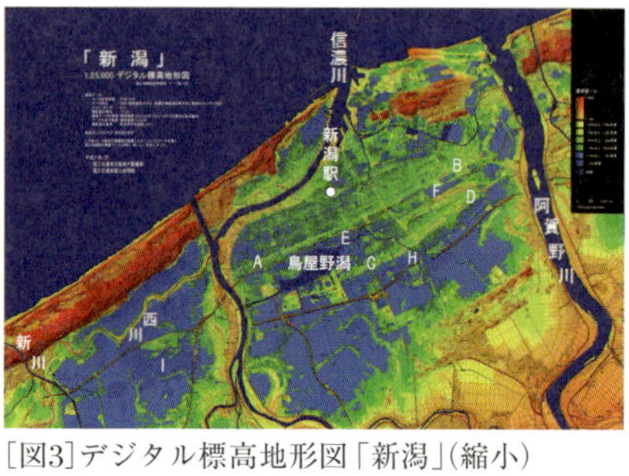

［図3］デジタル標高地形図「新潟」（縮小）

の河川の氾濫により形成された微高地(自然堤防)が発達していることから、平野全体としては自然排水のしにくい地形条件であることがわかる。

大阪平野の微地形

大阪平野は淀川、神崎川、寝屋川、大和川などの河川の氾濫によって形成された低地である。[図4]において、淀川の河口に近い両岸には標高0m以下の濃い青色の地域が広く分布しており、河川や内水の氾濫、津波や高潮による浸水などには潜在的に弱い地域といえる。一方、大阪城が位置する上町台地の先端部の北方や西方には、黄緑色で表現された砂州起源の微高地も見られる。

また海岸部の埋立地は、高潮や津波対策を反映して高い盛土がされている[1)]。

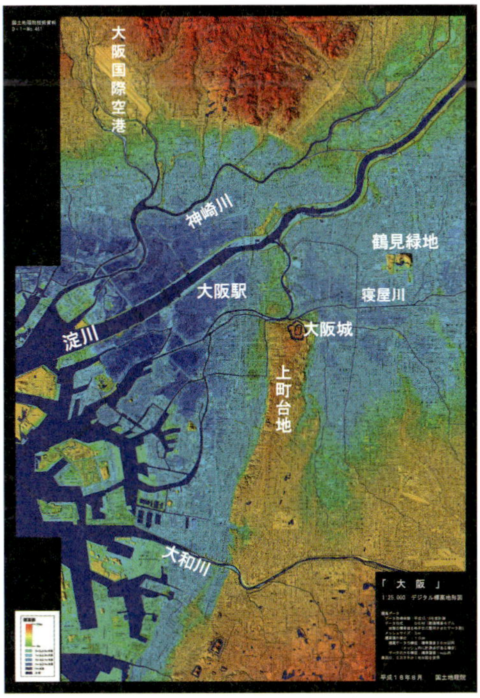

[図4]デジタル標高地形図「大阪」(縮小)

神戸・三宮付近の微地形

神戸市の中心部、三宮駅から神戸市役所を経て海岸方向にかけては扇状あるいは蒲鉾状の微高地が見られる。これは1938(昭和13)年の阪神大水害を始めとする過去のたび重なる洪水の際に発生した六甲山地からの土石流が堆積したものである[2)]。この過去の土砂災害の痕跡は現地でも容易

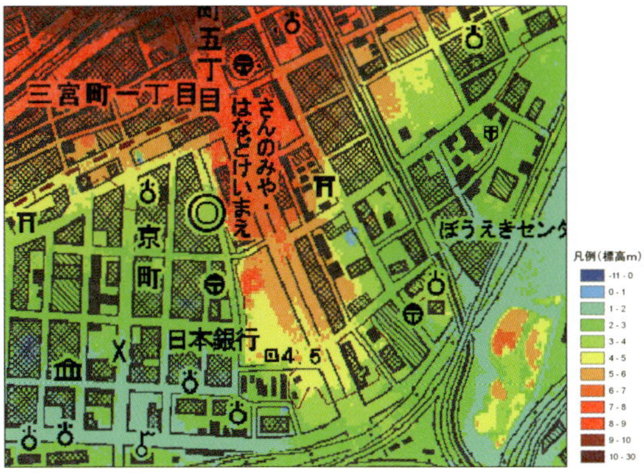

[図5]三宮付近のデジタル標高地形図

に確認できる。急峻な山地を背後に控えている都市域では、十分留意すべき地形的な特徴である。

(4) おわりに

災害から身を守るためには、自治体等が整備するハザードマップや浸水実績図等を活用すること、あるいは避難勧告や指示に従うことが必要である。しかし、これらの図は、これまでの経験則から想定した降雨量や計画水量、浸水実績を基に作成されているものであり、昨今の想定外の豪雨が頻繁に発生することを考えれば、これまで何十年も災害が起きていない地域、想定外の地域での災害が起きることを充分認識しておく必要がある。

精密な地形データやデジタル標高地形図を、行政においてはより正確な氾濫シミュレーションや避難に関する情報作成に活用し、また個々の住民においては、自分達がどのような地形環境のところに生活しているのか、潜在的な災害の危険性があるかどうかを日頃から理解し、いざという場合に早めの対処や避難に結びつくよう、幅広い層での利活用を期待している。

参 考 文 献

1) 門脇利広:精密な地形の起伏を示す「数値地図5mメッシュ(標高)」と「1:25,000デジタル標高地形図」, 地図中心, 2007-1通巻412号, pp.10-13, 2007.
2) 国土交通省近畿地方整備局六甲砂防事務所:生田川物語, pp.51-52
http://www.kkr.mlit.go.jp/rokko/rokko/study/ikuta/iku-b.pdf(accessed 31 Oct. 2011)

21世紀の災害論——持続的幸福を求めて

村井 俊治

(1) 災害とは？

災害とは、広辞苑（岩波書店）に、「異常な自然現象や人為的原因によって、人間の社会生活や人命に受ける被害」と定義されている。広辞林（三省堂）には、「天災や戦争・火事・事故などによって受ける損害」とある。

災害に関連する言葉として、「災」の付く言葉と「害」の付く言葉を拾ってみると、災害の範囲が浮かび上がってくるであろう。

「災」の付く言葉：

最初に「災」の付く言葉：

災害、災難、災異、災厄、災禍、災厲、災患、災変

最後に「災」の付く言葉：

天災、人災、火災、水災、震災、干災、防災、労災、被災、戦災、罹災、横災、息災、減災

「害」の付く言葉：

最初に「害」の付く言葉：

害悪、害意、害心、害毒、害虫、害鳥

最後に「害」の付く言葉：

水害、風害、雪害、冷害、凍害、寒害、霜害、雹害、虫害、塩害、鉛害、鉱害、薬害、煙害、公害、病害、被害、加害、阻害、妨害、障害、損害、傷害、殺害、自害、利害、要害、有害、無害、百害、大害、実害、険害、除害、食害、蝕害、怨害、凶害、侵害、賊害、陥害、生害

上記の言葉を考察すると、「災」は、人命や甚大な財産の損失を伴う不幸な出来事で、深い悲しみを伴う「わざわい」を意味していることがわかる。「ワザハヒ」は、災、禍、厄、殃であった。ワザハヒのワザは、鬼神のなす業で、ハヒはその状（さま）を言った。それに対して「害」は、健康、生活、生産および財産の物理的損害あるいは破壊的状態を意味していることがわかる。

従来の分類では、災害は、自然災害と人災に分けられてきた。「自然災害」は、「天変地異」であり、自然界の異変による災難を指した。天災とも言う。震災、干災、水害、風害、雪害、冷害、雹害、虫害などは自然災害に分類される。自然には、数年に一度、数十年に一度、あるいは数百年に一度の異常現象、つまり「天変地異」がある。災変は、通常防ぐことができない「災」とされた。わが国では、「地震、雷、火事、おやじ」は避けられない災難とされた。原始時代には、自然に対する怖れと厄払いが宗教の基本であった。科学が発達するにつれ、「防災」の技術が進み、災害を軽減できるようになった。

従来の災害の定義に従えば、「天変地異」が生じても、人間の人命や社会生活に損害がなければ災害とは言わない。現在地球環境や地球生態系が叫ばれる中、直接人間に被害がなくても、人間以外の動植物や環境・生態系に被害が出た場合、災害と言わないのは、おかしい。地球上の生物は、人間と共存するものと捉えるなら、「人間共存者」の災害と言うべきであろう。地球は人類の貴重な財産であると認識するなら、地球環境のいかなる損傷も災害と捉えるべきである。この視点から「環境災害」という新しいジャンルが生まれた。

一方「人災」は、「人間の不注意などが原因となって起こる災害」とされる。「不注意などの原因」には不注意のほか、人間の無知や過誤、無謀な行為、不法行為、紛争、戦争、テロ、産業なども含まれる。火災、煙害、鉱害、薬害などは人災である。水害は、自然災害でもあるし、人災の場合もある。流域の上流にある水源林を伐採すれば、土

石流や洪水が発生する。明らかに人災である。砂漠化は、過剰放牧が原因の場合もある。砂漠化は自然災害でもあり、人災でもある。

為政者は責任を追及されたくないために、可能な限り「人災」に触れないできた。市民の抗議や訴訟によって仕方なく、法の整備をしたり、損害賠償をしたりしてきた。不法行為、害意、害心など加害行為による被害は、従来「災害」に分類されることはなく、「犯罪行為」による「損害」とされた。しかし、「不法投棄」や「不法垂れ流し」による被害は明らかに災害である。傷害や殺害は、個人レベルからサリン事件や、イラクのテロ行為など集団レベルに拡大すると、もはや社会生活が受ける被害、すなわち「災害」と言わざるを得ない。人災は、原因あるいは加害者がはっきりしている。

ここで、新しい概念として登場した「環境災害」の定義をしておかなければならない。環境災害とは、被害者が加害者である災害であり、不特定多数が災害に参画する災害である。犯意がなくても、市民が通常の生活をしている行為が、結果として市民や社会に多大の損害を与える公害は、環境災害の典型である。公害による被害者の市民は加害者でもある。本書では、地球温暖化、都市化、公害、生態系の撹乱による災害は、環境災害として取り上げた。

(2) 災害を招く素因と誘因

災害の原因を論じる場合、原因の素になる「素因」と災害を誘発する「誘因」とに分けられる。例を挙げれば、崩壊しそうな地形が「素因」として存在しても、多量の雨や激しい地震がなければ、つまり「誘因」がなければ災害は起きない。

自然災害の素因と誘因を挙げることは、容易である。素因は、広く地球環境と言ってもよいし、地形、土地利用、都市、村落、農地、海岸などと局所的な単位に分けてもよいであろう。誘因は、豪雨、強風、落雷、積雪、氷結、干ばつ、異常気温、地震、火山爆発など自然現象である。

人災の素因と誘因を明らかにすることは、多くの裁判事例を見るとおり、科学的に実証することが極めて難しい場合が多い。悲惨な「水俣イタイイタイ事件」の和解に多くの年月を要したことからも、いかに為政者または加害者が人災を隠そうとするかを知ることができる。「素因」は、社会生活や社会環境である。人間の存在そのものが素因でもあり誘因でもある。「誘因」は、未知または無知による行為、不注意、不法行為、破壊活動、紛争、戦争などである。人間のさまざまな行為が、自然にどれだけ負荷を与えた結果、どれだけの損害をもたらしたかを証明することは困難である。人間の行為には、未知あるいは無知により「害」を予見できないこともある。予見できるのに、利害あるいは欲に負けて「加害」を行う不徳な行為および不法行為が存在する。これは犯罪行為となる。被害者に損害賠償をする必要がある。予見できたか否かは、大きな争点になってきた。

環境災害の素因は、明らかに人間が住む社会環境あるいは地球環境である。誘因は、地球温暖化、都市化、公害、生態系の撹乱などである。いまや国民病になったスギ花粉症は、生態系の撹乱による環境災害の典型である。鹿、猿、熊による被害は、明らかに過剰保護による生態系の撹乱が引き起こした環境災害の例である。

従来人間社会は、「因果応報」を宗教で教えてきた。「善因善果」および「悪因悪果」、すなわち善を行えば善い結果が得られ、悪を行えば悪い結果となるという教えである。悪いことを行えば、罪となり、罰を受けるのが報いであった。法律の定めがあるなしにかかわらず、個人レベルでは、「人倫」にそむく行為をすれば、「神罰」または「仏罰」が下される。社会レベルでは、為政者が「天の声」に背けば、「天罰」を受け、人民に「災厄」がもたらされるとされた。科学が発達していなかった原始時代には、先祖あるいは長老、さらには、占い師や祈祷師は、「天の声」を聞き分けようとした。「天変地異」または「疫病」による災禍は、政(まつりごと)の失態にあるとされた。その土地に祟りがあり、遷都が行われた。

現在においては、都市その他の構造物には、設計基準や安全基準が設けられ、基準を超える自然現象が起きると、災害が発生し、異常な「誘因」があったからという理由で、「仕方がない、あるいは不運だった」とされ、犯罪にならない。個人レベルでは基準以下でも全体として、資源やエネルギーの過剰消費が起きると、公害が発生する。公害は、一般に責任を問いにくい。基準を厳しくする方策が採用されるべきだが、為政者の行動は遅い傾向にあり、具体的な被害が生じないと対策を採らないことが多かった。設計基準を超えない自然現象で、何らかの損害が生じると、「設計ミス」と裁断され、処罰の対象になる。法律で定められた基準どおりに人間の行為が行われても、結果として、周辺の住民に被害が生じる場合もある。法の不整備がもたらした損害であり、為政者が裁かれる場合もあるし、住民が泣き寝入りする場合もある。しかし、これは明らかな「災害」である。

以上を考察すると、自然災害であれ、人災であれ、環境災害であれ、人間の存在や営みが災害の「因果応報」に関与してきたかが分かる。人間には、「安全な生活」、「便利な生活」、「快適な生活」、「幸福な生活」、「豪勢な生活」などを望む欲望がある。人間の欲望や夢を満たすために、科学技術を発達させ、時に自然の道理に反し、時に愚かな戦争を行い、時に神の怖れを忘れ、時に人の道に背き、異常な反自然行為を繰り返してきた。人間の行為は、災害の「誘因」になると同時に、環境の変化を生み、災害に脆弱な「素因」を作り出した。人間は、自然を征服したと傲慢な態度を取ったときに、超自然あるいは「鬼神の業」ともいえる大災害が発生し、やはり自然の力には敵わないと反省する。まさに人間の愚かな行為に対する「因果応報」であった。貴重な人命の犠牲の上で、生活に対する考え方と安全基準が見直され、人類は現在に至っている。人類の歴史を見れば、「自然畏怖」、「自然征服」、「災害」、「反省」の繰り返しの歴史であるといっても過言ではない。「禍福は糾える（あざなえる）縄の如し」と言われ、災いと幸福が表裏転変するのが人生であることを教えている。

地球上の生物は、絶滅をしないように長い年月をかけて、自然に順応し、「智慧」を発達させてきた。もし、人類が他の生物と共存することが善とするなら、人間の存在と行為が他の生物の絶滅の誘因となってはいけないことは、当然であろう。すなわち、「防災」あるいは「災害軽減」を議論するときに、他の生物や地球環境の「保護」を含む議論がなされなければならない。災害調査は、環境アセスメントでなければならなし、防災は「持続的環境保全」でなければならない。人間は、自然に順応するだけでなく、自然を改変し、時に破壊し、危ない砂上の楼閣の上に生活をし、自然の怖しさを忘れ、災害への備えを忘れる愚を冒してきた。「人災」の観点に立てば、人間は、災害の「誘因」を創出し、結果として災害に是弱な「素因」を構築してきたと反省する必要があろう。「環境災害」の観点に立てば、悪意はないとは言え、自らの生活態度が、自らを害してきたのである。

(3) 災害の分類

① 自然度―人為度の軸から見た災害の分類

災害の範囲を自然災害に絞らず人災を含むとすれば、災害を分類する第一軸は、誘因に関して自然度―人為度の軸が考えられる。

自然度の高い誘因の災害：
　地震、津波、火山爆発、地すべり、台風、高潮、異常気象、集中豪雨、黄砂、落雷、雪害、凍害、冷害、霜害、虫害、干ばつ、竜巻、異常高温など

自然と人為と両方ある誘因の災害：
　洪水、土石流、斜面崩壊、森林火災、土壌流出、砂漠化、病害など

人為の誘因の災害：
　火事による災害（市街大火災、トンネル火災、密集商店火災、工場爆発火災）、事故による災害（交通事故、列車事故、航空機事故、船舶事故、油流出、原子力発電所事故）、産業による災害（煙害、排ガス、鉱害、農薬汚染、食品汚染、森林伐採、地盤沈下、産業廃棄、放射能汚染）、感染症による病害（インフルエンザ、O-157、性病、鳥インフルエンザなど）、資源消費による災害（水汚染、海洋汚染、大気汚染、地下水汚染、ヒートアイランド、地球温暖化、酸性雨）、生態系撹乱による災害（人口過剰、種の絶滅、食害）、無知および無

対策による災害（アスベスト被爆）、犯罪行為による災害（化学兵器、テロ、ハイジャック、毒物事件）、戦争・紛争による災害（原爆被災、東京大空襲など）

② 対象規模から見た災害の分類

災害を分類する第二軸は、素因、すなわち被害を受ける対象の規模あるいは領域が考えられる。

地球規模の災害：
　地球温暖化、エルニーニョ、海洋汚染、種の絶滅
大陸規模の災害：
　大津波、台風、異常気象、黄砂
国規模の災害：
　公害、大気汚染、森林伐採、酸性雨、水質汚染、食品汚染、産業廃棄、戦災、貧困、人口過剰
地域規模の災害：
　地震、地すべり、集中豪雨、落雷、雪害、霜害、冷害、虫害、干ばつ、竜巻、高潮、洪水、土石流、斜面崩壊、森林火災、土壌流出、病害、火災、塩害、水質汚染、鉱害、地盤沈下、ヒートアイランド、油流出、原子力発電所事故

③ 被害の規模から見た災害の分類

災害を分類する第三軸は、被害の規模である。人命が1万人以上の規模、1万人以下の規模、1,000人以下の規模、100人以下の規模、10人以下の規模に便宜的に分類する。ケースによって異なるが、最大規模の災害を想定している。

1万人以上の規模の災害：
　大津波、大地震、大戦災（世界大戦）、エイズ、干ばつによる大飢饉、原子爆弾など
1,000人以上の規模の災害：
　地震、津波、台風、高潮、洪水、異常気象、疫病、戦災、交通事故、原子力発電所事故など
100人以上の規模の災害：
　土石流、集中豪雨、竜巻、水質汚染、大事故など
数人以上の規模の災害：
　火災、森林火災、土壌流出、斜面崩壊、土石流、落雷、鉱害、雪害、高潮など
人命に関わらない災害：
　塩害、黄砂、冷害、凍害、霜害、虫害、エルニーニョ、公害、森林伐採、油流出など

④ 災害の発生速度から見た分類

災害を分類する第四軸は、災害が発生するスピードあるいは突発性である。瞬時に起きる災害とゆっくり時間をかけて顕在化する災害がある。

突発性の災害：
　地震、津波、集中豪雨、竜巻、落雷、火山爆発、火災、土石流、斜面崩壊、雪崩
数時間から数日かかる災害：
　洪水、台風、異常気象、凍害、霜害、虫害、高潮、油の流出
数ヵ月かかる災害：
　黄砂、雪害、冷害、煙害、産業廃棄、水質汚染、ヒートアイランド、原子力事故
数年かかる災害：
　地盤沈下、地球温暖化、地下水汚染、放射能汚染など

⑤ 災害を受ける対象による分類

人間の生命および生活に関する災害：
　天災、人災を問わず、人間の生命、健康および生活に甚大な損害を与える災害
人間の作った施設、構造物、作物に関する災害：
　天災、人災を問わず、人間の作った都市、住居、公共施設、農作物などに甚大な損害を与える災害
環境・生態系に関する災害：
　人間の生命に被害は受けないが、周りの環境や生態系に損害を受けあるいは環境価値が劣化し、間接的には、人間の豊かな生活に甚大な損害を与える環境災害

(4) 人類が犯した十の大罪

甚大な災害をもたらした素因や誘因は、人類自身によってもたらされた。歴史を振り返り、人類が犯した十の大罪を挙げてみよう。

第一の大罪・人口の過剰繁殖：地球が養いうる限界を超えつつあるにもかかわらず、人口増加を放置してきた。将来、食糧難および資源難に直面し、大災害が起きうる。

第二の大罪・大量破壊兵器の開発：人類絶滅の危険がある原爆や水爆の開発をし、完全な制御をしていない。核兵器を使用した戦争が起きれば、大量の死者の出る戦災が起きうる。

第三の大罪・工業開発の優先：大規模な資源消費型の工業を無制限に開発した。ますます公害が深刻化する。化石燃料の資源は数十年で枯渇する危険がある。原子力発電は、制御不可能な事故を誘発し、多大な放射能汚染を伴う。

第四の大罪・消費型生活の謳歌：エネルギー、電気、水などを大量に消費する生活を優先した。途上国と先進国の間に深刻な貧富の差が生じる。

第五の大罪・森林伐採：特に熱帯林の伐採を放任した。水源の涵養能力および土壌保全能力が失われ、資源の枯渇が深刻化する。

第六の大罪・自動車文明の導入：自動車依存型の生活になった。自動車の氾濫により、交通渋滞と排気ガスが全世界的に深刻化した。交通事故の死者は、膨大な数になる。

第七の大罪・地球温暖化：炭酸ガスの増加による温暖化の有効な手段を講じなかった。異常気象や海面上昇による被害が想定される。

第八の大罪・麻薬の取り締まり：途上国での麻薬の取り締まりに有効な手段を講じず、全世界的に麻薬の害が蔓延した。テロの温床にもなっている。

第九の大罪・収奪型農業の開発：機械化農業と化学肥料・農薬に依存した農業が世界の市場を支配した。土壌流出や農薬汚染が進行し、人類の健康に被害が想定される。

第十の大罪・海洋資源の乱獲：漁業資源の枯渇が憂慮される。種の絶滅が危惧される。

(5) 日本が犯した十二の大罪

日本が戦後犯した十二の大罪を挙げてみよう。

第一の大罪・列島改造の過剰開発：国土が分断され、各地で災害が誘発された。高速道路、ゴルフ場、宅地、テーマパークなどで、バブル経済時に乱開発が行われた。

第二の大罪・工業開発の優先：公害が増加しただけでなく、農業、林業、漁業の第一次産業が壊滅的な打撃を受けた。河川、湖沼、海岸の水質汚染は深刻である。地震および津波の甚大な災害が起こりえる日本に原子力発電所を多数基建設した。

第三の大罪・自給体制の放棄：食料の60%は輸入に依存しており、将来の食糧難が危惧される。

第四の大罪・海岸埋め立て：美しき海岸を工業開発のために、無残にも埋め立てた。このため、海岸湿地は壊滅した。

第五の大罪・都市計画の無政策：都市計画の思想・哲学がなく、日本文化から乖離した都市ができた。都市の緑も少なく、ヒートアイランド現象が深刻化した。大都市はマンションブームで、高密な都市化が進行し、災害に脆弱になった。

第六の大罪・農地の荒廃：水田が放棄され、休耕され、または転用され、洪水に対する貯水機能を失った。農薬、化学肥料の過剰利用で土壌が劣化した。

第七の大罪・森林の荒廃：林業が荒廃し、森林が荒廃した。杉の花粉病が国民病になった。森林山野の有効利用がなされていない。

第八の大罪・食品安全の危機：添加剤、着色剤などの基準があいまいで、食品の安全が保証されていない。

第九の大罪・医療・医薬依存型生活：不必要な医療や医薬が横行し、薬害または副作用に悩む国民が多い。

第十の大罪・教育の崩壊：学校教育のみならず、家庭教育、宗教による教えなどの教育体制が崩壊し、道徳および倫理が低下し、犯罪を増幅している。

第十一の大罪・海岸侵食：河川の上流にダムを建

設したために、土砂の供給が減少し、深刻な海岸侵食が発生している。

第十二の大罪・河川改修：治水を優先したために、親和性のある河川が消滅し、都市にあった水運は衰退した。三面張りの河川が増え、河川景観が破壊された。

(6) 持続的な幸福を維持するために

ノアの箱舟以外の生物が死滅したと伝えられる旧約聖書の大洪水は、神話・伝説であり、科学的根拠はないが、各地にこのような大災害の神話・伝説がある。イタリアのポンペイで火山が爆破し、一つの町が全滅したことが発掘調査で明らかになった。記録にある大災害は、中世に起きたヨーロッパのペストがある。ヨーロッパの人口の3分の1が死んだといわれる。2004年に起きたスマトラ沖地震で誘発された津波による死者は30万人を超えたといわれる。2005年のパキスタン地震では、2万人以上の死者があると見られている。2011年に起きた東日本大震災では、マグニチュード9.0の日本史上最大の地震・津波が起きた。加えて福島第一原子力発電所の4機の発電装置及びポンプが故障したために、メルトダウンが起き、大量の放射能汚染が拡散した。

わが国の大災害を振り返ると、天明の飢饉では、数十万人が死んだと伝えられている。1923年の関東大震災では、10万人規模で死者が出た。1960年の伊勢湾台風では、高潮と重なり、5,000人が死んだ。1995年の神戸大震災では、6,000人が死んだ。2011年の東日本大震災では、約2万3,500人の死者・行方不明者が出た。

しかし、これらの自然災害に対して、人災を振り返れば、人災による死者の数は、はるかに多い。太平洋戦争では、200万人以上の戦没者が出た。広島、長崎の原爆では、一瞬にして数十万人が死に、現在でも後遺症で死んでいる。加害者は戦勝国であり、無差別殺戮に対する戦争犯罪は問われないままになっている。アスベストの被曝で予想される死者は、今後数十万人に上ると危惧されている。直接の加害者あるいは法規制を放置してきた行政の責任はどうなるか不明である。交通事故による死者は、毎年5,000人以上の死者が出ており、きわめて不幸な災害と言うべきであろう。しかし、加害者の被害者に対する補償は法的に対処されている。世界的には、エイズによる死者は、すでに数十万人規模になっており、日本でも予想を超える感染が進行しているといわれる。被害者は自己管理の欠如から自業自得と一般に見られる。しかし、社会全体の機能が低下することからすれば、個人の被害から社会的な被害に発展する。

化石燃料を消費し続けることで、炭酸ガス濃度が上昇し、地球温暖化が進行すると、大気の擾乱が激しくなり、豪雨や強風が多くなることが指摘されている。氷河や南極の氷が解けて海水上昇が起き、低地にある島や都市が災害に見舞われると危惧される。このような環境災害は、ゆっくり進行するが、数十年後か数百年後には怖しい災害になりうる。温暖化の原因と加害者は明瞭だが、被害者が加害者であるから、自己規制しない限り、対処する方策はない。世界の人口は常に世界記録を更新し続けている。人口過剰が何かとんでもないカタストロフィーをもたらすのではないかと心配する警告が出されている。これも自ら規制しない限り、人口増加は続く。わが国の場合、少子化で人口減少が危惧されているが、見方を変えれば、地球全体の人口抑制には貢献していることになる。チェルノブイリおよび福島の原子力発電所の事故は、人災といえる。「安価」で「クリーンエネルギー」とされてきた原子力発電がいったん事故を起こせば、地域が滅亡する危険があることを福島原発事故は教えてくれた。「脱原発」の運動が広がるのは、事故の収束の難しさと放射能汚染の怖しさを体験すれが、当然の人類の選択ともいえる。

災害は不幸な事変であるから、不幸な災難を防ぐ「防災」は、必要である。しかし、今まで議論してきたことからわかるように、災害は、人間の欲望あるいは夢を追い求めた結果生じていることも分かる。人間は、欲望や夢が実現されれば、幸福になる。ところが幸福を夢見た結果が不幸をもたらすサイクルを生むことも事実であり、過去の歴史は多くの教訓を与えてくれた。人類は、多大の犠牲を払いながらも夢を追いかけてきた。幸福の陰に常に災害があったといってもよい。人間の幸福とは、多大の災害を伴っても、最大の幸福を求めることなのか、あるいは、幸福を小さくして災害を最小にすることなのだろうか。最大の幸福で、最小の災害という極楽の世界は、神が許してくれていないようだ。

前にも述べたが、人間の幸福のみを論じてよい時代ではない。地球の生物全体を考えた「防災」または「持続的保全」を考えなければならない。すなわち人間の幸福を少し減らして、他の生物の幸福を配慮する必要がある。他の生物や生態系を考慮に入れると、災害の被害は少なくなることもありうるかもしれない。なぜなら自然は一般に最適解で構成されているから、自然を考慮した対策は限りなく最適の状態になりうるからである。地球の生物や生態系は何万年の淘汰の中で、生存する最適解を確立してきたのである。

今人類に必要なことは、飽和状態になった過剰人口および有限の資源量の制約条件の下で、悲劇的な結末（カタストロフィー）を招かない哲学を模索することであろう。第一に結婚し、子供を作り、人類が共有してきた家族繁栄の幸福を追い求めることは、永久に許されてよいのだろうか。子供を生むことに何らかの制限を設ける思想（中国では一子政策が実施されている）を共有すべきではないだろうか。人口増加を放置すれば、カタストフィーが待っているなら、今手段を講じる必要があろう。人類全体で議論すべき問題である。

第二に、消費文明を助長する市場経済は、「持続的幸福」を維持するのに弊害になっていないかを問うべきであろう。国民全員が贅沢し、美味い物を食べ、素敵な衣服に包まっていれば、環境への負荷は無限に増大し、公害のみならず災害をもたらすことは間違いない。原子力発電を容認するか否かは、国民の幸福への道の選択肢として適切か否かを議論するべきであろう。

第三に、都市に高密度で密集する現代の生活スタイルは、果たして「天変地異」や「大事件」に耐えうるものであろうか。1995年の神戸大震災、2002年のニューヨークで起きたテロによる破壊、2004年のスマトラ沖地震による大津波、2005年のパキスタン地震などは、人口が密集したところに災害が発生し、甚大な被害が起きた。個人レベルではいまさら都会から脱出できないのであれば、運命に身をゆだねる以外対策はない。「安全・安心」が国民的標語になっているにもかかわらず、過剰な都市への集中を放置していることが、災害危険度の高い「素因」を生み出していることに警告を出すべきであろう。リスクマネジメントの観点から何らかの都市計画の規制と戦略があってしかるべきであろう。

第四に、個人レベルで「地球人」として「持続的保全」に役立つ行動をとるべきではないのか。人類は、森林を伐採して耕地を増やし人口を増やしてきた。今、すべての人間が年間10本の樹木を植樹すれば、1年に日本では12億本の植樹ができるし、全世界では、600億本の樹木が植樹される。このような行為が災害を軽減するのに貢献するなら、子孫のためにもわれわれが今すぐ始めるべき運動である。ごみの問題も同じことが言える。行政に依存する前に個々人がすべきことがあるのである。

第五に、自然に対する畏敬の念を自ら持つとともに、子供達に身をもって教えるべきでないだろうか。「禍は忘れたころにやってくる」は、昔から伝えられた諺で、安全で太平な生活が永続しないのが自然の輪廻であることを教えてくれている。自然のよいところだけでなく、自然の怖しさを教えるべきである。少なくとも災害は語り継がなければならない。今回の東日本大震災を体験した者として、津波の恐ろしさと原子量発電所事故の怖しさを子孫に伝える義務がある。これが人間の「智慧」となって蓄積され、災禍を厄払いする祈りの境地になり、宗教のレベルまで高められる。被害にあってから祈り始めても遅いのである。災害を忘れない生活態度と祈りが求められている。

索引

せ

そ

た

ち

つ

空間情報による災害の記録
伊勢湾台風から東日本大震災まで

2012年9月15日　第1刷発行

編者　一般社団法人 日本写真測量学会
発行者　鹿島光一
発行所　鹿島出版会
〒104-0028 東京都中央区八重洲2-5-14
電話 03-6202-5200　振替 00160-2-180883
印刷　壮光舎印刷
製本　牧製本
ブックデザイン　工藤強勝＋渡部周（デザイン実験室）
DTP　エムツークリエイト

ISBN 978-4-306-02446-5　C3052

本書の内容に関するご意見・ご感想は下記までお寄せ下さい。
URL：http://www.kajima-publishing.co.jp/
e-mail：info@kajima-publishing.co.jp